개정4판

길잡이 공업수학

문제풀이집

김 찬 중

문운당

차 례

문 제 풀 이

제 0 장 기초적인 공식

제 1 장 미분방정식의 기초

제 2 장 2계 선형미분방정식

제 3 장 미분방정식의 급수해

제 4 장 라플라스 변환

제 5 장 행렬과 행렬식

제 6 장 벡터와 공간도형

제 7 장 벡터의 미분법(기울기, 발산, 회전)

제 8 장 벡터의 적분법

제 9 장 경계값문제와 함수의 직교성

제 10 장 푸리에 해석(급수, 적분, 변환)

제 11 장 편미분방정식

제 20 장 텐서의 기초

문 제 풀 이

제0장 기초적인 공식

★0-5 삼각함수와 쌍곡선함수

【1】 $\frac{d}{dx}\cosh x = \sinh x$, $\frac{d}{dx}\sinh x = \cosh x$를 보여라.

☞ 쌍곡선함수의 정의 $\cosh x = \frac{e^x + e^{-x}}{2}$, $\sinh x = \frac{e^x - e^{-x}}{2}$로부터

$$\frac{d}{dx}\cosh x = \frac{d}{dx}\frac{1}{2}(e^x + e^{-x}) = \frac{1}{2}(e^x - e^{-x}) = \sinh x$$

$$\frac{d}{dx}\sinh x = \frac{d}{dx}\frac{1}{2}(e^x - e^{-x}) = \frac{1}{2}(e^x + e^{-x}) = \cosh x$$

【2】 다음의 관계식을 보여라.

$$\cosh^{-1}x = \ln(x + \sqrt{x^2 - 1}),\quad \frac{d}{dx}\cosh^{-1}x = \frac{1}{\sqrt{x^2-1}}$$

$$\sinh^{-1}x = \ln(x + \sqrt{x^2 + 1}),\quad \frac{d}{dx}\sinh^{-1}x = \frac{1}{\sqrt{x^2+1}}$$

$$\tanh^{-1}x = \frac{1}{2}\ln\frac{1+x}{1-x},\quad \frac{d}{dx}\tanh^{-1}x = \frac{1}{1-x^2}$$

(a) $y = \cosh^{-1}x \;\Rightarrow\; \cosh y = x$ 의 양변을 미분하면 $y'\sinh y = 1$.
관계식 $\cosh^2 y - \sinh^2 y = 1$로부터 $\sinh y = \pm\sqrt{\cosh^2 y - 1} = \pm\sqrt{x^2-1}$.
그런데, $y > 0$인 영역을 고려하면 $\sinh y = \sqrt{x^2-1}$ 이다. 따라서,

$$y' = \frac{1}{\sinh y} = \frac{1}{\sqrt{x^2-1}},\quad \text{즉}\quad \frac{d}{dx}\cosh^{-1}x = \frac{1}{\sqrt{x^2-1}}$$

(b) 위와 비슷한 요령으로 $y = \sinh^{-1}x \;\Rightarrow\; \sinh y = x$ 이고 양변을 미분하여 $\frac{dy}{dx}\cosh y = 1 \;\rightarrow\; \frac{dy}{dx} = \frac{1}{\cosh y}$. 즉, $\frac{d}{dx}\sinh^{-1}x = \frac{1}{\cosh y}$ 을 얻는다.

마찬가지로 관계식 $\cosh^2 y - \sinh^2 y = 1$로부터 $\cosh y = \sqrt{\sinh^2 y + 1} = \sqrt{x^2+1}$ 이 된다. 여기서, hyperbolic cosine은 $\cosh y > 0$, 즉 항상 양수인 성질을 사용하였

다. 따라서,

$$\frac{d}{dx}\sinh^{-1}x = \frac{1}{\sqrt{x^2+1}}$$

(c) 먼저 $\tanh x$의 미분을 구하면

$$\frac{d}{dx}\tanh x = \frac{d}{dx}\frac{e^x - e^{-x}}{e^x + e^{-x}} = \frac{d}{dx}\frac{e^{2x}-1}{e^{2x}+1}$$

$$= \frac{4e^{2x}}{(e^{2x}+1)^2} = \left(\frac{2}{e^x + e^{-x}}\right)^2 = 1 - \left(\frac{e^x - e^{-x}}{e^x + e^{-x}}\right)^2 = 1 - \tanh^2 x$$

이다. 따라서, $x = \tanh y$를 미분하면 $1 = (1 - \tanh^2 y)y' \implies y' = \dfrac{1}{1-x^2}$

(d) 미분 $\dfrac{d}{dx}\ln(x + \sqrt{x^2 \pm 1}) = \dfrac{1}{\sqrt{x^2 \pm 1}}$ 이므로

$$\sinh^{-1}x = \ln(x + \sqrt{x^2+1}), \quad \cosh^{-1}x = \ln(x + \sqrt{x^2-1})$$

이 된다. 또한,

$$\frac{1}{1-x^2} = \frac{1}{2}\left(\frac{1}{1-x} + \frac{1}{1+x}\right) = \frac{d}{dx}\frac{1}{2}\{\ln(1+x) - \ln(1-x)\}$$

이므로

$$\tanh^{-1}x = \frac{1}{2}\ln\frac{1+x}{1-x}$$

0-6 기타 중요한 공식

【1】 $\dfrac{\partial}{\partial t}\operatorname{erf}\left(\dfrac{x}{2\sqrt{\alpha t}}\right) = -\dfrac{x}{2\sqrt{\pi\alpha t^3}}e^{-\frac{x^2}{4\alpha t}}$ 를 보여라.

☞ 편의를 위해 $\eta = \dfrac{x}{2\sqrt{\alpha t}}$ 라고 두면

$$\frac{\partial\eta}{\partial t} = \frac{\partial}{\partial t}\left(\frac{x}{2\sqrt{\alpha t}}\right) = \frac{x}{2\sqrt{\alpha}}\left(-\frac{1}{2}t^{-\frac{3}{2}}\right) = -\frac{x}{4\sqrt{\alpha t^3}}$$

가 된다. 그런데,

$$\frac{\partial}{\partial t}\operatorname{erf}\left(\frac{x}{2\sqrt{\alpha t}}\right) = \frac{\partial}{\partial t}\operatorname{erf}(\eta) = \frac{\partial\eta}{\partial t}\frac{\partial}{\partial\eta}\operatorname{erf}(\eta)$$

$$= -\frac{x}{4\sqrt{\alpha t^3}}\frac{\partial}{\partial\eta}\left(\frac{2}{\sqrt{\pi}}\int_0^\eta e^{-z^2}dz\right)$$

$$= -\frac{x}{2\sqrt{\pi\alpha t^3}}e^{-\eta^2} = -\frac{x}{2\sqrt{\pi\alpha t^3}}e^{-\frac{x^2}{4\alpha t}}$$

【2】 $\frac{d}{dt}\int_0^t f(\tau)\psi(t-\tau)\,d\tau = f(t)\psi(0) + \int_0^t f(\tau)\frac{d\psi}{dt}(t-\tau)\,d\tau$ 를 보여라.

☞ $\frac{d}{dt}\int_0^t f(\tau)\psi(t-\tau)\,d\tau$

$$= \int_0^t \frac{\partial}{\partial t}[f(\tau)\psi(t-\tau)]\,d\tau + f(t)\psi(t-t)\frac{\partial}{\partial t}t - f(0)\psi(t-0)\frac{\partial}{\partial t}0$$

$$= \int_0^t f(\tau)\frac{d\psi}{dt}(t-\tau)\,d\tau + f(t)\psi(0)$$

【3】 $\frac{1}{\sqrt{1-4x^2}} = \sum_{n=0}^{\infty}\frac{(2n)!}{n!\,n!}x^{2n}$ 임을 보여라.

☞ (예제 18)의 ☑에서 논의한 결과를 이용한다. 즉

$$\frac{1}{\sqrt{1+z}} = \sum_{n=0}^{\infty}\frac{(2n)!}{n!\,n!}\left(-\frac{z}{4}\right)^n$$

에서 $z = -4x^2$ 으로 두면 바로 구해진다.

제 1 장　미분방정식의 기초

1-2　1계 선형미분방정식

※다음의 미분방정식을 풀어라.

【1】 $y' + 3y = -2$, 적분인자 $p = e^{\int 3} = e^{3x}$

교과서 식(14)에서 $py = \int ph + c$

$e^{3x}y = \int e^{3x}(-2) + c = -\frac{2}{3}e^{3x} + c$ 　정리하면 $y = -\frac{2}{3} + ce^{-3x}$

【2】 $y' + xy = 0$ 적분인자 $p = e^{\int x} = e^{\frac{1}{2}x^2}$

$e^{\frac{1}{2}x^2}y = \int e^{\frac{1}{2}x^2}(0) + c$ 　정리하면 $y = ce^{-\frac{1}{2}x^2}$

【3】 $y' + y = 1$ 적분인자 $p = e^{\int 1} = e^x$

$e^x y = \int e^x(1) + c = e^x + c$ 　정리하면 $y = 1 + ce^{-x}$

【4】 $y' - y = e^{ax}$ (단, $a \neq 1$) 적분인자 $p = e^{\int -1} = e^{-x}$

$e^{-x}y = \int e^{-x}(e^{ax}) + c = \int e^{(a-1)x} + c = \frac{1}{a-1}e^{(a-1)x} + c$

양변에 e^x를 곱하여 $y = \frac{1}{a-1}e^{ax} + ce^x$

【5】 $xy' - y = x$, 먼저 표준형으로 쓰면 $y' - \frac{1}{x}y = 1$이므로 $h(x) = 1$이다.

적분인자는 $p = e^{\int -\frac{1}{x}} = e^{-\ln|x|} = e^{\ln\frac{1}{|x|}} = \frac{1}{x}$

$\frac{1}{x}y = \int \frac{1}{x}(1) + c = \ln x + c$ 　정리하면 $y = x\ln x + cx$

☑ 위에서, 적분인자를 구할 때 $e^{\ln\frac{1}{|x|}} = \frac{1}{x}$로 절대값이 지수의 밖으로 빠져나올

때 생략되었다. 이것은 처음 적분인자를 구하는 과정에서

$$\ln|p| = \int a + c, \quad \therefore |p| = e^{\int a} e^{c}$$

즉, $p = \pm e^{c} e^{\int a} = \pm c_1 e^{\int a}$ ($c_1 = e^{c}$ 로 치환하였다)

여기서, $p = e^{\int a}$ 를 대표로 적분인자로 택하였다. 따라서, 원래의 적분인자에 포함된 $\pm c_1$ 이 생략되어 있는 형태이므로 절대값을 쓸 필요가 없게 된다. 즉, 적분인자는 $p = e^{\int -\frac{3}{x}} = e^{-3\ln|x|} = \dfrac{3}{x^3}$ 등으로 처리해도 된다.

【6】 $y' = x - 2xy$ 이항하여 정리하면 $y' + 2xy = x$

적분인자는 $p = e^{\int 2x} = e^{x^2}$, $e^{x^2} y = \int e^{x^2}(x) + c = \dfrac{1}{2} e^{x^2} + c$

$$y = \frac{1}{2} + ce^{-x^2}$$

【7】 $xy' + (1-x)y = xe^{x}$

표준형: $y' + \left(\dfrac{1}{x} - 1\right)y = e^{x}$ 적분인자 $p = e^{\int \frac{1}{x} - 1} = e^{\ln|x| - x} = xe^{-x}$

$$xe^{-x} y = \int xe^{-x}(e^{x}) + c = \int x + c = \frac{1}{2} x^2 + c$$

$$y = \frac{1}{2} xe^{x} + \frac{c}{x} e^{x}$$

【8】 $xy' + y = \cos x$

표준형: $y' + \dfrac{1}{x} y = \dfrac{1}{x} \cos x$ 적분인자 $p = e^{\int \frac{1}{x}} = e^{\ln|x|} = x$

$$xy = \int x\left(\frac{1}{x} \cos x\right) + c = \int \cos x + c = \sin x + c$$

$$y = \frac{\sin x}{x} + \frac{c}{x}$$

【9】 $y' + y\tan x = \sin 2x$ 적분인자 $p = e^{\int \frac{\sin x}{\cos x}} = e^{-\ln|\cos x|} = \dfrac{1}{\cos x}$

$$\frac{1}{\cos x} y = \int \frac{1}{\cos x}(\sin 2x) + c = \int \frac{1}{\cos x}(2\sin x \cos x) + c = -2\cos x + c$$

따라서, $y = -2\cos^2 x + c\cos x$

☑ 앞에서 언급한 바와 같이 적분인자를 계산할 때 ln 에 붙는 절대값은 지수에서

밖으로 나오면서 필요없게 된다.

【10】 $y'\tan x = y$ 표준형으로 쓰면 $y' - \frac{1}{\tan x}y = y' - \frac{\cos x}{\sin x}y = 0$

적분인자 $p = e^{\int -\frac{\cos x}{\sin x}} = e^{-\ln|\sin x|} = \frac{1}{\sin x}$

$\frac{1}{\sin x}y = c$ 따라서, $y = c\sin x$

【11】 방사능물질의 붕괴율은 남아 있는 질량에 비례한다. 시간 t에 남아 있는 질량을 $y(t)$라고 하면 붕괴율 $\frac{dy}{dt}$는 y에 비례하므로 $\frac{dy}{dt} = -ky$ (단, k는 비례상수)로 모델링할 수 있다. 최초의 질량 $y(0) = y_0$이 반으로 줄어드는 데 필요한 시간을 방사능물질의 반감기(半減期, half life)라고 한다. 반감기는 $t_h = \frac{\ln 2}{k}$, $y(t) = y_0 e^{-kt} = y_0(1/2)^{t/t_h}$ 임을 보여라.

☞ $\frac{dy}{dt} + ky = 0$ 적분인자 $p = e^{\int k} = e^{kt}$

$e^{kt}y = c$, 일반해는 $y = ce^{-kt}$

초기질량 $y(0) = y_0$ 인 조건에서 $y_0 = c$ 이므로 $y = y_0 e^{-kt}$

t_h의 시간이 흐른 후에 질량이 반으로 되므로 $\frac{1}{2}y_0 = y_0 e^{-kt_h}$

정리하면 $e^{kt_h} = 2$. 양변에 로그를 취하면 $kt_h = \ln 2$. 따라서, $t_h = \frac{\ln 2}{k}$

그런데, $kt = \frac{\ln 2}{t_h}t = \frac{t}{t_h}\ln 2 = \ln 2^{t/t_h}$ 이고 $e^{-\ln 2} = \frac{1}{2}$ 이므로

$y = y_0 e^{-kt} = y_0 e^{-\ln 2^{t/t_h}} = y_0\left(\frac{1}{2}\right)^{t/t_h}$

★1-3 특수한 1계 비선형미분방정식

【1】 다음의 Bernoulli 방정식을 풀어라.

(a) $y' + y = y^2$ 우변을 y^2으로 나누어 $\frac{y'}{y^2} + \frac{1}{y} = 1$. 여기서, $z = \frac{1}{y}$ 로 두면

$z' = -\frac{y'}{y^2}$을 얻고 정리하면 $-z' + z = 1$. 표준형으로 바꾸면

$z' - z = -1$ 적분인자는 $p = e^{\int -1} = e^{-x}$

$e^{-x}z = \int e^{-x}(-1) + c = e^{-x} + c$ 따라서, $z = 1 + ce^{x}$. 다시 대입하면

$y = \dfrac{1}{1 + ce^{x}}$

(b) $y' + xy = \dfrac{x}{y}$ 양변에 y를 곱하여 우변에서 y를 소거하면

$yy' + xy^2 = x$ 여기서, $z = y^2$ 이라 두면 $z' = 2yy'$. 대입하여 정리하면

$\dfrac{1}{2}z' + xz = x$. 표준형: $z' + 2xz = 2x$ 적분인자 $p = e^{\int 2x} = e^{x^2}$

$e^{x^2}z = \int e^{x^2}(2x) + c = e^{x^2} + c$ 따라서, $z = 1 + ce^{-x^2}$

최종적으로 $y^2 = 1 + ce^{-x^2}$

(c) $xy' + y = (1-x)y^2$ (a)의 경우처럼 y^2 으로 나누어

$x\dfrac{y'}{y^2} + \dfrac{1}{y} = 1 - x$ 여기서, $z = \dfrac{1}{y}$ 로 두면 $z' = -\dfrac{y'}{y^2}$

$-xz' + z = 1 - x$ 표준형: $z' - \dfrac{1}{x}z = 1 - \dfrac{1}{x}$

적분인자 $p = e^{\int \frac{-1}{x}} = e^{-\ln|x|} = \dfrac{1}{x}$

$\dfrac{1}{x}z = \int \dfrac{1}{x}\left(1 - \dfrac{1}{x}\right) + c = \int\left(\dfrac{1}{x} - \dfrac{1}{x^2}\right) + c = \ln|x| + \dfrac{1}{x} + c$

$z = x\ln|x| + 1 + cx$ 다시 y에 대해 풀면 $y = \dfrac{1}{1 + x\ln|x| + cx}$

【2】 인구증가의 논리적 법칙으로 불리는 Verhulst 방정식 $\dfrac{dy}{dt} - Ay = -By^2$ 은 Bernoulli 방정식의 특별한 경우이다(단, A, B는 양의 상수). 이 방정식의 해가 $y = \dfrac{1}{(B/A) + ce^{-At}}$ 으로 되는 것을 보여라.

☞ $\dfrac{dy}{dt} - Ay = -By^2$ 단, $A, B > 0$

Bernoulli방정식의 형태로 양변을 y^2 으로 나누면 $\dfrac{y'}{y^2} - A\dfrac{1}{y} = -B$

계속하여 $z = \dfrac{1}{y}$ 로 두면 $z' = -\dfrac{y'}{y^2}$ 을 대입하여 $-z' - Az = -B$가 되고 표준형으로 정리하면 $z' + Az = B$. 적분인자 $p = e^{\int A} = e^{At}$

$e^{At}z = \int e^{At}(B) + c = \dfrac{B}{A}e^{At} + c$ 정리하면 $z = \dfrac{B}{A} + ce^{-At}$

따라서, $y=\dfrac{1}{B/A+ce^{-At}}$

★ 【3】 Riccati 방정식 $y'=x(y-x)^2+\dfrac{y}{x}$ 이 $y=x$ 를 특수해로 가질 때, 다른 해를 구하라.

☞ Riccati방정식 $y'=x(y-x)^2+\dfrac{y}{x}$ 특수해는 $y=x$ (대입하면 확인됨)

따라서, $y=x+\dfrac{1}{u}$ 로 두면

$$1-\frac{u'}{u^2}=x\left(\frac{1}{u}\right)^2+\left(1+\frac{1}{xu}\right)$$

양변에 u^2 을 곱하여 정리하면

$$-u'=x+\frac{1}{x}u \quad \text{표준형: } u'+\frac{1}{x}u=-x$$

적분인자 $p=e^{\int\frac{1}{x}}=e^{\ln|x|}=x$. $\quad xu=\int x(-x)+c=-\dfrac{1}{3}x^3+c$

$u=-\dfrac{1}{3}x^2+\dfrac{c}{x}$ 최종적으로 $y=x+\dfrac{1}{u}=x+\dfrac{1}{\dfrac{c}{x}-\dfrac{1}{3}x^2}$

★ 【4】 $y'=(y-\sin x)^2+\cos x$ 로 주어진 Riccati 방정식의 특수해가 $y=\sin x$ 임을 이용하여 일반해가 $y=\sin x+\dfrac{1}{c-x}$ 로 되는 것을 보여라.

☞ Riccati방정식 $y'=(y-\sin x)^2+\cos x$ 의 한 특수해가 $y=\sin x$ 이다.

$y=\sin x+\dfrac{1}{u}$ 로 두고 대입하면 $\cos x-\dfrac{u'}{u^2}=\dfrac{1}{u^2}+\cos x$

$-u'=1$ 즉, $u=c-x$ 따라서, $y=\sin x+\dfrac{1}{c-x}$

【5】 Riccati 방정식 $y'=ay^2+by+c$ 는 $y=-\dfrac{u'}{au}$ 로 두면

$u''-\left(b+\dfrac{a'}{a}\right)u'+acu=0$인 2계 선형미분방정식으로 되는 것을 보여라.

☞ Riccati방정식 $y'=ay^2+by+c$ 에서 $y=-\dfrac{u'}{au}$ 라고 하자. 그러면,

$$y'=-\frac{d}{dx}\left(\frac{u'}{au}\right)=-\left(\frac{u''}{au}-\frac{a'u'}{a^2u}-\frac{u'u'}{au^2}\right)=\frac{-auu''+a'uu'+au'^2}{a^2u^2}$$

로 쓸 수 있고, 주어진 미분방정식에 대입하면

$$\frac{-auu''+a'uu'+au'^2}{a^2u^2}=a\frac{u'^2}{a^2u^2}-b\frac{u'}{au}+c$$

양변에 a^2u^2 을 곱하여 정리하면

$$-auu''+a'uu'+au'^2=au'^2-abuu'+ca^2u^2$$

이항하고 u로 나누면

$$au''-a'u'-abu'+ca^2u=0$$

이 되고 다시 a로 나누어

$$u''-\left(b+\frac{a'}{a}\right)u'+acu=0$$

★ 【6】 길이가 1인 사다리가 벽면에서 미끌어지며 내려올 때 항상 접하게 되는 곡선을 구해보자. 먼저, 사다리가 만드는 직선의 식이 $y=cx-\frac{c}{\sqrt{1+c^2}}$ ($c\le 0$)임을 보이고(참고: x축과 y축에 의해 잘려진 선분의 길이가 1이 된다), 이 직선이 $y=y'x-\frac{y'}{\sqrt{1+y'^2}}$ 인 Clairaut 방정식의 일반해임을 이용하여 사다리가 항상 접하는 곡선이 $x^{2/3}+y^{2/3}=1$ 로 주어지는 성망형곡선(星芒型曲線, astroid)임을 보여라.

☞ 직선의 방정식을 $y=cx+d$ 라고 하자.

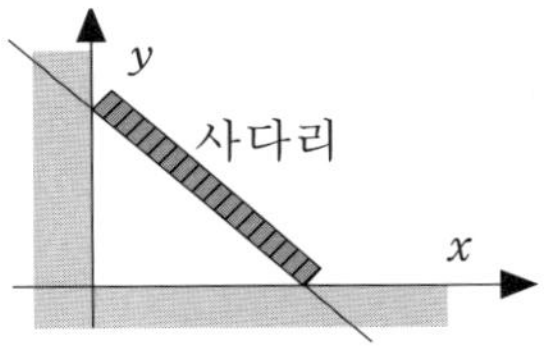

그림에서 x절편은 $\left(-\frac{d}{c},0\right)$이고 y절편은 $(0,d)$이므로 x,y축에 의해 잘리는 선분의 길이는 $\sqrt{\frac{d^2}{c^2}+d^2}=1$이 되어야 한다. 그런데, 문제의 조건에 의하면 기울기는 음수이고 y절편은 양수이므로 $d=-\frac{c}{\sqrt{c^2+1}}$ 가 된다.

따라서, 직선의 식은 $y=cx-\frac{c}{\sqrt{c^2+1}}$. 그런데, 직선의 식은 Clairaut방정식의 형태로 $p=y'$이라고 할 때

$$y=px-\frac{p}{\sqrt{p^2+1}}$$

의 일반해이다. 특수해를 구하기 위하여 양변을 미분하면

$$p=p+\frac{dp}{dx}x-\frac{d}{dx}\left(\frac{p}{\sqrt{p^2+1}}\right)=p+\frac{dp}{dx}x-\frac{dp}{dx}\frac{d}{dp}\left(\frac{p}{\sqrt{p^2+1}}\right)$$

정리하면 $x = \frac{d}{dp}\left(\frac{p}{\sqrt{p^2+1}}\right) = \frac{1}{\sqrt{p^2+1}} - p\frac{1}{2}\frac{2p}{(p^2+1)^{3/2}}$

즉,

$$x = \frac{(p^2+1)-p^2}{(p^2+1)^{3/2}} = \frac{1}{(p^2+1)^{3/2}}$$

에서 $1+p^2 = x^{-\frac{2}{3}}$, $p^2 = x^{-\frac{2}{3}} - 1 = x^{-\frac{2}{3}}(1-x^{\frac{2}{3}})$. 그런데, 기울기는 음수이므로 $p = \frac{dy}{dx} = -x^{-\frac{1}{3}}(1-x^{\frac{2}{3}})^{\frac{1}{2}}$가 된다. 적분하면 $y = (1-x^{\frac{2}{3}})^{\frac{3}{2}} + c$이다. 사다리가 바닥에 놓이면 $y=0$이고 사다리의 길이가 1이므로 $x=1$이다. 이것을 대입하면 $c=0$이다. 따라서, $y=(1-x^{\frac{2}{3}})^{\frac{3}{2}}$가 되고 정리하면 $x^{\frac{2}{3}} + y^{\frac{2}{3}} = 1$인 성망형곡선을 얻는다.

1-4 변수분리형 미분방정식

※다음의 미분방정식의 해를 변수분리를 이용하여 구하라.

【1】 $x^2y' = x^2+xy+y^2$ 양변을 x^2으로 나누면 $\frac{dy}{dx} = 1+\frac{y}{x}+\left(\frac{y}{x}\right)^2$이 되고, $u = \frac{y}{x}$. 즉, $y = xu$로 치환하여 대입한다.

$$u + x\frac{du}{dx} = 1+u+u^2 \text{ 에서 } \frac{du}{1+u^2} = \frac{dx}{x}$$

이것을 적분하면 $\frac{d}{dx}\tan^{-1}x = \frac{1}{1+x^2}$을 이용하여 $\tan^{-1}u = \ln|x|+c$. 정리하면 $u = \frac{y}{x} = \tan(\ln|x|+c)$. 따라서, $y = x\tan(\ln|x|+c)$

【2】 $yy' + \sin x = 0$ 주어진 미분방정식은 $(y^2)' = 2yy'$을 이용하면 바로 적분이 되어 $\frac{1}{2}y^2 - \cos x = c$를 얻을 수 있다. 그러나, 일반적인 변수분리로 해를 구하면 $\frac{dy}{dx} = -\frac{\sin x}{y}$, 즉 $ydy = -\sin x\,dx$가 되고 이것을 적분하여 $\frac{1}{2}y^2 = \cos x + c$

【3】 $y' = 1-y^2$은 $\frac{dy}{1-y^2} = dx$로 변수분리된다. 부분분수를 이용하면 $\frac{dy}{1-y^2} = \frac{1}{2}\left(\frac{1}{1-y}+\frac{1}{1+y}\right)dy = dx$이므로 적분하면

$$\frac{1}{2}[-\ln|1-y|+\ln|1+y|]=x+c$$

결과를 정리하면 $\frac{1+y}{1-y}=ce^{2x}$ ($\pm e^{2c}$ 를 c 로 바꾸어 쓴다).

【4】 $y'=e^{x+y}$ $\rightarrow$ $\frac{dy}{dx}=e^x e^y$ 이므로 $e^{-y}dy=e^x dx$ 로 변수분리된다. 따라서, $-e^{-y}=e^x+c$. 정리하면 $e^x+e^{-y}+c=0$

【5】 $y'=xy^2$ 변수분리하면 $\frac{dy}{dx}=xy^2$ $\rightarrow$ $\frac{dy}{y^2}=x\,dx$ 가 되고 적분하면 $-\frac{1}{y}+c=\frac{1}{2}x^2$. 정리하면 $y=\dfrac{1}{c-\frac{1}{2}x^2}$

【6】 $y'+xy=xy^2$ 모양을 바꾸면 $\frac{dy}{dx}+xy=xy^2$ $\rightarrow$ $\frac{dy}{dx}=x(y^2-y)$. 이것을 $\frac{dy}{y^2-y}=xdx$ 로 변수분리하고 부분분수로 분해하면

$$dy\left(\frac{1}{y-1}-\frac{1}{y}\right)=xdx$$

이므로 적분하여 $\ln|y-1|-\ln|y|=\frac{1}{2}x^2+c$. 다시 변형하면

$\frac{y-1}{y}=1-\frac{1}{y}=c_1e^{\frac{1}{2}x^2}$ (단, $c_1=\pm e^c$)이 되므로 정리하면 $y=\dfrac{1}{1+ce^{\frac{1}{2}x^2}}$

★ 【7】 $y'=\frac{x+y}{x-y}$ 우변을 변형하면 $y'=\dfrac{1+\frac{y}{x}}{1-\frac{y}{x}}$ 로 되기 때문에 $u=\frac{y}{x}$ 로 치환하면 $y=xu$ 를 이용하여 $u+x\frac{du}{dx}=\frac{1+u}{1-u}$ 를 얻는다. 정리하면

$$x\frac{du}{dx}=\frac{1+u}{1-u}-u=\frac{1+u^2}{1-u}$$

가 되고 변수분리하여 $\frac{1-u}{1+u^2}du=\frac{dx}{x}$. 좌변을 $\frac{du}{1+u^2}-\frac{1}{2}\frac{2u\,du}{1+u^2}=\frac{dx}{x}$ 로 나누어 적분하면

$$\tan^{-1}u-\frac{1}{2}\ln(1+u^2)=\ln|x|+c$$

가 된다. x, y 에 대해 정리하면

$$\tan^{-1}\frac{y}{x}-\frac{1}{2}\ln\frac{x^2+y^2}{x^2}=\ln|x|+c \quad\rightarrow\quad \tan^{-1}\frac{y}{x}-\frac{1}{2}\ln(x^2+y^2)=c$$

★ 【8】 $y'=\dfrac{2x+y}{-x+y+3}$ 을 풀어라.

☞ $x=X+\alpha$, $y=Y+\beta$ 로 두고 대입하면 $\dfrac{dY}{dX}=\dfrac{2X+Y+2\alpha+\beta}{-X+Y-\alpha+\beta+3}$ 이다. 여기서, $2\alpha+\beta=0$, $-\alpha+\beta+3=0$를 풀면 $\alpha=1$, $\beta=-2$가 된다. $x=X+1$, $y=Y-2$로 치환하고 $Y=uX$ 로 둔다. 그러면, 미분방정식은

$$\frac{dY}{dX}=\frac{2X+Y}{-X+Y} \implies u+X\frac{du}{dX}=\frac{2+u}{-1+u}$$

로 되고 정리하면

$$u+X\frac{du}{dX}=\frac{2+u}{-1+u} \implies \frac{u-1}{u^2-2u-2}+\frac{dX}{X}=0$$

적분하면

$$\frac{1}{2}\ln(u^2-2u-2)+\ln|X|=c \implies (u^2-2u-2)X^2=c_1$$

을 얻고 $u=\dfrac{Y}{X}=\dfrac{y+2}{x-1}$ 을 대입하고 정리하여

$$(y+2)^2-2(x-1)(y+2)-2(x-1)^2=c$$

또는, $y^2+6y-2xy-2x^2=c$ 가 해로 된다.

★ 유사문제: $y'=\dfrac{x+y}{2x-y-1}$ 을 풀어라. $x=X+\alpha$, $y=Y+\beta$ 로 두고 대입하면 $\dfrac{dY}{dX}=\dfrac{X+Y+\alpha+\beta}{2X-Y+2\alpha-\beta-1}$ 이다. 이때, $\alpha+\beta=0$, $2\alpha-\beta-1=0$을 풀어 $\alpha=\dfrac{1}{3}$, $\beta=-\dfrac{1}{3}$ 를 얻는다. 즉,

$$\frac{dY}{dX}=\frac{X+Y}{2X-Y}=\frac{1+\frac{Y}{X}}{2-\frac{Y}{X}}$$

로 두고 $Y=Xu$ 로 치환하여 $u+X\dfrac{du}{dX}=\dfrac{1+u}{2-u}$ 로 변형한다. 정리하면 $X\dfrac{du}{dX}=\dfrac{1-u+u^2}{2-u}$ 가 되고 변수분리하여 $\dfrac{2-u}{u^2-u+1}du=\dfrac{dX}{X}$ 로 된다. 이 식의 적분은 좌변의 분모가 $u^2-u+1=\left(u-\frac{1}{2}\right)^2+\left(\frac{\sqrt{3}}{2}\right)^2$ 이므로 $u-\dfrac{1}{2}=\dfrac{\sqrt{3}}{2}v$ 로 치환

하면 $du = \frac{\sqrt{3}}{2}\,dv$ 이므로 $\dfrac{2-\left(\frac{1}{2}+\frac{\sqrt{3}}{2}v\right)}{\frac{3}{4}(1+v^2)}\frac{\sqrt{3}}{2}\,dv = \frac{dX}{X}$ 즉,

$$\frac{\sqrt{3}-v}{1+v^2}\,dv = \frac{dX}{X} \quad\rightarrow\quad \sqrt{3}\frac{dv}{1+v^2}-\frac{1}{2}\frac{2v}{1+v^2}\,dv = \frac{dX}{X}$$

가 되므로 적분하여

$$\sqrt{3}\tan^{-1}v-\frac{1}{2}\ln(1+v^2) = \ln|X|+c\,.$$

그런데,

$$v = \frac{2}{\sqrt{3}}u-\frac{1}{\sqrt{3}} = \frac{2}{\sqrt{3}}\frac{Y}{X}-\frac{1}{\sqrt{3}} = \frac{2}{\sqrt{3}}\frac{y+\frac{1}{3}}{x-\frac{1}{3}}-\frac{1}{\sqrt{3}} = \frac{2}{\sqrt{3}}\frac{3y+1}{3x-1}-\frac{1}{\sqrt{3}}$$

이므로 대입하여 x, y에 대해 정리하면

$$\sqrt{3}\tan^{-1}\left(\frac{2}{\sqrt{3}}\frac{3y+1}{3x-1}-\frac{1}{\sqrt{3}}\right)-\frac{1}{2}\ln\left\{1+\left(\frac{2}{\sqrt{3}}\frac{3y+1}{3x-1}-\frac{1}{\sqrt{3}}\right)^2\right\} = \ln\left|x-\frac{1}{3}\right|+c$$

☑ 위에서 분모에 2차식이 있는 경우의 적분은 다음의 공식

$$\int\frac{dx}{ax^2+bx+c} = \begin{cases} -\dfrac{2}{\sqrt{D}}\tanh^{-1}\left\{\dfrac{(ax^2+bx+c)'}{\sqrt{D}}\right\}, & D>0 \\[2ex] \dfrac{2}{\sqrt{-D}}\tan^{-1}\left\{\dfrac{(ax^2+bx+c)'}{\sqrt{-D}}\right\}, & D<0 \end{cases}$$

를 이용할 수 있다. 즉, 주어진 식을

$$\frac{2-u}{u^2-u+1} = \frac{1}{2}\frac{-2u+4}{u^2-u+1} = \frac{1}{2}\frac{-(2u-1)+3}{u^2-u+1} = -\frac{1}{2}\frac{2u-1}{u^2-u+1}+\frac{3}{2}\frac{1}{u^2-u+1}$$

로 변형한 후에 적분하면

$$\begin{aligned} &-\frac{1}{2}\ln(u^2-u+1)+\frac{3}{2}\int\frac{du}{u^2-u+1} \\ &\quad= -\frac{1}{2}\ln(u^2-u+1)+\frac{3}{2}\cdot\frac{2}{\sqrt{3}}\tan^{-1}\left\{\frac{(u^2-u+1)'}{\sqrt{3}}\right\} \\ &\quad= -\frac{1}{2}\ln(u^2-u+1)+\sqrt{3}\tan^{-1}\left(\frac{2u-1}{\sqrt{3}}\right) \end{aligned}$$

으로 된다.

【9】 임의의 함수가 $F(x,y)=f(x)g(y)$의 꼴로 변수분리되기 위한 조건은 편미분을 $F_x = \frac{\partial F}{\partial x}$ 와 같이 아래첨자로 나타내기로 할 때 $\frac{F_x}{F} = \frac{F_{xy}}{F_y}$ 임을 보여라.

☞ $F(x,y)=f(x)g(y)$로 변수분리된다면

$$\frac{\partial F}{\partial x} = \frac{df}{dx} g, \quad \frac{\partial F}{\partial y} = f \frac{dg}{dy}, \quad \frac{\partial^2 F}{\partial x \partial y} = \frac{df}{dx} \frac{dg}{dy}$$

가 만족된다. 따라서, $\frac{F_x}{F} = \frac{F_{xy}}{F_y}$ 인 조건은 $\frac{\frac{df}{dx} g}{fg} = \frac{\frac{df}{dx}\frac{dg}{dy}}{f\frac{dg}{dy}} = \frac{1}{f}\frac{df}{dx}$ 로 항상 만족된다.

【10】 식(41)의 특수한 경우로 $\frac{dy}{dx} = f(p_1x + q_1y + r_1)$의 형태로 미분방정식이 주어지면 $u = p_1x + q_1y + r_1$ 인 치환에 의해 변수분리되는 것을 보여라(단, p_1, q_1, r_1은 상수).

☞ $\frac{dy}{dx} = f(p_1x + q_1y + r_1)$에서 $u = p_1x + q_1y + r_1$ 으로 치환하면

$\frac{du}{dx} = p_1 + q_1\frac{dy}{dx} = p_1 + q_1f(u)$. 따라서, $\frac{du}{p_1 + q_1f(u)} = dx$ 로 변수분리된다.

1-5 완전미분형 미분방정식

※다음의 미분방정식을 풀어라.

【1】 $(x^2 + y)dx + (y^2 + x)dy = P\,dx + Q\,dy = 0$에서 $R = \frac{\partial Q}{\partial x} - \frac{\partial P}{\partial y}$를 먼저 구해보자. $R = 1 - 1 = 0$이므로 완전미분형이다. 따라서, $x^2 + y$를 x에 관해 적분한 결과 $\frac{1}{3}x^3 + xy$와 $y^2 + x$를 y에 관해 적분한 결과 $\frac{1}{3}y^3 + xy$에서 "최대공약수"를 구하듯이 항을 택하면 $\frac{1}{3}x^3 + xy + \frac{1}{3}y^3 = c$

☑ 다시 언급하지만 "최대공약수"를 구하듯이 항을 택하여 해를 구하는 방법은 완전미분형인 경우에만 유효하다. 만일, 완전미분형이 아니라면 아무 의미가 없는 답을 얻게 된다.

【2】 $(x + e^y)dx + xe^y dy = 0$, $\quad R = \frac{\partial}{\partial x}(xe^y) - \frac{\partial}{\partial y}(x + e^y) = e^y - e^y = 0$이므로 완전미분형이다. 따라서, $\int x + e^y\,dx = \frac{1}{2}x^2 + xe^y$와 $\int xe^y\,dy = xe^y$로부터 "최대공약수"를 구하듯이 항을 택하면 $\frac{1}{2}x^2 + xe^y = c$

【3】 $e^{-\theta}dr - re^{-\theta}d\theta = 0.$ $R = \frac{\partial}{\partial r}(-re^{-\theta}) - \frac{\partial}{\partial \theta}(e^{-\theta}) = -e^{-\theta} + e^{-\theta} = 0$이므로 완전미분형이다. 따라서, $\int e^{-\theta}dr = re^{-\theta}$와 $\int -re^{-\theta}d\theta = re^{-\theta}$에서 $re^{-\theta} = c$가 해가 된다.

【4】 $-\frac{y}{x^2}dx + \frac{1}{x}dy = 0$에서 $R = \frac{\partial}{\partial x}\left(\frac{1}{x}\right) - \frac{\partial}{\partial y}\left(-\frac{y}{x^2}\right) = -\frac{1}{x^2} + \frac{1}{x^2} = 0$이므로 완전미분형이다. 즉, $\int -\frac{y}{x^2}dx = \frac{y}{x}$와 $\int \frac{1}{x}dy = \frac{y}{x}$에서 $\frac{y}{x} = c$.

※다음의 미분방정식을 완전미분형으로 바꾸어 풀어라.

【5】 $2ydx - xdy = 0$에서 $R = \frac{\partial}{\partial x}(-x) - \frac{\partial}{\partial y}(2y) = -3 \neq 0$이므로 완전미분형이 아니다. 그런데, $\frac{\mu'}{\mu} \sim R\left(-\frac{1}{Q} + i\frac{1}{P}\right)$인 공식에서 $\frac{\mu'}{\mu} \sim (-3)\left(-\frac{1}{-x} + i\frac{1}{2y}\right)$이다. 실수부도 x만의 함수, 허수부도 y만의 함수이다.

이 경우는 $\frac{\mu'}{\mu} = -\frac{3}{x}$를 풀어도 되고 $\frac{\mu'}{\mu} = -\frac{3}{2y}$를 풀어도 적분인자를 구할 수 있다. 즉, $\frac{\mu'}{\mu} = -\frac{3}{x}$에서 $\mu = \frac{1}{x^3}$ (적분상수는 생략)을 구하여 원래의 식에 곱하면 $\frac{2y}{x^3}dx - \frac{1}{x^2}dy = 0$이 되고 적분하면 $-\frac{y}{x^2} = c$가 된다.

또는 $\frac{\mu'}{\mu} = -\frac{3}{2y}$에서 $\mu = y^{-\frac{3}{2}}$를 구하여 미분방정식에 곱한 결과 $2y^{-\frac{1}{2}}dx - xy^{-\frac{3}{2}}dy = 0$을 적분하여 $2xy^{-\frac{1}{2}} = c$를 얻는다. 두 결과는 모두 $y = c_1x^2$의 꼴의 포물선을 나타낸다.

【6】 $dx - e^{y-x}dy = 0$에서 $R = \frac{\partial}{\partial x}(-e^{y-x}) - \frac{\partial}{\partial y}(1) = e^{y-x} \neq 0$이므로 적분인자 μ가 필요하다. 따라서, $\frac{\mu'}{\mu} \sim e^{y-x}\left(-\frac{1}{-e^{y-x}} + i\frac{1}{1}\right)$에서 실수부가 x만의 함수(상수함수의 경우를 포함한다)이므로 $\frac{\mu'}{\mu} = 1$을 풀어 $\mu = e^x$가 적분인자이다. 적분인자를 곱하면 $e^x dx - e^y dy = 0$이 되고 적분하면 $e^x - e^y = c$가 해가 된다.

【7】 $dx + (x+y+1)dy = 0$에서 $R = \frac{\partial}{\partial x}(x+y+1) - \frac{\partial}{\partial y}(1) = 1 \neq 0$이므로 적분인

자가 필요하다. $\frac{\mu'}{\mu} \sim 1\left(-\frac{1}{x+y+1}+i\frac{1}{1}\right)$에서 허수부가 y만의 함수이므로 $\frac{\mu'}{\mu}=1$을 풀어 $\mu=e^y$를 구한다. 이것을 미분방정식에 곱하고

$$e^y dx+(x+y+1)\,e^y dy=0$$

을 적분하면 $\int e^y\,dx = xe^y$와 $\int (x+y+1)\,e^y\,dy=(x+y)\,e^y$에서 $(x+y)e^y=c$가 해이다.

【8】 $y\sin x\,dx-2\cos x\,dy=0$에서 $R=\frac{\partial}{\partial x}(-2\cos x)-\frac{\partial}{\partial y}(y\sin x)=\sin x\neq 0$. 그런데, $\frac{\mu'}{\mu}\sim \sin x\left(-\frac{1}{-2\cos x}+i\frac{1}{y\sin x}\right)=\frac{1}{2}\tan x+i\frac{1}{y}$로 실수부는 x만의 함수, 허수부는 y만의 함수이므로 어느 쪽을 택하여도 적분인자를 구할 수 있다. 그러나, 간단한 형태를 적분하는 것이 유리하므로 $\frac{\mu'}{\mu}=\frac{1}{y}$를 택하여 $\mu=y$를 적분인자로 구한다. 따라서, $\mu=y$를 곱하면 $y^2\sin x\,dx-2y\cos x\,dy=0$이 되고 적분하면 $-y^2\cos x=c$가 된다.

★ 【9】 미분방정식 $Pdx+Qdy=0$의 적분인자가 다음과 같이 주어질 때, 상수 A, B는 오른쪽의 식으로부터 구할 수 있다는 것을 보여라.

☞ 적분인자의 정의 $du=\mu Pdx+\mu Qdy \implies \frac{\partial}{\partial x}(\mu Q)=\frac{\partial}{\partial y}(\mu P)$를 전개하면

$$\mu\frac{\partial Q}{\partial x}+Q\frac{\partial \mu}{\partial x}=\mu\frac{\partial P}{\partial y}+P\frac{\partial \mu}{\partial y}$$

즉

$$\frac{\partial Q}{\partial x}-\frac{\partial P}{\partial y}+\frac{Q}{\mu}\frac{\partial \mu}{\partial x}-\frac{P}{\mu}\frac{\partial \mu}{\partial y}=0$$

을 이용하면 된다.

★ 【10】 미분방정식 $2y^2dx+(x^3+3xy)\,dy=0$의 적분인자가 $\mu=\frac{1}{x^3y^5}$임을 보이고 해를 구하라.

☞ 앞의 문제 【9】의 (d)로부터

$$\frac{\partial Q}{\partial x}-\frac{\partial P}{\partial y}+A\frac{Q}{x}-B\frac{P}{y}=(3x^2+3y)-4y+A(x^2+3y)-B2y=0$$

을 풀면 $A=-3, B=-5$를 얻는다. 따라서 적분인자를 곱하면

$$\frac{2\,dx}{x^3y^3}+\left(\frac{1}{y^5}+\frac{3}{x^2y^4}\right)dy=0$$

이 되고 적분하면

$$\frac{1}{x^2y^3}+\frac{1}{4}\frac{1}{y^4}\ =c$$

를 얻는다.

제2장 2계 선형미분방정식

2-1 기본적인 정의

※다음의 함수들이 주어진 구간에서 1차독립인가, 또는 1차종속인가를 판단하라.

【1】 $y_1 = \sin x$, $y_2 = \cos x$ 는 $\dfrac{y_1}{y_2} = \tan x \neq$ 상수이므로 1차독립

【2】 양의 x 에 대하여 $|x| = x$ 이므로 $x|x| - 1 = x^2 - 1$ 이다. 따라서, $\dfrac{x|x|-1}{x^2-1} = 1$ 로 상수이므로 1차종속이다.

【3】 $y_1 = \cos 2x = \cos^2 x - \sin^2 x = 2\cos^2 x - 1 = 1 - 2\sin^2 x$ 임을 알고 있다. 따라서, $y_1 = \cos 2x$ 와 $y_2 = 1 - 2\sin^2 x$ 는 $y_1 = y_2$ 이므로 1차종속이다.

【4】 $y_1 = x^m$, $y_2 = x^n$ 에서 $m \neq n$ 이라면 $\dfrac{y_2}{y_1} = \dfrac{x^n}{x^m} = x^{n-m}$ 이고 x^{n-m} 은 모든 구간에서 상수가 아니므로 두 함수는 1차독립이다.

2-2 상계수를 갖는 제차미분방정식

※다음의 미분방정식을 풀어라.

【1】 $y'' - y' - 12y = 0$ 의 특성방정식은 $\lambda^2 - \lambda - 12 = (\lambda - 4)(\lambda + 3) = 0$ 이므로 $y = c_1 e^{4x} + c_2 e^{-3x}$

【2】 $y'' + 2y' + 5y = 0$ 의 특성방정식은 $\lambda^2 + 2\lambda + 5 = (\lambda + 1)^2 + 2^2 = 0$ 이므로 $y = e^{-x}(c_1 \cos 2x + c_2 \sin 2x)$

【3】 $y'' - 10y' + 25y = 0$에서 $\lambda^2 - 10\lambda + 25 = (\lambda - 5)^2 = 0$. 따라서,
$y = e^{5x}(c_1 + c_2 x)$

【4】 $2y'' - 5y' - 3y = 0$에서 $2\lambda^2 - 5\lambda - 3 = (2\lambda + 1)(\lambda - 3) = 0$. 따라서,
$y = c_1 e^{-\frac{1}{2}x} + c_2 e^{3x}$

【5】 $2y'' + y = 0$에서 $2\lambda^2 + 1 = 2\left\{\lambda^2 + \left(\frac{1}{\sqrt{2}}\right)^2\right\} = 0$. 따라서,
$y = e^{0x}\left(c_1 \cos\frac{x}{\sqrt{2}} + c_2 \sin\frac{x}{\sqrt{2}}\right)$. 즉, $y = c_1 \cos\frac{x}{\sqrt{2}} + c_2 \sin\frac{x}{\sqrt{2}}$

【6】 $3y'' - y = 0$에서 $3\lambda^2 - 1 = 3\left(\lambda - \frac{1}{\sqrt{3}}\right)\left(\lambda + \frac{1}{\sqrt{3}}\right) = 0$이므로
$y = c_1 e^{\frac{x}{\sqrt{3}}} + c_2 e^{-\frac{x}{\sqrt{3}}}$

【7】 $y'' - 2py' + (p^2 + q^2)y = 0$의 특성방정식은

$$\lambda^2 - 2p\lambda + p^2 + q^2 = (\lambda - p)^2 + q^2 = 0$$

으로 복소근 $\lambda = p \pm iq$를 갖는다. 이때, $e^{px}\cos qx$가 해가 되는 것을 직접 대입하여 보여라.

☞ $y'' - 2py' + (p^2 + q^2)y = 0$에서 $y = e^{px}\cos qx$가 해이다. 미분하여

$y' = e^{px}(p\cos qx - q\sin qx)$, $y'' = e^{px}(p^2\cos qx - pq\sin qx - pq\sin qx - q^2\cos qx)$

를 대입하면

$$e^{px}[(p^2 - q^2)\cos qx - 2pq\sin qx] - 2pe^{px}(p\cos qx - q\sin qx) + (p^2 + q^2)e^{px}\cos qx = 0$$

이므로 해가 되는 것을 확인할 수 있다.

2-3 Euler방정식

※다음의 미분방정식을 풀어라.

【1】 $x^2y'' - 4xy' + 4y = 0$의 보조방정식 $\lambda(\lambda - 1) - 4\lambda + 4 = (\lambda - 1)(\lambda - 4) = 0$으로

부터 $y = c_1 x + c_2 x^4$.

【2】 $x^2 y'' - xy' + 5y = 0$의 보조방정식 $\lambda(\lambda-1) - \lambda + 5 = (\lambda-1) + 2^2 = 0$으로부터 $y = x[c_1 \cos(2\ln x) + c_2 \sin(2\ln x)]$

【3】 $x^2 y'' + xy' - y = 0$에서 $\lambda(\lambda-1) + \lambda - 1 = (\lambda-1)(\lambda+1) = 0$이므로

$y = c_1 x + c_2 \dfrac{1}{x}$

【4】 $xy'' - y' = 0 \ \rightarrow \ x^2 y'' - xy' = 0$에서 $\lambda(\lambda-1) - \lambda = \lambda(\lambda-2) = 0$이므로

$y = c_1 + c_2 x^2$

【5】 두 동심구(同心球, concentric sphere) 사이의 정전위(靜電位)는 $r^2 \dfrac{d^2 V}{dr^2} + 2r \dfrac{dV}{dr} = 0$으로부터 결정된다고 한다. $r = a$에서 $V = V_a$, $r = b$에서 $V = V_b$인 정전위를 구하라.

☞ $r^2 V'' + 2rV' = 0$의 보조방정식 $\lambda(\lambda-1) + 2\lambda = \lambda(\lambda+1) = 0$에서

$V = c_1 + c_2 \dfrac{1}{r}$이다. 주어진 조건을 대입하여 상수 c_1과 c_2를 구하면 다음과 같다.

$$\frac{V - V_a}{V_b - V_a} = \frac{\dfrac{1}{r} - \dfrac{1}{r_a}}{\dfrac{1}{r_b} - \dfrac{1}{r_a}}$$

2-4 차수내림과 1계 도함수의 소거

※다음의 미분방정식의 한 해가 괄호 안에 주어져 있을 때, 1차독립인 다른 해를 구하라.

【1】 $x^2 y'' - 6y = 0$, $y = x^3$이 한 해로 주어져 있다. 표준형으로 두면 미분방정식은 $y'' - \dfrac{6}{x^2} y = 0$으로 y'의 계수가 0이 되어 $p = e^{\int 0} = 1$이다.

따라서, $y = y_1 \int \dfrac{1}{p y_1^2} = x^3 \int \dfrac{1}{x^6} = x^3 \left(-\dfrac{1}{5} x^{-5} \right) = -\dfrac{1}{5} x^{-2}$. 여기서, 계수는 의미가 없으므로 $y_2 = \dfrac{1}{x^2}$이 다른 해가 된다.

【2】 $(x^2-x)y''-xy'+y=0,\quad y_1=x$ 이다. 표준형으로 쓰면

$$y''-\frac{x}{x^2-x}y'+\frac{1}{x^2-x}y=y''-\frac{1}{x-1}y'+\frac{1}{x^2-x}y=0$$

따라서, $p=e^{\int -\frac{1}{x-1}}=e^{-\ln|x-1|}=\frac{1}{x-1}$ 이므로

$$y=y_1\int\frac{1}{py_1^2}=x\int\frac{(x-1)}{x^2}=x\int\frac{1}{x}-\frac{1}{x^2}=x\left(\ln|x|+\frac{1}{x}\right)=x\ln|x|+1$$

【3】 $(x-1)y''-xy'+y=0,\quad y=e^x$

표준형으로 쓰면 $y''-\frac{x}{x-1}y'+\frac{1}{x-1}y=0$ 따라서,

$$p=e^{\int -\frac{x}{x-1}}=e^{\int -1-\frac{1}{x-1}}=e^{-x-\ln|x-1|}=\frac{1}{x-1}e^{-x}$$

이므로

$$y=y_1\int\frac{1}{py_1^2}=e^x\int(x-1)e^x\frac{1}{e^{2x}}=e^x\int(x-1)e^{-x}$$

$$=e^x\{(x-1)(-e^{-x})-(1)(e^{-x})\}=-x$$

따라서, $y_2=x$ (계수 -1은 의미가 없다).

【4】 $(x^2-x)y''+(3x-1)y'+y=0,\quad y=\frac{1}{1-x}$

표준형: $y''+\frac{3x-1}{x^2-x}y'+\frac{1}{x^2-x}y=0$에서 $\frac{3x-1}{x^2-x}=\frac{3x-1}{x(x-1)}=\frac{1}{x}+\frac{2}{x-1}$ 이므로

$$p=e^{\int\frac{1}{x}+\frac{2}{x-1}}=e^{\ln|x|+2\ln|x-1|}=x(x-1)^2$$

$$y=y_1\int\frac{1}{py_1^2}=\frac{1}{x-1}\int\frac{(x-1)^2}{x(x-1)^2}=\frac{1}{x-1}\ln x$$

【5】 $(1-x^2)y''-2xy'=0$ 표준형으로 쓰면 $y''-\frac{2x}{1-x^2}y'=0.$

$$p=e^{\int\frac{-2x}{1-x^2}}=e^{\ln|1-x^2|}=1-x^2 \text{ 이므로}$$

$$y=y_1\int\frac{1}{py_1^2}=1\int\frac{1}{1-x^2}=\frac{1}{2}\int\left(\frac{1}{1+x}+\frac{1}{1-x}\right)=\frac{1}{2}\ln\frac{1+x}{1-x}$$

【6】 $x^2y''+xy'+\left(x^2-\frac{1}{4}\right)y=0,\quad y=\frac{\sin x}{\sqrt{x}}$

표준형은 $y'' + \frac{1}{x}y' + \left(1 - \frac{1}{4x^2}\right)y = 0$이므로 $p = e^{\int \frac{1}{x}} = x$

$$y = y_1 \int \frac{1}{py_1^2} = \frac{\sin x}{\sqrt{x}} \int \frac{1}{x \frac{\sin^2 x}{x}}$$

$$\frac{\sin x}{\sqrt{x}} \int \frac{1}{\sin^2 x} = \frac{\sin x}{\sqrt{x}}\left(-\frac{\cos x}{\sin x}\right) = -\frac{\cos x}{\sqrt{x}}$$

따라서, 다른 해는 $y_2 = \frac{\cos x}{\sqrt{x}}$

참고: $\frac{d}{dx}\cot x = \frac{d}{dx}\frac{\cos x}{\sin x} = \frac{-\sin x \sin x - \cos x \cos x}{\sin^2 x} = -\frac{1}{\sin^2 x} = -\csc^2 x$

【7】 $\frac{1}{r^2}\frac{d}{dr}\left(r^2 \frac{dy}{dr}\right) + y = 0, \quad y = \frac{\sin r}{r}$

주어진 미분방정식을 정리하면

$y'' + \frac{2}{r}y' + y = 0$이므로 $p = e^{\int \frac{2}{r}} = r^2$

$$y = y_1 \int \frac{1}{py_1^2} = \frac{\sin r}{r} \int \frac{1}{r^2 \frac{\sin^2 r}{r^2}} = \frac{\sin r}{r} \int \frac{1}{\sin^2 r}$$

$$= \frac{\sin r}{r}\left(-\frac{\cos r}{\sin r}\right) = -\frac{\cos r}{r}$$

이므로 다른 해는 $y_2 = \frac{\cos r}{r}$

【8】 $(1-x^2)y'' - 2xy' + 2y = 0, \quad y = x$

표준형으로 쓰면 $y'' - \frac{2x}{1-x^2}y' + \frac{2}{1-x^2}y = 0$에서

$p = e^{\int \frac{-2x}{1-x^2}} = e^{\ln|1-x^2|} = 1 - x^2$ 을 이용하면

$$y = y_1 \int \frac{1}{py_1^2} = x \int \frac{1}{(1-x^2)x^2} = x \int \left(\frac{1}{1-x^2} + \frac{1}{x^2}\right)$$

$$= x \int \left[\frac{1}{2}\left(\frac{1}{1+x} + \frac{1}{1-x}\right) + \frac{1}{x^2}\right] = x\left[\frac{1}{2}\ln\frac{1+x}{1-x} - \frac{1}{x}\right] = \frac{x}{2}\ln\frac{1+x}{1-x} - 1$$

으로부터 $y_2 = \frac{x}{2}\ln\frac{1+x}{1-x} - 1$

【9】 Legendre (르장드르)방정식 $(1-x^2)y'' - 2xy' + n(n+1)y = 0$의 한 해를

$P_n(x)$라고 하면 다른 해는 $y_2 = P_n(x)\int \frac{dx}{(1-x^2)[P_n(x)]^2}$ 으로 주어지는 것을 보여라.

☞ 르장드르방정식: $(1-x^2)y'' - 2xy' + n(n+1)y = 0,\quad y_1 = P_n(x)$

표준형으로 쓰면 $y'' - \frac{2x}{1-x^2}y' + \frac{n(n+1)}{1-x^2}y = 0$이므로

$p = e^{\int \frac{-2x}{1-x^2}} = e^{\ln(1-x^2)} = 1-x^2$ 을 얻는다. 따라서,

$$y = y_1\int \frac{1}{py_1^2} = P_n\int \frac{1}{(1-x^2)P_n^2}$$

【10】 Bessel(베셀)방정식 $x^2y'' + xy' + (x^2-\nu^2)y = 0$의 한 해를 $J_\nu(x)$라고 하면 다른 해는 $y_2 = J_\nu(x)\int \frac{dx}{x[J_\nu(x)]^2}$ 로 쓸 수 있음을 보여라.

☞ 베셀방정식: $x^2y'' + xy' + (x^2-\nu^2)y = 0,\quad y = J_\nu(x)$

표준형: $y'' + \frac{1}{x}y' + \left(1-\frac{\nu^2}{x^2}\right)y = 0$에서 $p = e^{\int \frac{1}{x}} = x$ 이므로

$$y = y_1\int \frac{1}{py_1^2} = J_\nu\int \frac{1}{xJ_\nu^2}$$

※다음의 미분방정식의 해를 1계 도함수를 소거하는 방법으로 구하라.

【11】 $x^2y'' + (4x-x^2)y' + (2-2x)y = 0$

☞ 주어진 미분방정식을 표준형으로 쓰면

$$y'' + \left(\frac{4}{x}-1\right)y' + \left(\frac{2}{x^2}-\frac{2}{x}\right)y = 0$$

으로 된다. 따라서, $\frac{a}{2} = \frac{2}{x}-\frac{1}{2}$, $\int \frac{a}{2} = 2\ln x - \frac{x}{2}$, $e^{-\int \frac{a}{2}} = \frac{e^{x/2}}{x^2}$ 이므로

$$z'' + \left[\frac{2}{x^2} - \frac{2}{x} - \left(\frac{2}{x}-\frac{1}{x}\right)^2 - \left(-\frac{2}{x^2}\right)\right]z = 0 \;\rightarrow\; z'' - \frac{1}{4}z = 0$$

즉, $z = c_1e^{-x/2} + c_2e^{x/2}$ 가 되고, 최종해는 $y = ze^{-\int \frac{a}{2}} = z\frac{e^{x/2}}{x^2}$ 으로부터

$$y = c_1\frac{1}{x^2} + c_2\frac{e^x}{x^2}$$

【12】 $x^2y'' - 2xy' + (x^2+2)y = 0$

☞ 주어진 미분방정식을 표준형으로 쓰면

$$y'' - \frac{2}{x}y' + \left(1 + \frac{2}{x^2}\right)y = 0$$

따라서, $\frac{a}{2} = -\frac{1}{x}$, $\int \frac{a}{2} = -\ln x$, $e^{-\int \frac{a}{2}} = x$ 이므로

$$z'' + \left[1 + \frac{2}{x^2} - \left(-\frac{1}{x}\right)^2 - \left(\frac{1}{x^2}\right)\right]z = 0 \ \rightarrow \ z'' + z = 0$$

즉, $z = c_1 \cos x + c_2 \sin x$ 가 되고, 최종해는 $y = ze^{-\int \frac{a}{2}} = zx$ 으로부터

$$y = c_1 x \sin x + c_2 x \cos x$$

2-6 미정계수법(상계수 비제차미분방정식)

※다음의 미분방정식을 미정계수법을 적용하여 풀어라.

【1】 $y'' + 4y = 4$에서 먼저 제차해를 구하면 $\lambda^2 + 4 = 0 \ \rightarrow \ \lambda = \pm 2$
$y = e^{2x}$, e^{-2x} 이므로 특수해를 $y = A$ 로 가정한다(즉, 제차항이 제차해에 포함되어 있지 않다). 대입하면 $4A = 4$. 따라서, $y_p = 1$

【2】 $y'' - 4y = \cos x$ 에서 제차해는 $\lambda^2 - 4 = 0$에서 $y = e^{2x}$, e^{-2x}
즉, $y = A\cos x + B\sin x$

$$y' = -A\sin x + B\cos x$$

$$y'' = -A\cos x - B\sin x$$

를 대입하고 정리하면

$$-A\cos x - B\sin x - 4A\cos x - 4B\sin x = \cos x$$

계수비교에서

$-5A = 1$, $-5B = 0$ 따라서, 특수해는 $y_p = -\frac{1}{5}\cos x$

【3】 $y'' - y' - 6y = x + e^{-x}$. 이와 같이 제차항이 여러개로 이루어진 경우 각각에 대해 특수해를 구하여 더한다. 즉,

$y'' - y' - 6y = x$ 일 때의 특수해와 $y'' - y' - 6y = e^{-x}$ 일 때의 특수해를 따로

구하여 더한다. 먼저, 제차해가 제차항에 포함되어 있는가를 확인해야 하므로 $\lambda^2-\lambda-6=(\lambda-3)(\lambda+2)=0$에서 $y=e^{3x}$, e^{-2x}를 구한다.

① $y''-y'-6y=x$일 때는 $y=Ax+B$로 두어 $y'=A$, $y''=0$을 대입하여 $0-A-6Ax-6B=x$에서 계수비교를 하면 $-6A=1$, $-A-6B=0$

따라서, $y_p=-\frac{1}{6}x+\frac{1}{36}$.

② 두 번째로 $y''-y'-6y=e^{-x}$일 때는 $y=Ae^{-x}$로 가정하여 $y'=-Ae^{-x}$, $y''=Ae^{-x}$를 대입하면 $Ae^{-x}+Ae^{-x}-6Ae^{-x}=e^{-x}$.

계수비교에서 $-4A=1$이므로 $y_p=-\frac{1}{4}e^{-x}$

최종적으로 특수해는 $y_p=-\frac{1}{6}x+\frac{1}{36}-\frac{1}{4}e^{-x}$

【4】 $y''+y'-2y=x^2-\sin x$

제차해는 $\lambda^2+\lambda-2=(\lambda+2)(\lambda-1)=0$에서 $y=e^{-2x}$, e^x

① $y=Ax^2+Bx+C$로 한 경우에 $y'=2Ax+B$, $y''=2A$를 대입하여

$2A+(2Ax+B)-2Ax^2-2Bx-2C=x^2$ 으로부터 계수비교를 하면

$-2A=1$, $2A-2B=0$, $2A+B-2C=0$이 되므로

$$y=-\frac{1}{2}x^2-\frac{1}{2}x-\frac{3}{4}$$

② 또한, $y=A\sin x+B\cos x$로 한 경우에 대해서는

$y'=A\cos x-B\sin x$, $y''=-A\sin x-B\cos x$를 대입하여

$$-A\sin x-B\cos x+(A\cos x-B\sin x)-2A\sin x-2B\cos x=-\sin x$$

를 얻고 계수비교에서

$$-A-B-2A=-1,\quad -B+A-2B=0$$

으로부터 $y=\frac{3}{10}\sin x+\frac{1}{10}\cos x$. 따라서, 구하고자 하는 특수해는

$$y_p=-\frac{1}{4}(2x^2+2x+3)+\frac{1}{10}(3\sin x+\cos x)$$

【5】 $y''+2y'+2y=e^{-x}\cos x$에서 제차해는 $\lambda^2+2\lambda+2=(\lambda+1)^2+1=0$이므로 $y=e^{-x}\cos x$, $e^{-x}\sin x$이다. 제차항은 이미 제차해에 포함되어 있으므로 특수해를 $y=e^{-x}(Ax\cos x+Bx\sin x)$로 가정한다. 그러면,

$$y' = e^{-x}(-Ax\cos x - Bx\sin x - Ax\sin x + Bx\cos x + A\cos x + B\sin x)$$
$$= e^{-x}[x\cos x(-A+B) + x\sin x(-A-B) + A\cos x + B\sin x]$$
$$y'' = e^{-x}[x\cos x(A-B-A-B) + x\sin x(A+B+A-B)$$
$$\cos x(-A+B-A+B) + \sin x(-B-A-A-B)]$$
$$= e^{-x}[x\cos x(-2B) + x\sin x(2A) + \cos x(-2A+2B) + \sin x(-2A-2B)]$$

따라서,

$$y'' + 2y' + 2y$$
$$= e^{-x}x\cos x(-2B-2A+2B+2A)$$
$$+ e^{-x}x\sin x(2A-2A-2B+2B)$$
$$+ e^{-x}\cos x(-2A+2B+2A)$$
$$+ e^{-x}\sin x(-2A-2B+2B) = e^{-x}\cos x$$

가 된다. 계수비교에서 $2B = 1$, $-2A = 0$. 따라서, $y_p = \frac{1}{2}e^{-x}x\sin x$

【6】 $y'' + 4y' + 4y = x^2 + e^{-2x}$ 에서 제차해는 $y = e^{-2x}$, xe^{-2x} 이다. 먼저, x^2 에 대응하는 특수해를 구하면

$$y = Ax^2 + Bx + C,\ y' = 2Ax + B,\ y'' = 2A$$

를 대입하여

$$2A + (8Ax + 4B) + 4Ax^2 + 4Bx + 4C = x^2$$

즉,

$$4A = 1,\ 8A + 4B = 0,\ 2A + 4B + 4C = 0$$

따라서, $y_p = \frac{1}{8}(2x^2 - 4x + 3)$.

e^{-2x} 에 대응하는 해는 2중근으로 포함되어 있으므로 x^2 을 곱하여 $y = e^{-2x}(Ax^2)$ 으로 특수해를 가정한다. 그러면,

$$y' = e^{-2x}(-2Ax^2 + 2Ax)$$
$$y'' = e^{-2x}(4Ax^2 - 4Ax - 4Ax + 2A)$$

가 되고 미분방정식에 대입하면,

$$e^{-2x}(4Ax^2 - 8Ax + 2A - 8Ax^2 + 8Ax + 4Ax^2) = 2Ae^{-2x} = e^{-2x}.$$

따라서, 특수해는

$$y_p = \frac{1}{8}(2x^2 - 4x + 3) + \frac{1}{2}x^2e^{-2x}$$

【7】 $y' + 2y = \cos x$, 제차해는 $y = e^{-2x}$. 특수해를 $y = A\cos x + B\sin x$ 로 가정한다. $y' = -A\sin x + B\cos x$ 를 대입하면

$$-A\sin x + B\cos x + 2A\cos x + 2B\sin x = \cos x$$

에서 $B + 2A = 1$, $-A + 2B = 0$ → $A = \frac{2}{5}$, $B = \frac{1}{5}$. 따라서,

$$y_p = \frac{1}{5}(2\cos x + \sin x)$$

【8】 $y' - y = x^2$, 제차해는 $y = e^x$ 이다.
특수해를 $y = Ax^2 + Bx + C$ 로 가정한다. $y' = 2Ax + B$ 를 대입하면

$$2Ax + B - Ax^2 - Bx - C = x^2$$

으로부터 $-A = 1$, $2A - B = 0$, $B - C = 0$. 따라서,

$$y_p = -x^2 - 2x - 2$$

2-7 매개변수변환법(일반적인 비제차미분방정식)

※매개변수변환법을 이용하여 다음의 미분방정식의 해를 구하라.

【1】 $y'' + y = \sec x$ 특성방정식 $\lambda^2 + 1 = 0$ → $y = \cos x$, $\sin x$
$y = c_1\cos x + c_2\sin x$ 가 제차해이므로

① $c_1'\cos x + c_2'\sin x = 0$

② $-c_1'\sin x + c_2'\cos x = \frac{1}{\cos x}$

첫 번째 식에서 $c_1' = -c_2'\frac{\sin x}{\cos x}$ 를 얻고 두 번째 식에 대입하면

$c_2'\frac{\sin^2 x}{\cos x} + c_2'\cos x = \frac{1}{\cos x}$. 이것을 풀면 $c_2' = 1$. 따라서, $c_1' = -\frac{\sin x}{\cos x}$. 적분하여 $c_1 = \int -\frac{\sin x}{\cos x} = \ln|\cos x|$, $c_2 = \int 1 = x$

즉, 특수해는 $y_p = \cos x\ln|\cos x| + x\sin x$

【2】 $4y'' - y = xe^{x/2}$ 에서 특성방정식은 $4\lambda^2 - 1 = 4\left(\lambda - \frac{1}{2}\right)\left(\lambda + \frac{1}{2}\right) = 0$이므로

$y = c_1e^{\frac{1}{2}x} + c_2e^{-\frac{1}{2}x}$가 제차해이다. 그런데, 주어진 미분방정식을 표준형으로 쓰면

$y'' - \frac{1}{4}y = \frac{1}{4}xe^{\frac{1}{2}x}$ 이다. 즉, 제차항은 $h(x) = \frac{1}{4}xe^{\frac{1}{2}x}$ 임을 주의한다. 매개변수변환을 이용하면

① $c_1{}'e^{\frac{1}{2}x} + c_2{}'e^{-\frac{1}{2}x} = 0$

② $\frac{1}{2}c_1{}'e^{\frac{1}{2}x} - \frac{1}{2}c_2{}'e^{-\frac{1}{2}x} = \frac{1}{4}xe^{\frac{1}{2}x}$

먼저, $c_2{}' = -c_1{}'e^x$ 을 구하고 다음 식에 대입하면 $c_1{}' = \frac{1}{4}x$ 를 얻는다. 따라서, $c_1 = \int \frac{1}{4}x = \frac{1}{8}x^2$, $c_2 = -\frac{1}{4}\int xe^x = -\frac{1}{4}[xe^x - 1e^x] = \frac{1}{4}(1-x)e^x$. 최종해는 $y_p = \left(\frac{1}{8}x^2\right)e^{\frac{1}{2}x} + \frac{1}{4}(1-x)e^x e^{-\frac{1}{2}x} = e^{\frac{1}{2}x}\left(\frac{1}{8}x^2 - \frac{1}{4}x + \frac{1}{4}\right)$. 여기서, 마지막 상수항은 제차해와 동일하므로 생략해도 된다.

【3】 $2y'' + y' - y = x+1$에서 특성방정식은 $2\lambda^2 + \lambda - 1 = (2\lambda - 1)(\lambda + 1) = 0$. 따라서, $y = c_1e^{\frac{1}{2}x} + c_2e^{-x}$가 제차해이다. 그리고, 미분방정식을 표준형으로 쓰면 $y'' + \frac{1}{2}y' - \frac{1}{2}y = \frac{1}{2}(x+1)$이므로 $h(x) = \frac{1}{2}(x+1)$이다.

① $c_1{}'e^{\frac{1}{2}x} + c_2{}'e^{-x} = 0 \ \rightarrow \ c_2{}' = -c_1{}'e^{\frac{3}{2}x}$

② $\frac{1}{2}c_1{}'e^{\frac{1}{2}x} - c_2{}'e^{-x} = \frac{1}{2}(x+1) \ \rightarrow \ \frac{1}{2}c_1{}'e^{\frac{1}{2}x} + c_1{}'e^{\frac{1}{2}x} = \frac{1}{2}(x+1)$

따라서, $c_1{}' = \frac{1}{3}(x+1)e^{-\frac{1}{2}x}$, $c_2{}' = -\frac{1}{3}(x+1)e^x$. 적분하면

$$c_1 = \frac{1}{3}\int (x+1)e^{-\frac{1}{2}x} = \frac{1}{3}\left[(x+1)\left(-2e^{-\frac{1}{2}x}\right) - (1)\left(4e^{-\frac{1}{2}x}\right)\right]$$
$$= -\frac{2}{3}(x+3)e^{-\frac{1}{2}x}$$

$$c_2 = -\frac{1}{3}\int (x+1)e^x = -\frac{1}{3}[(x+1)e^x - (1)e^x] = -\frac{1}{3}xe^x$$

따라서, 특수해는

$$y_p = -\frac{2}{3}(x+3)e^{-\frac{1}{2}x}e^{\frac{1}{2}x} - \frac{1}{3}xe^xe^{-x} = -\frac{2}{3}x - 2 - \frac{1}{3}x = -x-2$$

【4】 $y'' - 3y' + 2y = x^2e^{2x}$ 에서 특성방정식 $\lambda^2 - 3\lambda + 2 = (\lambda - 1)(\lambda - 2) = 0$으로부터 제차해는 $y = c_1e^x + c_2e^{2x}$ 이다.

① $c_1{}'e^{x}+c_2{}'e^{2x}=0 \;\rightarrow\; c_1{}'=-c_2{}'e^{x}$

② $c_1{}'e^{x}+2c_2{}'e^{2x}=x^2e^{2x} \;\rightarrow\; -c_2{}'e^{2x}+2c_2{}'e^{2x}=x^2e^{2x}$

따라서, $c_2{}'=x^2$, $c_1{}'=-x^2e^x$. 적분하면

$$c_1=-\int x^2e^x=-[x^2e^x-2xe^x+2e^x]=(-x^2+2x-2)e^x, \qquad c_2=\frac{1}{3}x^3$$

가 된다. 특수해는

$$y_p=(-x^2+2x-2)e^x\cdot e^x+\frac{1}{3}x^3e^{2x}=\left(\frac{1}{3}x^3-x^2+2x-2\right)e^{2x}$$

【5】 $y''-4y'+5y=\dfrac{2e^{2x}}{\sin x}$ 에서 $\lambda^2-4\lambda+5=(\lambda-2)^2+1^2=0$인 특성방정식으로부터 $y=c_1e^{2x}\cos x+c_2e^{2x}\sin x$ 인 제차해를 얻는다. 따라서,

① $c_1{}'e^{2x}\cos x+c_2{}'e^{2x}\sin x=0 \;\rightarrow\; c_1{}'=-\dfrac{\sin x}{\cos x}c_2{}'$

② $c_1{}'e^{2x}(2\cos x-\sin x)+c_2{}'e^{2x}(2\sin x+\cos x)=\dfrac{2e^{2x}}{\sin x}$

두 번째 식으로부터 $c_2{}'\left[-\dfrac{\sin x}{\cos x}(2\cos x-\sin x)+2\sin x+\cos x\right]=\dfrac{2}{\sin x}$, 즉

$c_2{}'\dfrac{1}{\cos x}=\dfrac{2}{\sin x} \;\rightarrow\; c_2{}'=2\dfrac{\cos x}{\sin x}$. 따라서, $c_1{}'=-2$. 적분하여

$c_1=-2x$, $c_2=2\ln|\sin x|$이므로 특수해는

$$y_p=-2xe^{2x}\cos x+2\ln|\sin x|e^{2x}\sin x$$

【6】 $x^2y''-2xy'+2y=x^3\sin x$, $y''-\dfrac{2}{x}y'+\dfrac{2}{x^2}y=x\sin x$ 가 표준형이다.

보조방정식 $\lambda(\lambda-1)-2\lambda+2=(\lambda-1)(\lambda-2)=0$에서 $y=c_1x+c_2x^2$ 이 제차해이다.

① $c_1{}'x+c_2{}'x^2=0 \;\rightarrow\; c_1{}'=-xc_2{}'$

② $c_1{}'+c_2{}'2x=x\sin x \;\rightarrow\; -xc_2{}'+2xc_2{}'=x\sin x$

로부터 $c_1{}'=-x\sin x$, $c_2{}'=\sin x$. 적분하면 $c_1=x\cos x-\sin x$, $c_2=-\cos x$.

특수해는

$$y_p=(x\cos x-\sin x)x+(-\cos x)x^2=-x\sin x$$

【7】 $x^2y''-4xy'+6y=x^4\ln x$, 즉 $y''-\dfrac{4}{x}y'+\dfrac{6}{x^2}y=x^2\ln x$

보조방정식 $\lambda(\lambda-1)-4\lambda+6=(\lambda-2)(\lambda-3)=0$으로부터 $y=c_1x^2+c_2x^3$.

① $c_1'x^2+c_2'x^3=0 \rightarrow c_1'=-xc_2'$

② $c_1'2x+c_2'3x^2=x^2\ln x \rightarrow -2x^2c_2'+c_2'3x^2=x^2\ln x$

에서 $c_2'=\ln x$, $c_1'=-x\ln x$ 이다. 적분하면

$c_1=-\frac{1}{2}x^2\ln x+\frac{1}{4}x^2$, $c_2'=x\ln x-x$

따라서, $y_p=\left(-\frac{1}{2}x^2\ln x+\frac{1}{x^2}\right)x^2+(x\ln x-x)x^3=\frac{1}{4}x^4(2\ln x-3)$

【8】 $x^2y''-2y=x$, 표준형은 $y''-\frac{2}{x^2}y=\frac{1}{x}$. 보조방정식

$\lambda(\lambda-1)-2=(\lambda+1)(\lambda-2)=0$으로부터 $y=c_1x^{-1}+c_2x^2$ 이 제차해이다.

① $c_1'x^{-1}+c_2'x^2=0 \rightarrow c_1'=-x^3c_2'$

② $-c_1'x^{-2}+2c_2'x=\frac{1}{x} \rightarrow xc_2'+2c_2'x=\frac{1}{x}$

로부터 $c_2'=\frac{1}{3x^2}$, $c_1'=-\frac{x}{3}$. 적분하면 $c_1=-\frac{1}{6}x^2$, $c_2=-\frac{1}{3x}$

특수해는 $y_p=\left(-\frac{1}{6}x^2\right)\frac{1}{x}+\left(-\frac{1}{3x}\right)x^2=-\frac{1}{2}x$

【9】 구간 $-1<x<0$에서 정의된 미분방정식 $(1-x^2)y''-2xy'+2y=1-x^2$ 의 한 제차해가 $y=x$ 이다. 차수내림으로 특수해를 구하라.

☞ $(1-x^2)y''-2xy'+2y=1-x^2$ 의 한 제차해가 $y=x$. 표준형으로 쓰면

$y''-\frac{2x}{1-x^2}y'+\frac{2}{1-x^2}y=1$이므로 $p=e^{\int\frac{-2x}{1-x^2}}=e^{\ln(1-x^2)}=1-x^2$.

따라서, $\int py_1h=\int(1-x^2)x(1)=\frac{1}{2}x^2-\frac{1}{4}x^4$ 이고 특수해는

$$y_p=y_1\int\frac{\int py_1h}{py_1^2}=x\int\frac{\frac{1}{2}x^2-\frac{1}{4}x^4}{(1-x^2)x^2}$$

$$=\frac{1}{4}x\int 1+\frac{1}{1-x^2}=\frac{1}{4}x\int\left[1+\frac{1}{2}\left(\frac{1}{1+x}+\frac{1}{1-x}\right)\right]$$

로부터 $y_p=\frac{1}{4}x^2+\frac{1}{8}x\ln\frac{1+x}{1-x}$

【10】 $y''-y'\tan x-y\sec^2x=x$ 의 한 제차해가 $y=\sec x$ 이다. 차수내림으로 다

른 제차해와 특수해를 구하라.

☞ $y'' - y'\tan x - y\sec^2 x = x$ 의 한 제차해가 $y = \sec x$ 이다.

$p = e^{-\frac{\sin x}{\cos x}} = e^{\ln|\cos x|} = \cos x$. 다른 제차해는

$y_2 = y_1 \int \frac{1}{py_1^2} = \frac{1}{\cos x} \int \frac{1}{\cos x \frac{1}{\cos^2 x}} = \frac{1}{\cos x} \int \cos x = \tan x$. 또한,

$\int py_1 h = \int \cos x \frac{1}{\cos x} x = \frac{1}{2} x^2$ 이므로

$$y_p = y_1 \int \frac{\int py_1 h}{py_1^2} = \frac{1}{\cos x} \int \frac{\frac{1}{2} x^2}{\cos x \frac{1}{\cos^2 x}} = \frac{1}{\cos x} \int \frac{1}{2} x^2 \cos x$$

$$= \frac{1}{\cos x} \frac{1}{2} [x^2(\sin x) - 2x(-\cos x) - 2(-\sin x)] = x + \left(\frac{1}{2} x^2 + 1\right) \tan x$$

【11】 $x(y'' - y') - (y'' - y) = 1$에서 $y = y' = y''$ 을 만족하는 함수가 있다면 미분방정식의 하나의 제차해가 될 것이다. 이것을 구하고 차수내림으로 다른 제차해와 특수해를 구하라.

☞ $x(y'' - y') - (y'' - y) = 1$에서 $y'' = y' = y$를 만족하는 함수는 $y = e^x$ 임을 알고 있다. 주어진 미분방정식을 표준형으로 쓰면 $y'' - \frac{x}{x-1} y' + \frac{1}{x-1} y = \frac{1}{x-1}$ 이고

$$p = e^{\int -\frac{x}{x-1}} = e^{-1-\frac{1}{x-1}} = e^{-x - \ln|x-1|} = \frac{1}{x-1} e^{-x}$$

로 된다. 따라서, 다른 제차해는

$$y_2 = y_1 \int \frac{1}{py_1^2} = e^x \int \frac{(x-1) e^x}{e^{2x}}$$

$$= e^x \int (x-1) e^{-x} = e^x [(x-1)(-e^x) - (1)(e^{-x})] = -x. \text{ 즉, } y_2 = x.$$

그런데, $\int py_1 h = \int \frac{1}{x-1} e^{-x} (e^x) \frac{1}{x-1} = \int \frac{1}{(x-1)^2} = -\frac{1}{x-1}$ 이므로

$$y_p = y_1 \int \frac{\int py_1 h}{py_1^2} = e^x \int \frac{-\frac{1}{(x-1)}(x-1) e^x}{e^{2x}} = e^x \int (-e^{-x}) = e^x e^{-x} = 1$$

따라서, 특수해는 $y_p = 1$이다.

【12】 비제차선형미분방정식 $y'' + ay' + by = h$ 의 한 제차해가 y_1 이라면 일반해는

다음과 같음을 보여라.

$$y = \left(c_1 y_1 + c_2 y_1 \int \frac{1}{p y_1^2}\right) + y_1 \int \frac{\int p y_1 h}{p y_1^2}$$

☞ 비제차선형미분방정식 $y'' + ay' + by = h$의 한 제차해가 y_1 이라면 $p = e^{\int a}$ 라고 할 때, 다른 제차해는 $y_2 = y_1 \int \frac{1}{p y_1^2}$ 로 주어진다. 또한, 특수해는 $y_p = y_1 \int \frac{\int p y_1 h}{p y_1^2}$ 이므로 일반해는

$$y = c_1 y_1 + c_2 y_2 + y_p = c_1 y_1 + c_2 y_1 \int \frac{1}{p y_1^2} + y_1 \int \frac{\int p y_1 h}{p y_1^2}$$

2-8 초기값문제와 경계값문제

※다음의 경계치문제가 해를 갖는가, 또는 해를 가지면 유일한 해인가를 판단하라.

【1】 $y'' = 0$을 풀면 $y = Ax + B$. 경계조건 $y(0) = 1$로부터 $B = 1$. 또한 $y(L) = 0$으로부터 $0 = AL + 1 \rightarrow A = -\frac{1}{L}$. 즉, $y = -\frac{1}{L}x + 1$인 유일한 해를 갖는다.

【2】 $y'' - y = 0$, $\lambda^2 - 1 = 0$에서 $y = Ae^x + Be^{-x}$인 일반해를 갖는다. $y(0) = 0$과 $y(L) = 0$으로부터 $A + B = 0$, $Ae^L + Be^{-L} = 0$. 따라서, $B = -A$ 를 대입하면 $Ae^L - Ae^{-L} = 0$. 그런데, $L \neq 0$이므로 $A = B = 0$. 즉, $y = 0$인 해만을 가지며, 이 해는 유일하고 자명한 해이다.

【3】 $y'' - y = 0$은 $y = Ae^x + Be^{-x}$를 일반해로 갖는다.
$A + B = 0$, $Ae^L + Be^{-L} = 1$을 풀어 $B = -A$, $Ae^L - Ae^{-L} = 1$. 즉,
$A(e^L - e^{-L}) = 1 \rightarrow 2A\frac{e^L - e^{-L}}{2} = 2A\sinh L = 1$. 따라서, 해는
$y = \frac{1}{2\sinh L}(e^x - e^{-x}) = \frac{\sinh x}{\sinh L}$이고, 이 해는 유일하다.

【4】 $y'' + y = 0$, $y = A\cos x + B\sin x$가 일반해. $y(0) = 0$에서 $0 = A$. 또한 $y(1) = 0$에서 $0 = B\sin 1$. 즉, $B = 0$. 따라서, $y = 0$. 즉, 자명한 해만을 가진다.

【5】 $y'' + y = 0$, $y = A\cos x + B\sin x$가 일반해. $y(0) = 0$에서 $0 = A$. 그런데, $A = 0$이고 $y' = B\cos x$이므로 $y'(1) = 0$인 조건은 $B = 0$으로 된다. 따라서, $y = 0$인 자명한 해만을 가진다.

【6】 $y'' + y = 0$, $y = A\cos x + B\sin x$가 일반해. $y'(0) = 0$에서 $0 = B$. 이때, $y' = A\sin x$이므로 $y'(1) = 0$인 조건으로부터 $A\sin 1 = 0$. 따라서, $A = 0$. 즉, $y = 0$인 자명한 해만을 가진다.

★2-9 Wronski행렬식과 Abel의 공식

【1】 식(69)에서 구간 내의 어떤 점 $x = x_0$를 대입하여 상수 c를 소거하면

$$W(x) = \frac{p(x_0)}{p(x)} \begin{vmatrix} y_1(x_0) & y_2(x_0) \\ y_1'(x_0) & y_2'(x_0) \end{vmatrix}$$

으로 되는 것을 보여라.

☞ Wronskian의 정의와 식(69)로부터

$$W[y_1, y_2](x) = \frac{c}{p(x)} = \begin{vmatrix} y_1 & y_2 \\ y_1' & y_2' \end{vmatrix}$$

가 되고, 윗식에 $x = x_0$를 대입하면 $c = p(x_0)\begin{vmatrix} y_1(x_0) & y_2(x_0) \\ y_1'(x_0) & y_2'(x_0) \end{vmatrix}$가 된다. 따라서, 상수 c를 다시 대입하면

$$W(x) = \frac{p(x_0)}{p(x)} \begin{vmatrix} y_1(x_0) & y_2(x_0) \\ y_1'(x_0) & y_2'(x_0) \end{vmatrix}$$

를 얻는다.

★2-10 전기회로 및 역학에서의 미분방정식

【1】 RL 회로에 대한 미분방정식 $L\frac{di}{dt} + Ri = E(t)$은 1계 비제차선형미분방정식이다. 유도시정수(誘導時定數, inductive time constant)를 $L/R = \tau_L$로 두면 미분방정식의 일반해가 $e^{t/\tau_L} i(t) = \int e^{t/\tau_L} \frac{E}{L}\, dt + c$임을 이용하여 다음을 보여라.

(a) $E = E_0$ 인 경우의 해는 $i(t) = \dfrac{E_0}{R} + ce^{-t/\tau_L}$

(b) $E = E_0 \sin\omega t$ 일 때의 해는 $i(t) = \dfrac{E_0}{R^2+\omega^2L^2}(R\sin\omega t - \omega L\cos\omega t) + ce^{-t/\tau_L}$

☞ (a) $E = E_0$ 인 경우

$$e^{t/\tau_L} i(t) = \int e^{t/\tau_L} \frac{E_0}{L}\,dt + c = \frac{E_0}{L}\tau_L e^{t/\tau_L} + c = \frac{E_0}{L}\frac{L}{R}e^{t/\tau_L} + c = \frac{E_0}{R}e^{t/\tau_L} + c$$

따라서, $i(t) = \dfrac{E_0}{R} + ce^{-t/\tau_L}$

(b) $E = E_0 \sin\omega t$ 인 경우

$$\int e^{t/\tau_L}\frac{E_0}{L}\sin\omega t = \frac{E_0}{L}\int e^{t/\tau_L}\sin\omega t\,dt = \frac{E_0}{L}\frac{e^{t/\tau_L}}{\frac{1}{\tau_L^2}+\omega^2}\left(\frac{1}{\tau_L}\sin\omega t - \omega\cos\omega t\right)$$

$$= \frac{E_0}{L}\frac{e^{t/\tau_L}}{\frac{R^2}{L^2}+\omega^2}\left(\frac{R}{L}\sin\omega t - \omega\cos\omega t\right)$$

$$= E_0\frac{e^{t/\tau_L}}{R^2+\omega^2L^2}(R\sin\omega t - \omega L\cos\omega t)$$

따라서, $i(t) = \dfrac{E_0}{R^2+\omega^2L^2}(R\sin\omega t - \omega L\cos\omega t) + ce^{-t/\tau_L}$

【2】 RC 회로에 대한 미분방정식 $R\dfrac{di}{dt} + \dfrac{1}{C}i = \dfrac{dE}{dt}(t)$ 으로부터 **용량시정수**(容量時定數, capacitive time constant)를 $RC = \tau_C$ 로 정의할 때 다음의 두 경우에 대한 해를 보여라.

(a) $E = E_0$ 일 때 $i(t) = ce^{-t/\tau_C}$

(b) $E = E_0\sin\omega t$ 이면 $i(t) = \dfrac{\omega E_0 C}{1+(\omega RC)^2}(\cos\omega t + \omega RC\sin\omega t) + ce^{-t/\tau_C}$

☞ 표준형으로 쓰면 $\dfrac{di}{dt} + \dfrac{1}{\tau_C}i = \dfrac{1}{R}\dfrac{dE}{dt}$, $p = e^{\int\frac{1}{\tau_C}} = e^{t/\tau_C}$ 이므로

$e^{t/\tau_C} i = \displaystyle\int e^{t/\tau_C}\frac{1}{R}\frac{dE}{dt} + c$ 가 일반해이다.

(a) $E = E_0$, $\dfrac{dE}{dt} = 0$, 따라서, $i(t) = ce^{-t/\tau_C}$

(b) $E = E_0\sin\omega t$, $\dfrac{dE}{dt} = E_0\omega\cos\omega t$

$$\int e^{t/\tau_C}\frac{1}{R}\frac{dE}{dt} = \frac{\omega E_0}{R}\int e^{t/\tau_C}\cos\omega t$$
$$= \frac{\omega E_0}{R}\frac{e^{t/\tau_C}}{\frac{1}{\tau_C^2}+\omega^2}\left(\frac{1}{\tau_C}\cos\omega t+\omega\sin\omega t\right)$$
$$= \frac{\omega E_0}{R}\frac{e^{t/\tau_C}}{\frac{1}{R^2C^2}+\omega^2}\left(\frac{1}{RC}\cos\omega t+\omega\sin\omega t\right)$$
$$= \omega E_0 C\frac{e^{t/\tau_C}}{1+(\omega RC)^2}(\cos\omega t+\omega RC\sin\omega t)$$

이므로 $i(t) = \dfrac{\omega E_0 C}{1+(\omega RC)^2}(\cos\omega t+\omega RC\sin\omega t)+ce^{-t/\tau_C}$

★★2-11 자유진동과 강제진동

※어떤 진동계가 $f(t)=0$, 즉 자유진동이라고 하자. 다음의 물음에 답하여라.

【1】 초기변위 y_0, 초기속도 v_0인 조화진동은 $y(t)=y_0\cos\omega_n t+(v_0/\omega_n)\sin\omega_n t$로 표현되는 것을 보여라.

☞ 조화진동 $y''+\omega_n^2 y=0$의 일반해 $y(t)=A\cos\omega_n t+B\sin\omega_n t$에서

초기변위: $y_0 = y(0) = A$

초기속도: $v_0 = y'(0) = B\omega_n$

을 써서 계수 A, B를 구하면 $y(t)=y_0\cos\omega_n t+(v_0/\omega_n)\sin\omega_n t$

【2】 초기의 변위와 속도가 y_0, v_0인 과감쇠진동, 임계진동, 저감쇠진동에 대한 해를 각각 구하라.

☞ 감쇠진동계의 자유진동에 대한 미분방정식 $y''+2\zeta\omega_n y'+\omega_n^2 y=0$의 해를 초기변위 y_0, 초기속도 v_0인 경우에 대해 구하는 문제이다.

표 2.6 감쇠진동계에서 ζ의 값에 따른 자유진동의 특성

진동의 종류	구분	해의 형태
과감쇠진동	$\zeta>1$	$y=e^{-\zeta\omega_n t}(Ae^{\omega t}+Be^{-\omega t})$
임계진동	$\zeta=1$	$y=e^{-\omega_n t}(A+Bt)$
저감쇠진동	$\zeta<1$	$y=e^{-\zeta\omega_n t}(A\cos\omega t+B\sin\omega t)$

특성방정식 $\lambda^2+2\zeta\omega_n\lambda+\omega_n^2=(\lambda+\zeta\omega_n)^2+\omega_n^2(1-\zeta^2)=0$은 ζ의 값에 따라

① ($\zeta>1$) 서로 다른 두 실근

② ($\zeta=1$) 중근

③ ($\zeta<1$) 복소근

을 가지며, 이에 대응하는 진동의 특성도 달라진다. 여기서, $\omega=\omega_n\sqrt{|1-\zeta^2|}$로 두면 각 경우에 대한 해는 표 2.6에 보인 바와 같다. 따라서, 각 경우에 대해 계수를 구한다.

① ($\zeta>1$) 과감쇠진동의 경우; $y=e^{-\zeta\omega_n t}(Ae^{\omega t}+Be^{-\omega t})$에서

$y'=e^{-\zeta\omega_n t}(-\zeta\omega_n Ae^{\omega t}-\zeta\omega_n Be^{-\omega t}+\omega Ae^{\omega t}-\omega Be^{-\omega t})$이므로

$$y_0=A+B$$

$$v_0=(\omega-\zeta\omega_n)A-(\omega+\zeta\omega_n)B$$

위에서 A, B를 풀어 해를 구할 수 있지만 이 경우에는 지수함수보다는 cosh , sinh 함수를 이용하는 것이 편리하다. 즉, 일반해를

$$y=e^{-\zeta\omega_n t}(A\cosh\omega t+B\sinh\omega t)$$

으로 두고

$$y'=e^{-\zeta\omega_n t}(-\zeta\omega_n A\cosh\omega t-\zeta\omega_n B\sinh\omega t+\omega A\sinh\omega t+\omega B\cosh\omega t)$$

를 이용하면

$$y_0=A$$

$$v_0=-\zeta\omega_n A+\omega B$$

로부터

$$y(t)=e^{-\zeta\omega_n t}\left\{y_0\cosh\omega t+\frac{v_0+y_0\zeta\omega_n}{\omega}\sinh\omega t\right\}$$

② ($\zeta=1$) 임계진동의 경우; $y=e^{-\omega_n t}(A+Bt)$에서

$$y'=e^{-\omega_n t}(-\omega_n A-\omega_n Bt+B)$$

를 쓰면

$$y_0=A$$

$$v_0=-\omega_n A+B$$

이므로

$$y(t)=e^{-\omega_n t}\{y_0+(v_0+y_0\omega_n)t\}$$

③ ($\zeta<1$) 저감쇠진동의 경우; $y=e^{-\zeta\omega_n t}(A\cos\omega t+B\sin\omega t)$에서

$$y' = e^{-\zeta\omega_n t}(-\zeta\omega_n A\cos\omega t - \zeta\omega_n B\sin\omega t - \omega A\sin\omega t + \omega B\cos\omega t)$$

로부터

$$y_0 = A$$

$$v_0 = -\zeta\omega_n A + \omega B$$

이므로

$$y(t) = e^{-\zeta\omega_n t}\left\{y_0\cos\omega t + \frac{v_0 + y_0\zeta\omega_n}{\omega}\sin\omega t\right\}$$

★ **[3]** 저감쇠진동의 진폭이 최대, 최소가 되는 t의 값은 일정한 간격을 이루고 최대진폭이 일어난 후 다음 최대진폭까지의 시간 $\Delta t = 2\pi/\omega$ 임을 보여라.

☞ 저감쇠진동에 대한 해 $y(t) = e^{-\zeta\omega_n t}\left\{y_0\cos\omega t + \frac{v_0 + y_0\zeta\omega_n}{\omega}\sin\omega t\right\}$를 미분하면

$$y' = e^{-\zeta\omega_n t}\left\{v_0\cos\omega t - \left[y_0\omega + \frac{\zeta\omega_n(v_0 + y_0\zeta\omega_n)}{\omega}\right]\sin\omega t\right\}$$ 이다.

즉, $y' = e^{-\zeta\omega_n t}\alpha\cos(\omega t - \beta)$인 형태를 가진다. 이때, $y' = 0$이 되는 조건으로부터 $\cos(\omega t - \beta) = 0$을 얻고, 이것을 풀어 $\omega t - \beta = \frac{\pi}{2} + 2n\pi$를 구할 수 있다. 따라서, t_{k-1}과 t_k를 $y' = 0$이 되는 연속된 시간이라고 하면 $(\omega t_k - \beta) - (\omega t_{k-1} - \beta) = 2\pi$가 만족된다. 즉, $\omega\Delta t = 2\pi$, $\Delta t = 2\pi/\omega$인 시간간격을 이룬다.

★ **[4]** 저감쇠진동의 최대진폭의 크기는 일정한 비율을 이룬다는 것을 보여라.

☞ 앞의 문제에서 해는 $y = e^{-\zeta\omega_n t}A\cos(\omega t - B)$인 형태이다. $t = t_{k-1}$일때의 진폭과 $t = t_k$일 때의 진폭의 비는

$$\frac{y_k}{y_{k-1}} = \frac{e^{-\zeta\omega_n t_k}A\cos(\omega t_k - B)}{e^{-\zeta\omega_n t_{k-1}}A\cos(\omega t_{k-1} - B)} = e^{-\zeta\omega_n(t_k - t_{k-1})} = e^{-\zeta\omega_n\Delta t} = e^{-\frac{2\zeta\omega_n\pi}{\omega}}$$

즉,

$$\ln\left|\frac{y_k}{y_{k-1}}\right| = -\frac{2\zeta\omega_n\pi}{\omega} = -\frac{2\zeta\pi}{\sqrt{1-\zeta^2}}$$

인 일정한 비율을 이룬다.

[5] 비감쇠진동이 공명을 할 때($\Omega \to \omega_n$) 대응하는 미분방정식 $y'' + \omega_n^2 y = f_0\cos\omega_n t$를 미정계수법으로 풀어서 특수해가 $y_p = \frac{f_0}{2\omega_n}t\sin\omega_n t$임을 보여라.

☞ 비감쇠진동이 공명을 할 때($\Omega \to \omega_n$), $y'' + \omega_n^2 y = f_0 \cos\omega_n t$ 의 제차해는 $y_h = A\cos\omega_n t + B\sin\omega_n t$ 이다. 그런데, 제차항의 $\cos\omega_n t$ 는 이미 제차해에 포함되어 있으므로 특수해는 t 를 곱한 $y_p = At\cos\omega_n t + Bt\sin\omega_n t$ 로 가정한다. 이것을 미분하고

$$y' = -A\omega_n t\sin\omega_n t + B\omega_n t\cos\omega_n t + A\cos\omega_n t + B\sin\omega_n t$$

$$y'' = -A\omega_n^2 t\sin\omega_n t - B\omega_n^2 t\sin\omega_n t - 2A\omega_n\sin\omega_n t + 2B\omega_n\cos\omega_n t$$

원래의 미분방정식에 대입하면

$$-2A\omega_n\sin\omega_n t + 2B\omega_n\cos\omega_n t = f_0\cos\omega_n t$$

이다. 즉, $A = 0$, $B = \dfrac{f_0}{2\omega_n}$ 이므로 특수해는

$$y_p = \frac{f_0}{2\omega_n}\, t\sin\omega_n t$$

【6】 어떤 비감쇠강제진동이 $y'' + y = \cos(1-\varepsilon)t$, $\varepsilon \neq 0$로 기술되고 $y(0) = y'(0) = 0$으로 초기조건이 주어져 있다고 한다. 이때의 해를 $y(t) = \dfrac{2}{\varepsilon(2-\varepsilon)}\sin\left(1-\dfrac{\varepsilon}{2}\right)t \cdot \sin\dfrac{\varepsilon}{2}t$ 로 쓸 수 있음을 보여라.

☞ 제차해는

$$y_h = c_1\cos t + c_2\sin t$$

이고, 특수해는 $y_p = A\cos(1-\varepsilon)t + B\sin(1-\varepsilon)t$ 로 두어

$$y_p' = -A(1-\varepsilon)\sin(1-\varepsilon)t + B(1-\varepsilon)\cos(1-\varepsilon)t$$

$$y_p'' = -A(1-\varepsilon)^2\cos(1-\varepsilon)t - B(1-\varepsilon)^2\sin(1-\varepsilon)t$$

을 대입하면 $A - A(1-\varepsilon)^2 = 1$, $B = 0$. 즉,

$$y_p = \frac{1}{\varepsilon(2-\varepsilon)}\cos(1-\varepsilon)t$$

를 얻는다. 따라서, 일반해는 $y = c_1\cos t + c_2\sin t + \dfrac{1}{\varepsilon(2-\varepsilon)}\cos(1-\varepsilon)t$ 이고 초기조건을 대입하여 $y = -\dfrac{1}{\varepsilon(2-\varepsilon)}[\cos t - \cos(1-\varepsilon)t]$가 된다. 여기서, 삼각함수에 대한 항등식 $\cos A - \cos B = -2\sin\dfrac{A+B}{2}\sin\dfrac{A-B}{2}$ 인 공식을 이용하면

$$y(t) = \frac{2}{\varepsilon(2-\varepsilon)} \sin\left(1-\frac{\varepsilon}{2}\right)t \cdot \sin\frac{\varepsilon}{2}\, t$$

제 3 장 미분방정식의 급수해

3-1 멱급수와 해석함수

※다음 급수의 수렴반지름을 구하라.

【1】 $\sum_{s=0}^{\infty} \frac{x^s}{2^s}$. $A_s = \frac{1}{2^s}$이므로 $\frac{A_{s+1}}{A_s} = \frac{2^s}{2^{s+1}} = \frac{1}{2}$.

따라서, $\frac{1}{R} = \lim_{s\to\infty}\left|\frac{A_{s+1}}{A_s}\right| = \frac{1}{2}$. 즉, $R = 2$

【2】 $\sum_{s=0}^{\infty} \frac{x^{2s}}{(2s)!}$ $z = x^2$ 이라고 하면 $A_s = \frac{1}{(2s)!}$ 이고 $\sum_{s=0}^{\infty} A_s z^s$ 의 형태.

$\frac{1}{R} = \lim_{s\to\infty}\left|\frac{A_{s+1}}{A_s}\right| = \lim_{s\to\infty}\frac{(2s)!}{(2s+2)!} = \lim_{s\to\infty}\frac{1}{(2s+2)(2s+1)} = 0$.

따라서, $R = \infty$

【3】 $\sum_{s=0}^{\infty} \frac{s^{100}x^s}{3^s}$ 에서 $A_s = \frac{s^{100}}{3^s}$ 이므로

$\frac{1}{R} = \lim_{s\to\infty}\left|\frac{A_{s+1}}{A_s}\right| = \lim_{s\to\infty}\frac{(s+1)^{100}}{3^{s+1}}\frac{3^s}{s^{100}} = \lim_{s\to\infty}\left(1+\frac{1}{s}\right)^{100}\frac{1}{3} = \frac{1}{3}$

따라서, 수렴반지름은 $R = 3$

【4】 $\sum_{s=0}^{\infty} s!\,(x-1)^{2s}$ 에서 $z = (x-1)^2$ 으로 둔다. $A_s = s!$이므로

$\frac{1}{R} = \lim_{s\to\infty}\left|\frac{A_{s+1}}{A_s}\right| = \lim_{s\to\infty}\frac{(s+1)!}{s!} = \lim_{s\to\infty} s+1 = \infty$ 따라서, $R = 0$

【5】 $\sum_{s=0}^{\infty} \frac{(-1)^s x^{2s}}{5^s}$ 에서 $z = x^2$ 이라고 하자. 그러면, $A_s = \frac{(-1)^s}{5^s}$ 이다.

$\frac{1}{R} = \lim_{s\to\infty}\left|\frac{A_{s+1}}{A_s}\right| = \frac{1}{5}$. 따라서, $|z| = |x^2| < 5$이므로 수렴반지름은 $\sqrt{5}$.

【6】 $\sum_{s=0}^{\infty} \frac{(-1)^s x^s}{(s+1)(s+2)}$ 에서 $\frac{1}{R} = \lim_{s\to\infty} \left| \frac{A_{s+1}}{A_s} \right| = \lim_{s\to\infty} \frac{(s+1)(s+2)}{(s+2)(s+3)} = 1$

따라서, 수렴반지름은 $R = 1$

※다음의 두 멱급수를 묶어 하나의 멱급수로 나타내어라.

【7】 $\sum_{m=0}^{\infty} mA_m x^{m-1} + \sum_{k=0}^{\infty} A_k x^k$

$= \sum_{s=-1}^{\infty} (s+1) A_{s+1} x^s + \sum_{s=0}^{\infty} A_s x^s$

$= \sum_{s=0}^{\infty} (s+1) A_{s+1} x^s + \sum_{s=0}^{\infty} A_s x^s$

$= \sum_{s=0}^{\infty} [(s+1) A_{s+1} + A_s] x^s$

【8】 $\sum_{s=2}^{\infty} s(s-1) A_s x^{s-2} + \sum_{m=0}^{\infty} 2m A_m x^m$

$= \sum_{s=0}^{\infty} (s+2)(s+1) A_{s+2} x^s + \sum_{s=0}^{\infty} 2s A_s x^s$

$= \sum_{s=0}^{\infty} [(s+2)(s+1) A_{s+2} + 2s A_s] x^s$

3-2 멱급수에 의한 미분방정식의 해

※아래의 미분방정식을 급수해법으로 풀어라.

【1】 $(x+1)y' - (x+2)y = 0$

$xy' = \sum_{s=0}^{\infty} sA_s x^s$

$y' = \sum_{s=0}^{\infty} sA_s x^{s-1} \xrightarrow{(1\ \text{up})} \sum_{s=-1}^{\infty} (s+1) A_{s+1} x^s$

$-xy = \sum_{s=0}^{\infty} -A_s x^{s+1} \xrightarrow{(1\ \text{down})} \sum_{s=1}^{\infty} -A_{s-1} x^s$

$-2y = \sum_{s=0}^{\infty} -2A_s x^s$

① $s = -1$일 때는 $0A_0 = 0$으로 A_0는 임의의 수.

② $s = 0$일 때는 $0A_0 + A_1 - 2A_0 = 0$에서 $A_1 = 2A_0$

③ $s \geq 1$에서 $sA_s + (s+1) A_{s+1} - A_{s-1} - 2A_s = 0$, 즉

$$A_{s+1} = -\frac{(s-2)A_s - A_{s-1}}{s+1}$$

인 반복관계를 얻는다. 계속 대입해가면

$$A_2 = -\frac{-A_1 - A_0}{2} = \frac{3}{2}A_0$$

$$A_3 = -\frac{-A_1}{3} = \frac{2}{3}A_0$$

$$A_4 = -\frac{A_3 - A_2}{4} = \frac{5}{24}A_0$$

$$A_5 = -\frac{2A_4 - A_3}{5} = \frac{1}{20}A_0$$

등으로 되므로

$$y = A_0\left(1 + 2x + \frac{3}{2}x^2 + \frac{2}{3}x^3 + \frac{5}{24}x^4 + \frac{1}{20}x^5 + \cdots\right)$$

☑ 위의 해는 $y = A_0(x+1)e^x$ 를 전개한 것과 같다. 확인해보라.

【2】 $y' - y = x^2$

$$y' = \sum_{s=0}^{\infty} sA_s x^{s-1} \xrightarrow{(1\ \text{up})} \sum_{s=-1}^{\infty} (s+1)A_{s+1}x^s$$

$$-y = \sum_{s=0}^{\infty} -A_s x^s$$

① $s = -1$일 때는 $0A_0 = 0$으로 A_0 는 임의의 수.

② $s \geq 0$에서

$$\sum_{s=0}^{\infty} [(s+1)A_{s+1} - A_s]x^s = x^2$$

양변의 계수를 비교하면

i) $s = 0$일 때, $A_1 - A_0 = 0$

ii) $s = 1$일 때, $2A_2 - A_1 = 0$

iii) $s = 2$일 때, $3A_3 - A_2 = 1$

iv) $s \geq 3$일 때, $(s+1)A_{s+1} - A_s = 0$, 즉 $A_{s+1} = \dfrac{1}{(s+1)}A_s$

따라서, A_3 은 임의의 수이고 $A_2 = 3A_3 - 1$, $A_1 = 2A_2 = 6A_3 - 2$, $A_0 = A_1 = 6A_3 - 2$를 대입하면(편의상 $A_3 = a$ 라고 두자).

$$y = 6a-2+(6a-2)x+(3a-1)x^2+ax^3+\frac{a}{4}x^4+\frac{a}{5\cdot 4}x^5+\cdots$$
$$= -x^2-2x-2+6a\left[1+x+\frac{x^2}{2!}+\frac{x^3}{3!}+\frac{x^4}{4!}+\cdots\right]$$

☑ 위의 멱급수를 살펴보면 $y=-x^2-2x-2+6ae^x$ 이다.
즉, 특수해는 $y_p=-x^2-2x-2$이고 제차해는 $y_h=e^x$ 이다.

【3】 $y'-2xy=0$

$$y'=\sum_{s=0}^{\infty} sA_s x^{s-1} \xrightarrow{(1\ \text{up})} \sum_{s=-1}^{\infty}(s+1)A_{s+1}x^s$$
$$-2xy=\sum_{s=0}^{\infty} -2A_s x^{s+1} \xrightarrow{(1\ \text{down})} \sum_{s=1}^{\infty} -2A_{s-1}x^s$$

① $s=-1$일 때는 $0A_0=0$으로 A_0 는 임의의 수.
② $s=0$일 때는 $A_1=0$.
③ $s\geq 1$일 때는 $(s+1)A_{s+1}-2A_{s-1}=0 \rightarrow A_{s+1}=\frac{2}{s+1}A_{s-1}$.
따라서, $A_1=0$으로부터 $A_3=A_5=A_7=\cdots=0$이고

$$A_2=A_0,\quad A_4=\frac{2}{4}A_2=\frac{1}{2}A_0$$
$$A_6=\frac{2}{6}A_4=\frac{1}{3!}A_0$$

등으로

$$y=A_0\left(1+x^2+\frac{1}{2!}x^4+\frac{1}{3!}x^6+\cdots\right)$$

☑ 위의 멱급수는 $y=A_0e^{x^2}$ 이다.

【4】 $y''-xy'+y=0$

$$y''=\sum_{s=0}^{\infty} s(s-1)A_s x^{s-2} \xrightarrow{(2\ \text{up})} \sum_{s=-2}^{\infty}(s+2)(s+1)A_{s+2}x^s$$
$$-xy'=\sum_{s=0}^{\infty} -sA_s x^s$$
$$y=\sum_{s=0}^{\infty} A_s x^s$$

① $s=-2,\ -1$일 때는 $0A_0=0,\ 0A_1=0$으로 $A_0,\ A_1$은 임의의 수.
② $s\geq 0$일 때, $(s+2)(s+1)A_{s+2}-sA_s+A_s=0$. 정리하면

$$A_{s+2} = \frac{s-1}{(s+2)(s+1)} A_s$$

그런데, s가 홀수인 경우에는 $A_3 = \frac{0}{(3)(2)} A_1 = 0$이므로 $A_3 = A_5 = \cdots = 0$이다. 또한, A_1은 임의의 수이므로, $y = A_1 x$가 하나의 해가 된다.

s가 짝수인 경우

$$A_2 = \frac{-1}{2 \cdot 1} A_0$$

$$A_4 = \frac{1}{4 \cdot 3} A_2 = \frac{(1)(-1)}{4 \cdot 3 \cdot 2 \cdot 1} A_0 = \frac{(1)(-1)}{4!} A_0$$

$$A_6 = \frac{3}{6 \cdot 5} A_4 = \frac{3(1)(-1)}{6!} A_0$$

으로

$$y = -A_0\left(-1 + \frac{1}{2!}x^2 + \frac{1}{4!}x^4 + \frac{3 \cdot 1}{6!}x^6 + \frac{5 \cdot 3 \cdot 1}{8!}x^8 + \cdots\right)$$

따라서, 서로 독립인 해는

$$y_1 = x, \quad y_2 = -1 + \frac{1}{2!}x^2 + \frac{1}{4!}x^4 + \frac{3 \cdot 1}{6!}x^6 + \frac{5 \cdot 3 \cdot 1}{8!}x^8 + \cdots$$

【5】 $y'' - 4y' = 0$

$$y'' = \sum_{s=0}^{\infty} s(s-1)A_s x^{s-2} \xrightarrow{(2\ \text{up})} \sum_{s=-2}^{\infty} (s+2)(s+1)A_{s+2}x^s$$

$$-4y' = \sum_{s=0}^{\infty} -4sA_s x^{s-1} \xrightarrow{(1\ \text{up})} \sum_{s=-1}^{\infty} -4(s+1)A_{s+1}x^s$$

① $s = -2, -1$일 때는 $0A_0 = 0$, $0A_1 = 0$으로 A_0, A_1은 임의의 수.

② $s \geq 0$일 때, $(s+2)(s+1)A_{s+2} - 4(s+1)A_{s+1} = 0$. 정리하면

$$A_{s+2} = \frac{4}{(s+2)} A_{s+1}$$

다시 말하면 A_0는 임의의 수이고, 위의 반복관계는 A_1부터 시작하므로 $y = A_0$는 해가 된다. 또한, 위의 반복공식에서

$$A_2 = \frac{4}{2}A_1, \quad A_3 = \frac{4}{3}A_2 = \frac{4^2}{3!}A_1, \quad A_4 = \frac{4}{4}A_3 = \frac{4^3}{4!}A_1, \quad \cdots$$

즉

$$y = A_1\left(x + \frac{4}{2!}x^2 + \frac{4^2}{3!}x^3 + \frac{4^3}{4!}x^4 + \cdots\right)$$

가 해가 된다. 단, A_1은 임의의 수이다.

☑ 위의 멱급수를 변형하면

$$y = \frac{A_1}{4}\left(4x + \frac{1}{2!}(4x)^2 + \frac{1}{3!}(4x)^3 + \frac{1}{4!}(4x)^4 + \cdots\right) = \frac{A_1}{4}(e^{4x} - 1)$$

이 된다. 상수항은 또 다른 해이고 A_1은 임의의 수이므로 $y = e^{4x}$가 해임을 알 수 있다. 실제로 직접 풀어보면 $y_1 = 1$과 $y_2 = e^{4x}$를 얻는다.

【6】 $y'' - (x-2)y = 0$

$$y'' = \sum_{s=0}^{\infty} s(s-1)A_s x^{s-2} \xrightarrow{(2\ \text{up})} \sum_{s=-2}^{\infty} (s+2)(s+1)A_{s+2}x^s$$

$$-xy = \sum_{s=0}^{\infty} -A_s x^{s+1} \xrightarrow{(1\ \text{down})} \sum_{s=1}^{\infty} -A_{s-1}x^s$$

$$2y = \sum_{s=0}^{\infty} 2A_s x^s$$

① $s = -2,\ -1$일 때는 $0A_0 = 0,\ 0A_1 = 0$으로 $A_0,\ A_1$은 임의의 수.

② $s = 0$일 때는 첫 번째와 세 번째 급수만이 해당되므로 $2A_2 + 2A_0 = 0$을 얻는다. 즉, $A_2 = -A_0$이다.

③ $s \geq 1$에서는

$$(s+2)(s+1)A_{s+2} - A_{s-1} + 2A_s = 0 \ \rightarrow\ A_{s+2} = \frac{A_{s-1} - 2A_s}{(s+2)(s+1)}$$

인 반복관계를 얻는다.

$$A_3 = \frac{A_0 - 2A_1}{3\cdot 2} = \frac{1}{6}A_0 - \frac{1}{3}A_1$$

$$A_4 = \frac{A_1 - 2A_2}{4\cdot 3} = \frac{1}{12}A_1 + \frac{1}{6}A_0$$

$$A_5 = \frac{A_2 - 2A_3}{5\cdot 4} = -\frac{1}{20}A_0 - \frac{1}{10}A_3 = -\frac{1}{15}A_0 + \frac{1}{30}A_1$$

위 계수들을 멱급수에 대입하면

$$y = A_0 + A_1x - A_0x^2 + \left(\frac{1}{6}A_0 - \frac{1}{3}A_1\right)x^3 + \left(\frac{1}{12}A_1 + \frac{1}{6}A_0\right)x^4 + \left(-\frac{1}{15}A_0 + \frac{1}{30}A_1\right)x^5 \cdots$$

즉,

$$y_1 = 1 - x^2 + \frac{1}{6}x^3 + \frac{1}{6}x^4 - \frac{1}{15}x^5 + \cdots$$

$$y_2 = x - \frac{1}{3}x^3 + \frac{1}{12}x^4 + \frac{1}{30}x^5 + \cdots$$

【7】 $y'' + xy = 0$

$$y'' = \sum_{s=0}^{\infty} s(s-1)A_s x^{s-2} \xrightarrow{(2\text{ up})} \sum_{s=-2}^{\infty} (s+2)(s+1)A_{s+2} x^s$$

$$xy = \sum_{s=0}^{\infty} A_s x^{s+1} \xrightarrow{(1\text{ down})} \sum_{s=1}^{\infty} A_{s-1} x^s$$

① $s = -2$, -1일 때는 $0A_0 = 0$, $0A_1 = 0$으로 A_0, A_1은 임의의 수.

② $s = 0$일 때, $A_2 = 0$이 된다.

③ $s \ge 1$일 때는 $(s+2)(s+1)A_{s+2} + A_{s-1} = 0$. 즉,

$$A_{s+2} = -\frac{A_{s-1}}{(s+2)(s+1)}$$

인 반복관계를 얻는다. s의 값을 계속 대입해가면

$$A_3 = -\frac{A_0}{3\cdot 2},\ A_4 = -\frac{A_1}{4\cdot 3},\ A_5 = -\frac{A_2}{5\cdot 4} = 0$$

$$A_6 = -\frac{A_3}{6\cdot 5} = \frac{1}{6\cdot 5\cdot 3\cdot 2}A_0$$

$$A_7 = -\frac{A_4}{7\cdot 6} = \frac{1}{7\cdot 6\cdot 4\cdot 3}A_1$$

$$A_8 = -\frac{A_5}{8\cdot 7} = 0$$

$$A_9 = -\frac{A_6}{9\cdot 8} = -\frac{1}{9\cdot 8\cdot 6\cdot 5\cdot 3\cdot 2}A_0$$

$$A_{10} = -\frac{A_7}{10\cdot 9} = -\frac{1}{10\cdot 9\cdot 7\cdot 6\cdot 4\cdot 3}A_1$$

따라서, 계수 A_0를 포함하는 멱급수와 A_1을 포함하는 멱급수를 분리하여 쓰면

$$y_1 = 1 - \frac{1}{3\cdot 2}x^3 + \frac{1}{6\cdot 5\cdot 3\cdot 2}x^6 - \frac{1}{9\cdot 8\cdot 6\cdot 5\cdot 3\cdot 2}x^9 + \cdots$$

$$y_2 = x - \frac{1}{4\cdot 3}x^4 + \frac{1}{7\cdot 6\cdot 4\cdot 3}x^7 - \frac{1}{10\cdot 9\cdot 7\cdot 6\cdot 4\cdot 3}x^{10} + \cdots$$

가 서로 1차독립인 해가 된다.

☑ 위의 멱급수는 3-4절에서 다루게 될 베셀함수로 나타낼 수 있다.

3-3 르장드르(Legendre)방정식

【1】 μ가 정수가 아닐 때, 식(25)와 식(26)으로 주어지는 급수의 수렴반지름이 1임을 보여라.

☞ 주어진 멱급수는 반복관계

$$A_{s+2} = -\frac{(\mu-s)(\mu+s+1)}{(s+2)(s+1)}A_s, \quad s \geq 0$$

로부터 얻은 것이다. 그런데,

$$\lim_{s\to\infty}\left|\frac{A_{s+2}}{A_s}\right| = \lim_{s\to\infty}\left|\frac{(\mu-s)(\mu+s+1)}{(s+2)(s+1)}\right| = 1$$

이다. 여기서, $z=x^2$ 으로 두었을 때의 수렴반지름이 1이므로 x에 대한 수렴반지름도 1이다.

【2】 식(37)을 이용하여 $P_n(-x) = (-1)^n P_n(x)$, $P_n'(-x) = (-1)^{n+1} P_n'(x)$를 증명하라.

☞ 식(37)을 다시 쓰면

$$P_n(x) = (2n-1)!!\frac{x^n}{n!} - \frac{(2n-3)!!}{2!!}\frac{x^{n-2}}{(n-2)!} + \frac{(2n-5)!!}{4!!}\frac{x^{n-4}}{(n-4)!} - \cdots$$

으로 계속 x^2 항이 줄어드는 형태이다. 여기서, x 대신 $-x$ 를 대입하면

$$P_n(-x) = (-1)^n P_n(x)$$

이 되는 것을 알 수 있다. 비슷한 방법으로 미분하면

$$P_n'(x) = (2n-1)!!\frac{x^{n-1}}{(n-1)!} - \frac{(2n-3)!!}{2!!}\frac{x^{n-3}}{(n-3)!} + \cdots$$

등으로 되어

$$P_n'(-x) = (-1)^{n-1}P_n'(x) = (-1)^{n+1}P_n'(x)$$

가 성립한다.

★ 【3】 $(x^2-1)^n$ 을 이항정리를 이용하여 전개한 후에, n번 미분하여 식(33)에 나타낸 Rodrigues(로드리게스)의 공식을 보여라.

☞ 이항정리

$$(z-1)^n = z^n - nz^{n-1} + \frac{n(n-1)}{2!} z^{n-2} - \frac{n(n-1)(n-2)}{3!} z^{n-3} + \cdots$$

에서 $z = x^2$ 으로 두면

$$(x^2-1)^n = x^{2n} - nx^{2n-2} + \frac{n(n-1)}{2!} x^{2n-4} - \frac{n(n-1)(n-2)}{3!} x^{2n-6} + \cdots$$

으로 되고 이것을 n번 미분하면

$$\frac{d^n}{dx^n}(x^2-1)^n = \frac{(2n)!}{n!} x^n - n\frac{(2n-2)!}{(n-2)!} x^{n-2} + \frac{n(n-1)}{2!} \frac{(2n-4)!}{(n-4)!} x^{n-4} - \cdots$$

따라서,

$$\begin{aligned}\frac{1}{(2n)!!}\frac{d^n}{dx^n}(x^2-1)^n &= (2n-1)!!\frac{x^n}{n!} - \frac{n}{2n}\frac{(2n-2)!}{(2n-2)!!}\frac{x^{n-2}}{(n-2)!} \\ &\quad + \frac{n(n-1)}{(2n)(2n-2)}\frac{1}{2!}\frac{(2n-4)!}{(2n-4)!!}\frac{x^{n-4}}{(n-4)!} - \cdots \\ &= (2n-1)!!\frac{x^n}{n!} - \frac{(2n-3)!!}{2!!}\frac{x^{n-2}}{(n-2)!} + \frac{(2n-5)!!}{4!!}\frac{x^{n-4}}{(n-4)!} - \cdots\end{aligned}$$

이므로 식(37)과 비교하면

$$P_n(x) = \frac{1}{2^n n!}\frac{d^n}{dx^n}(x^2-1)^n$$

★ **[4]** (a) 이항정리를 이용하여 다음이 성립하는 것을 보여라.

$$\frac{1}{\sqrt{1-v}} = \sum_{n=0}^{\infty}\frac{(2n)!}{2^{2n}(n!)^2} v^n = 1 + \sum_{n=1}^{\infty}\frac{(2n-1)!!}{(2n)!!} v^n$$

(b) $v = 2xu - u^2$ 라 두어 르장드르 다항식의 생성함수 $g(u, x)$를 확인하라.

$$g(u,x) = \frac{1}{\sqrt{1-2xu+u^2}} = \sum_{n=0}^{\infty} P_n(x)u^n, \quad |u| < 1$$

☞ (a) 이항정리 $(1+x)^n = 1 + nx + \frac{n(n-1)}{2!}x^2 + \frac{n(n-1)(n-2)}{3!}x^3 + \cdots$

에서 $x = -v$, $n = -\frac{1}{2}$로 두면

$$\begin{aligned}\frac{1}{\sqrt{1-v}} &= 1 - \frac{1}{2}(-v) + \frac{\left(-\frac{1}{2}\right)\left(-\frac{3}{2}\right)}{2!}(-v)^2 + \frac{\left(-\frac{1}{2}\right)\left(-\frac{3}{2}\right)\left(-\frac{5}{2}\right)}{3!}(-v)^3 + \cdots \\ &= 1 + \frac{1}{2}v + \frac{(1)(3)}{2^2 2!}v^2 + \frac{(1)(3)(5)}{2^3 3!}v^3 + \cdots\end{aligned}$$

가 되고 제0장에서 다룬 겹계승을 사용하면

$$\frac{1}{\sqrt{1-v}} = 1 + \sum_{n=1}^{\infty} \frac{(2n-1)!!}{(2n)!!} v^n$$

(b) $v = 2xu - u^2$ 라 두면

$$\frac{1}{\sqrt{1-2xu+u^2}} = 1 + \frac{1}{2}(2xu-u^2) + \frac{(1)(3)}{2^2 2!}(2xu-u^2)^2 + \frac{(1)(3)(5)}{2^3 3!}(2xu-u^2)^3 + \cdots$$

등으로 되고 우변을 u^n 의 차수에 따라 정리하면

$$\begin{aligned}\frac{1}{\sqrt{1-2xu+u^2}} &= 1 + \frac{1}{2}(2xu-u^2) + \frac{3}{8}(4x^2u^2 - 4xu^3 + u^4) \\ &\quad + \frac{5}{16}(8x^3u^3 - 12x^2u^4 + 6xu^5 - u^6) + \cdots \\ &= 1 + xu + \frac{1}{2}(3x^2-1)u^2 + \frac{1}{2}(5x^3-3x)u^3 + \cdots \\ &= \sum_{n=0}^{\infty} P_n(x)u^n, \quad |u| < 1\end{aligned}$$

【5】 $P_n(1) = 1$

☞ 르장드르 함수의 생성함수 $g(u,x)$에서 $x = 1$을 대입하면

$$\frac{1}{\sqrt{1-2u+u^2}} = \sum_{n=0}^{\infty} P_n(1)u^n$$

이 되고, 양변을 각각 전개하면

$$\frac{1}{1-u} = 1 + u + u^2 + u^3 + \cdots = P_0(1) + P_1(1)u + P_2(1)u^2 + P_3(1)u^3 + \cdots$$

로 된다. 이것은 u에 관한 항등식이므로 양변의 계수를 비교하면 $P_n(1) = 1$, $n = 0, 1, 2, 3, \cdots$이 된다.

【6】 $P_n(-1) = (-1)^n$

☞ 르장드르 함수의 생성함수 $g(u,x)$에서 $x = -1$을 대입하고 전개하면

$$\frac{1}{1+u} = 1 - u + u^2 - u^3 + \cdots = P_0(-1) + P_1(-1)u + P_2(-1)u^2 + P_3(-1)u^3 + \cdots$$

이고 양변에서 u의 계수를 비교하면

$$P_0(-1) = 1, \; P_1(-1) = -1, \; P_2(-1) = 1, \cdots$$

즉, $P_n(-1)=(-1)^n$ 이 된다.

【7】 $P_n(-x)=(-1)^n P_n(x)$

☞ 르장드르 함수의 생성함수 $g(u,x)$에서 x 대신 $-x$ 를 대입하면

$$g(u,-x)=\frac{1}{\sqrt{1+2xu+u^2}}=\sum_{n=0}^{\infty}P_n(-x)\,u^n$$

이고, u 대신 $-u$ 를 대입하면

$$g(-u,x)=\frac{1}{\sqrt{1+2xu+u^2}}=\sum_{n=0}^{\infty}P_n(x)(-u)^n=\sum_{n=0}^{\infty}(-1)^n P_n(x)u^n$$

이다. 이때, 좌변이 서로 동일하므로 각 식의 우변에서 u^n 의 계수를 비교하면 $P_n(-x)=(-1)^n P_n(x)$

【8】 $P_{2n+1}(0)=0$

☞ 르장드르 함수의 생성함수 $g(u,x)$에서 $x=0$을 대입하면

$$\frac{1}{\sqrt{1+u^2}}=\sum_{n=0}^{\infty}P_n(0)\,u^n$$

그런데, (문제 4)의 결과에서

$$\frac{1}{\sqrt{1-v}}=\sum_{n=0}^{\infty}\frac{(2n)!}{2^{2n}(n!)^2}v^n=1+\sum_{n=1}^{\infty}\frac{(2n-1)!!}{(2n)!!}v^n$$

를 사용하면

$$\frac{1}{\sqrt{1+u^2}}=1+\sum_{n=1}^{\infty}\frac{(2n-1)!!}{(2n)!!}(-u^2)^n=\sum_{n=0}^{\infty}P_n(0)\,u^n$$

즉,

$$1+\sum_{n=1}^{\infty}(-1)^n\frac{(2n-1)!!}{(2n)!!}u^{2n}=\sum_{s=0}^{\infty}P_s(0)\,u^s$$

이 된다. 그런데, 좌변에는 u 의 홀수차 항이 존재하지 않으므로 s가 홀수일 때, $P_s(0)=0$이 된다. 즉, $P_{2n+1}(0)=0$이다.

【9】 $P_{2n}(0)=(-1)^n\dfrac{(2n-1)!!}{(2n)!!}$

☞ (문제 8)의 결과에서 s가 짝수일 때 양변의 계수를 비교하면

$$(-1)^n\frac{(2n-1)!!}{(2n)!!}=P_{2n}(0)$$

★ 【10】 $(n+1)P_{n+1}(x) = (2n+1)xP_n(x) - nP_{n-1}(x)$

☞ 르장드르 함수의 생성함수 $g(u,x)$를

$$(1-2xu+u^2)^{-\frac{1}{2}} = \sum_{n=0}^{\infty} P_n(x)u^n$$

으로 쓰고, 양변을 u에 관하여 미분하면

$$-\frac{1}{2}(1-2xu+u^2)^{-\frac{3}{2}}(-2x+2u) = \sum_{n=0}^{\infty} nP_n(x)u^{n-1}$$

즉,

$$(x-u)\frac{1}{(1-2xu+u^2)}\frac{1}{\sqrt{1-2xu+u^2}} = \sum_{n=0}^{\infty} nP_n(x)u^{n-1}$$

이고 $\dfrac{1}{\sqrt{1-2xu+u^2}} = \sum_{n=0}^{\infty} P_n(x)u^n$를 대입하여 정리하면

$$(x-u)\sum_{n=0}^{\infty} P_n(x)u^n = (1-2xu+u^2)\sum_{n=0}^{\infty} nP_n(x)u^{n-1}$$

이다. 양변에서 u^n의 계수를 비교하면

$$xP_n(x) - P_{n-1}(x) = (n+1)P_{n+1}(x) - 2nxP_n(x) + (n-1)P_{n-1}(x)$$

즉, $(n+1)P_{n+1}(x) = (2n+1)xP_n(x) - nP_{n-1}(x)$인 식을 얻는다.

★ 【11】 $\dfrac{1}{\sqrt{r^2+a^2-2ar\cos\theta}} = \dfrac{1}{r}\sum_{n=0}^{\infty}\left(\dfrac{a}{r}\right)^n P_n(\cos\theta), \quad 0 \le \dfrac{a}{r} < 1$

☞ 르장드르 함수의 생성함수 $g(u,x)$에서 $x=\cos\theta$, $u=\dfrac{a}{r}$로 두면

$$\frac{1}{\sqrt{1-2\cos\theta\left(\frac{a}{r}\right)+\left(\frac{a}{r}\right)^2}} = \sum_{n=0}^{\infty} P_n(\cos\theta)\left(\frac{a}{r}\right)^n$$

이 되고, 정리하면

$$\frac{r}{\sqrt{r^2-2ar\cos\theta+a^2}} = \sum_{n=0}^{\infty}\left(\frac{a}{r}\right)^n P_n(\cos\theta)$$

즉, 주어진 식이 성립한다.

★[12] 생성함수 $g(u,x)$를 u에 관하여 편미분하면 다음과 같다.

$$P_0(x) = g(0,x) = 1,\ P_1(x) = \frac{\partial g}{\partial u}(0,x) = x,\ P_2(x) = \frac{1}{2!}\frac{\partial^2 g}{\partial u^2}(0,x) = \frac{1}{2}(3x^2-1)$$

3-4 베셀(Bessel)방정식

【1】 식(60)으로 표현된 베셀함수의 무한급수는 모든 x의 값에 대해 수렴함을 증명하라.

☞ 베셀함수 $J_\nu(x) = \sum_{s=0}^{\infty} \frac{(-1)^s}{s!(s+\nu)!}\left(\frac{x}{2}\right)^{2s+\nu}$ 에서 $z = x^2$ 으로 두면

$$J_\nu(x) = \left(\frac{x}{2}\right)^\nu \sum_{s=0}^{\infty} A_s z^s, \quad A_s = \frac{(-1)^s}{s!(s+\nu)!}\left(\frac{1}{2}\right)^{2s}$$

으로 쓸 수 있다. 수렴반지름을 구하기 위해

$$\frac{1}{R} = \lim_{s\to\infty}\left|\frac{A_{s+1}}{A_s}\right| = \lim_{s\to\infty}\frac{s!(s+\nu)!2^{2s}}{(s+1)!(s+1+\nu)!2^{2s+2}}$$

$$= \lim_{s\to\infty}\frac{1}{(s+1)(s+1+\nu)4} = 0$$

이므로 수렴반경은 $R = \infty$이다. 즉, 모든 $z = x^2$에 대해 수렴하므로 모든 x에 대해서도 수렴한다.

【2】 $J_n(x)$는 n이 홀수이면 홀함수, 짝수이면 짝함수라는 것을 보여라.

☞ 베셀함수의 급수형태 $J_n(x) = \sum_{s=0}^{\infty} \frac{(-1)^s}{s!(s+n)!}\left(\frac{x}{2}\right)^{2s+n}$ 에서 x 대신 $-x$를 대입하면

$$J_n(-x) = \sum_{s=0}^{\infty} \frac{(-1)^s}{s!(s+n)!}\left(-\frac{x}{2}\right)^{2s+n}$$

$$= (-1)^n \sum_{s=0}^{\infty} \frac{(-1)^s}{s!(s+n)!}\left(\frac{x}{2}\right)^{2s+n} = (-1)^n J_n(x)$$

이므로 n이 홀수이면 $J_n(-x) = -J_n(x)$, 즉 홀함수이다. 만일, n이 짝수이면 $J_n(-x) = J_n(x)$, 즉 짝함수이다.

【3】 식(45)를 변형하면 $J_{\nu+1}(x) = \frac{2\nu}{x}J_\nu(x) - J_{\nu-1}(x)$가 된다. 이를 이용하여 다음을 보여라.

(a) $J_{\frac{3}{2}}(x) = \frac{1}{x}J_{\frac{1}{2}}(x) - J_{-\frac{1}{2}}(x) = \sqrt{\frac{2}{\pi x}}\left(\frac{\sin x}{x} - \cos x\right).$

(b) $J_{-\frac{3}{2}}(x) = -\frac{1}{x}J_{-\frac{1}{2}}(x) - J_{\frac{1}{2}}(x) = -\sqrt{\frac{2}{\pi x}}\left(\frac{\cos x}{x} + \sin x\right)$

☞ $J_{1/2}(x) = \sqrt{\frac{2}{\pi x}}\sin x, \quad J_{-1/2}(x) = \sqrt{\frac{2}{\pi x}}\cos x$

를 이용하면

(a) $J_{3/2}(x) = \frac{1}{x}J_{1/2}(x) - J_{-1/2}(x) = \sqrt{\frac{2}{\pi x}}\left(\frac{\sin x}{x} - \cos x\right)$

(b) $J_{-3/2}(x) = -\frac{1}{x}J_{-1/2}(x) - J_{1/2}(x) = -\sqrt{\frac{2}{\pi x}}\left(\frac{\cos x}{x} + \sin x\right)$

【4】 n을 정수라할 때 변형 베셀함수는 $I_{-n}(x) = I_n(x)$이 되는 것을 증명하라.

☞ 변형 베셀함수에 대해 $I_n(x) = \sum_{s=0}^{\infty}\frac{1}{s!(s+n)!}\left(\frac{x}{2}\right)^{2s+n}$ 이다. 그런데,

$I_{-n}(x) = \sum_{s=0}^{\infty}\frac{1}{s!(s-n)!}\left(\frac{x}{2}\right)^{2s-n}$ 에서 분모의 $(s-n)!$은 $s-n<0$인 정수에 대해서는 $(s-n)! = \infty$이므로 계수가 0이 된다. 따라서, $s-n=0$, 즉 $s=n$에서부터 급수가 시작하여도 같게 되므로

$$I_{-n}(x) = \sum_{s=n}^{\infty}\frac{1}{s!(s-n)!}\left(\frac{x}{2}\right)^{2s-n} \xrightarrow{(n\ \text{up})} \sum_{s=0}^{\infty}\frac{1}{(s+n)!\,s!}\left(\frac{x}{2}\right)^{2(s+n)-n}$$
$$= \sum_{s=0}^{\infty}\frac{1}{s!(s+n)!}\left(\frac{x}{2}\right)^{2s+n} = I_n(x)$$

【5】 식(70)을 이용하여 $I_{\frac{1}{2}}(x) = \sqrt{\frac{2}{\pi x}}\sinh x$, $I_{-\frac{1}{2}}(x) = \sqrt{\frac{2}{\pi x}}\cosh x$ 임을 보여라.

☞ (예제 17)에서 $s!(s+\frac{1}{2})!\,2^{2s+\frac{1}{2}} = \sqrt{\frac{\pi}{2}}(2s+1)!$이므로

$$I_{1/2}(x) = \sum_{s=0}^{\infty}\frac{1}{s!\left(s+\frac{1}{2}\right)!}\left(\frac{x}{2}\right)^{2s+\frac{1}{2}} = \sum_{s=0}^{\infty}\sqrt{\frac{2}{\pi}}\frac{1}{(2s+1)!}x^{2s+\frac{1}{2}}$$
$$= \sqrt{\frac{2}{\pi x}}\sum_{s=0}^{\infty}\frac{1}{(2s+1)!}x^{2s+1} = \sqrt{\frac{2}{\pi x}}\sinh x$$

마찬가지로 $s!(s+\frac{1}{2})!\,2^{2s+\frac{1}{2}} = \sqrt{\frac{\pi}{2}}(2s+1)!$에서 양변을 $2s+1$로 나누면 르장드르의 duplication 공식 $s!(s-\frac{1}{2})!\,2^{2s-\frac{1}{2}} = \sqrt{\frac{\pi}{2}}(2s)!$를 얻는다. 이것을 이용하면

$$I_{-1/2}(x) = \sum_{s=0}^{\infty}\frac{1}{s!\left(s-\frac{1}{2}\right)!}\left(\frac{x}{2}\right)^{2s-\frac{1}{2}} = \sum_{s=0}^{\infty}\sqrt{\frac{2}{\pi}}\frac{1}{(2s)!}x^{2s-\frac{1}{2}}$$
$$= \sqrt{\frac{2}{\pi x}}\sum_{s=0}^{\infty}\frac{1}{(2s)!}x^{2s} = \sqrt{\frac{2}{\pi x}}\cosh x$$

【6】 미분방정식 $y'' + xy = 0$은 베셀함수를 해로 갖는다. 표 3.2를 이용하여 해를

구하라.

☞ 주어진 미분방정식을 표 3.2의 기본형과 비교하면 $\alpha=0$, $\gamma^2=1$, $\beta=1$이므로 $\beta-\alpha+2=3$이고 $\nu=\frac{1}{3}$, $\mu=\frac{2}{3}$, $\frac{\nu}{\mu}=\frac{1}{2}$이다. 또한, $\gamma=1$로 실수이므로

$$y \sim x^{1/2}J_{1/3}\left(\frac{2}{3}x^{3/2}\right),\ x^{1/2}J_{-1/3}\left(\frac{2}{3}x^{3/2}\right)$$

가 해가 된다.

【7】 $\frac{d}{dx}\left(x^2\frac{dy}{dx}\right)+\lambda^2x^2y=0$의 해가 베셀함수로 되는 것을 표 3.2를 이용하여 보여라. 또, 독립해가 $j_0(x)=\frac{\sin x}{x}$, $n_0(x)=-\frac{\cos x}{x}$으로 정의되는 spherical Bessel 함수로 되는 것을 보여라. spherical Bessel 함수는 구면좌표계에서 변수분리할 때 나타나며 일반적인 정의는 다음과 같다.

$$j_n(x)=\sqrt{\frac{\pi}{2x}}J_{n+1/2}(x), \qquad n_n(x)=(-1)^{n+1}\sqrt{\frac{\pi}{2x}}J_{-n-1/2}(x)$$

☞ $\alpha=2$, $\gamma=\lambda$, $\beta=2$이므로 $\beta-\alpha+2=2$이고 $\nu=-\frac{1}{2}$, $\mu=1$, $\frac{\nu}{\mu}=-\frac{1}{2}$이다. 따라서, $y \sim x^{-\frac{1}{2}}J_{-1/2}(\lambda x)$, $x^{-\frac{1}{2}}J_{1/2}(\lambda x)$이다. 그런데,

$$J_{1/2}(x)=\sqrt{\frac{2}{\pi x}}\sin x,\quad J_{-1/2}(x)=\sqrt{\frac{2}{\pi x}}\cos x$$

이므로 독립해는 $\frac{\sin x}{x}$와 $\frac{\cos x}{x}$로 된다.

【8】 x가 충분히 작은 양수일 때, $Y_0(x) \sim \frac{2}{\pi}\left(\ln\frac{1}{2}x+\gamma\right)$으로 근사할 수 있음을 보여라.

☞ 제2종 베셀함수의 정의

$$Y_0(x)=\frac{2}{\pi}\left[J_0(x)\left(\ln\frac{x}{2}+\gamma\right)+\sum_{s=1}^{\infty}\frac{(-1)^{s-1}h_s}{2^{2s}(s!)^2}x^{2s}\right]$$

에서 x가 충분히 작으면 $J_0(x)=1-\frac{x^2}{2!2!}+\cdots \cong 1$이고 괄호 내부의 무한급수는 모두 0으로 접근한다. 따라서, x가 충분히 작으면

$$Y_0(x) \sim \frac{2}{\pi}\left(\ln\frac{1}{2}x+\gamma\right)$$

【9】 미분방정식 $y'' + ay' + by = 0$의 양변에 $p = e^{\int a}$를 곱하면 $(py')' + pby = 0$의 형태가 된다. 이 결과와 표 3.2를 이용하여 다음의 미분방정식의 해를 구하라.

(a) $xy'' + (1-2n)y' + xy = 0$

먼저 표준형으로 바꾸면 $y'' + \dfrac{1-2n}{x}y' + y = 0$이 되고, $p = x^{1-2n}$을 얻고 미분방정식은 $(x^{1-2n}y')' + x^{1-2n}y = 0$으로 바뀐다. 따라서 표 3.2를 이용하면 $\nu = n$, $\mu = 1$이 되어 해는 $y = x^n J_n(x)$, $x^n Y_n(x)$으로 된다.

(b) $xy'' + (1+2n)y' + xy = 0$

표준형으로 바꾸어 $p = x^{1+2n}$을 얻고 미분방정식은 $(x^{1+2n}y')' + x^{1+2n}y = 0$으로 된다. 따라서 표 3.2로부터 $y = x^{-n}J_n(x)$, $x^{-n}Y_n(x)$가 해로 된다.

★ 【10】 x가 충분히 큰 수일 때 다음의 근사식이 성립한다(증명은 교재의 수준을 넘는다).

(a) $J_\nu(x) \sim \sqrt{\dfrac{2}{\pi x}} \cos\left[x - \left(\nu + \dfrac{1}{2}\right)\dfrac{\pi}{2}\right]$

(b) $Y_\nu(x) \sim \sqrt{\dfrac{2}{\pi x}} \sin\left[x - \left(\nu + \dfrac{1}{2}\right)\dfrac{\pi}{2}\right]$

☞ asymptotic expansion은 상당히 어려운 내용이므로 생략하며, 증명은 Arfken과 Weber의 저서 Mathematical Methods for Physicists의 674쪽을 참조한다.

3-5 확장된 멱급수해법(Frobenius 방법)

표 3.3 지수방정식의 근의 형태에 따른 서로 다른 독립해의 유형

$r(r-1)+a_0r+b_0=0$, 실근을 가지면 $r_1 \geq r_2$이라 하자. 공통해: $y_1(x)=x^{r_1}(A_0+A_1x+A_2x^2+\cdots)$	
① $r_1-r_2 \neq$ 정수,	$y_2(x)=x^{r_2}(B_0+B_1x+B_2x^2+\cdots)$
② $r_1-r_2=0$,	$y_2(x)=y_1(x)\ln x+x^{r_2}(B_1x+B_2x^2+\cdots)$
③ $r_1-r_2=$ 자연수,	$y_2(x)=\beta y_1(x)\ln x+x^{r_2}(B_0+B_1x+B_2x^2+\cdots)$

* ① 복소수근 포함, ② B_0 항이 없음, ③ $\beta=0$일 수도 있음에 주의.

※다음의 미분방정식의 한 독립해를 무한급수형태로 구하고 다른 독립해는 어떤 형태로 주어지는가를 말하라.

【1】 $x^2y''-2xy'+2y=0$

$$x^2y''=\sum_{s=0}^{\infty}A_s(r+s)(r+s-1)x^{r+s}$$

$$-2xy'=\sum_{s=0}^{\infty}-2A_s(r+s)x^{r+s}$$

$$2y=\sum_{s=0}^{\infty}2A_sx^{r+s}$$

① $s=0$일 때, $A_0r(r-1)-2A_0r+2A_0=0 \;\rightarrow\; A_0(r^2-3r+2)=0$

따라서, $r=2$ 또는 $r=1$. 항상 r의 값이 큰 경우에 대한 멱급수해를 먼저 구한다. 즉, $r=2$로 둔다.

② $s \geq 1$일 때, $A_s(2+s)(1+s)-2A_s(2+s)+2A_s=0 \;\rightarrow\; A_ss(s+1)=0.$

위의 관계로부터 $A_1=A_2=A_3=\cdots=0$을 얻는다. 즉, 처음의 멱급수해는 $A_0=1$로 두어

$$y_1=x^2(A_0+A_1x+A_2x^2+\cdots)=x^2$$

이 된다. 또한, $r_1-r_2=2-1=1$로 정수차이므로 표 3.3에서

$$\begin{aligned}y_2(x)&=\beta y_1(x)\ln x+x^{r_2}(B_0+B_1x+B_2x^2+\cdots)\\&=\beta x^2\ln x+x(B_0+B_1x+B_2x^2+\cdots)\end{aligned}$$

인 형태의 해를 갖는다.

☑ 주어진 미분방정식은 Euler방정식으로 $y_1 = x^2$, $y_2 = x$인 해를 갖는다. 즉, 두 번째 멱급수를 대입하였을 때 $\beta = 0$, $B_0 = 1$, $B_1 = B_2 = B_3 = \cdots = 0$이면 만족될 것이다.

【2】 $xy'' - y' + 4x^3 y = 0$

$$xy'' = \sum_{s=0}^{\infty} A_s(r+s)(r+s-1)\,x^{r+s-1} \xrightarrow{(1\ \text{up})} \sum_{s=-1}^{\infty} A_{s+1}(r+s+1)(r+s)\,x^{r+s}$$

$$-y' = \sum_{s=0}^{\infty} -A_s(r+s)\,x^{r+s-1} \xrightarrow{(1\ \text{up})} \sum_{s=-1}^{\infty} -A_{s+1}(r+s+1)\,x^{r+s}$$

$$4x^3y = \sum_{s=0}^{\infty} 4A_s x^{r+s+3} \xrightarrow{(3\ \text{down})} \sum_{s=3}^{\infty} 4A_{s-3}\,x^{r+s}$$

처음 급수는 $s = -1$에서 시작하고, 마지막 급수는 $s = 3$에서 시작하므로 $s = -1,\ 0,\ 1,\ 2$인 경우와 $s \geq 3$인 경우로 나누어 생각한다.

① $s = -1$일 때, $A_0 r(r-1) - A_0 r = 0$. 즉, $r = 2,\ 0$이므로 $r = 2$으로 한다.

② $s = 0$일 때, $A_1 = 0$

③ $s = 1$일 때, $A_2 = 0$

④ $s = 2$일 때, $A_3 = 0$

⑤ $s \geq 3$일 때, $A_{s+1}(s+3)(s+2) - A_{s+1}(s+3) + 4A_{s-3} = 0$. 정리하면

$$A_{s+1} = -\frac{4}{(s+3)(s+1)} A_{s-3}$$

인 반복관계를 얻고 $s \geq 3$을 계속 대입해가면 $A_1 = A_2 = A_3 = 0$이므로 아래첨자가 4의 배수가 아닌 경우는 모두 0이 된다. 따라서,

$$A_4 = -\frac{4}{6\cdot 4} A_0 = -\frac{1}{3!} A_0$$

$$A_8 = -\frac{4}{10\cdot 8} A_4 = \frac{1}{5!} A_0$$

$$A_{12} = -\frac{4}{14\cdot 12} A_8 = -\frac{1}{7!} A_0$$

등으로 얻어지므로 $A_0 = 1$로 두면

$$y_1 = x^2\left(1 - \frac{1}{3!}x^4 + \frac{1}{5!}x^8 - \frac{1}{7!}x^{12} + \cdots\right)$$

$$= x^2 - \frac{1}{3!}x^6 + \frac{1}{5!}x^{10} - \frac{1}{7!}x^{14} + \cdots$$

가 하나의 해가 된다. 다른 해는 표 3.3에서 두 근의 차가 자연수인 경우이므로

$$y_2(x) = \beta y_1(x)\ln x + \left(B_0 + B_1 x + B_2 x^2 + \cdots\right)$$

형태가 된다.

☑ 멱급수 y_1은 $\sin x^2$을 전개한 것임을 알 수 있다. 즉, 주어진 미분방정식은 $y_1 = \sin x^2$, $y_2 = \cos x^2$을 해로 가진다.

【3】 $x(x-1)y'' + (3x-1)y' + y = 0 \rightarrow x^2y'' - xy'' + 3xy' - y' + y = 0$

$$x^2y'' = \sum_{s=0}^{\infty} A_s(r+s)(r+s-1)x^{r+s}$$

$$-xy'' = \sum_{s=0}^{\infty} -A_s(r+s)(r+s-1)\, x^{r+s-1} \xrightarrow{(1\ \text{up})}$$

$$= \sum_{s=-1}^{\infty} -A_{s+1}(r+s+1)(r+s)\, x^{r+s}$$

$$3xy' = \sum_{s=0}^{\infty} 3A_s(r+s)x^{r+s}$$

$$-y' = \sum_{s=0}^{\infty} -A_s(r+s)\, x^{r+s-1} \xrightarrow{(1\ \text{up})} \sum_{s=-1}^{\infty} -A_{s+1}(r+s+1)\, x^{r+s}$$

$$y = \sum_{s=0}^{\infty} A_s x^{r+s}$$

① $s = -1$일 때, $-A_0 r(r-1) - A_0 r = 0$으로부터 $r = 0$인 중근을 얻는다.

② $s \geq 0$에서 $A_s s(s-1) - A_{s+1}(s+1)s + 3A_s s - A_{s+1}(s+1) + A_s = 0$. 정리하면

$$A_{s+1}(s+1)^2 - A_s(s^2 - s + 3s + 1) = 0 \quad \rightarrow \quad A_{s+1} = A_s$$

즉,

$$y_1 = x^0(A_0 + A_0 x + A_0 x^2 + \cdots +) = A_0(1 + x + x^2 + \cdots) = A_0 \frac{1}{1-x}$$

$A_0 = -1$로 두면 $y_1 = \dfrac{1}{x-1}$가 해임을 알 수 있다. 다른 해는 표 3.3으로부터

$$y_2(x) = \frac{\ln x}{x-1} + (B_1 x + B_2 x^2 + \cdots)$$

의 형태가 된다(실제로 계산을 수행하면 $y_2(x) = \dfrac{\ln x}{x-1}$가 된다).

【4】 $(x^2 - x)y'' - xy' + y = 0$

$$x^2y'' = \sum_{s=0}^{\infty} A_s(r+s)(r+s-1)x^{r+s}$$

$$-xy'' = \sum_{s=0}^{\infty} -A_s(r+s)(r+s-1)\, x^{r+s-1} \xrightarrow{(1\ \text{up})}$$

$$= \sum_{s=-1}^{\infty} -A_{s+1}(r+s+1)(r+s)\, x^{r+s}$$

$$-xy' = \sum_{s=0}^{\infty} -A_s(r+s)x^{r+s}$$

$$y = \sum_{s=0}^{\infty} A_s x^{r+s}$$

① $s=-1$일 때, $-A_0(r)(r-1)=0$. 따라서, $r=1$인 경우를 고려한다.

② $s \geq 0$일 때, $A_s(s+1)s - A_{s+1}(s+2)(s+1) - A_s(s+1) + A_s = 0$. 정리하면

$$A_{s+1} = \frac{s^2}{(s+2)(s+1)} A_s$$

이므로

$$A_1 = \frac{0^2}{2 \cdot 1} A_0 = 0. \quad \text{따라서, } A_1 = A_2 = A_3 = \cdots = 0\text{이다.}$$

즉, $A_0 = 1$로 두면

$$y_1 = x(A_0 + 0 + \cdots + 0) = x$$

가 해이다. 다른 해는 정수차이므로 표 3.3에서 $r_2 = 0$이므로

$$\begin{aligned} y_2(x) &= \beta y_1(x)\ln x + x^{r_2}(B_0 + B_1 x + B_2 x^2 + \cdots) \\ &= \beta x \ln x + (B_0 + B_1 x + B_2 x^2 + \cdots) \end{aligned}$$

의 형태를 취한다(답은 $y_2 = x\ln x + 1$).

【5】 $xy'' + 3y' + 4x^3 y = 0$

$$xy'' = \sum_{s=0}^{\infty} A_s(r+s)(r+s-1)x^{r+s-1} \xrightarrow{(1\ \text{up})} \sum_{s=-1}^{\infty} A_{s+1}(r+s+1)(r+s)x^{r+s}$$

$$3y' = \sum_{s=0}^{\infty} 3A_s(r+s)x^{r+s-1} \xrightarrow{(1\ \text{up})} \sum_{s=-1}^{\infty} 3A_{s+1}(r+s+1)x^{r+s}$$

$$4x^3 y = \sum_{s=0}^{\infty} 4A_s x^{r+s+3} \xrightarrow{(3\ \text{down})} \sum_{s=3}^{\infty} 4A_{s-3}x^{r+s}$$

① $s=-1$일 때, $A_0 r(r-1) + 3A_0 r = 0 \rightarrow r = -2, 0$이므로 $r=0$을 고려한다.

② $s=0$일 때, $A_1 = 0$

③ $s=1$일 때, $A_2 = 0$

④ $s=2$일 때, $A_3 = 0$

⑤ $s \geq 3$일 때,

$$A_{s+1}(s+1)s + 3A_{s+1}(s+1) + 4A_{s-3} = 0$$

이 되고 정리하면

$$A_{s+1} = -\frac{4}{(s+3)(s+1)}A_s$$

인 반복관계를 얻는다. $A_1 = A_2 = A_3 = 0$으로부터 아래첨자가 4의 배수인 경우만 남는다. 따라서,

$$A_4 = -\frac{4}{6\cdot 4}A_0 = -\frac{1}{3!}A_0$$

$$A_8 = -\frac{4}{10\cdot 8}A_4 = \frac{1}{5!}A_0$$

$$A_{12} = -\frac{4}{14\cdot 12}A_8 = -\frac{1}{7!}A_0$$

등으로 얻어지므로 $A_0 = 1$로 두면

$$y_1 = 1 - \frac{1}{3!}x^4 + \frac{1}{5!}x^8 - \frac{1}{7!}x^{12} + \cdots$$

가 하나의 해가 된다. 다른 해는 표 3.3으로부터

$$y_2(x) = \beta y_1(x)\ln x + (B_0 + B_1 x + B_2 x^2 + \cdots)$$

인 형태를 가진다.

☑ 멱급수 y_1은 다음과 같이 변형하면 간단한 함수로 표현된다.

$$y_1 = \frac{1}{x^2}\left(x^2 - \frac{1}{3!}x^6 + \frac{1}{5!}x^{10} - \frac{1}{7!}x^{14} + \cdots\right) = \frac{\sin x^2}{x^2}$$

마찬가지로 다른 해는 $y_2 = \dfrac{\cos x^2}{x^2}$이다.

【6】 $16x^2y'' + 3y = 0$

$$16x^2y'' = \sum_{s=0}^{\infty} 16A_s(r+s)(r+s-1)x^{r+s}$$

$$3y = \sum_{s=0}^{\infty} 3A_s x^{r+s}$$

정리하면

$$16A_s(r+s)(r+s-1) + 3A_s = 0$$

① $s = 0$일 때, $16r(r-1) + 3 = (4r-3)(4r-1) = 0$으로부터 $r = \dfrac{3}{4}$, $\dfrac{1}{4}$이므로 $r = \dfrac{3}{4}$을 고려한다.

② $s \geq 1$일 때,

$$16A_s\left(\frac{3}{4}+s\right)\left(\frac{3}{4}+s-1\right) + 3A_s = A_s[(4s+3)(4s-1)+3] = A_s 8s(2s+1) = 0$$

즉, $A_s = 0$이 된다. 따라서,

$$y_1 = x^{\frac{3}{4}}$$

가 하나의 해가 된다. 다른해는 $\frac{3}{4} - \frac{1}{4} = \frac{1}{2}$로 정수차가 아니므로

$$y_2 = x^{\frac{1}{4}}$$

이다. 주어진 미분방정식이 Euler방정식이라는 것을 주목한다.

【7】 $(3x^2+2x)y'' + 6(x+1)y' - 6y = 0$

$$3x^2y'' = \sum_{s=0}^{\infty} 3A_s(r+s)(r+s-1)x^{r+s}$$

$$2xy'' = \sum_{s=0}^{\infty} 2A_s(r+s)(r+s-1)\,x^{r+s-1} \xrightarrow{(1\ \text{up})}$$

$$= \sum_{s=-1}^{\infty} 2A_{s+1}(r+s+1)(r+s)\,x^{r+s}$$

$$6xy' = \sum_{s=0}^{\infty} 6A_s(r+s)\,x^{r+s}$$

$$6y' = \sum_{s=0}^{\infty} 6A_s(r+s)\,x^{r+s-1} \xrightarrow{(1\ \text{up})} \sum_{s=-1}^{\infty} 6A_{s+1}(r+s+1)\,x^{r+s}$$

$$-6y = \sum_{s=0}^{\infty} (-6A_s)x^{r+s}$$

$s = -1$일 때

$$2A_0 r(r-1) + 6A_0 r = 0 \implies r(r+2) = 0$$

이 된다. 따라서, 먼저 $r = 0$인 경우에 대한 해를 구한다.

$s \geq 0$일 때

$$3A_s(r+s) + 3A_s s(s-1) + 2A_{s+1}(s+1)s + 6A_s s + 6A_{s+1}(s+1) - 6A_s = 0$$

즉

$$3A_s(s+2)(s-1) + 2A_{s+1}(s+1)(s+3) = 0$$

에서

$$A_{s+1} = -\frac{3}{2}\frac{(s+2)(s-1)}{(s+1)(s+3)}A_s, \quad s \geq 0$$

의 반복관계를 얻는다. 따라서,

$$A_1 = A_0, \quad A_2 = A_3 = \cdots = 0$$

이 되어 하나의 해로

$$y_1 = 1 + x$$

를 얻는다. 다른 근은 $y_2 = y_1 \int \frac{1}{py_1^2}$ 을 이용한다. 즉,

$$p = e^{\int \frac{6(x+1)}{x(3x+2)}} = e^{\int \frac{3}{x} - \frac{3}{3x+2}} = \frac{x^3}{3x+2}$$

이므로

$$\begin{aligned} y_2 = (1+x)\int \frac{(3x+2)}{x^3(1+x)^2} &= (1+x)\int \left[\frac{2}{x^3} - \frac{1}{x^2} + \frac{1}{(1+x)^2} \right] \\ &= (1+x)\left(-\frac{1}{x^2} + \frac{1}{x} - \frac{1}{1+x} \right) \\ &= -\frac{1}{x^2} - \frac{1}{x} + \frac{1}{x} + 1 - 1 = -\frac{1}{x^2} \end{aligned}$$

즉

$$y_2 = \frac{1}{x^2}$$

가 된다(음의 부호는 의미가 없으므로 생략하였다).

★ 【8】 $x(x+1)^2y'' - (x^2-1)y' + (x-1)y = 0$

$$\begin{aligned} x^3y'' &= \sum_{s=0}^{\infty} A_s(r+s)(r+s-1)\,x^{r+s+1} \xrightarrow{(1\text{ down})} \\ &= \sum_{s=1}^{\infty} A_{s-1}(r+s-1)(r+s-2)\,x^{r+s} \end{aligned}$$

$$2x^2y'' = \sum_{s=0}^{\infty} 2A_s(r+s)(r+s-1)x^{r+s}$$

$$\begin{aligned} xy'' &= \sum_{s=0}^{\infty} A_s(r+s)(r+s-1)\,x^{r+s-1} \xrightarrow{(1\text{ up})} \\ &= \sum_{s=-1}^{\infty} A_{s+1}(r+s+1)(r+s)\,x^{r+s} \end{aligned}$$

$$-x^2y' = \sum_{s=0}^{\infty} -A_s(r+s)\,x^{r+s+1} \xrightarrow{(1\text{ down})} \sum_{s=1}^{\infty} -A_{s-1}(r+s-1)\,x^{r+s}$$

$$y' = \sum_{s=0}^{\infty} A_s(r+s)\,x^{r+s-1} \xrightarrow{(1\text{ up})} \sum_{s=-1}^{\infty} A_{s+1}(r+s+1)\,x^{r+s}$$

$$xy = \sum_{s=0}^{\infty} A_s x^{r+s+1} \xrightarrow{(1\text{ down})} \sum_{s=1}^{\infty} A_{s-1}x^{r+s}$$

$$-y = \sum_{s=0}^{\infty} (-A_s)x^{r+s}$$

와 같이 먼저 정리한다. 그리고 s가 가장 작은 값인 $s=-1$부터 대입하면

① $s=-1$을 대입하여 $r(r-1)+r=0$, 즉 $r=0$인 중근을 얻는다.

② $s=0$과 $r=0$을 대입하면 $A_1 - A_0 = 0$이 된다.

③ $s \geq 1$을 대입하고 정리하면

$$(s+1)^2 A_{s+1} + (2s^2 - 2s - 1)A_s + (s-2)^2 A_{s-1} = 0, \quad s \geq 1$$

을 얻는다. 먼저 $s=1$을 대입하여 $4A_2 - A_1 + A_0 = 0$이 되는데 앞에서 $A_1 = A_0$이므로 $A_2 = 0$을 얻는다. 다음으로 $s=2$를 대입하면 $9A_3 + 5A_2 + 0A_1 = 0$이 되고 앞의 결과를 이용하면 $A_3 = 0$을 얻는다. 이것을 계속하면 $A_2 = A_3 = \cdots = A_n = 0$이므로 첫 번째 해로 $y = A_0 + A_1 x$, 즉 $y = 1 + x$를 얻는다(상수를 곱하는 것은 의미가 없으므로). 두 번째 해는 $y_2 = y_1 \int \frac{1}{py_1^2}$를 이용하여 구한다. 표준형 미분방정식이 $y'' + \left(\frac{1}{x} - \frac{2}{x+1}\right)y' + \cdots$ 으로 표현되므로 $p = \frac{x}{(x+1)^2}$을 얻고 따라서

$$y_2 = (1+x) \int \frac{(x+1)^2}{x} \frac{1}{(1+x)^2} = (1+x) \ln x$$

인 해를 구한다.

★초기하 함수 $F(a, b, c; x) \equiv \sum_{s=0}^{\infty} \frac{(a)_s (b)_s}{(c)_s} \frac{x^s}{s!}$에 대하여 다음을 증명하여라.

【9】 $|x| < 1$에서 수렴한다.

☞ $F(a, b, c; x) \equiv \sum_{s=0}^{\infty} A_s x^s$, $A_s = \frac{(a)_s (b)_s}{(c)_s} \frac{1}{s!}$로 두고

$$(a)_s = a(a+1)(a+2)\cdots(a+s-1)$$

$$(a)_{s+1} = a(a+1)(a+2)\cdots(a+s-1) \cdot (a+s) = (a+s)(a)_s$$

를 이용하면 $\frac{(a)_{s+1}}{(a)_s} = a + s$가 된다. 따라서,

$$\frac{1}{R} = \lim_{s \to \infty} \left| \frac{A_{s+1}}{A_s} \right| = \lim_{s \to \infty} \frac{(a)_{s+1} (b)_{s+1}}{(c)_{s-1} (s+1)!} \frac{(c)_s s!}{(a)_s (b)_s}$$

$$= \lim_{s \to \infty} \frac{(a+s)(b+s)}{(c+s)(s+1)} = 1$$

즉, 수렴반지름이 1이므로 $|x| < 1$에서 수렴한다.

【10】 a 또는 b가 음의 정수이면 다항식으로 된다.

☞ $(a)_s = a(a+1)(a+2)\cdots(a+s-1)$, $(b)_s = b(b+1)(b+2)\cdots(b+s-1)$에서 a 또는 b가 음의 정수이면 $a+s-1=0$ 또는 $b+s-1=0$이 되는 양의 s가 존재한다. 이때, $(a)_{s+1} = a(a+1)(a+2)\cdots(a+s-1)(a+s)$와 같이 $(a)_s = 0$이 되면 $(a)_{s+1} = (a)_{s+2} = \cdots = 0$이 되므로 유한개의 항으로 된다. 즉, 다항식이 된다.

【11】 $\frac{d}{dx}F(a,b,c;x)$

$$\equiv \frac{d}{dx}\sum_{s=0}^{\infty}\frac{(a)_s(b)_s}{(c)_s}\frac{x^s}{s!} = \sum_{s=0}^{\infty}\frac{(a)_s(b)_s}{(c)_s}\frac{sx^{s-1}}{s!} \quad (s=0\text{인 경우는 계수가 } 0)$$

$$= \sum_{s=1}^{\infty}\frac{(a)_s(b)_s}{(c)_s}\frac{sx^{s-1}}{s!} = \sum_{s=1}^{\infty}\frac{(a)_s(b)_s}{(c)_s}\frac{x^{s-1}}{(s-1)!} \xrightarrow{(1\text{ up})}$$

$$= \sum_{s=0}^{\infty}\frac{(a)_{s+1}(b)_{s+1}}{(c)_{s+1}}\frac{x^s}{s!}$$

그런데,

$$(a)_s = a(a+1)(a+2)\cdots(a+s-1) = \frac{(a+s-1)!}{(a-1)!}$$

이므로

$$(a)_{s+1} = a(a+1)(a+2)\cdots(a+s-1)\cdot(a+s)$$
$$= a[(a+1)(a+2)\cdots(a+s-1)\cdot(a+s)] = a(a+1)_s$$

이다. 이것을 이용하면

$$\frac{d}{dx}F(a,b,c;x) = \frac{ab}{c}\sum_{s=0}^{\infty}\frac{(a+1)_s(b+1)_s}{(c+1)_s}\frac{x^s}{s!}$$
$$= \frac{ab}{c}F(a+1,b+1,c+1;x)$$

【12】 $\alpha=a+1,\ \beta=b+1,\ \gamma=c+1$로 두고 위의 공식을 반복하면

$$\frac{d^2F(a,b,c;x)}{dx^2} = \frac{a(a+1)b(b+1)}{c(c+1)}F(a+2,b+2,c+2;x)$$

가 되는 것을 쉽게 알 수 있다.

【13】 $\frac{1}{1-x} = F(1,1,1;x)$

$$F(1,1,1;x) = 1 + \frac{(1)\cdot(1)}{(1)}\frac{x}{1!} + \frac{(1)(2)\cdot(1)(2)}{(1)(2)}\frac{x^2}{2!} + \frac{(1)(2)(3)\cdot(1)(2)(3)}{(1)(2)(3)}\frac{x^3}{3!} + \cdots$$
$$= 1 + x + x^2 + x^3 + \cdots = \frac{1}{1-x}$$

【14】 $(1+x)^n = F(-n,1,1;-x), \quad (1-x)^n = 1 - nxF(1-n,1,2;x)$

(a) $F(-n,1,1;-x) = 1 + \frac{(-n)\cdot(1)}{(1)}\frac{(-x)}{1!} + \frac{(-n)(-n+1)\cdot(1)(2)}{(1)(2)}\frac{(-x)^2}{2!}$

$$+ \frac{(-n)(-n+1)(-n+2)\cdot(1)(2)(3)}{(1)(2)(3)}\frac{(-x)^3}{3!} + \cdots$$

$$= 1 + nx + n(n-1)\frac{x^2}{2!} + n(n-1)(n-2)\frac{x^3}{3!} + \cdots = (1+x)^n$$

(b) $F(1-n,1,2;x) = 1 + \dfrac{(1-n)\cdot(1)}{(2)}\dfrac{x}{1!} + \dfrac{(1-n)(2-n)\cdot(1)(2)}{(2)(3)}\dfrac{x^2}{2!}$

$$+ \frac{(1-n)(2-n)(3-n)\cdot(1)(2)(3)}{(2)(3)(4)}\frac{x^3}{3!} + \cdots$$

$$= 1 - \frac{n-1}{2}x + \frac{(n-1)(n-2)}{3!}x^2 - \frac{(n-1)(n-2)(n-3)}{4!}x^3 + \cdots$$

$$1 - nxF(1-n,1,2;x) = 1 - nx + \frac{n(n-1)}{2!}x^2 - \frac{n(n-1)(n-2)}{3!}x^3 + \frac{n(n-1)(n-2)(n-3)}{4!}x^4 - \cdots$$

따라서, $(1-x)^n = 1 - nxF(1-n,1,2;x)$

【15】 $\ln(1+x) = xF(1,1,2;-x)$, $\ln\dfrac{1+x}{1-x} = 2xF(\frac{1}{2},1,\frac{3}{2};x^2)$

(a) $F(1,1,2;-x) = 1 + \dfrac{(1)\cdot(1)}{(2)}\dfrac{(-x)}{1!} + \dfrac{(1)(2)\cdot(1)(2)}{(2)(3)}\dfrac{(-x)^2}{2!}$

$$+ \frac{(1)(2)(3)\cdot(1)(2)(3)}{(2)(3)(4)}\frac{(-x)^3}{3!} + \cdots$$

$$= 1 - \frac{x}{2} + \frac{x^2}{3} - \frac{x^3}{4} + \cdots$$

따라서, $xF(1,1,2;-x) = x - \dfrac{x^2}{2} + \dfrac{x^3}{3} - \dfrac{x^4}{4} + \cdots$

$$\ln(1+x) = \int\frac{1}{1+x} = \int 1 - x + x^2 - x^3 + x^4 - \cdots$$

$$= x - \frac{x^2}{2} + \frac{x^3}{3} - \frac{x^4}{4} + \frac{x^5}{5} - \cdots$$

(b) $\ln(1+x) = x - \dfrac{x^2}{2} + \dfrac{x^3}{3} - \dfrac{x^4}{4} + \dfrac{x^5}{5} - \cdots$

$$\ln(1-x) = -x - \frac{x^2}{2} - \frac{x^3}{3} - \frac{x^4}{4} - \frac{x^5}{5} - \cdots$$

즉, $\ln\dfrac{1+x}{1-x} = 2\left[x + \dfrac{x^3}{3} + \dfrac{x^5}{5} + \cdots\right]$이다. 계속해서,

$$F(\frac{1}{2},1,\frac{3}{2};x^2) = 1 + \frac{\left(\frac{1}{2}\right)\cdot(1)}{\left(\frac{3}{2}\right)}\frac{x^2}{1!} + \frac{\left(\frac{1}{2}\right)\left(\frac{3}{2}\right)\cdot(1)(2)}{\left(\frac{3}{2}\right)\left(\frac{5}{2}\right)}\frac{x^4}{2!}$$

$$+\frac{\left(\frac{1}{2}\right)\left(\frac{3}{2}\right)\left(\frac{5}{2}\right)\cdot(1)(2)(3)}{\left(\frac{3}{2}\right)\left(\frac{5}{2}\right)\left(\frac{7}{2}\right)}\frac{x^6}{3!}+\cdots$$

정리하면

$$F(\frac{1}{2},1,\frac{3}{2};x^2)=1+\frac{x^2}{3}+\frac{x^4}{5}+\frac{x^6}{7}+\cdots$$

이므로

$$2xF(\frac{1}{2},1,\frac{3}{2};x^2)=2\left[x+\frac{x^3}{3}+\frac{x^5}{5}+\frac{x^7}{7}+\cdots\right]$$

따라서,

$$\ln\frac{1+x}{1-x}=2xF(\frac{1}{2},1,\frac{3}{2};x^2)$$

★ 【16】 $\tan^{-1}x=xF(\frac{1}{2},1,\frac{3}{2};-x^2)$, $\sin^{-1}x=xF(\frac{1}{2},\frac{1}{2},\frac{3}{2};x^2)$

(a) $\tan^{-1}x=xF(\frac{1}{2},1,\frac{3}{2};-x^2)$

$$F(\frac{1}{2},1,\frac{3}{2};-x^2)=1-\frac{\left(\frac{1}{2}\right)\cdot(1)}{\left(\frac{3}{2}\right)}\frac{x^2}{1!}+\frac{\left(\frac{1}{2}\right)\left(\frac{3}{2}\right)\cdot(1)(2)}{\left(\frac{3}{2}\right)\left(\frac{5}{2}\right)}\frac{x^4}{2!}$$

$$-\frac{\left(\frac{1}{2}\right)\left(\frac{3}{2}\right)\left(\frac{5}{2}\right)\cdot(1)(2)(3)}{\left(\frac{3}{2}\right)\left(\frac{5}{2}\right)\left(\frac{7}{2}\right)}\frac{x^6}{3!}+\cdots$$

$F(\frac{1}{2},1,\frac{3}{2};-x^2)=1-\frac{x^2}{3}+\frac{x^4}{5}-\frac{x^6}{7}+\cdots$이므로

$$xF(\frac{1}{2},1,\frac{3}{2};-x^2)=x-\frac{x^3}{3}+\frac{x^5}{5}-\frac{x^7}{7}+\cdots$$

그런데, $\tan^{-1}x=x-\frac{x^3}{3}+\frac{x^5}{5}-\frac{x^7}{7}+\cdots$이므로 주어진 관계식이 성립한다.

(b) $\sin^{-1}x=xF(\frac{1}{2},\frac{1}{2},\frac{3}{2};x^2)$

$$F(\frac{1}{2},\frac{1}{2},\frac{3}{2};x^2)=1+\frac{\left(\frac{1}{2}\right)\cdot\left(\frac{1}{2}\right)}{\left(\frac{3}{2}\right)}\frac{x^2}{1!}+\frac{\left(\frac{1}{2}\right)\left(\frac{3}{2}\right)\cdot\left(\frac{1}{2}\right)\left(\frac{3}{2}\right)}{\left(\frac{3}{2}\right)\left(\frac{5}{2}\right)}\frac{x^4}{2!}$$

$$+\frac{\left(\frac{1}{2}\right)\left(\frac{3}{2}\right)\left(\frac{5}{2}\right)\cdot\left(\frac{1}{2}\right)\left(\frac{3}{2}\right)\left(\frac{5}{2}\right)}{\left(\frac{3}{2}\right)\left(\frac{5}{2}\right)\left(\frac{7}{2}\right)}\frac{x^6}{3!}+\cdots$$

$F(\frac{1}{2}, \frac{1}{2}, \frac{3}{2}\,; x^2) = 1 + \frac{1}{3!}x^2 + \frac{9}{5!}x^4 + \cdots$

$xF(\frac{1}{2}, \frac{1}{2}, \frac{3}{2}\,; x^2) = x + \frac{1}{3!}x^3 + \frac{9}{5!}x^5 + \cdots$에서

$\sin^{-1}x = x + \frac{1}{3!}x^3 + \frac{9}{5!}x^5 + \cdots$이므로 주어진 관계가 성립한다. $\sin^{-1}x$의 전개는 Taylor전개를 이용하여 구한다.

제 4 장 라플라스 변환

4-1 라플라스변환의 정의

【1】 다음 함수의 라플라스변환을 구하라.

(a) $\mathcal{L}(2t-3) = 2\mathcal{L}(t) - 3\mathcal{L}(1) = 2\frac{1!}{s^2} - 3\frac{1}{s} = \frac{2}{s^2} - \frac{3}{s}$

(b) $\mathcal{L}(\sin^2 t) = \mathcal{L}\left\{\frac{1}{2}(1-\cos 2t)\right\} = \frac{1}{2s} - \frac{1}{2}\frac{s}{s^2+2^2} = \frac{2}{s(s^2+4)}$

(c) $\mathcal{L}(e^{at+b}) = e^b \mathcal{L}(e^{at}) = e^b \frac{1}{s-a} = \frac{e^b}{s-a}$

(d) $\mathcal{L}\{\cos(at+b)\} = \mathcal{L}\{\cos at \cos b - \sin at \sin b\}$

$$= \cos b \frac{s}{s^2+a^2} - \sin b \frac{a}{s^2+a^2} = \frac{s\cos b - a\sin b}{s^2+a^2}$$

【2】 $0 < t < 1$에서는 $f(t) = 1$이고 이외의 구간에서는 $f(t) = 0$인 함수를 라플라스변환하라.

☞ $\mathcal{L}\{f\} = \int_0^\infty f(t)e^{-st}dt = \int_0^1 e^{-st}dt + \int_1^\infty 0\,dt = \left[-\frac{1}{s}e^{-st}\right]_0^1 = \frac{1}{s}(1-e^{-s})$

【3】 다음 함수의 라플라스 역변환을 구하라.

(a) $\mathcal{L}^{-1}\left(\frac{2}{s-1}\right) = 2e^t$

(b) $\mathcal{L}^{-1}\left\{\frac{1}{(s+a)(s+b)}\right\} = \frac{1}{b-a}\mathcal{L}^{-1}\left(\frac{1}{s+a} - \frac{1}{s+b}\right) = \frac{1}{b-a}(e^{-at} - e^{-bt})$

(c) $\mathcal{L}^{-1}\left(\frac{s+1}{s^2-1}\right) = \mathcal{L}^{-1}\left(\frac{s+1}{(s+1)(s-1)}\right) = \mathcal{L}^{-1}\left(\frac{1}{s-1}\right) = e^t$

(d) $\mathcal{L}^{-1}\left(\frac{t^n}{n!}\right) = \frac{1}{s^{n+1}}$ 을 이용하면

$$\mathcal{L}^{-1}\left(\frac{1}{s} + \frac{1}{s^2} + \frac{1}{s^3} + \frac{1}{s^4} + \cdots\right) = 1 + t + \frac{t^2}{2!} + \frac{t^3}{3!} + \cdots = e^t$$

【4】 $\mathcal{L}(c_1 f_1 + c_2 f_2) = c_1 \mathcal{L}(f_1) + c_2 \mathcal{L}(f_2)$을 증명하라.

☞ $\mathcal{L}(c_1 f_1 + c_2 f_2) = \int_0^\infty [c_1 f_1(t) + c_2 f_2(t)] e^{-st} dt$ 에서 적분은 선형적이므로

$\mathcal{L}(c_1 f_1 + c_2 f_2) = c_1 \int_0^\infty f_1(t) e^{-st} dt + c_2 \int_0^\infty f_2(t) e^{-st} dt$ 가 되고 라플라스변환의 정의로부터 우변은 $c_1 \mathcal{L}(f_1) + c_2 \mathcal{L}(f_2)$ 와 같다. 따라서, 주어진 관계식이 성립한다.

【5】 $\Gamma(1/2) = (-\frac{1}{2})! = \sqrt{\pi}$ 를 이용하여 $\mathcal{L}\left(\frac{1}{\sqrt{t}}\right) = \sqrt{\frac{\pi}{s}}$ 임을 보여라.

☞ $\mathcal{L}\left(\frac{t^a}{a!}\right) = \frac{1}{s^{a+1}}$ 인 결과를 이용한다.

$$\mathcal{L}\left(\frac{1}{\sqrt{t}}\right) = \left(-\frac{1}{2}\right)! \, \mathcal{L}\left[\frac{t^{-1/2}}{(-1/2)!}\right\} = \left(-\frac{1}{2}\right)! \frac{1}{s^{-\frac{1}{2}+1}} = \sqrt{\pi} \frac{1}{\sqrt{s}}$$

4-2 미분, 적분과 라플라스변환

【1】 다음의 라플라스변환을 구하라.

(a) $\mathcal{L}(te^{at}) = -\frac{d}{ds} \mathcal{L}(e^{at}) = -\frac{d}{ds} \frac{1}{s-a} = \frac{1}{(s-a)^2}$

(b) $\mathcal{L}(te^{at}) = -\frac{d}{ds} \frac{1}{s-a} = \frac{1}{(s-a)^2}$

$\mathcal{L}(t^2 e^{at}) = -\frac{d}{ds} \frac{1}{(s-a)^2} = \frac{2}{(s-a)^3}$

$\mathcal{L}(t^3 e^{at}) = -\frac{d}{ds} \frac{2}{(s-a)^3} = \frac{3!}{(s-a)^4}$

등으로 계속되므로 $\mathcal{L}(t^n e^{at}) = \frac{n!}{(s-a)^{n+1}}$

☑ 실제로는 $\mathcal{L}(t^n) = \frac{n!}{s^{n+1}}$ 인 결과를 이용하여 $\mathcal{L}(t^n e^{at}) = \frac{n!}{(s-a)^{n+1}}$ 를 구하는 것이 더욱 효율적이다.

(c) $\frac{1}{t} \sim -\frac{1}{D}$ 를 이용하면 $\mathcal{L}\left(\frac{\sin at}{t}\right) = -\int_\infty^s \frac{a}{s^2+a^2} ds$. 여기서,

$$\frac{d}{dx} \tan^{-1} x = \frac{1}{x^2+1} \quad \rightarrow \quad \frac{d}{d\left(\frac{s}{a}\right)} \tan^{-1} \frac{s}{a} = \frac{1}{\left(\frac{s}{a}\right)^2 + 1}$$

를 이용하면 $\mathcal{L}\left(\frac{\sin at}{t}\right) = -\int_\infty^s \frac{a}{s^2+a^2} ds = -\left[\tan^{-1} \frac{s}{a}\right]_\infty^s = \frac{\pi}{2} - \tan^{-1} \frac{s}{a}$.

조금 더 정리해보자. 밑변이 a, 높이가 s인 직각삼각형을 고려하면 내각의 합이 모두 π이므로 $\pi = \frac{\pi}{2} + \tan^{-1}\frac{s}{a} + \tan^{-1}\frac{a}{s}$. 따라서,

$$\mathcal{L}\left(\frac{\sin at}{t}\right) = \tan^{-1}\frac{a}{s}$$

【2】 다음의 변환을 보여라.

(a) $\mathcal{L}(t\cos at) = -\frac{d}{ds}\left(\frac{s}{s^2+a^2}\right) = -\left[\frac{s^2+a^2-s(2s)}{(s^2+a^2)^2}\right] = \frac{s^2-a^2}{(s^2+a^2)^2}$

(b) $\mathcal{L}(t\sin at) = -\frac{d}{ds}\left(\frac{a}{s^2+a^2}\right) = -\left[\frac{0-a(2s)}{(s^2+a^2)^2}\right] = \frac{2as}{(s^2+a^2)^2}$

(c) $\mathcal{L}(t\cosh at) = -\frac{d}{ds}\left(\frac{s}{s^2-a^2}\right) = -\left[\frac{s^2-a^2-s(2s)}{(s^2-a^2)^2}\right] = \frac{s^2+a^2}{(s^2-a^2)^2}$

(d) $\mathcal{L}(t\sinh at) = -\frac{d}{ds}\left(\frac{a}{s^2-a^2}\right) = -\left[\frac{0-a(2s)}{(s^2-a^2)^2}\right] = \frac{2as}{(s^2-a^2)^2}$

(e) 앞에서 (b)번의 결과인 $\mathcal{L}(t\sin at) = \frac{2as}{(s^2+a^2)^2}$를 이용하기 위해서 $\frac{1}{D} \sim \frac{1}{s}$를 적용하면

$$\mathcal{L}^{-1}\left[\frac{2a}{(s^2+a^2)^2}\right] = \int_0^t t\sin at\,dt = \left[t\left(-\frac{1}{a}\cos at\right) - (1)\left(-\frac{1}{a^2}\sin at\right)\right]_0^t$$
$$= -\frac{1}{a}t\cos at + \frac{1}{a^2}\sin at$$

를 얻는다. 양변을 $2a$로 나누면 $\mathcal{L}^{-1}\left[\frac{1}{(s^2+a^2)^2}\right] = \frac{1}{2a^3}(\sin at - at\cos at)$

(f) 위의 결과를 $D \sim s - \emptyset$를 이용하면

$$\mathcal{L}\left\{\frac{d}{dt}\frac{1}{2a^3}(\sin at - at\cos at)\right\} = \frac{s}{(s^2+a^2)^2} - 0$$

즉,

$$\mathcal{L}\left\{\frac{1}{2a}(t\sin at)\right\} = \frac{s}{(s^2+a^2)^2}$$

가 되고 다시 $D \sim s - \emptyset$를 적용하면

$$\mathcal{L}\left\{\frac{d}{dt}\frac{1}{2a}(t\sin at)\right\} = \frac{s^2}{(s^2+a^2)^2} - 0$$

으로부터 $\mathcal{L}^{-1}\left[\frac{s^2}{(s^2+a^2)^2}\right] = \frac{1}{2a}(\sin at + at\cos at)$를 얻는다.

【3】 다음의 라플라스 역변환을 구하라.

(a) $\frac{1}{s^2}\left(\frac{s-1}{s+1}\right)=-\frac{1}{s^2}+\frac{2}{s}-\frac{2}{s+1}$ 로 부분분수로 분해한다(4-6절을 참조). 따라서,

$\mathcal{L}^{-1}\left(-\frac{1}{s^2}+\frac{2}{s}-\frac{2}{s+1}\right)=-t+2-2e^{-t}$

(b) $\mathcal{L}^{-1}\left(\frac{1}{s^2+as}\right)=\frac{1}{a}\mathcal{L}^{-1}\left(\frac{1}{s}-\frac{1}{s+1}\right)=\frac{1}{a}(1-e^{-t})$

(c) $F(s)=\ln\frac{s-a}{s-b}$ 라고 두자. 양변을 미분하면 $\frac{d}{ds}F(s)=\frac{1}{s-a}-\frac{1}{s-b}$ 가 된다. 그런데,

$$f(t)\xrightarrow{\mathcal{L}}F(s)$$
$$tf(t)\xrightarrow{\mathcal{L}}-\frac{d}{ds}F(s)$$

인 관계를 살펴보면 $\mathcal{L}\{tf(t)\}=-\frac{1}{s-a}+\frac{1}{s-b}$ 임을 알 수 있다. 따라서, $f(t)$를 구하면 $f(t)=\frac{1}{t}(-e^{at}+e^{bt})$

(d) $\frac{1}{D}\sim\frac{1}{s}$ 인 공식으로부터 $\mathcal{L}^{-1}\left(\frac{1}{s}\frac{1}{s^2+a^2}\right)=\int_0^t\frac{1}{a}\sin t\,dt=\frac{1}{a}(1-\cos t)$

(e) $F(s)=\cot^{-1}s=\tan^{-1}\frac{1}{s}$ 라고 두자. s에 관하여 미분하면

$$\frac{dF}{ds}=\frac{1}{\left(\frac{1}{s}\right)^2+1}\left(-\frac{1}{s^2}\right)=-\frac{1}{s^2+1}\quad\rightarrow\quad-\frac{d}{ds}F(s)=\frac{1}{s^2+1}$$

이 된다. 그런데, 우변은 $\sin t$의 라플라스변환이므로

$$f(t)\xrightarrow{\mathcal{L}}F(s)$$
$$tf(t)\xrightarrow{\mathcal{L}}-\frac{d}{ds}F(s)$$

를 이용하면 $\mathcal{L}\left\{\frac{\sin t}{t}\right\}=F(s)=\cot^{-1}s$. 즉, $\mathcal{L}^{-1}\{\cot^{-1}s\}=\frac{\sin t}{t}$

【4】 $\mathcal{L}\left(t\frac{df}{dt}\right)=-\frac{d}{ds}[sF(s)]$임을 보여라.

☞ 먼저, $\mathcal{L}\left(\frac{df}{dt}\right)=sF(s)-f(0)$이므로 $t\sim-\frac{d}{ds}$를 이용하면

$$\mathcal{L}\left(t\frac{df}{dt}\right)=-\frac{d}{ds}[sF(s)-f(0)]=-\frac{d}{ds}[sF(s)]$$

4-3 평행이동과 라플라스변환

【1】 평행이동에 관한 라플라스변환의 성질을 이용하여 다음을 보여라.

(a) $\mathcal{L}(\sinh at\cos at)=\dfrac{1}{2}\mathcal{L}(e^{at}\cos at-e^{-at}\cos at)$

$$=\frac{1}{2}\frac{s-a}{(s-a)^2+a^2}-\frac{1}{2}\frac{s+a}{(s+a)^2+a^2}$$

에서 분모를 통분하면 분모는

$$\begin{aligned}&[(s-a)^2+a^2][(s+a)^2+a^2]\\&=(s^2-2as+a^2+a^2)(s^2+2as+a^2+a^2)\\&=(s^2+2a^2-2as)(s^2+2a^2+2as)\\&=(s^2+2a^2)^2-4a^2s^2=s^4+4a^4\end{aligned}$$

이므로

$$\mathcal{L}(\sinh at\cos at)=\frac{1}{2}\frac{(s^2-a^2)(s+a)+a^2(s-a)-(s^2-a^2)(s-a)-a^2(s+a)}{s^4+4a^4}$$

$$=\frac{a(s^2-2a^2)}{s^4+4a^4}$$

(b) $\mathcal{L}(\cosh at\sin at)=\dfrac{1}{2}\mathcal{L}(e^{at}\sin at+e^{-at}\sin at)$

$$=\frac{1}{2}\frac{a}{(s-a)^2+a^2}+\frac{1}{2}\frac{a}{(s+a)^2+a^2}$$

에서 통분된 분모는 s^4+4a^4 이므로

$$\mathcal{L}(\cosh at\sin at)=\frac{1}{2}\frac{a(s+a)^2+a^3+a(s-a)^2+a^3}{s^4+4a^4}$$

$$=\frac{a(s^2+2a^2)}{s^4+4a^4}$$

(c) $\mathcal{L}(\sinh at\sin at)=\dfrac{1}{2}\mathcal{L}(e^{at}\sin at-e^{-at}\sin at)$

$$=\frac{1}{2}\frac{a}{(s-a)^2+a^2}-\frac{1}{2}\frac{a}{(s+a)^2+a^2}$$

에서 통분된 분모는 s^4+4a^4 이므로

$$\mathcal{L}(\cosh at\sin at)=\frac{1}{2}\frac{a(s+a)^2+a^3-a(s-a)^2-a^3}{s^4+4a^4}$$

$$=\frac{2a^2s}{s^4+4a^4}$$

(d) $\mathcal{L}(\cosh at\cos at)=\dfrac{1}{2}\mathcal{L}(e^{at}\cos at+e^{-at}\cos at)$

$$= \frac{1}{2}\frac{s-a}{(s-a)^2+a^2}+\frac{1}{2}\frac{s+a}{(s+a)^2+a^2}$$

에서 통분된 분모는 s^4+4a^4 이므로

$$\mathcal{L}(\cosh at \cos at) = \frac{1}{2}\frac{(s^2-a^2)(s+a)+a^2(s-a)+(s^2-a^2)(s-a)+a^2(s+a)}{s^4+4a^4}$$

$$= \frac{s^3}{s^4+4a^4}$$

(e) $\mathcal{L}(\sinh at \sinh at) = \frac{1}{2}\mathcal{L}(e^{at}\sinh at - e^{-at}\sinh at)$

$$= \frac{1}{2}\frac{a}{(s-a)^2-a^2}-\frac{1}{2}\frac{a}{(s+a)^2-a^2}$$

$$= \frac{1}{2}\frac{a}{s^2-2as}-\frac{1}{2}\frac{a}{s^2+2as}$$

$$= \frac{1}{2}\frac{a(s^2+2as)-a(s^2-2as)}{(s^2-2as)(s^2+2as)}$$

$$= \frac{2a^2s}{s^2(s^2-4a^2)} = \frac{2a^2}{s(s^2-4a^2)}$$

(f) $\mathcal{L}(\cosh at \cosh at) = \frac{1}{2}\mathcal{L}(e^{at}\cosh at + e^{-at}\cosh at)$

$$= \frac{1}{2}\frac{s-a}{(s-a)^2-a^2}+\frac{1}{2}\frac{s+a}{(s+a)^2-a^2}$$

$$= \frac{1}{2}\frac{s-a}{s^2-2as}+\frac{1}{2}\frac{s+a}{s^2+2as}$$

$$= \frac{1}{2}\frac{(s-a)(s^2+2as)+(s+a)(s^2-2as)}{(s^2-2as)(s^2+2as)}$$

$$= \frac{s^3-2a^2s}{s^4-4a^2s^2} = \frac{s^2-2a^2}{s(s^2-4a^2)}$$

[2] 다음의 라플라스 역변환을 구하라.

(a) $\mathcal{L}^{-1}\left(\frac{1-e^{-as}}{s^2}\right\} = t-(t-a)u(t-a)$

(b) $\mathcal{L}^{-1}\left(\frac{e^{bs}}{s^2+a^2}\right) = \frac{1}{a}\mathcal{L}^{-1}\left(e^{bs}\frac{a}{s^2+a^2}\right) = \frac{1}{a}\cos(t+b)u(t+b)$

(c) $\mathcal{L}^{-1}\left(\frac{1-e^{-\pi s}}{s^2+4}\right) = \mathcal{L}^{-1}\left(\frac{1}{2}\frac{2}{s^2+4}-\frac{1}{2}\frac{2}{s^2+4}e^{-\pi s}\right)$

$$= \frac{1}{2}\sin 2t - \frac{1}{2}\sin 2(t-\pi)u(t-\pi)$$

(d) $\mathcal{L}^{-1}\left(\dfrac{s}{s^2+9}\right)=\cos 3t$, $\mathcal{L}^{-1}\left(\dfrac{3}{s^2+9}\right)=\sin 3t$ 에서

$$\mathcal{L}^{-1}\left(\frac{s}{(s+1)^2+9}\right)=\mathcal{L}^{-1}\left(\frac{(s+1)-1}{(s+1)^2+9}\right)=e^{-t}\left(\cos 3t-\frac{1}{3}\sin 3t\right)$$

를 얻는다. 따라서,

$$\mathcal{L}^{-1}\left(\frac{se^{-as}}{(s+1)^2+9}\right)=e^{-(t-a)}\left[\cos 3(t-a)-\frac{1}{3}\sin 3(t-a)\right]u(t-a)$$

【3】 다음의 단위계단함수를 이용한 라플라스변환을 보여라.

(a) $\mathcal{L}\{H(t-a)f(t)\}=\int_0^\infty H(t-a)f(t)e^{-st}dt=\int_0^a 0\,dt+\int_a^\infty f(t)e^{-st}dt$

가 되고, $t=u+a$ 로 치환하면 우변은

$$\int_0^\infty f(u+a)\,e^{-s(u+a)}du=e^{-as}\int_0^\infty f(u+a)\,e^{-su}du=e^{-as}\int_0^\infty f(t+a)\,e^{-st}dt$$

가 된다. 이때, 우변의 적분은 라플라스변환의 정의로부터 $\mathcal{L}\{H(t)f(t+a)\}$를 나타내므로 $\mathcal{L}\{H(t-a)f(t)\}=e^{-as}\mathcal{L}\{H(t)f(t+a)\}$가 성립한다.

(b) $\mathcal{L}\{H(a-t)f(t)\}=\int_0^\infty H(a-t)f(t)e^{-st}dt$

$$=\int_0^a f(t)e^{-st}dt+\int_a^\infty 0\,dt$$

따라서, $\mathcal{L}\{H(a-t)f(t)\}=\int_0^a f(t)e^{-st}dt$

4-4 특수한 경우의 라플라스변환

【1】 그림 4.5와 그림 4.6에 나타낸 함수를 계단함수로 나타내고 라플라스변환을 구하라.

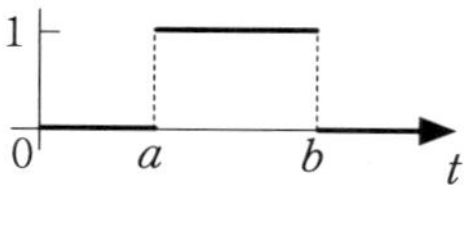

그림 4.5

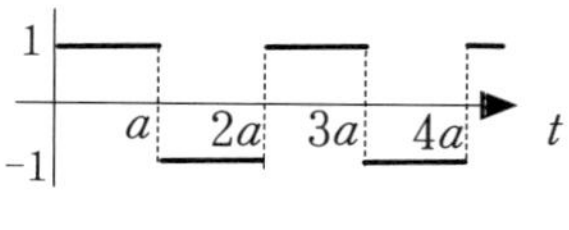

그림 4.6

☞ 그림 4.5의 경우 $f(t)=H(t-a)-H(t-b)$이므로

$$\mathcal{L}(f)=\frac{1}{s}e^{-as}-\frac{1}{s}e^{-bs}=\frac{1}{s}(e^{-as}-e^{-bs})$$

그림 4.6의 경우

$$f(t)=[H(t)-H(t-a)]-[H(t-a)-H(t-2a)]+[H(t-2a)-H(t-3a)]+\cdots$$

를 라플라스변환하면

$$\mathcal{L}(f)=\frac{1}{s}[(1-e^{-as})-(e^{-as}-e^{-2as})+(e^{-2as}-e^{-3as})-\cdots]$$

$$=\frac{1}{s}[1-2e^{-as}+2e^{-2as}-2e^{-3as}+\cdots]=\frac{1}{s}\left(1-\frac{2e^{-as}}{1+e^{-as}}\right)=\frac{1}{s}\frac{1-e^{-as}}{1+e^{-as}}$$

【2】 그림 4.6에 보인 함수는 주기가 $2a$인 주기함수라는 것을 이용하여 라플라스 변환을 구하고 $F(s)=\frac{1}{s}\tanh\frac{as}{2}$가 되는 것을 확인하라.

☞ 구간 $0\le t\le 2a$에서 $g(t)=[H(t)-H(t-a)]-[H(t-a)-H(t-2a)]$로 정의되고 구간 $2a\le t$에서 $g(t)=0$이면

$$\mathcal{L}(g)=\frac{1}{s}[(1-e^{-as})-(e^{-as}-e^{-2as})]=\frac{1}{s}(1-e^{-as})^2$$

이 된다. 주기가 $2a$인 함수에 대해

$$\mathcal{L}(f)=\frac{\int_0^{2a}g(t)e^{-st}dt}{1-e^{-2as}}$$

$$=\frac{1}{s}\frac{(1-e^{-as})^2}{1-e^{-2as}}=\frac{1}{s}\frac{(1-e^{-as})^2}{(1-e^{-as})(1+e^{-as})}$$

$$=\frac{1}{s}\frac{1-e^{-as}}{1+e^{-as}}=\frac{1}{s}\frac{e^{\frac{as}{2}}-e^{-\frac{as}{2}}}{e^{\frac{as}{2}}+e^{-\frac{as}{2}}}=\frac{1}{s}\frac{\sinh\frac{as}{2}}{\cosh\frac{as}{2}}=\frac{1}{s}\tanh\frac{as}{2}$$

【3】 그림 4.7에 보인 톱니형 함수의 라플라스변환을 구하라.

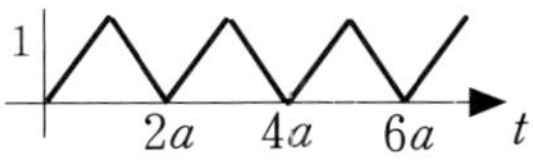

그림 4.7

☞ 구간 $0\le t\le 2a$에 대한 적분

$$\int_0^a\frac{t}{a}e^{-st}dt+\int_a^{2a}\left(2-\frac{t}{a}\right)e^{-st}dt$$

$$=\left[\frac{t}{a}\left(-\frac{1}{s}e^{-st}\right)-\frac{1}{a}\left(\frac{1}{s^2}e^{-st}\right)\right]_0^a+\left[\left(2-\frac{t}{a}\right)\left(-\frac{1}{s}e^{-st}\right)-\left(-\frac{1}{a}\right)\frac{1}{s^2}e^{-st}\right]_a^{2a}$$

$$= \frac{1}{as^2} - \frac{2}{as^2} e^{-as} + \frac{1}{as^2} e^{-2as} = \frac{1}{as^2}(1-e^{-as})^2$$

을 주기를 $2a$를 갖는 함수에 대한 라플라스변환공식을 이용하면

$$\frac{1}{1-e^{-2as}} \frac{1}{as^2}(1-e^{-as})^2 = \frac{1}{as^2} \frac{1-e^{-as}}{1+e^{-as}} = \frac{1}{as^2} \tanh \frac{as}{2}$$

를 얻는다.

【4】 $\mathcal{L}(e^{-at}\cos bt) = \int_0^\infty e^{-at}\cos bt\, e^{-st}dt = \frac{s+a}{(s+a)^2+b^2}$ 에서 $s=0$을 대입하면

$\int_0^\infty e^{-at}\cos bt\, dt = \frac{a}{a^2+b^2}$. 또한,

$$\mathcal{L}(e^{-at}\sin bt) = \int_0^\infty e^{-at}\sin bt\, e^{-st}dt = \frac{b}{(s+a)^2+b^2}$$

에서 $s=0$을 대입하면 $\int_0^\infty e^{-at}\sin bt dt = \frac{b}{a^2+b^2}$

【5】 $\int_0^\infty \frac{e^{-at}-e^{-bt}}{t} dt = \ln\frac{b}{a}$ 를 보여라.

☞ $\mathcal{L}(e^{-at}-e^{-bt}) = \frac{1}{s+a} - \frac{1}{s+b}$ 와 $\frac{1}{t} \sim -\frac{1}{D}$ 를 이용하면

$$\mathcal{L}\left(\frac{e^{-at}-e^{-bt}}{t}\right) = -\int_\infty^s \frac{1}{s+a} - \frac{1}{s+b}\, ds = -\left[\ln\frac{s+a}{s+b}\right]_0^s = \ln\frac{s+b}{s+a} \text{ 이다.}$$

여기서, 라플라스변환의 정의

$$\mathcal{L}\left(\frac{e^{-at}-e^{-bt}}{t}\right) = \int_0^\infty \frac{e^{-at}-e^{-bt}}{t} e^{-st}dt = \ln\frac{s+b}{s+a}$$

에서 $s=0$을 대입하면 $\int_0^\infty \frac{e^{-at}-e^{-bt}}{t} dt = \ln\frac{b}{a}$

【6】 $\frac{1}{s^2+1} = \frac{1}{s^2}\frac{1}{1+\frac{1}{s^2}} = \frac{1}{s^2}\left(1-\frac{1}{s^2}+\frac{1}{s^4}+\cdots\right) = \frac{1}{s^2}-\frac{1}{s^4}+\frac{1}{s^6}-\cdots$인 급수를 역변환하고 어떤 함수로 되는지 말하라.

☞ $\mathcal{L}^{-1}\left\{\frac{1}{s^2+1}\right\} = \mathcal{L}^{-1}\left\{\frac{1}{s^2}-\frac{1}{s^4}+\frac{1}{s^6}-\cdots\right\} = t-\frac{t^3}{3!}+\frac{t^5}{5!}-\cdots$

이다. 우변의 급수는 $\sin t$를 나타낸다. 따라서, $\mathcal{L}^{-1}\left\{\frac{1}{s^2+1}\right\} = \sin t$

【7】 $\mathcal{L}\{f(at)\} = \frac{1}{a}F\left(\frac{s}{a}\right)$, $\mathcal{L}^{-1}\{F(as)\} = \frac{1}{a}f\left(\frac{t}{a}\right)$를 증명하라.

☞ $\mathcal{L}\{f(at)\} = \int_0^\infty f(at)e^{-st}dt$에서 $z = at$로 두면

$$\mathcal{L}\{f(at)\} = \int_0^\infty f(z)e^{-s\frac{z}{a}}\frac{dz}{a} = \frac{1}{a}\int_0^\infty f(z)e^{-\frac{s}{a}z}dz = \frac{1}{a}F\left(\frac{s}{a}\right)$$

위의 결과에서 $b = \frac{1}{a}$로 두면 $\mathcal{L}\left\{f\left(\frac{t}{b}\right)\right\} = bF(bs)$. 즉,

$$\mathcal{L}^{-1}\{F(bs)\} = \frac{1}{b}f\left(\frac{t}{b}\right)$$

가 된다. 다시 b를 a로 바꾸어 쓰면 $\mathcal{L}^{-1}\{F(as)\} = \frac{1}{a}f\left(\frac{t}{a}\right)$이다.

【8】 T를 주기로 하는 주기함수의 라플라스변환을

$$\mathcal{L}\{f(t)\} = \int_0^\infty e^{-st}f(t)dt = \int_0^T e^{-st}f(t)dt + \int_T^\infty e^{-st}f(t)dt$$

으로 나누고, 두 번째의 적분을 $t = v + T$로 치환하면

$$\begin{aligned}\mathcal{L}\{f(t)\} &= \int_0^T e^{-st}f(t)dt + \int_0^\infty e^{-sv-sT}f(v+T)dv \\ &= \int_0^T e^{-st}f(t)dt + e^{-sT}\int_0^\infty e^{-st}f(t+T)dt\end{aligned}$$

에서 주기함수의 성질 $f(t+T) = f(t)$를 이용하면

$$\begin{aligned}\mathcal{L}\{f(t)\} &= \int_0^T e^{-st}f(t)dt + e^{-sT}\int_0^\infty e^{-st}f(t)dt \\ &= \int_0^T e^{-st}f(t)dt + e^{-sT}\mathcal{L}\{f(t)\}\end{aligned}$$

에서 이항하여

$$\mathcal{L}\{f(t)\} = \frac{\int_0^T e^{-st}f(t)dt}{1 - e^{-sT}}$$

이다. 또는

$$\begin{aligned}\mathcal{L}\{f(t)\} &= \int_0^\infty e^{-st}f(t)dt \\ &= \int_0^T e^{-st}f(t)dt + \int_T^{2T} e^{-st}f(t)dt + \int_{2T}^{3T} e^{-st}f(t)dt + \cdots\end{aligned}$$

의 무한합으로 두고, 두 번째 항은 $v = t + T$, 세 번째 항은 $v = t + 2T$ 등으로 계속 치환하면

$$\mathcal{L}\{f(t)\} = \int_0^T e^{-st}f(t)dt + \int_0^T e^{-sv-sT}f(v+T)dv + \int_0^T e^{-sv-2T}f(v+2T)dv + \cdots$$

$$= \int_0^T e^{-st} f(t)\,dt + e^{-sT}\int_0^T e^{-sv} f(v)\,dv + e^{-2sT}\int_0^T e^{-sv} f(v)dv + \cdots$$
$$= (1 + e^{-sT} + e^{-2sT} + \cdots)\int_0^T e^{-st} f(t)\,dt$$
$$= \frac{1}{1-e^{-sT}}\int_0^T e^{-st} f(t)\,dt$$

를 얻는다.

★ 【9】 식(63)의 공식을 확장하여 $\int_{-\infty}^{\infty} \delta(t-\tau)\phi(\tau)d\tau = \phi(t)$는 $\delta(t-\tau)$의 괄호 안이 0이 되는 점 $t-\tau=0$의 $\phi(\tau)_{\tau=t}$ 값만을 선택하는 것으로 볼 수 있다. 다음을 증명하여라.

☞ (a) $\mathcal{L}\{\delta(t-a)f(t)\} = \int_0^{\infty} \delta(t-a)f(t)e^{-st}\,dt = f(a)\,e^{-as}$

(b) $\mathcal{L}\{\delta(t-a)f(t-a)\} = \int_0^{\infty} \delta(t-a)f(t-a)\,e^{-st}\,dt = f(0)\,e^{-as}$

4-5 합성곱과 라플라스변환

【1】 합성곱을 이용하여 다음 함수의 라플라스 역변환을 구하라.

(a) $\mathcal{L}^{-1}\left\{\frac{1}{s(s^2+a^2)}\right\} = \mathcal{L}^{-1}\left\{\frac{1}{s}\cdot\frac{1}{a}\frac{a}{s^2+a^2}\right\} = \int_0^t 1\cdot\frac{1}{a}\sin a\tau\,d\tau$

$$= \frac{1}{a^2}(1-\cos at)$$

(b) $\mathcal{L}^{-1}\left\{\frac{1}{(s+a)}\cdot\frac{1}{(s+b)}\right\} = \int_0^t e^{-a(t-\tau)}e^{-b\tau}\,d\tau = e^{-at}\int_0^t e^{(a-b)\tau}d\tau$

$$= \frac{e^{-at}}{a-b}[e^{(a-b)t}-1] = \frac{1}{a-b}(e^{-bt}-e^{-at})$$

(c) $\frac{1}{a^2}\mathcal{L}^{-1}\left\{\frac{a}{s^2+a^2}\cdot\frac{a}{s^2+a^2}\right\} = \frac{1}{a^2}\int_0^t \sin a(t-\tau)\sin a\tau\,d\tau$ 에서

$$\sin a \sin b = -\frac{1}{2}[\cos(a+b) - \cos(a-b)]$$

인 공식을 이용하면

$$\frac{1}{a^2}\int_0^t \sin a(t-\tau)\sin a\tau\,d\tau$$

$$= \frac{1}{a^2}\int_0^t -\frac{1}{2}[\cos at - \cos(at-2a\tau)]\,d\tau$$

$$= -\frac{1}{2a^2}\left[\tau\cos at + \frac{1}{2a}\sin(at-2a\tau)\right]_0^t$$

$$= \frac{1}{2a^3}(\sin at - at\cos at)$$

(d) $\mathcal{L}^{-1}\left\{\frac{1}{s^2}\cdot\frac{1}{s+a}\right\} = \int_0^t (t-\tau)e^{-a\tau}d\tau$

$$= \left[(t-\tau)\left(-\frac{1}{a}e^{-a\tau}\right) - (-1)\left(\frac{1}{a^2}e^{-a\tau}\right)\right]_0^t$$

$$= \frac{1}{a^2}e^{-at} + \frac{t}{a} - \frac{1}{a^2}$$

【2】 $\mathcal{L}(1*t) \neq \mathcal{L}(t)$를 보여라.

☞ $1*t = \int_0^t \tau d\tau = \frac{1}{2}t^2$이므로 $\mathcal{L}(1*t) = \mathcal{L}\left(\frac{t^2}{2!}\right) = \frac{1}{s^3}$.

그런데, $\mathcal{L}(t) = \frac{1}{s^2}$ 이므로 $\mathcal{L}(1*t) \neq \mathcal{L}(t)$이다.

【3】 합성곱을 이용하여 $\mathcal{L}\left\{\int_0^t f(\tau)\,d\tau\right\} = \frac{1}{s}F(s)$를 보여라.

☞ $\int_0^t f(\tau)\,d\tau = 1*f(\tau)$로 쓸 수 있으므로

$$\mathcal{L}\{1*f(\tau)\} = \mathcal{L}\{1\}\mathcal{L}\{f(\tau)\} = \frac{1}{s}F(s)$$

4-6 부분분수 분해

【1】 $Y(s) = \frac{1}{s(s-1)(s+1)}$

$$= \frac{1}{(-1)(1)}\frac{1}{s} + \frac{1}{(1)(2)}\frac{1}{s-1} + \frac{1}{(-1)(-2)}\frac{1}{s+1}$$

$$= -\frac{1}{s} + \frac{1}{2}\frac{1}{s-1} + \frac{1}{2}\frac{1}{s+1}$$

【2】 $Y(s) = \frac{s^3-4s^2+4}{s^2(s-1)(s+1)}$

$$= \frac{4}{(-1)(1)}\frac{1}{s^2} + \frac{A}{s} + \frac{1}{(1)(2)}\frac{1}{s-1} + \frac{-1}{(1)(-2)}\frac{1}{s+1}$$
$$= -\frac{4}{s^2} + \frac{A}{s} + \frac{1}{2}\frac{1}{s-1} + \frac{1}{2}\frac{1}{s+1}$$

으로 구하고 양변에 $s^2(s-1)(s+1)$을 곱하면

$$s^3 - 4s^2 + 4 = -4(s-1)(s+1) + As(s-1)(s+1) + \frac{1}{2}s^2(s+1) + \frac{1}{2}s^2(s-1)$$

로 되고 최고차항 s^3의 계수비교에서 $1 = A + \frac{1}{2} + \frac{1}{2}$이므로 $A = 0$. 즉,

$$Y(s) = \frac{s^3 - 4s^2 + 4}{s^2(s-1)(s+1)} = -\frac{4}{s^2} + \frac{1}{2}\frac{1}{s-1} + \frac{1}{2}\frac{1}{s+1}$$

【3】 $Y(s) = \dfrac{s^2+s-1}{(s+1)^3}$. $(s+1)^3$을 제외한 부분은 $F(s) = s^2+s-1$로 형태가 간단하므로 Heaviside전개한다. 즉, $F(-1) = -1$, $F'(-1) = -1$, $F''(-1) = 2$이므로

$$\frac{s^2+s-1}{(s+1)^3} = \frac{F(-1)}{(s+1)^3} + \frac{F'(-1)}{(s+1)^2} + \frac{F''(-1)}{2!(s+1)} = -\frac{1}{(s+1)^3} - \frac{1}{(s+1)^2} + \frac{1}{s+1}$$

☑ 또는, $Y(s) = \dfrac{s^2+s-1}{(s+1)^3} = \dfrac{(s+1)^2-(s+1)-1}{(s+1)^3} = \dfrac{1}{s+1} - \dfrac{1}{(s+1)^2} - \dfrac{1}{(s+1)^3}$
로 구하는 것도 편리하다.

【4】 $Y(s) = \dfrac{s^2+1}{s(s^2+4s+5)} = \dfrac{1}{5}\left(\dfrac{1}{s} + \dfrac{As+B}{s^2+4s+5}\right)$까지 구해두고 양변에 $5s(s^2+4s+5)$를 곱하면

$$5s^2+5 = s^2+4s+5+s(As+B)$$

가 된다. 계수비교에서 $A = 4$, $B = -4$. 따라서,

$$Y(s) = \frac{s^2+1}{s(s^2+4s+5)} = \frac{1}{5}\frac{1}{s} + \frac{4}{5}\frac{s-1}{s^2+4s+5}$$

☑ 또는,

$$Y(s) = \frac{s^2+1}{s(s^2+4s+5)} = \frac{1}{5}\frac{1}{s} + \frac{A(s+2)+B}{s^2+4s+5}$$

로 두고 복소수 $s = -2+i$를 이용하여

$$\frac{(-2+i)^2+1}{-2+i} = -2+i+\frac{1}{-2+i} = Ai+B$$

즉,

$$-\frac{12}{5}+\frac{4}{5}i = Ai + B$$

로부터 $A=\frac{4}{5}$, $B=-\frac{12}{5}$로 계수를 구해도 마찬가지로 분해된다.

★ 【5】 $Y(s)=\dfrac{s^4+1}{s(s^2+4s+5)^2}=\dfrac{1}{25}\dfrac{1}{s}+\dfrac{A_0(s+2)+B_0}{(s^2+4s+5)^2}+\dfrac{A_1s+B_1}{s^2+4s+5}$로 구해둔 다음에 $s=-2+i$를 이용하여

$$\frac{(-2+i)^4+1}{-2+i}=A_0i+B_0$$

에서 $(-2+i)^4=(3-4i)^2=-7-24i$이므로

$$\frac{-12+54i}{5}=A_0i+B_0$$

즉, $A_0=\frac{54}{5}$, $B_0=-\frac{12}{5}$이다. 대입하고 계산의 편의를 위하여 마지막 항에서 $A_1=\frac{1}{25}A$, $B_1=\frac{1}{25}B$로 두면

$$Y(s)=\frac{s^4+1}{s(s^2+4s+5)^2}=\frac{1}{25}\frac{1}{s}+\frac{1}{5}\frac{54s+96}{(s^2+4s+5)^2}+\frac{1}{25}\frac{As+B}{s^2+4s+5}$$

이다. 양변에 $(s^2+4s+5)^2$를 곱하면

$$25s^4+25=(s^2+4s+5)^2+5s(54s+96)+(As+B)s(s^2+4s+5)$$

이고 s^4항의 계수에서 $25=1+A$, s항의 계수에서 $0=40+5(96)+5B$.
즉, $A=24$, $B=-104$를 얻는다. 정리하면

$$Y(s)=\frac{s^4+1}{s(s^2+4s+5)^2}=\frac{1}{25}\frac{1}{s}+\frac{6}{5}\frac{9s+16}{(s^2+4s+5)^2}+\frac{8}{25}\frac{3s-13}{s^2+4s+5}$$

【6】 $Y(s)=\dfrac{s^2-3}{s^4(s+1)}=-\dfrac{3}{s^4}+\dfrac{A}{s^3}+\dfrac{B}{s^2}+\dfrac{C}{s}-\dfrac{2}{s+1}$까지는 교재의 내용을 이용하여 구할 수 있다. 양변에 $s^4(s+1)$를 곱하면

$$s^2-3=-3(s+1)+As(s+1)+Bs^2(s+1)+Cs^3(s+1)-2s^4$$

에서 계수비교를 하여 $C=2$, $A=3$, $B=-2$. 즉,

$$Y(s)=\frac{s^2-3}{s^4(s+1)}=-\frac{3}{s^4}+\frac{3}{s^3}-\frac{2}{s^2}+\frac{2}{s}-\frac{2}{s+1}$$

4-7 라플라스변환에 의한 미분, 적분방정식의 해법

【1】 $y'' - y = 1$, $y(0) = 0$, $y'(0) = 1$. 라플라스변환을 하면

$$s^2 Y - sy(0) - y'(0) - Y = \frac{1}{s}$$

이 되고, 정리하면

$$(s^2 - 1) Y = \frac{s+1}{s}, \quad Y(s) = \frac{1}{s(s-1)} = -\frac{1}{s} + \frac{1}{s-1}$$

역변환을 하면 $y(t) = -1 + e^t$

【2】 $y'' + y' - 2y = 1$, $y(0) = 1$, $y'(0) = 2$. 라플라스변환을 하면

$$s^2 Y - s - 2 + sY - 1 - 2Y = \frac{1}{s} \quad \rightarrow \quad (s+2)(s-1) Y = \frac{1}{s} + s + 3$$

이다. 즉,

$$Y(s) = \frac{1}{s(s+2)(s-1)} + \frac{s+3}{(s+2)(s-1)}$$

를 부분분수로 분해하면

$$\begin{aligned} Y(s) &= -\frac{1}{2}\frac{1}{s} + \frac{1}{s+1}\left(\frac{1}{6} - \frac{1}{3}\right) + \frac{1}{s-1}\left(\frac{1}{3} + \frac{4}{3}\right) \\ &= -\frac{1}{2}\frac{1}{s} - \frac{1}{6}\frac{1}{s+1} + \frac{5}{3}\frac{1}{s-1} \end{aligned}$$

따라서, $y(t) = -\frac{1}{2} - \frac{1}{6} e^{-2t} + \frac{5}{3} e^t$

【3】 $y'' - 3y' + 2y = t + e^{-t}$, $y(0) = -1$, $y'(0) = 1$. 라플라스변환을 하면

$$s^2 Y + s - 1 - 3(sY + 1) + 2Y = \frac{1}{s^2} + \frac{1}{s+1}$$

이고 정리하여

$$(s^2 - 3s + 2) Y = \frac{1}{s^2} + \frac{1}{s+1} - s + 4$$

즉,

$$\begin{aligned} Y(s) &= \frac{1}{s^2(s-1)(s-2)} + \frac{1}{(s+1)(s-1)(s-2)} - \frac{s-4}{(s-1)(s-2)} \\ &= \frac{1}{2}\frac{1}{s^2} + \frac{A}{s} + \frac{1}{s-1}\left(-1 - \frac{1}{2} - 3\right) + \frac{1}{s-2}\left(\frac{1}{4} + \frac{1}{3} + 2\right) + \frac{1}{6}\frac{1}{s+1} \end{aligned}$$

$$= \frac{1}{2}\frac{1}{s^2} + \frac{A}{s} - \frac{9}{2}\frac{1}{s-1} + \frac{31}{12}\frac{1}{s-2} + \frac{1}{6}\frac{1}{s+1}$$

이 된다. 이것을 역변환하면(아직 상수 A의 값을 결정하지 않은 것을 주목한다)

$$y(t) = \frac{1}{2}t + A - \frac{9}{2}e^t + \frac{31}{12}e^{2t} + \frac{1}{6}e^{-t}$$

에서 $y=0$을 대입하면 $y(0) = -1 = A - \frac{9}{2} + \frac{31}{12} + \frac{1}{6}$. 즉, $A = \frac{3}{4}$. 따라서,

$$y(t) = \frac{1}{2}t + \frac{3}{4} - \frac{9}{2}e^t + \frac{31}{12}e^{2t} + \frac{1}{6}e^{-t}$$

☑ 위에서 보는 바와 같이 부분분수 분해를 할 때, 반드시 모든 계수를 결정해야 하는 것은 아니다. 계수를 미지수로 두고 역변환을 한 뒤에 계수를 결정하는 것이 편리할 때도 있다.

【4】 $y'' - \lambda^2 y = 1$, $y(0) = A$, $y'(0) = B$. 라플라스변환을 하면

$$s^2 Y - sA - B - \lambda^2 Y = \frac{1}{s} \quad \rightarrow \quad (s^2 - \lambda^2)Y(s) = \frac{1}{s} + As + B$$

이므로 정리하면

$$Y(s) = \frac{1}{s(s-\lambda)(s+\lambda)} + \frac{As+B}{(s-\lambda)(s+\lambda)}$$
$$= -\frac{1}{\lambda^2}\frac{1}{s} + \frac{1}{s-\lambda}\left[\frac{1}{\lambda(2\lambda)} + \frac{A\lambda+B}{2\lambda}\right] + \frac{1}{s+\lambda}\left[\frac{1}{-\lambda(-2\lambda)} + \frac{-A\lambda+B}{-2\lambda}\right]$$

가 되고, 역변환을 하여

$$y(t) = -\frac{1}{\lambda^2} + e^{\lambda t}\left(\frac{1+A\lambda^2+B\lambda}{2\lambda^2}\right) + e^{-\lambda t}\left(\frac{1+A\lambda^2-B\lambda}{2\lambda^2}\right)$$

☑ 좀더 모양을 정돈하면

$$y(t) = \frac{1}{\lambda^2}(\cosh\lambda t - 1) + A\cosh\lambda t + \frac{B}{\lambda}\sin\lambda t$$

로 된다.

【5】 $y'' + y = f(t)$, $y(0) = y'(0) = 0$ [단, $f(t) = t$ $(0 < t < \pi)$, 그렇지 않으면 $f(t) = 0$].

☞ 먼저, 함수 $f(t)$의 라플라스변환을 구하면

$$\mathcal{L}(f) = \int_0^{\pi} te^{-st}\,dt = \left[t\left(-\frac{1}{s}e^{-st}\right) - 1\left(\frac{1}{s^2}e^{-st}\right)\right]_0^{\pi}$$

$$= -\frac{\pi}{s}e^{-\pi s} - \frac{1}{s^2}e^{-\pi s} + \frac{1}{s^2}$$

이다. 주어진 미분방정식을 라플라스변환하면

$$s^2Y + Y = F(s) = -\frac{\pi}{s}e^{-\pi s} + \frac{1}{s^2}(1 - e^{-\pi s})$$

따라서,

$$Y(s) = -\pi e^{-\pi s}\frac{1}{s(s^2+1)} + (1 - e^{-\pi s})\frac{1}{s^2(s^2+1)}$$

$$= -\pi e^{-\pi s}\left(\frac{1}{s} - \frac{s}{s^2+1}\right) + (1 - e^{-\pi s})\left(\frac{1}{s^2} - \frac{1}{s^2+1}\right)$$

을 얻는다. 그런데, 라플라스 역변환

$$\mathcal{L}^{-1}\left\{-\pi\left(\frac{1}{s} - \frac{s}{s^2+1}\right)\right\} = -\pi(1 - \cos t)$$

$$\mathcal{L}^{-1}\left\{\frac{1}{s^2} - \frac{1}{s^2+1}\right\} = 1 - \sin t$$

를 고려하면 역변환으로부터

$$y(t) = -\pi[1 - \cos(t-\pi)]u(t-\pi) + t - \sin t - [(t-\pi) - \sin(t-\pi)]u(t-\pi)$$

【6】 $y'' + 2y' + 2y = 1 + H(t-2)$, $y(0) = y'(0) = 0$. 라플라스변환하면

$$s^2Y + 2sY + 2Y = \frac{1}{s} + \frac{1}{s}e^{-2s}$$

이고 정리하면

$$Y(s) = \frac{1}{s(s^2+2s+2)}(1 + e^{-2s}) = \left[\frac{1}{2}\frac{1}{s} - \frac{1}{2}\frac{(s+1)+1}{(s+1)^2+1}\right](1 + e^{-2s})$$

이다. 이것을 역변환하면

$$y(t) = \frac{1}{2} - \frac{1}{2}(\cos t + \sin t) + \left\{\frac{1}{2} - \frac{1}{2}[\cos(t-2) + \sin(t-2)]\right\}u(t-2)$$

【7】 $y'' + 9y = \delta(t-\pi) - \delta(t-2\pi)$, $y(0) = 1$, $y'(0) = 2$. 라플라스변환하면

$$s^2Y - s - 2 + 9Y = e^{-\pi s} - e^{-2\pi s}$$

이고 정리하여

$$Y(s) = \frac{s+2}{s^2+9} + \frac{1}{3}\frac{3}{s^2+9}(e^{-\pi s} - e^{-2\pi s})$$

를 얻고, 역변환하면

$$y(t) = \cos 3t + \frac{2}{3}\sin 3t + \frac{1}{3}[u(t-\pi)\sin 3(t-\pi) - u(t-2\pi)\sin 3(t-2\pi)]$$

【8】 $y(t) = t + \int_0^t y(\tau)d\tau$. 주어진 식을 합성곱을 이용하여 나타내면 $y = t + 1 * y$ 이므로 라플라스변환하면 $Y = \frac{1}{s^2} + \frac{1}{s}Y$. 즉,

$$Y(s) = \frac{1}{s(s-1)} = -\frac{1}{s} + \frac{1}{s-1}$$

따라서, 역변환하면 $y(t) = -1 + e^t$

【9】 $y(t) = 1 + t - \int_0^t (t-\tau)y(\tau)d\tau$ 를 합성곱을 이용하여 나타내면

$$y = 1 + t - t * y \quad \rightarrow \quad Y = \frac{1}{s} + \frac{1}{s^2} - \frac{1}{s^2}Y \quad \rightarrow \quad Y = \frac{s+1}{s^2+1}$$

역변환하면 $y(t) = \cos t + \sin t$.

※라플라스변환을 이용하여 다음의 미분방정식을 풀어라.

★ 【11】 $ty'' - ty' - y = 0$, $y(0) = 0$, $y'(0) = 1$. 공식 $t \sim -\frac{d}{ds}$ 를 이용하여 라플라스변환하면

$$-\frac{d}{ds}(s^2Y - 1) - \left(-\frac{d}{ds}\right)(sY) - Y = 0 \quad \rightarrow \quad -s^2\frac{dY}{ds} - 2sY + s\frac{dY}{ds} + Y - Y = 0$$

을 얻고 정리하면

$$(s-1)\frac{dY}{ds} + 2Y = 0 \quad \rightarrow \quad \frac{dY}{ds} + \frac{2}{s-1}Y = 0$$

이 된다. 이때, $p = e^{\int \frac{2}{s-1}} = (s-1)^2$ 이므로 $(s-1)^2 Y = c$ 이다. 따라서,

$$Y(s) = \frac{c}{(s-1)^2}$$

을 얻는다. 그런데, $\lim_{s\to\infty} sY(s) = \lim_{s\to\infty}\frac{cs}{(s-1)^2} = 0 = y(0)$이 만족되고, 역변환하였을 때, $y(t) = cte^t$ 에서 $y'(0) = 1$을 이용하여 계수를 결정하면 $c = 1$. 즉, $y(t) = te^t$ 이 해가 된다.

★ 【12】 $ty'' + y = 0$, $y(0) = 0$, $y'(0) = 1$

☞ 공식 $t \sim -\frac{d}{ds}$ 를 이용하여 라플라스변환하면

$$-\frac{d}{ds}(s^2Y-1)+Y=0 \quad\rightarrow\quad -s^2\frac{dY}{ds}-2sY+Y=0$$

즉, $\frac{dY}{ds}+\left(\frac{2}{s}-\frac{1}{s^2}\right)Y=0$을 얻는다. $p=e^{\int -s^2}=e^{\int \frac{2}{s}-\frac{1}{s^2}}=s^2e^{\frac{1}{s}}$이므로

$$s^2e^{\frac{1}{s}}Y(s)=c \;\rightarrow\; Y(s)=\frac{1}{s^2}e^{-\frac{1}{s}}$$

이 된다. 라플라스 변환표에서 공식 44번으로부터 $\mathcal{L}\{J_0(2\sqrt{t})\}=\frac{1}{s}e^{-\frac{1}{s}}$이므로 $\mathcal{L}^{-1}\left\{\frac{1}{s}\left(\frac{1}{s}e^{-\frac{1}{s}}\right)\right\}=\int_0^t J_0(2\sqrt{x})\,dx$가 된다. 따라서, 해는

$$y(t)=\int_0^t J_0(2\sqrt{x})\,dx$$

☑ 주어진 미분방정식 $ty''+y=0$은 $y''+\frac{1}{t}y=0$으로 베셀방정식의 형태이다. 즉, 표 3.2의 기본형과 비교하면 $\alpha=0$, $\gamma=1$, $\beta=-1$인 경우에 해당한다. 따라서,

$$\beta-\alpha+2=1,\; \nu=1,\; \mu=2,\; \frac{\nu}{\mu}=\frac{1}{2}$$

이므로 기본해는 $y\sim x^{\frac{1}{2}}J_1(2x^{\frac{1}{2}})$, $x^{\frac{1}{2}}Y_1(2x^{\frac{1}{2}})$이다. 그러나, $x=0$에서 유한한 값을 가져야 하므로 $y=c_1x^{\frac{1}{2}}J_1(2x^{\frac{1}{2}})$가 되고 초기조건 $y'(0)=1$에서 $c_1=1$. 즉,

$$y=x^{\frac{1}{2}}J_1(2x^{\frac{1}{2}})$$

이 해가 된다. 이것을 위의 해와 비교하면

$$y=x^{\frac{1}{2}}J_1(2x^{\frac{1}{2}})=\int_0^t J_0(2\sqrt{x})\,dx$$

임을 알 수 있고, 또한

$$\mathcal{L}^{-1}\left\{\frac{1}{s^2}e^{-\frac{1}{s}}\right\}=\sqrt{x}\,J_1(2\sqrt{x})$$

인 새로운 공식을 얻는다.

베셀방정식의 기본 공식 $[x^{\nu}J_{\nu}(x)]'=x^{\nu}J_{\nu-1}(x)$에서 $\nu=1$인 경우를 보면 $\frac{d}{dx}[xJ_1(x)]=xJ_0(x)$이다. 여기서, $x=2\sqrt{t}$로 두면

$$\frac{d}{d(2\sqrt{t})}[2\sqrt{t}J_1(2\sqrt{t})]=2\sqrt{t}J_0(2\sqrt{t})$$

인 관계를 얻는다. 따라서, $y=\sqrt{t}J_1(2\sqrt{t})$을 미분하면

$$\frac{dy}{dt}=\frac{1}{2}\frac{d}{dt}[2\sqrt{t}J_1(2\sqrt{t})]=\frac{1}{2}\frac{d(2\sqrt{t})}{dt}\frac{d}{d(2\sqrt{t})}[2\sqrt{t}J_1(2\sqrt{t})]$$

$$= \frac{1}{2}\frac{1}{\sqrt{t}} \cdot 2\sqrt{t}\,J_0(2\sqrt{t}) = J_0(2\sqrt{t})$$

즉,

$$y = x^{\frac{1}{2}} J_1(2x^{\frac{1}{2}}) = \int_0^t J_0(2\sqrt{x})\,dx$$

가 확인된다.

또 다른 해법으로는 주어진 미분방정식을 미분하면 $ty''' + y'' + y' = 0$이고 $z = y'$으로 두면 $tz'' + z' + z = \frac{d}{dt}\left(t\frac{dz}{dt}\right) + z = 0$인 미분방정식으로 바뀐다. 표 3.2를 참조하면 $\alpha = 1$, $\beta = 0$, $\gamma = 1$이므로 $\beta - \alpha + 2 = 1$, $\nu = 0$, $\mu = 2$, $\nu/\mu = 0$이고, 기본해는 $t^0 J_0(2\sqrt{t}) = J_0(2\sqrt{t})$로 된다. 즉, $y(t) = \int_0^t J_0(2\sqrt{x})\,dx$로 해를 구할 수 있다.

제5장 행렬과 행렬식

5-1 기본개념

【2】 $\mathbf{A}$가 정사각행렬이면 $\mathbf{S}=\frac{1}{2}(\mathbf{A}+\mathbf{A}^T)$는 대칭행렬이고 $\mathbf{K}=\frac{1}{2}(\mathbf{A}-\mathbf{A}^T)$는 의대칭행렬(skew-symmetric matrix)임을 보여라. 이때, $\mathbf{A}=\mathbf{S}+\mathbf{K}$임을 보여라.

☞ $\mathbf{A}+\mathbf{A}^T$가 의미를 가지려면 $\mathbf{A}$와 $\mathbf{A}^T$의 크기가 서로 같아야 한다. 따라서, $\mathbf{A}$는 정사각행렬일 때 정의된다. 그리고,

$$\mathbf{S}^T=\frac{1}{2}(\mathbf{A}+\mathbf{A}^T)^T=\frac{1}{2}(\mathbf{A}^T+\mathbf{A})=\mathbf{S}$$

$$\mathbf{K}^T=\frac{1}{2}(\mathbf{A}-\mathbf{A}^T)^T=\frac{1}{2}(\mathbf{A}^T-\mathbf{A})=-\mathbf{K}$$

$$\mathbf{S}+\mathbf{K}=\frac{1}{2}(\mathbf{A}+\mathbf{A}^T)+\frac{1}{2}(\mathbf{A}-\mathbf{A}^T)=\mathbf{A}$$

【3】 $(\mathbf{A}+\mathbf{B})^T=\mathbf{A}^T+\mathbf{B}^T$, $(c\mathbf{A})^T=c\mathbf{A}^T$, $(\mathbf{A}^T)^T=\mathbf{A}$임을 보여라.

☞ 두 행렬 $\mathbf{X}$, $\mathbf{Y}$가 같다는 것을 보이려면 $[\mathbf{X}]_{ij}=[\mathbf{Y}]_{ij}$가 성립하는지를 확인하면 된다. 따라서,

$$\begin{aligned}[(\mathbf{A}+\mathbf{B})^T]_{ij}&=[(\mathbf{A}+\mathbf{B})]_{ji}\\&=[\mathbf{A}]_{ji}+[\mathbf{B}]_{ji}\\&=[\mathbf{A}^T]_{ij}+[\mathbf{B}^T]_{ij}\\&=[\mathbf{A}^T+\mathbf{B}^T]_{ij}\end{aligned}$$

$$[(c\mathbf{A})^T]_{ij}=[(c\mathbf{A})]_{ji}=ca_{ji}=c[\mathbf{A}]_{ji}=c[\mathbf{A}^T]_{ij}$$

$$[(\mathbf{A}^T)^T]_{ij}=[\mathbf{A}^T]_{ji}=[\mathbf{A}]_{ij}$$

【4】 $\mathbf{A}$가 의대칭행렬이면 주대각선은 모두 0이 되는 것을 보여라. 즉, $a_{ii}=0$임을 보여라.

☞ $\boldsymbol{A}$가 의대칭행렬 $\boldsymbol{A}^T = -\boldsymbol{A}$이면 $[\boldsymbol{A}^T]_{ij} = -[\boldsymbol{A}]_{ij}$, 즉 $a_{ji} = -a_{ij}$가 된다. 이때, 주대각선은 $i = j$이므로 $a_{ii} = -a_{ii} \rightarrow 2a_{ii} = 0$

5-2 행렬의 곱

【1】 $\boldsymbol{A}\boldsymbol{A}^T$는 대칭행렬임을 보여라.

☞ $(\boldsymbol{A}\boldsymbol{A}^T)^T = (\boldsymbol{A}^T)^T\boldsymbol{A}^T = \boldsymbol{A}\boldsymbol{A}^T$

【2】 대칭행렬 $\boldsymbol{A}, \boldsymbol{B}$의 행렬곱이 대칭일 필요충분조건은 $\boldsymbol{AB} = \boldsymbol{BA}$임을 보여라.

☞ $\boldsymbol{AB}$가 대칭행렬이면 $(\boldsymbol{AB})^T = \boldsymbol{AB}$이다. 그런데, $(\boldsymbol{AB})^T = \boldsymbol{B}^T\boldsymbol{A}^T$이므로

$$\boldsymbol{AB} = \boldsymbol{B}^T\boldsymbol{A}^T$$

가 된다. 여기서, $\boldsymbol{A}$, $\boldsymbol{B}$가 각각 대칭행렬이므로 $\boldsymbol{A} = \boldsymbol{A}^T$, $\boldsymbol{B} = \boldsymbol{B}^T$가 되어

$$\boldsymbol{AB} = \boldsymbol{BA}$$

이다. 역으로, $\boldsymbol{AB} = \boldsymbol{BA}$가 성립하면 $(\boldsymbol{AB})^T = \boldsymbol{B}^T\boldsymbol{A}^T = \boldsymbol{BA} = \boldsymbol{AB}$. 즉, 행렬곱 $\boldsymbol{AB}$는 대칭행렬이다.

【3】 정사각행렬 $\boldsymbol{A}, \boldsymbol{B}$에 대해 $(\boldsymbol{A}+\boldsymbol{B})(\boldsymbol{A}+\boldsymbol{B}) = \boldsymbol{AA}+\boldsymbol{BA}+\boldsymbol{AB}+\boldsymbol{BB}$임을 보여라.

☞
$$\begin{aligned}(\boldsymbol{A}+\boldsymbol{B})(\boldsymbol{A}+\boldsymbol{B}) &= (\boldsymbol{A}+\boldsymbol{B})\boldsymbol{A}+(\boldsymbol{A}+\boldsymbol{B})\boldsymbol{B} \\ &= \boldsymbol{AA}+\boldsymbol{BA}+\boldsymbol{AB}+\boldsymbol{BB}\end{aligned}$$

【4】 정사각행렬에 대해 $\boldsymbol{AA} = \boldsymbol{A}^2$으로 쓸 수 있다. 이때, $(\boldsymbol{A}+\boldsymbol{B})^2 = \boldsymbol{A}^2+2\boldsymbol{AB}+\boldsymbol{B}^2$일 조건을 구하라.

☞
$$\begin{aligned}(\boldsymbol{A}+\boldsymbol{B})^2 &= (\boldsymbol{A}+\boldsymbol{B})(\boldsymbol{A}+\boldsymbol{B}) \\ &= \boldsymbol{AA}+\boldsymbol{BA}+\boldsymbol{AB}+\boldsymbol{BB} = \boldsymbol{A}^2+2\boldsymbol{AB}+\boldsymbol{B}^2\end{aligned}$$

이 성립하기 위한 조건은 양변에서 $\boldsymbol{A}^2+\boldsymbol{AB}+\boldsymbol{B}^2$을 소거하면

$$\boldsymbol{BA} = \boldsymbol{AB}$$

가 된다.

【5】 $\boldsymbol{A}^2 = \boldsymbol{A}$를 만족하는 행렬 $\boldsymbol{A}$를 멱등행렬(idempotent matrix)이라고 한다. 0행렬과 단위행렬은 모두 멱등행렬임을 알 수 있다. 2×2 행렬중에서 0행렬과 단위행렬이 아닌 멱등행렬을 찾아 보라.

☞ $\begin{pmatrix} a & b \\ c & d \end{pmatrix}^2 = \begin{pmatrix} a & b \\ c & d \end{pmatrix}\begin{pmatrix} a & b \\ c & d \end{pmatrix} = \begin{pmatrix} a^2+bc & ab+bd \\ ac+cd & bc+d^2 \end{pmatrix} = \begin{pmatrix} a & b \\ c & d \end{pmatrix}$

를 만족하는 a, b, c, d를 찾으면 된다. 즉,

$$a^2+bc = a$$
$$(a+d)b = b$$
$$(a+d)c = c$$
$$bc+d^2 = d$$

에서 $b\neq0$, $c\neq0$인 경우라면

$$a+d=1$$
$$a^2+bc = a$$
$$bc+d^2 = d \ \rightarrow \ bc+(1-a)^2 = 1-a \ \rightarrow \ a^2+bc = a$$

즉,

$$d = 1-a$$
$$bc = a-a^2$$

이면 된다. 즉,

$$\begin{pmatrix} a & b \\ \frac{a-a^2}{b} & 1-a \end{pmatrix}$$

【6】 $\boldsymbol{A}^2 = \boldsymbol{I}$가 되는 2×2 행렬 $\boldsymbol{A}$의 예를 들어라.

☞ $\begin{pmatrix} a & b \\ c & d \end{pmatrix}^2 = \begin{pmatrix} a^2+bc & ab+bd \\ ac+cd & bc+d^2 \end{pmatrix} = \begin{pmatrix} 1 & 0 \\ 0 & 1 \end{pmatrix}$

를 만족하는 a, b, c, d를 찾으면 된다. 즉,

$$a^2+bc = 1$$
$$(a+d)b = 0$$
$$(a+d)c = 0$$
$$bc+d^2 = 1$$

에서

① $b=0$, $c=0$이면 $a^2 = d^2 = 1$이면 된다. 즉, 다음의 4가지가 있다.

$\begin{pmatrix} 1 & 0 \\ 0 & 1 \end{pmatrix}$, $\begin{pmatrix} -1 & 0 \\ 0 & 1 \end{pmatrix}$, $\begin{pmatrix} 1 & 0 \\ 0 & -1 \end{pmatrix}$, $\begin{pmatrix} -1 & 0 \\ 0 & -1 \end{pmatrix}$

② $b=0$, $c \neq 0$이면 $a^2 = d^2 = 1$, $a+d=0$이다. 즉, c가 임의의 수일 때

$\begin{pmatrix} 1 & 0 \\ c & -1 \end{pmatrix}$, $\begin{pmatrix} -1 & 0 \\ c & 1 \end{pmatrix}$

③ $b \neq 0$, $c=0$이면 $a^2 = d^2 = 1$, $a+d=0$이다. 즉, b가 임의의 수일 때

$\begin{pmatrix} 1 & b \\ 0 & -1 \end{pmatrix}$, $\begin{pmatrix} -1 & b \\ 0 & 1 \end{pmatrix}$

④ $b \neq 0$, $c \neq 0$인 경우라면 $a^2 + bc = 1$, $a+d=0$이다. 따라서,

$\begin{pmatrix} a & b \\ \frac{1-a^2}{b} & -a \end{pmatrix}$

[7] $\boldsymbol{A}^2 = \boldsymbol{0}$ 이면서 $\boldsymbol{A} \neq \boldsymbol{0}$ 되는 2×2 행렬 $\boldsymbol{A}$의 예를 들어라.

☞ $\begin{pmatrix} a & b \\ c & d \end{pmatrix}^2 = \begin{pmatrix} a^2+bc & ab+bd \\ ac+cd & bc+d^2 \end{pmatrix} = \begin{pmatrix} 0 & 0 \\ 0 & 0 \end{pmatrix}$

를 만족하는 a, b, c, d를 찾으면 된다. 즉,

$$a^2 + bc = 0$$
$$(a+d)b = 0$$
$$(a+d)c = 0$$
$$bc + d^2 = 0$$

에서

① $b=0$이면 $a^2 = d^2 = 0$, $(a+d)c = 0$ 이다. 즉, c가 임의의 수일 때

$\begin{pmatrix} 0 & 0 \\ c & 0 \end{pmatrix}$

② $c=0$이면 $a^2 = d^2 = 0$, $(a+d)b = 0$ 이다. 즉, c가 임의의 수일 때

$\begin{pmatrix} 0 & b \\ 0 & 0 \end{pmatrix}$

③ $b \neq 0$, $c \neq 0$인 경우라면 $a^2 + bc = 0$, $a+d=0$이다. 따라서,

$\begin{pmatrix} a & b \\ -\frac{a^2}{b} & -a \end{pmatrix}$

[8] $\boldsymbol{A} = \begin{pmatrix} -1 & 0 \\ 3 & -2 \end{pmatrix}$이라 할 때, $\boldsymbol{A}^2$을 구하고 $\boldsymbol{A}^2 + \alpha\boldsymbol{A} + \beta\boldsymbol{I} = 0$를 만족하는 α, β가 존재하면 그 값을 구하라.

☞ $A^2 = \begin{pmatrix} -1 & 0 \\ 3 & -2 \end{pmatrix}\begin{pmatrix} -1 & 0 \\ 3 & -2 \end{pmatrix} = \begin{pmatrix} 1 & 0 \\ -9 & 4 \end{pmatrix}$

따라서,

$$A^2 + \alpha A + \beta I = 0 \rightarrow \begin{pmatrix} 1 & 0 \\ -9 & 4 \end{pmatrix} + \begin{pmatrix} -\alpha & 0 \\ 3\alpha & -2\alpha \end{pmatrix} + \begin{pmatrix} \beta & 0 \\ 0 & \beta \end{pmatrix} = 0$$

의 각항을 비교하면

$$1 - \alpha + \beta = 0$$
$$-9 + 3\alpha = 0$$
$$4 - 2\alpha + \beta = 0$$

을 풀면 $\alpha = 3$, $\beta = 2$이다. 따라서, $A^2 + 3A + 2I = 0$

5-3 행렬과 선형변환

※다음의 행렬식을 구하라.

【1】 $\begin{vmatrix} \cos n\theta & -\sin n\theta \\ \sin n\theta & \cos n\theta \end{vmatrix} = \cos^2 n\theta + \sin^2 n\theta = 1$

【2】 $\begin{vmatrix} 1 & a & a^2 \\ 1 & b & b^2 \\ 1 & c & c^2 \end{vmatrix}$

$$= (1)(b)(c^2) + (a)(b^2)(1) + (a^2)(1)(c) - (a^2)(b)(1) - (b^2)(c)(1) - (c^2)(a)(1)$$
$$= a^2(c-b) + a(b^2 - c^2) + bc(c-b)$$
$$= (c-b)[a^2 - (b+c)a + bc] = (c-b)(a-b)(a-c) = (a-b)(b-c)(c-a)$$

【3】 $\begin{vmatrix} x & y & z \\ y & z & x \\ z & x & y \end{vmatrix}$

$$= xyz + xyz + xyz - x^3 - y^3 - z^3$$
$$= -[(x^3 + y^3 + z^3) - 3xyz]$$
$$= -(x+y+z)(x^2 + y^2 + z^2 - xy - yz - zx)$$

【4】 평면 위의 두 점 (x_1, y_1)과 (x_2, y_2)을 지나는 직선의 식은 $\begin{vmatrix} 1 & x & y \\ 1 & x_1 & y_1 \\ 1 & x_2 & y_2 \end{vmatrix} = 0$

으로 표현되는 것을 보여라.

☞ $$\begin{vmatrix} 1 & x & y \\ 1 & x_1 & y_1 \\ 1 & x_2 & y_2 \end{vmatrix} = 0 = x_1y_2 + xy_1 + x_2y - x_1y - x_2y_1 - xy_2$$

을 정리하면

$$-x(y_2 - y_1) + y(x_2 - x_1) + x_1y_2 - x_2y_1 = 0$$

다시 변환하면

$$-(x - x_1)(y_2 - y_1) + (y - y_1)(x_2 - x_1) = 0 \quad \Rightarrow \quad \frac{x - x_1}{x_2 - x_1} = \frac{y - y_1}{y_2 - y_1}$$

이 된다. 윗식은 평면 위의 두 점 (x_1, y_1)과 (x_2, y_2)을 지나는 직선의 식을 의미한다.

【5】 a_i, b_i, c_i가 모두 x의 함수일 때 다음을 보여라(단, $i = 1, 2, 3$).

$$\frac{d}{dx}\begin{vmatrix} a_1 & a_2 & a_3 \\ b_1 & b_2 & b_3 \\ c_1 & c_2 & c_3 \end{vmatrix} = \begin{vmatrix} a_1' & a_2' & a_3' \\ b_1 & b_2 & b_3 \\ c_1 & c_2 & c_3 \end{vmatrix} + \begin{vmatrix} a_1 & a_2 & a_3 \\ b_1' & b_2' & b_3' \\ c_1 & c_2 & c_3 \end{vmatrix} + \begin{vmatrix} a_1 & a_2 & a_3 \\ b_1 & b_2 & b_3 \\ c_1' & c_2' & c_3' \end{vmatrix}$$

☞ 주대각선의 모든 원소의 곱 $a_1b_2c_3$에 대해서

$$\frac{d}{dx} a_1b_2c_3 = a_1'b_2c_3 + a_1b_2'c_3 + a_1b_2c_3'$$

가 된다. 위에서, $a_1'b_2c_3$, $a_1b_2'c_3$, $a_1b_2c_3'$는 우변의 각 행렬식의 주대각선에 의한 항이다. 다른 항에 대해서도 마찬가지가 되어 행렬식의 미분은 각 행을 미분하여 더한 것이 된다.

5-5 행렬식의 성질

※열벡터의 가법 또는 행벡터의 가법을 이용하여 다음의 행렬식을 구하라.

【1】 $$\begin{vmatrix} 2 & 0 & -2 & 3 \\ -4 & 4 & 1 & 5 \\ -2 & 1 & -1 & -2 \\ 6 & -2 & 3 & 1 \end{vmatrix} = \begin{vmatrix} 2 & 0 & -2 & 3 \\ 0 & 4 & -3 & 11 \\ 0 & 1 & -3 & 1 \\ 0 & -2 & 9 & -8 \end{vmatrix} = 2\begin{vmatrix} 4 & -3 & 11 \\ 1 & -3 & 1 \\ -2 & 9 & -8 \end{vmatrix}$$

$$= 2\begin{vmatrix} 0 & 9 & 7 \\ 1 & -3 & 1 \\ 0 & 3 & -6 \end{vmatrix} = -2\begin{vmatrix} 9 & 7 \\ 3 & -6 \end{vmatrix} = 150$$

【2】 $\begin{vmatrix} -3 & -2 & 6 & -4 \\ 1 & 0 & 1 & 2 \\ -2 & 1 & -1 & 3 \\ 5 & 4 & -3 & -5 \end{vmatrix} = \begin{vmatrix} 0 & -2 & 9 & 2 \\ 1 & 0 & 1 & 2 \\ 0 & 1 & 1 & 7 \\ 0 & 4 & -8 & -15 \end{vmatrix} = -\begin{vmatrix} -2 & 9 & 2 \\ 1 & 1 & 7 \\ 4 & -8 & -15 \end{vmatrix}$

$$= -\begin{vmatrix} -2 & 9 & 2 \\ 1 & 1 & 7 \\ 4 & -8 & -15 \end{vmatrix} = -\begin{vmatrix} 0 & 11 & 16 \\ 1 & 1 & 7 \\ 0 & -12 & -43 \end{vmatrix} = \begin{vmatrix} 11 & 16 \\ -12 & -43 \end{vmatrix} = -281$$

5-6 역행렬

$$(\boldsymbol{A}^{-1})^T = \frac{1}{\det \boldsymbol{A}}(C_{ij}) = \frac{1}{\det \boldsymbol{A}}\begin{pmatrix} C_{11} & C_{12} & \cdots & C_{1n} \\ C_{21} & C_{22} & \cdots & C_{2n} \\ C_{31} & C_{32} & \cdots & C_{3n} \\ \cdot & \cdot & \cdots & \cdot \\ C_{n1} & C_{n2} & \cdots & C_{nn} \end{pmatrix}$$

(여인자의 정의) 행렬 $\boldsymbol{A} = (a_{ij})$에 대한 여인자 C_{ij}는 소행렬식 A_{ij}를 이용하여 $C_{ij} = (-1)^{i+j} A_{ij}$로 정의한다.

※역행렬에 대하여 다음을 증명하라.

【1】 $(\boldsymbol{A}^{-1})^{-1} = \boldsymbol{A}$

☞ $\boldsymbol{B} = \boldsymbol{A}^{-1}$로 두면 $\boldsymbol{BA} = \boldsymbol{A}^{-1}\boldsymbol{A} = \boldsymbol{I}$, $\boldsymbol{AB} = \boldsymbol{AA}^{-1} = \boldsymbol{I}$. 역행렬의 정의에서 $\boldsymbol{A} = \boldsymbol{B}^{-1} = (\boldsymbol{A}^{-1})^{-1}$

【2】 $(\boldsymbol{A}^{-1})^T = (\boldsymbol{A}^T)^{-1}$

☞ 역행렬의 원소는 $[\boldsymbol{A}^{-1}]_{ij} = \frac{1}{D} C_{ji} = \frac{1}{\det \boldsymbol{A}} C_{ji}$ 이므로

$$[(\boldsymbol{A}^{-1})^T]_{ij} = [\boldsymbol{A}^{-1}]_{ji} = \frac{1}{\det \boldsymbol{A}} C_{ij} = \frac{1}{\det \boldsymbol{A}^T} C_{ij}$$

그리고, $\boldsymbol{A}$의 여인자 C_{ij}는 $\boldsymbol{A}^T$의 여인자 C_{ji}이므로

$$[(\boldsymbol{A}^T)^{-1}]_{ij} = \frac{1}{\det \boldsymbol{A}^T} C_{ij}$$

따라서, $(\boldsymbol{A}^{-1})^T = (\boldsymbol{A}^T)^{-1}$

【3】 $(\boldsymbol{A}^{-1})^n = (\boldsymbol{A}^n)^{-1}$

☞ $(\boldsymbol{AB})^{-1} = \boldsymbol{B}^{-1}\boldsymbol{A}^{-1}$에서 $\boldsymbol{B} = \boldsymbol{A}$로 두면

$$(\boldsymbol{AA})^{-1} = \boldsymbol{A}^{-1}\boldsymbol{A}^{-1} = (\boldsymbol{A}^{-1})^2$$

즉,

$$(\boldsymbol{A}^2)^{-1} = (\boldsymbol{A}^{-1})^2$$

이 된다. 다시, $\boldsymbol{B} = \boldsymbol{A}^2$를 $(\boldsymbol{AB})^{-1} = \boldsymbol{B}^{-1}\boldsymbol{A}^{-1}$에 대입하고, $(\boldsymbol{A}^2)^{-1} = (\boldsymbol{A}^{-1})^2$을 이용하면

$$(\boldsymbol{AA}^2)^{-1} = (\boldsymbol{A}^3)^{-1} = (\boldsymbol{A}^2)^{-1}\boldsymbol{A}^{-1} = (\boldsymbol{A}^{-1})^2\boldsymbol{A}^{-1} = (\boldsymbol{A}^{-1})^3$$

따라서,

$$(\boldsymbol{A}^3)^{-1} = (\boldsymbol{A}^{-1})^3$$

이 된다. 이것을 계속 반복하면 $(\boldsymbol{A}^{-1})^n = (\boldsymbol{A}^n)^{-1}$

【4】 $\det \boldsymbol{A}^{-1} = (\det \boldsymbol{A})^{-1}$

☞ $\boldsymbol{AA}^{-1} = \boldsymbol{I}$에서 $(\det \boldsymbol{A})(\det \boldsymbol{A}^{-1}) = \det \boldsymbol{I} = 1$이므로

$$(\det \boldsymbol{A}^{-1}) = \frac{1}{(\det \boldsymbol{A})} = (\det \boldsymbol{A})^{-1}$$

【5】 대칭행렬의 역은 대칭행렬이다.

☞ $\boldsymbol{A}$를 대칭행렬이라고 하면 $\boldsymbol{A}^T = \boldsymbol{A}$이다. 이때, $(\boldsymbol{A}^{-1})^T = \boldsymbol{A}^{-1}$을 보이면 된다. (문제 2)에서 $(\boldsymbol{A}^{-1})^T = (\boldsymbol{A}^T)^{-1}$이므로 $\boldsymbol{A}^T = \boldsymbol{A}$를 대입하면

$$(\boldsymbol{A}^{-1})^T = \boldsymbol{A}^{-1}$$

즉, 대칭행렬의 역은 대칭행렬이다.

【6】 위(아래)삼각행렬의 역은 아래(위)삼각행렬이다.

☞ $\boldsymbol{A}$를 위삼각행렬이라고 하면 $[\boldsymbol{A}]_{ij} = 0,\ \ i > j$이므로 여인자 $C_{ij} = 0\ (i > j)$가 된다. 따라서,

$$[(\boldsymbol{A}^{-1})^T]_{ij} = \frac{1}{D} C_{ij} = 0, \quad i > j$$

이므로 $(\boldsymbol{A}^{-1})^T$도 위삼각행렬이다. 결국, $\boldsymbol{A}^{-1}$은 아래삼각행렬이 된다.

5-7 고유값과 고유벡터

☑ 고유벡터와 고유값의 정의

$$\boldsymbol{A}\boldsymbol{x} = \lambda\boldsymbol{x} \quad \Rightarrow \quad \boldsymbol{A}\boldsymbol{x} - \lambda\boldsymbol{I}\boldsymbol{x} = (\boldsymbol{A} - \lambda\boldsymbol{I})\boldsymbol{x} = 0$$

$\boldsymbol{x} \neq 0$인 해를 가질 필요충분조건은

$$D(\lambda) = \det(\boldsymbol{A} - \lambda\boldsymbol{I}) = \begin{vmatrix} a_{11}-\lambda & a_{12} & \cdots & a_{1n} \\ a_{21} & a_{22}-\lambda & \cdots & a_{2n} \\ \cdot & \cdot & \cdots & \cdot \\ a_{n1} & a_{n2} & \cdots & a_{nn}-\lambda \end{vmatrix}$$
$$= (\lambda_1-\lambda)(\lambda_2-\lambda)\times\cdots\times(\lambda_n-\lambda) = 0$$

※다음 행렬의 고유값과 고유벡터를 구하라.

【1】 $\begin{pmatrix} 1 & 0 \\ 0 & 3 \end{pmatrix}$

☞ $\begin{vmatrix} 1-\lambda & 0 \\ 0 & 3-\lambda \end{vmatrix} = (1-\lambda)(3-\lambda) = 0, \quad \lambda_1 = 1,\ \lambda_2 = 3$

① 고유값 $\lambda_1 = 1$에 대해 $(1-1)x_1 + 0x_2 = 0$ → $x_1,\ x_2$는 임의의 수 (단, $x_1^2 + x_2^2 \neq 0$이다. 고유벡터의 정의로부터 $\boldsymbol{x} \neq 0$이다). 따라서,

고유벡터 $\boldsymbol{x} = \begin{pmatrix} x_1 \\ x_2 \end{pmatrix}, \quad x_1^2 + x_2^2 \neq 0$

② 고유값 $\lambda_2 = 3$에 대해 $(1-3)x_1 + 0x_2 = 0$ → $x_1,\ x_2$는 임의의 수 (단, $x_1^2 + x_2^2 \neq 0$이다. 고유벡터의 정의로부터 $\boldsymbol{x} \neq 0$이다).

고유벡터 $\boldsymbol{x} = \begin{pmatrix} x_1 \\ x_2 \end{pmatrix}, \quad x_1^2 + x_2^2 \neq 0$

【2】 $\begin{pmatrix} 0 & 2 \\ 1 & 0 \end{pmatrix}$

☞ $\begin{vmatrix} -\lambda & 2 \\ 1 & -\lambda \end{vmatrix} = \lambda^2 - 2 = 0$

① 고유값 $\lambda_1 = \sqrt{2}$에 대해 $(0-\sqrt{2})x_1 + 2x_2 = 0$. 따라서,

고유벡터 $\boldsymbol{x} = \begin{pmatrix} \sqrt{2} \\ 1 \end{pmatrix}$

② 고유값 $\lambda_2 = -\sqrt{2}$에 대해 $(0+\sqrt{2})x_1 + 2x_2 = 0$. 따라서,

고유벡터 $\boldsymbol{x} = \begin{pmatrix} \sqrt{2} \\ -1 \end{pmatrix}$

【3】 $\begin{pmatrix} 0 & 0 \\ 0 & 0 \end{pmatrix}$

☞ $\begin{vmatrix} -\lambda & 0 \\ 0 & -\lambda \end{vmatrix} = \lambda^2 = 0$

① 고유값 $\lambda_1 = \lambda_2 = 0$에 대해 $(0-0)x_1 + 0x_2 = 0 \ \rightarrow \ x_1, \ x_2$는 임의의 수 (단, $x_1^2 + x_2^2 \neq 0$이다). 따라서,

고유벡터 $\boldsymbol{x} = \begin{pmatrix} x_1 \\ x_2 \end{pmatrix}, \quad x_1^2 + x_2^2 \neq 0$

【4】 $\begin{pmatrix} -1 & 2 \\ -3 & 4 \end{pmatrix}$

☞ $\begin{vmatrix} -1-\lambda & 2 \\ -3 & 4-\lambda \end{vmatrix} = (\lambda+1)(\lambda-4)+6 = (\lambda-1)(\lambda-2) = 0$

① 고유값 $\lambda_1 = 1$에 대해 $(-1-1)x_1 + 2x_2 = -2x_1 + 2x_2 = 0$. 따라서,

고유벡터 $\boldsymbol{x} = \begin{pmatrix} 1 \\ 1 \end{pmatrix}$

② 고유값 $\lambda_2 = 2$에 대해 $(-1-2)x_1 + 2x_2 = -3x_1 + 2x_2 = 0$. 따라서,

고유벡터 $\boldsymbol{x} = \begin{pmatrix} 2 \\ 3 \end{pmatrix}$

【5】 $\begin{pmatrix} 3 & -7 & 1 \\ 0 & 1 & 0 \\ -1 & 0 & 1 \end{pmatrix}$

☞ 수정하지 않고 풀어도 답은 구할 수 있지만 불필요하게 복잡한 계산을 많이 하게 되므로 수정한 상태로 풀어 보자.

$$\begin{vmatrix} 3-\lambda & -7 & 1 \\ 0 & 1-\lambda & 0 \\ -1 & 0 & 1-\lambda \end{vmatrix} = (3-\lambda)(1-\lambda)^2 + (1-\lambda) = -(\lambda-1)(\lambda-2)^2 = 0$$

① 고유값 $\lambda_1 = 1$에 대해

$(3-1)x - 7y + z = 0 \ \rightarrow \ 2x - 7y + z = 0$

$0x + (1-1)y + 0z = 0 \ \rightarrow \ 0 = 0$

$-x + 0y + (1-1)z = 0 \ \rightarrow \ -x = 0$

이므로 $x=0$, $z=7y$ 이다. 즉, 고유벡터는 $\boldsymbol{x}=\begin{pmatrix}0\\1\\7\end{pmatrix}$

② 고유값 $\lambda_2=2$(중근)에 대해

$$(3-2)x-7y+z=0 \to x-7y+z=0$$

$$0x+(1-2)y+0z=0 \to -y=0$$

$$-x+0y+(1-2)z=0 \to -x-z=0$$

이므로 $y=0$, $z=x$ 이다. 즉, 고유벡터는 $\boldsymbol{x}=\begin{pmatrix}1\\0\\1\end{pmatrix}$. 즉, 대수적다중도는 2이고 기하적다중도(고유벡터의 개수)는 1이다.

【6】 $\begin{pmatrix}-2&1&0\\6&3&0\\0&0&-1\end{pmatrix}$

☞ $\begin{vmatrix}-2-\lambda&1&0\\6&3-\lambda&0\\0&0&-1-\lambda\end{vmatrix}$

$$=(-2-\lambda)(3-\lambda)(-1-\lambda)-6(-1-\lambda)=-(\lambda+1)(\lambda-4)(\lambda+3)=0$$

① 고유값 $\lambda_1=-1$에 대해

$$(-2+1)x+y+0z=0 \to -x+y=0$$

$$6x+(3+1)y+0z=0 \to 3x+2y=0$$

$$0x+0y+(-1+1)z=0 \to 0=0$$

이므로 $x=y=0$, z는 0이 아닌 임의의 수이다. 즉, 고유벡터는 $\boldsymbol{x}=\begin{pmatrix}0\\0\\1\end{pmatrix}$

② 고유값 $\lambda_2=4$에 대해

$$(-2-4)x+y+0z=0 \to -6x+y=0$$

$$6x+(3-4)y+0z=0 \to 6x-y=0$$

$$0x+0y+(-1-4)z=0 \to -5z=0$$

이므로 $y=6x$, $z=0$이다. 즉, 고유벡터는 $\boldsymbol{x}=\begin{pmatrix}1\\6\\0\end{pmatrix}$

③ 고유값 $\lambda_3=-3$에 대해

$$(-2+3)x+y+0z=0 \to x+y=0$$

$$6x+(3+3)y+0z=0 \ \rightarrow \ 6x+6y=0$$

$$0x+0y+(-1+3)z=0 \ \rightarrow \ 2z=0$$

이므로 $y=-x$, $z=0$이다. 즉, 고유벡터는 $\boldsymbol{x}=\begin{pmatrix}1\\-1\\0\end{pmatrix}$

【7】 $\boldsymbol{A}\boldsymbol{x}=0$이 $\boldsymbol{x}\neq 0$인 해를 갖기 위한 조건은 $\det \boldsymbol{A}=0$임을 보여라(참고: $\det \boldsymbol{A}\neq 0$을 가정하고 시작한다).

☞ $\det \boldsymbol{A}\neq 0$이라면 행렬 $\boldsymbol{A}$는 역행렬 $\boldsymbol{A}^{-1}$을 가진다. 따라서, $\boldsymbol{A}\boldsymbol{x}=0$의 양변에 $\boldsymbol{A}^{-1}$을 곱하면 $\boldsymbol{A}^{-1}\boldsymbol{A}\boldsymbol{x}=\boldsymbol{I}\boldsymbol{x}=\boldsymbol{x}=0$, 즉 $\boldsymbol{x}=0$인 해를 가진다. 그러므로 $\boldsymbol{x}\neq 0$인 해를 갖기 위해서는 $\det \boldsymbol{A}=0$이어야 한다.

$$D(\lambda)=\det(\boldsymbol{A}-\lambda\boldsymbol{I})=\begin{vmatrix} a_{11}-\lambda & a_{12} & \cdots & a_{1n}\\ a_{21} & a_{22}-\lambda & \cdots & a_{2n}\\ \cdot & \cdot & \cdots & \cdot\\ a_{n1} & a_{n2} & \cdots & a_{nn}-\lambda \end{vmatrix}$$
$$=(\lambda_1-\lambda)(\lambda_2-\lambda)\times\cdots\times(\lambda_n-\lambda)=0$$

※ $n\times n$ 행렬 $\boldsymbol{A}$의 고유값을 $\lambda_1, \lambda_2, \cdots, \lambda_n$이라 할 때 문제 【8】-【10】을 증명하라.

【8】 (a) $p\boldsymbol{A}$의 고유값은 $p\lambda_1, p\lambda_2, \cdots, p\lambda_n$

☞ 행렬 $p\boldsymbol{A}$의 고유값을 μ라고 하면

$$\det(p\boldsymbol{A}-\mu\boldsymbol{I})=\begin{vmatrix} pa_{11}-\mu & pa_{12} & \cdots & pa_{1n}\\ pa_{21} & pa_{22}-\mu & \cdots & pa_{2n}\\ \cdot & \cdot & \cdots & \cdot\\ pa_{n1} & pa_{n2} & \cdots & pa_{nn}-\mu \end{vmatrix}$$

$$=\begin{vmatrix} p(a_{11}-\mu/p) & pa_{12} & \cdots & pa_{1n}\\ pa_{21} & p(a_{22}-\mu/p) & \cdots & pa_{2n}\\ \cdot & \cdot & \cdots & \cdot\\ pa_{n1} & pa_{n2} & \cdots & p(a_{nn}-\mu/p) \end{vmatrix}$$

위 행렬식의 전개는

$$\det(\boldsymbol{A}-\lambda\boldsymbol{I})=\begin{vmatrix} a_{11}-\lambda & a_{12} & \cdots & a_{1n}\\ a_{21} & a_{22}-\lambda & \cdots & a_{2n}\\ \cdot & \cdot & \cdots & \cdot\\ a_{n1} & a_{n2} & \cdots & a_{nn}-\lambda \end{vmatrix}$$
$$=(\lambda_1-\lambda)(\lambda_2-\lambda)\times\cdots\times(\lambda_n-\lambda)=0$$

과 비교하면

$$\det[p\boldsymbol{A}-\mu\boldsymbol{I}]=p^n\left(\lambda_1-\frac{\mu}{p}\right)\left(\lambda_2-\frac{\mu}{p}\right)\times\cdots\times\left(\lambda_n-\frac{\mu}{p}\right)=0$$

이 된다. 따라서, 고유값은 $\mu=p\lambda_1,\ p\lambda_2,\cdots,p\lambda_n$

☑ 더 쉬운 방법은 다음과 같다. 고유값 λ_j에 대응하는 고유벡터를 $\boldsymbol{x}_j$라고 하면 $\boldsymbol{A}\boldsymbol{x}_j=\lambda_j\boldsymbol{x}_j$이다. 따라서, 양변에 p를 곱하면

$$p\boldsymbol{A}\boldsymbol{x}_j=p\lambda_j\boldsymbol{x}_j \quad\Longrightarrow\quad (p\boldsymbol{A})\boldsymbol{x}_j=(p\lambda_j)\boldsymbol{x}_j$$

즉, 정의에 의하여 $p\boldsymbol{A}$의 고유값은 $p\lambda_j$가 된다.

(b) $\boldsymbol{A}^{-1}$의 고유값은 $\lambda_1^{-1},\lambda_2^{-1},\cdots,\lambda_n^{-1}$

☞ 행렬 $\boldsymbol{A}^{-1}$의 고유값을 μ라고 하면

$$\begin{aligned}\det(\boldsymbol{A}^{-1}-\mu\boldsymbol{I})&=\det(\boldsymbol{A}^{-1}-\mu\boldsymbol{A}^{-1}\boldsymbol{A})=\det[\boldsymbol{A}^{-1}(\boldsymbol{I}-\mu\boldsymbol{A})]\\&=\det(\boldsymbol{A}^{-1})\det(\boldsymbol{I}-\mu\boldsymbol{A})=\det(\boldsymbol{A}^{-1})\det\left[-\mu(\boldsymbol{A}-\frac{1}{\mu}\boldsymbol{I})\right]\\&=(-\mu)^n\det(\boldsymbol{A}^{-1})\det\left(\boldsymbol{A}-\frac{1}{\mu}\boldsymbol{I}\right)=0\end{aligned}$$

으로부터 $\lambda=\dfrac{1}{\mu}$의 관계를 얻는다. 즉, $\mu=\dfrac{1}{\lambda_1},\ \dfrac{1}{\lambda_2},\cdots,\dfrac{1}{\lambda_n}$

☑ 고유값 λ_j에 대응하는 고유벡터를 $\boldsymbol{x}_j$라고 하면 $\boldsymbol{A}\boldsymbol{x}_j=\lambda_j\boldsymbol{x}_j$이다. 따라서, 양변에 $\boldsymbol{A}^{-1}$을 곱하면

$$\boldsymbol{A}^{-1}\boldsymbol{A}\boldsymbol{x}_j=\boldsymbol{A}^{-1}(\lambda_j\boldsymbol{x}_j)=\lambda_j\boldsymbol{A}^{-1}\boldsymbol{x}_j$$

즉,

$$\boldsymbol{x}_j=\lambda_j(\boldsymbol{A}^{-1}\boldsymbol{x}_j) \quad\Longrightarrow\quad \boldsymbol{A}^{-1}\boldsymbol{x}_j=\frac{1}{\lambda_j}\boldsymbol{x}_j$$

(c) $\boldsymbol{A}-p\boldsymbol{I}$의 고유값은 $\lambda_1-p,\lambda_2-p,\cdots,\lambda_n-p$

☞ 행렬 $\boldsymbol{A}-p\boldsymbol{I}$의 고유값을 μ라고 하면

$$\det[(\boldsymbol{A}-p\boldsymbol{I})-\mu\boldsymbol{I}]=\det[(\boldsymbol{A}-(p+\mu)\boldsymbol{I})]=0$$

앞에서와 마찬가지로 $\det(\boldsymbol{A}-\lambda\boldsymbol{I})=0$과 비교하면

$$\lambda=p+\mu$$

즉,

$\mu = \lambda_1 - p,\ \lambda_2 - p, \cdots, \lambda_n - p$

☑ 고유값 λ_j에 대응하는 고유벡터를 $\boldsymbol{x}_j$라고 하면 $\boldsymbol{A}\boldsymbol{x}_j = \lambda_j \boldsymbol{x}_j$이다. 따라서,

$$(\boldsymbol{A} - p\boldsymbol{I})\boldsymbol{x}_j = \boldsymbol{A}\boldsymbol{x}_j - p\boldsymbol{x}_j = \lambda_j \boldsymbol{x}_j - p\boldsymbol{x}_j = (\lambda_j - p)\boldsymbol{x}_j$$

즉, 정의에 의하여 $\boldsymbol{A} - p\boldsymbol{I}$의 고유값은 $\lambda_j - p$가 된다.

(d) $\boldsymbol{A}^m$의 고유값은 $\lambda_1^m, \lambda_2^m, \cdots, \lambda_n^m$(단, m은 음이 아닌 정수)

고유값 λ_j에 대응하는 고유벡터를 $\boldsymbol{x}_j$라고 하면 $\boldsymbol{A}\boldsymbol{x}_j = \lambda_j \boldsymbol{x}_j$이다. 양변에 $\boldsymbol{A}$를 곱하면

$$\boldsymbol{A}\boldsymbol{A}\boldsymbol{x}_j = \boldsymbol{A}(\lambda_j \boldsymbol{x}_j)$$

즉,

$$\boldsymbol{A}^2\boldsymbol{x}_j = \lambda_j(\boldsymbol{A}\boldsymbol{x}_j) = \lambda_j(\lambda_j \boldsymbol{x}_j) = \lambda_j^2 \boldsymbol{x}_j$$

이므로 $\boldsymbol{A}^2$의 고유값은 λ_j^2이다. 계속 반복하면 $\boldsymbol{A}^m$의 고유값은 λ_j^m이 된다.

(e) 삼각행렬 $\boldsymbol{A}$의 고유값은 주대각선의 원소, 즉 $\lambda_i = a_{ii}$

☞ $$D(\lambda) = \det(\boldsymbol{A} - \lambda\boldsymbol{I}) = \begin{vmatrix} a_{11}-\lambda & 0 & \cdots & 0 \\ a_{21} & a_{22}-\lambda & \cdots & 0 \\ \cdot & \cdot & \cdots & 0 \\ a_{n1} & a_{n2} & \cdots & a_{nn}-\lambda \end{vmatrix}$$

$$= (a_{11}-\lambda)(a_{22}-\lambda)\times\cdots\times(a_{nn}-\lambda) = 0$$

이므로 $\lambda = a_{11},\ a_{22}, \cdots, a_{nn}$

$$\det \boldsymbol{A} = \lambda_1\lambda_2\times\cdots\times\lambda_n$$

$$\text{trace}\,\boldsymbol{A} \equiv a_{11} + a_{22} + \cdots + a_{nn} = \lambda_1 + \lambda_2 + \cdots + \lambda_n$$

【9】 역행렬 $\boldsymbol{A}^{-1}$가 존재할 필요충분조건은 $\lambda_i \neq 0\ (i = 1, 2, 3, \cdots, n)$이다.

☞ 역행렬 $\boldsymbol{A}^{-1}$가 존재한다면 $\det \boldsymbol{A} \neq 0$이다. 그런데, $\det \boldsymbol{A} = \lambda_1\lambda_2\times\cdots\times\lambda_n$이므로 $\lambda_1\lambda_2\times\cdots\times\lambda_n \neq 0$이다. 즉, $\lambda_i \neq 0\ (i = 1, 2, 3, \cdots, n)$이다. 거꾸로, $\lambda_i \neq 0$이면 $\det \boldsymbol{A} = \lambda_1\lambda_2\times\cdots\times\lambda_n \neq 0$이다. 따라서, $\det \boldsymbol{A} \neq 0$이므로 $\boldsymbol{A}^{-1}$가 존재한다

【10】 다항행렬(多項行列) $s_m\boldsymbol{A}^m + s_{m-1}\boldsymbol{A}^{m-1} + \cdots + s_1\boldsymbol{A} + s_0\boldsymbol{I}$의 고유값은 다음

과 같고

$$s_m\lambda_j{}^m + s_{m-1}\lambda_j{}^{m-1} + \cdots + s_1\lambda_j + s_0 \quad (j = 1, 2, 3, \cdots, n)$$

다항행렬의 고유벡터는 $\boldsymbol{A}$ 의 고유벡터와 같다는 것을 보여라.

☞ $(s_m\boldsymbol{A}^m + s_{m-1}\boldsymbol{A}^{m-1} + \cdots + s_1\boldsymbol{A} + s_0\boldsymbol{I})\boldsymbol{x}_j$

$$= (s_m\boldsymbol{A}^m\boldsymbol{x}_j + s_{m-1}\boldsymbol{A}^{m-1}\boldsymbol{x}_j + \cdots + s_1\boldsymbol{A}\boldsymbol{x}_j + s_0\boldsymbol{I}\boldsymbol{x}_j)$$
$$= (s_m\lambda_j^m\boldsymbol{x}_j + s_{m-1}\lambda_j^{m-1}\boldsymbol{x}_j + \cdots + s_1\lambda_j\boldsymbol{x}_j + s_0\boldsymbol{x}_j)$$
$$= (s_m\lambda_j^m + s_{m-1}\lambda_j^{m-1} + \cdots + s_1\lambda_j + s_0)\boldsymbol{x}_j$$

위에서, $\boldsymbol{A}^m$ 의 고유값은 λ_j^m 인 결과를 이용하였다. 이 결과는

$$\boldsymbol{B} = s_m\boldsymbol{A}^m + s_{m-1}\boldsymbol{A}^{m-1} + \cdots + s_1\boldsymbol{A} + s_0\boldsymbol{I}$$
$$\Lambda_j = s_m\lambda_j^m + s_{m-1}\lambda_j^{m-1} + \cdots + s_1\lambda_j + s_0$$

로 두면

$$\boldsymbol{B}\boldsymbol{x}_j = \Lambda_j\boldsymbol{x}_j$$

가 되므로 정의에 의하여 $\boldsymbol{B}$ 의 고유값은 Λ_j 이다. 고유벡터도 마찬가지로 선형결합이므로 유도된다.

★ **【11】** (Cayley-Hamilton theorem) 모든 정사각행렬은 특성방정식으로 이루어진 다항행렬식의 근이다. 즉, 행렬 $\boldsymbol{A}$ 의 특성방정식이 $\lambda^2 + \alpha\lambda + \beta = 0$이면 $\boldsymbol{A}^2 + \alpha\boldsymbol{A} + \beta\boldsymbol{I} = 0$이 된다. 이것을 임의의 2×2 행렬에 대해 증명하라.

☞ 임의의 2×2 행렬 $\begin{pmatrix} a & b \\ c & d \end{pmatrix}$은 $\lambda^2 - (a+d)\lambda + (ad-bc) = 0$이다. 따라서,

$$\boldsymbol{A}^2 - (a+d)\boldsymbol{A} + (ad-bc)\boldsymbol{I}$$
$$= \begin{pmatrix} a & b \\ c & d \end{pmatrix}^2 - (a+d)\begin{pmatrix} a & b \\ c & d \end{pmatrix} + (ad-bc)\begin{pmatrix} 1 & 0 \\ 0 & 1 \end{pmatrix} = 0$$
$$= \begin{pmatrix} a^2+bc & ab+bd \\ ac+cd & bc+d^2 \end{pmatrix} - \begin{pmatrix} a^2+ad & ab+bd \\ ac+cd & ad+d^2 \end{pmatrix} + \begin{pmatrix} ad-bc & 0 \\ 0 & ad-bc \end{pmatrix} = 0$$

5-8 대칭, 상사 및 직교행렬

【1】 직교행렬의 역은 직교행렬임을 보여라.

☞ $\boldsymbol{A}$가 직교행렬이라면 $\boldsymbol{A}^T = \boldsymbol{A}^{-1}$이다. 이때, $\boldsymbol{B} = \boldsymbol{A}^{-1}$이라고 두면

$$\boldsymbol{B}^T = (\boldsymbol{A}^{-1})^T = (\boldsymbol{A}^T)^{-1} = (\boldsymbol{A}^{-1})^{-1} = \boldsymbol{A} = \boldsymbol{B}^{-1}$$

즉, $\boldsymbol{B}^T = \boldsymbol{B}^{-1}$이므로 $\boldsymbol{B} = \boldsymbol{A}^{-1}$는 직교행렬이다.

【2】 두 직교행렬의 곱은 직교행렬임을 보여라.

☞ $\boldsymbol{A}$, $\boldsymbol{B}$가 직교행렬이라면 $\boldsymbol{A}^T = \boldsymbol{A}^{-1}$, $\boldsymbol{B}^T = \boldsymbol{B}^{-1}$이다. 이때, $\boldsymbol{C} = \boldsymbol{A}\boldsymbol{B}$이라고 두면

$$\boldsymbol{C}^T = (\boldsymbol{A}\boldsymbol{B})^T = \boldsymbol{B}^T\boldsymbol{A}^T = \boldsymbol{B}^{-1}\boldsymbol{A}^{-1} = (\boldsymbol{A}\boldsymbol{B})^{-1} = \boldsymbol{C}^{-1}$$

즉, $\boldsymbol{C}^T = \boldsymbol{C}^{-1}$이므로 $\boldsymbol{C} = \boldsymbol{A}\boldsymbol{B}$는 직교행렬이다.

【3】 대칭행렬의 역이 존재하면 대칭행렬임을 보여라.

☞ $\boldsymbol{A}$가 대칭행렬이라면 $\boldsymbol{A}^T = \boldsymbol{A}$이다. 만일 $\boldsymbol{A}^{-1}$인 존재한다면

$$(\boldsymbol{A}^{-1})^T = (\boldsymbol{A}^T)^{-1} = \boldsymbol{A}^{-1}$$

이다. 따라서, $\boldsymbol{A}^{-1}$는 대칭행렬이다.

제6장 벡터와 공간도형

6-1 벡터의 기본성질

【1】 벡터의 합에 관한 다음의 성질을 증명하라.

(a) $\boldsymbol{a}+\boldsymbol{b}=\boldsymbol{b}+\boldsymbol{a}$ (b) $(\boldsymbol{a}+\boldsymbol{b})+\boldsymbol{c}=\boldsymbol{a}+(\boldsymbol{b}+\boldsymbol{c})$

(c) $\boldsymbol{a}+\boldsymbol{0}=\boldsymbol{0}+\boldsymbol{a}=\boldsymbol{a}$ (d) $\boldsymbol{a}+(-\boldsymbol{a})=0$

☞ 성분으로 표시할 때 $a_1+b_1=b_1+a_1$, $a_2+b_2=b_2+a_2$, $a_3+b_3=b_3+a_3$ 등이 성립하므로 증명된다. 각각에 대한 증명은 생략한다.

【2】 점 A와 B의 좌표가 $(2,-3,7)$와 $(6,5,-1)$일 때, 선분 AB의 중점 M의 좌표를 구하라. 또, 원점을 O라고 할 때, $\overrightarrow{OM}$의 크기와 방향여현을 구하라.

☞ 중점의 좌표는 $\dfrac{(2,-3,7)+(6,5,-1)}{2}=(4,1,3)$이고 크기는

$$|\overrightarrow{OM}|=\sqrt{4^2+1^2+3^2}=\sqrt{26}$$

이고 방향여현은 $\dfrac{1}{\sqrt{26}}(4,1,3)$의 각 좌표성분이다. 즉,

$$\cos\alpha=\frac{4}{\sqrt{26}},\quad \cos\beta=\frac{1}{\sqrt{26}},\quad \cos\gamma=\frac{3}{\sqrt{26}}$$

【3】 A점 $(a,1,-2)$와 B점 $(-3,-2,7)$을 잇는 선분 AB를 $2:1$로 내분하는 점 M의 좌표를 구하고, 이 점이 yz-평면 위에 위치하게 되는 a의 값을 구하라.

☞ $m:n$으로 내분하는 점의 위치는 lever rule이라고 일컫는 $M=\dfrac{mB+nA}{m+n}$의 형태로 된다. 즉, $\overrightarrow{OM}=\dfrac{m\overrightarrow{OB}+n\overrightarrow{OA}}{m+n}$이므로

$$\overrightarrow{OM}=\frac{(-6,-4,14)+(a,1,-2)}{3}=(\frac{a-6}{3},-1,4)$$

으로 좌표가 결정된다. 이 점이 yz-평면 위에 있기 위해서는 $a-6=0$, 즉 $a=6$.

【4】 벡터 $\boldsymbol{a}$가 x축과 $45°$, y축과 $45°$를 이룬다면 z축과 이루는 각.

☞ 방향여현에 대해서 $\cos^2\alpha+\cos^2\beta+\cos^2\gamma=1$인 관계가 성립하고

$$\cos\alpha=\frac{1}{\sqrt{2}},\quad \cos\beta=\frac{1}{\sqrt{2}}$$

이므로 $\cos\gamma=0$, 즉 $\gamma=\frac{\pi}{2}$이다. 다시 말하면 z-축에 수직이다.

【5】 점 (x_0, y_0, z_0)을 지나고 x, y, z축과 이루는 각이 각각 α, β, γ인 직선의 식은

$$\frac{x-x_0}{\cos\alpha}=\frac{y-y_0}{\cos\beta}=\frac{z-z_0}{\cos\gamma}$$

으로 되는 것을 보이고, 또 매개변수 t를 사용하여

$$(x, y, z)=(x_0, y_0, z_0)+t(\cos\alpha, \cos\beta, \cos\gamma)$$

로 나타낼 수 있다는 것을 보여라.

☞ 직선 위의 임의의 점 (x, y, z)와 (x_0, y_0, z_0)사이의 거리를 ℓ이라고 하자. 이 선분의 x축으로의 투영은 $\ell\cos\alpha$이고, 그 길이는 $x-x_0$와 같다. 따라서,

$$x-x_0=\ell\cos\alpha,\quad y-y_0=\ell\cos\beta,\quad z-z_0=\ell\cos\gamma$$

가 성립한다. 이것을 정리하면 첫 번째 공식이 얻어진다. 매개변수 t를 길이 ℓ로 택하면 $(x, y, z)=(x_0, y_0, z_0)+t(\cos\alpha, \cos\beta, \cos\gamma)$인 식을 또한 얻을 수 있다.

【6】 $|\boldsymbol{a}+\boldsymbol{b}|\le|\boldsymbol{a}|+|\boldsymbol{b}|$, $|\boldsymbol{a}|-|\boldsymbol{b}|\le|\boldsymbol{a}-\boldsymbol{b}|$를 보여라.

☞ 위의 관계식을 성분형태로 나타내면 처음 공식 $|\boldsymbol{a}+\boldsymbol{b}|\le|\boldsymbol{a}|+|\boldsymbol{b}|$는

$$\sqrt{(a_1+b_1)^2+(a_2+b_2)^2+(a_3+b_3)^2}\le\sqrt{a_1^2+a_2^2+a_3^2}+\sqrt{b_1^2+b_2^2+b_3^2}$$

로 쓸 수 있다. 오른쪽의 제곱에서 왼쪽의 제곱을 빼면

$$\begin{aligned}&\left[\sqrt{a_1^2+a_2^2+a_3^2}+\sqrt{b_1^2+b_2^2+b_3^2}\right]^2-\left[(a_1+b_1)^2+(a_2+b_2)^2+(a_3+b_3)^2\right]\\&=2\left\{\sqrt{a_1^2+a_2^2+a_3^2}\sqrt{b_1^2+b_2^2+b_3^2}-(a_1b_1+a_2b_2+a_3b_3)\right\}\end{aligned}$$

이 된다. 다시 우변의 부호를 조사하기 위하여 다시 제곱의 차를 구하면

$$\begin{aligned}&(a_1^2+a_2^2+a_3^2)(b_1^2+b_2^2+b_3^2)-(a_1b_1+a_2b_2+a_3b_3)^2\\&=a_2^2b_1^2+a_3^2b_1^2+a_1^2b_2^2+a_3^2b_2^2+a_1^2b_3^2+a_2^2b_3^2-2(a_1b_1a_2b_2+a_2a_3b_2b_3+a_1b_1a_3b_3)\\&=(a_2b_1-a_1b_2)^2+(a_3b_1-a_1b_3)^2+(a_3b_2-a_2b_3)^2\end{aligned}$$

으로 항상 음이 아닌 수가 된다. 그런데, $\sqrt{\cdots}$는 양수이므로 주어진 공식이 성립한다(일반적으로 $A^2\ge B^2$이라고 해서 $A\ge B$는 아니지만 $|A|\ge B$는 항상 성립한

다). 그러나, 위의 증명은 단순히 기하적으로 삼각형의 두 변의 합은 다른 한 변의 길이보다 크다는 사실로부터 할 수 있다(아래의 그림 참조).

두 번째 공식은 $\boldsymbol{a} = \boldsymbol{x} - \boldsymbol{y}$, $\boldsymbol{b} = \boldsymbol{y}$로 두면 $|\boldsymbol{x}| \le |\boldsymbol{x} - \boldsymbol{y}| + |\boldsymbol{y}|$가 되고 $|\boldsymbol{y}|$를 이항하면 된다.

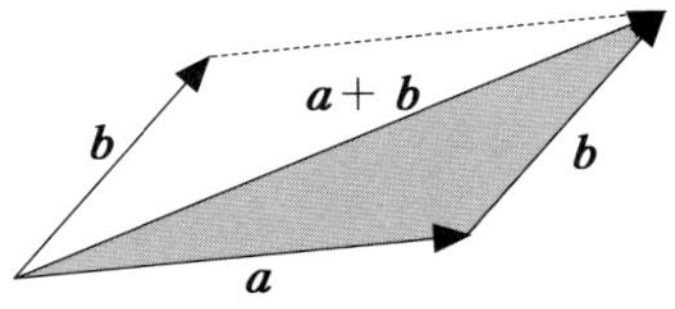

【7】 힘의 평형을 이루고 있는 벡터 $\boldsymbol{a}, \boldsymbol{b}, \boldsymbol{c}$는 $\boldsymbol{a} + \boldsymbol{b} + \boldsymbol{c} = 0$을 만족함을 보여라.

☞ 세 개의 힘벡터가 평형을 이루고 있을 때 한 벡터는 다른 두 벡터의 합과 평형을 이루게 된다. 즉, 벡터 $\boldsymbol{a}$와 $\boldsymbol{b}$의 합으로 이루어진 힘벡터를 $\boldsymbol{f} = \boldsymbol{a} + \boldsymbol{b}$로 두면 $\boldsymbol{f} = -\boldsymbol{c}$이어야 평형을 이룬다. 즉, 힘의 크기가 같고 방향이 반대이다. 따라서,

$\boldsymbol{a} + \boldsymbol{b} = -\boldsymbol{c} \quad \rightarrow \quad \boldsymbol{a} + \boldsymbol{b} + \boldsymbol{c} = 0$

6-2 벡터의 내적

【1】 벡터의 내적에 관한 다음의 성질을 증명하여라.

(a) $\boldsymbol{a} \cdot \boldsymbol{b} = \boldsymbol{b} \cdot \boldsymbol{a}$

$$\boldsymbol{a} \cdot \boldsymbol{b} = (a_1, a_2, a_3) \cdot (b_1, b_2, b_3) = a_1 b_1 + a_2 b_2 + a_3 b_3$$

$$\boldsymbol{b} \cdot \boldsymbol{a} = (b_1, b_2, b_3) \cdot (a_1, a_2, a_3) = b_1 a_1 + b_2 a_2 + b_3 a_3$$

이므로 $\boldsymbol{a} \cdot \boldsymbol{b} = \boldsymbol{b} \cdot \boldsymbol{a}$

(b) $(\boldsymbol{a} + \boldsymbol{b}) \cdot \boldsymbol{c} = \boldsymbol{a} \cdot \boldsymbol{c} + \boldsymbol{b} \cdot \boldsymbol{c}$

$$(\boldsymbol{a} + \boldsymbol{b}) \cdot \boldsymbol{c} = (a_1 + b_1, a_2 + b_2, a_3 + b_3) \cdot (c_1, c_2, c_3)$$
$$= (a_1 + b_1)c_1 + (a_2 + b_2)c_2 + (a_3 + b_3)c_3$$

$$\boldsymbol{a} \cdot \boldsymbol{c} + \boldsymbol{b} \cdot \boldsymbol{c} = (a_1, a_2, a_3) \cdot (c_1, c_2, c_3) + (b_1, b_2, b_3) \cdot (c_1, c_2, c_3)$$
$$= (a_1 c_1 + a_2 c_2 + a_3 c_3) + (b_1 c_1 + b_2 c_2 + b_3 c_3)$$

로 서로 같다.

【2】 벡터 $\boldsymbol{a}$가 영벡터가 되기 위한 필요충분조건은 $\boldsymbol{a} \cdot \boldsymbol{a} = |\boldsymbol{a}|^2 = 0$임을 보여라.

☞ 벡터 $\boldsymbol{a}$가 영벡터라면 $\boldsymbol{a} = (a_1, a_2, a_3) = (0, 0, 0)$, 즉 $a_1 = a_2 = a_3 = 0$이다.

따라서, $\boldsymbol{a}\cdot\boldsymbol{a}=|\boldsymbol{a}|^2=a_1^2+a_2^2+a_3^3=0$이 된다.

역으로,

$$\boldsymbol{a}\cdot\boldsymbol{a}=|\boldsymbol{a}|^2=a_1^2+a_2^2+a_3^3=0$$

이 성립하면 a_1, a_2, a_3가 실수인 경우만을 생각하기 때문에 $a_1=a_2=a_3=0$이 되므로 벡터 $\boldsymbol{a}$는 영벡터이다.

【3】 삼각형의 cosine 정리 $|\boldsymbol{a}-\boldsymbol{b}|^2=|\boldsymbol{a}|^2+|\boldsymbol{b}|^2-2\boldsymbol{a}\cdot\boldsymbol{b}$를 증명하라.

☞ 벡터의 크기와 내적의 관계를 이용하면

$$\begin{aligned}|\boldsymbol{a}-\boldsymbol{b}|^2&=(\boldsymbol{a}-\boldsymbol{b})\cdot(\boldsymbol{a}-\boldsymbol{b})\\&=\boldsymbol{a}\cdot\boldsymbol{a}-2\boldsymbol{a}\cdot\boldsymbol{b}+\boldsymbol{b}\cdot\boldsymbol{b}=|\boldsymbol{a}|^2+|\boldsymbol{b}|^2-2\boldsymbol{a}\cdot\boldsymbol{b}\end{aligned}$$

보통 삼각형의 cosine정리는 $c^2=a^2+b^2-2ab\cos\theta$로 표현된다.

【4】 평행사변형의 등식 $|\boldsymbol{a}+\boldsymbol{b}|^2+|\boldsymbol{a}-\boldsymbol{b}|^2=2(|\boldsymbol{a}|^2+|\boldsymbol{b}|^2)$을 증명하라.

☞ $$\begin{aligned}|\boldsymbol{a}+\boldsymbol{b}|^2+|\boldsymbol{a}-\boldsymbol{b}|^2&=(\boldsymbol{a}+\boldsymbol{b})\cdot(\boldsymbol{a}+\boldsymbol{b})+(\boldsymbol{a}-\boldsymbol{b})\cdot(\boldsymbol{a}-\boldsymbol{b})\\&=\boldsymbol{a}\cdot\boldsymbol{a}+2\boldsymbol{a}\cdot\boldsymbol{b}+\boldsymbol{b}\cdot\boldsymbol{b}+\boldsymbol{a}\cdot\boldsymbol{a}-2\boldsymbol{a}\cdot\boldsymbol{b}+\boldsymbol{b}\cdot\boldsymbol{b}\\&=2(\boldsymbol{a}\cdot\boldsymbol{a}+\boldsymbol{b}\cdot\boldsymbol{b})=2(|\boldsymbol{a}|^2+|\boldsymbol{b}|^2)\end{aligned}$$

【5】 평행사변형의 두 대각선은 서로 이등분하는 것을 증명하라.

☞ 벡터 $\boldsymbol{a}$와 $\boldsymbol{b}$사이의 대각선은 $\boldsymbol{a}+\boldsymbol{b}$이고 꼭지점에서 대각선의 이등분 점까지 그은 선분은 $\frac{1}{2}(\boldsymbol{a}+\boldsymbol{b})$이다. 여기서, $\boldsymbol{x}=\boldsymbol{a}-\frac{1}{2}(\boldsymbol{a}+\boldsymbol{b})=\frac{1}{2}(\boldsymbol{a}-\boldsymbol{b})$으로 $\boldsymbol{x}$는 다른 대각선 $\boldsymbol{a}-\boldsymbol{b}$의 반이 되므로 대각선은 서로 이등분한다.

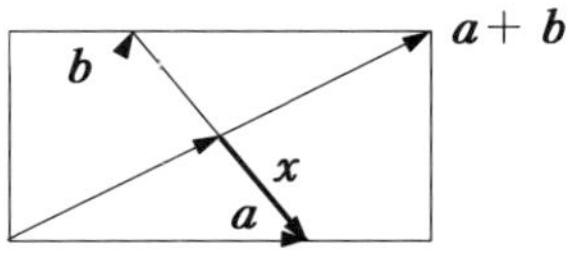

【6】 $\boldsymbol{a}, \boldsymbol{b}$를 두 변으로 하는 삼각형 내부의 임의의 점은

$$(1-u)v\,\boldsymbol{a}+uv\,\boldsymbol{b},\ \ 0\le u,v\le 1$$

으로 나타낼 수 있다는 것을 증명하라.

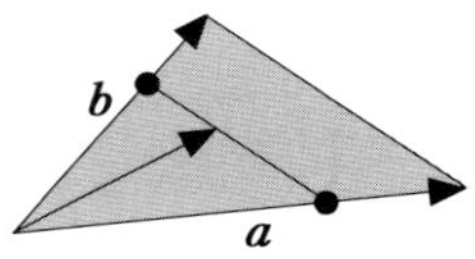

☞ 삼각형의 양변을 각각 벡터 $\boldsymbol{a}$, $\boldsymbol{b}$로 나타낼 때, $v\boldsymbol{a}$와 $v\boldsymbol{b}$는 $0 \le v \le 1$인 경우에 대해 위 그림의 까만 점에 대응한다. 두 개의 까만 점사이의 점은

$$\boldsymbol{x} = (1-u)(v\,\boldsymbol{a}) + u(v\,\boldsymbol{b})$$

로 나타낼 수 있다. 이때, 삼각형 내부의 임의의 점은 벡터 $\boldsymbol{x}$와 일대일 대응되므로 $(1-u)v\,\boldsymbol{a} + uv\,\boldsymbol{b}$, $0 \le u, v \le 1$로 나타낼 수 있다.

【7】 벡터 $\boldsymbol{a} \ne 0$에 대해 $\boldsymbol{a} \cdot \boldsymbol{b} = \boldsymbol{a} \cdot \boldsymbol{c}$일 때 $\boldsymbol{b} = \boldsymbol{c}$가 항상 성립하는 것이 아님을 보여라.

☞ $\boldsymbol{a} \cdot \boldsymbol{b} = \boldsymbol{a} \cdot \boldsymbol{c}$를 이항하면 $\boldsymbol{a} \cdot (\boldsymbol{b} - \boldsymbol{c}) = 0$이다. 그런데, $\boldsymbol{a} \ne 0$이므로 $\boldsymbol{b} - \boldsymbol{c} = 0$이거나 또는 $\boldsymbol{b} - \boldsymbol{c}$는 벡터 $\boldsymbol{a}$에 수직이다. 따라서, $\boldsymbol{b} - \boldsymbol{c} = 0$일 때는 $\boldsymbol{b} = \boldsymbol{c}$가 되지만 $\boldsymbol{b} - \boldsymbol{c} \ne 0$이고 $\boldsymbol{a}$에 수직인 경우가 있을 수 있으므로 $\boldsymbol{b} = \boldsymbol{c}$가 항상 성립하는 것은 아니다. 즉, $\boldsymbol{a} \cdot \boldsymbol{b} = \boldsymbol{a} \cdot \boldsymbol{c}$는 $\boldsymbol{b} = \boldsymbol{c}$일 필요조건이다.

【8】 $\boldsymbol{a}$의 $\boldsymbol{b}$로의 투영은 $\boldsymbol{a} \cdot \dfrac{\boldsymbol{b}}{b} = \boldsymbol{a} \cdot \boldsymbol{e}_b$이고, $\boldsymbol{b}$의 $\boldsymbol{a}$로의 투영은 $\dfrac{\boldsymbol{a}}{a} \cdot \boldsymbol{b} = \boldsymbol{e}_a \cdot \boldsymbol{b}$이다. 이 투영이 서로 같을 조건을 구하라.

☞ 투영이 서로 같다면 $\boldsymbol{a} \cdot \dfrac{\boldsymbol{b}}{b} = \dfrac{\boldsymbol{a}}{a} \cdot \boldsymbol{b}$가 성립한다. 즉, $\dfrac{1}{b} = \dfrac{1}{a}$. 따라서, 두 벡터의 크기가 서로 같을 때이다.

【9】 원점 O를 시점으로 하고 점 P를 종점으로 하는 위치벡터를 $\boldsymbol{p}$라 할 때, 점 P를 지나고 $\overrightarrow{OP}$에 수직인 평면의 식은 $\boldsymbol{p} \cdot \boldsymbol{r} = |\boldsymbol{p}|^2$ 또는 $\boldsymbol{p} \cdot (\boldsymbol{r} - \boldsymbol{p}) = 0$임을 보여라. 또, 이 평면과 평행한 다른 평면은 $\boldsymbol{p} \cdot \boldsymbol{r} = c$로 나타낼 수 있음을 보여라.

☞ 평면위의 임의의 점을 $\boldsymbol{r}$로 두면 $\dfrac{\boldsymbol{p}}{p} \cdot \boldsymbol{r} = \boldsymbol{e}_p \cdot \boldsymbol{r}$은 벡터 $\boldsymbol{r}$의 $\boldsymbol{p}$방향의 투영을 뜻하고 이 투영은 $\boldsymbol{p}$가 평면에 수직이므로 평면위의 모든 점에서 항상 같은 값을 가진다. 따라서, $\boldsymbol{r} = \boldsymbol{p}$를 택하면 $\dfrac{\boldsymbol{p}}{p} \cdot \boldsymbol{r} = \dfrac{\boldsymbol{p}}{p} \cdot \boldsymbol{p}$, 즉 $\boldsymbol{p} \cdot \boldsymbol{r} = |\boldsymbol{p}|^2$이 된다.

우변을 이항하면

$$\boldsymbol{p} \cdot (\boldsymbol{r} - \boldsymbol{p}) = 0$$

으로 쓸 수 있다. 이 평면과 평행한 다른 평면은 a를 상수라고 할 때, 벡터 $a\boldsymbol{p}$의 종점을 지나고 $a\boldsymbol{p}$에 수직이므로 $a\boldsymbol{p} \cdot \boldsymbol{r} = |a\boldsymbol{p}|^2$이다. 즉, $\boldsymbol{p} \cdot \boldsymbol{r} = a|\boldsymbol{p}|^2 = c$로 쓸 수 있다.

【10】 $z = 0$ 평면에서 두 직선 $a_1x + b_1y = c_1$, $a_2x + b_2y = c_2$가 직교할 조건과 평행할 조건을 구하라.

☞ 2차원 공간만을 생각하면 벡터 (a_1, b_1)은 직선 $a_1x + b_1y = c_1$에 수직인 벡터가 된다. 마찬가지로, (a_2, b_2)는 직선 $a_2x + b_2y = c_2$에 수직이다. 따라서, 두 직선이 수직이면 (a_1, b_1)과 (a_2, b_2)가 수직이어야 한다. 즉,

$$(a_1, b_1) \cdot (a_2, b_2) = a_1a_2 + b_1b_2 = 0$$

만일, 서로 평행이라면 두 벡터 (a_1, b_1)과 (a_2, b_2)도 서로 평행하다. 즉, 상수 k에 대해

$$(a_2, b_2) = k(a_1, b_1)$$

이므로

$$\frac{a_2}{a_1} = \frac{b_2}{b_1} \quad \rightarrow \quad a_1b_2 - a_2b_1 = 0$$

정리하면,

① 수직조건: $a_1a_2 + b_1b_2 = 0$

② 평행조건: $a_1b_2 - a_2b_1 = 0$

【11】 두 평면 $a_1x + b_1y + c_1z = d_1$, $a_2x + b_2y + c_2z = d_2$가 이루는 각을 구하라.

☞ 두 평면이 이루는 각은 각 평면에 수직인 두 벡터가 이루는 각과 같다(아래의 그림 참조). 따라서, 각 평면에 수직인 벡터 $\boldsymbol{n_1} = (a_1, b_1, c_1)$, $\boldsymbol{n_2} = (a_2, b_2, c_2)$의 사이각을 구하면

$$\cos\theta = \frac{\boldsymbol{n_1} \cdot \boldsymbol{n_2}}{|\boldsymbol{n_1}||\boldsymbol{n_2}|} = \frac{a_1a_2 + b_1b_2 + c_1c_2}{\sqrt{a_1^2 + b_1^2 + c_1^2}\sqrt{a_2^2 + b_2^2 + c_2^2}}$$

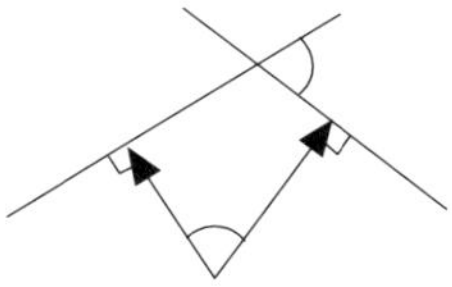

【12】 $\boldsymbol{e}_r = \boldsymbol{i}\cos\theta + \boldsymbol{j}\sin\theta$, $\boldsymbol{e}_\theta = -\boldsymbol{i}\sin\theta + \boldsymbol{j}\cos\theta$, $\boldsymbol{e}_z = \boldsymbol{k}$로 주어지는 $\boldsymbol{e}_r, \boldsymbol{e}_\theta, \boldsymbol{e}_z$는 정규직교기저임을 보여라.

☞ 각각의 벡터의 내적을 구하면

$$\boldsymbol{e}_r \cdot \boldsymbol{e}_\theta = (\boldsymbol{i}\cos\theta + \boldsymbol{j}\sin\theta)\cdot(-\boldsymbol{i}\sin\theta + \boldsymbol{j}\cos\theta) = -\cos\theta\sin\theta + \sin\theta\cos\theta = 0$$

$$\boldsymbol{e}_r \cdot \boldsymbol{e}_z = (\boldsymbol{i}\cos\theta + \boldsymbol{j}\sin\theta)\cdot\boldsymbol{k} = 0$$

$$\boldsymbol{e}_\theta \cdot \boldsymbol{e}_z = (-\boldsymbol{i}\sin\theta + \boldsymbol{j}\cos\theta)\cdot\boldsymbol{k} = 0$$

으로 모두 0이므로 서로 직교이다. 또한, $\boldsymbol{e}_r, \boldsymbol{e}_\theta, \boldsymbol{e}_z$는 모두 크기가 1인 벡터이므로 정규직교기저이다.

【13】 다음으로 정의된 $\boldsymbol{e}_r, \boldsymbol{e}_\theta, \boldsymbol{e}_\varphi$는 정규직교기저임을 보여라.

$$\boldsymbol{e}_r = (\boldsymbol{i}\cos\varphi + \boldsymbol{j}\sin\varphi)\sin\theta + \boldsymbol{k}\cos\theta$$

$$\boldsymbol{e}_\theta = (\boldsymbol{i}\cos\varphi + \boldsymbol{j}\sin\varphi)\cos\theta - \boldsymbol{k}\sin\theta$$

$$\boldsymbol{e}_\varphi = -\boldsymbol{i}\sin\varphi + \boldsymbol{j}\cos\varphi$$

☞ 각각의 벡터의 내적을 구하면

$$\begin{aligned}\boldsymbol{e}_r \cdot \boldsymbol{e}_\theta &= [(\boldsymbol{i}\cos\varphi + \boldsymbol{j}\sin\varphi)\sin\theta + \boldsymbol{k}\cos\theta]\cdot[(\boldsymbol{i}\cos\varphi + \boldsymbol{j}\sin\varphi)\cos\theta - \boldsymbol{k}\sin\theta]\\ &= \cos\varphi\sin\theta\cdot\cos\varphi\cos\theta + \sin\varphi\sin\theta\cdot\sin\varphi\cos\theta - \cos\theta\sin\theta\\ &= \cos\theta\sin\theta(\cos^2\varphi + \sin^2\varphi - 1) = 0\end{aligned}$$

$$\begin{aligned}\boldsymbol{e}_r \cdot \boldsymbol{e}_\varphi &= [(\boldsymbol{i}\cos\varphi + \boldsymbol{j}\sin\varphi)\sin\theta + \boldsymbol{k}\cos\theta]\cdot[-\boldsymbol{i}\sin\varphi + \boldsymbol{j}\cos\varphi]\\ &= -\cos\varphi\sin\theta\sin\varphi + \sin\varphi\sin\theta\cos\varphi = 0\end{aligned}$$

$$\begin{aligned}\boldsymbol{e}_\theta \cdot \boldsymbol{e}_\varphi &= [(\boldsymbol{i}\cos\varphi + \boldsymbol{j}\sin\varphi)\cos\theta - \boldsymbol{k}\sin\theta]\cdot[-\boldsymbol{i}\sin\varphi + \boldsymbol{j}\cos\varphi]\\ &= -\cos\varphi\cos\theta\sin\varphi + \sin\varphi\cos\theta\cos\varphi = 0\end{aligned}$$

으로 모두 서로 수직이다. 또한,

$$|\boldsymbol{e}_r|^2 = \cos^2\varphi\sin^2\theta + \sin^2\varphi\sin^2\theta + \cos^2\theta = (\cos^2\varphi + \sin^2\varphi)\sin^2\theta + \cos^2\theta = 1$$

$$|\boldsymbol{e}_\theta|^2 = \cos^2\varphi\cos^2\theta + \sin^2\varphi\cos^2\theta + \sin^2\theta = (\cos^2\varphi + \sin^2\varphi)\cos^2\theta + \sin^2\theta = 1$$

$$|\boldsymbol{e}_\varphi|^2 = \cos^2\varphi + \sin^2\varphi = 1$$

로 모두 단위벡터이므로 주어진 벡터들은 정규직교기저이다.

6-3 벡터의 외적과 다중적

【1】 평면상의 세 점 (x_1, y_1), (x_2, y_2), (x_3, y_3)으로 이루어지는 삼각형의 면적은

$$S = \frac{1}{2}\begin{vmatrix} x_1 & x_2 & x_3 & x_1 \\ y_1 & y_2 & y_3 & y_1 \end{vmatrix} = \frac{1}{2}(x_1y_2 + x_2y_3 + x_3y_1 - x_2y_1 - x_3y_2 - x_1y_3)$$

임을 보여라(단, 세 점은 위에서 보았을 때 xy평면 위에 반시계방향으로 놓여 있다고 하자).

☞ 벡터의 외적 $\boldsymbol{a}\times\boldsymbol{b}$의 크기가 벡터 $\boldsymbol{a}$와 벡터 $\boldsymbol{b}$로 이루어지는 평행사변형의 크기를 나타내므로 삼각형의 면적은

$$S = \frac{1}{2}|\boldsymbol{a}\times\boldsymbol{b}|$$

로 된다. 여기서, $\boldsymbol{a} = (x_2 - x_1,\ y_2 - y_1)$, $\boldsymbol{b} = (x_3 - x_1,\ y_3 - y_1)$로 두면

$$\boldsymbol{a}\times\boldsymbol{b} = \begin{vmatrix} \boldsymbol{i} & \boldsymbol{j} & \boldsymbol{k} \\ x_2 - x_1 & y_2 - y_1 & 0 \\ x_3 - x_1 & y_3 - y_1 & 0 \end{vmatrix} = \boldsymbol{k}[(x_2 - x_1)(y_3 - y_1) - (y_2 - y_1)(x_3 - x_1)]$$

이므로

$$S = \frac{1}{2}|\boldsymbol{a}\times\boldsymbol{b}| = \frac{1}{2}|x_1y_2 + x_2y_3 + x_3y_1 - x_2y_1 - x_3y_2 - x_1y_3|$$

가 된다. 여기서, 꼭지점 1, 2, 3을 택하는 순서가 반시계방향으로 될 때는 $\boldsymbol{a}\times\boldsymbol{b}$가 양의 방향이 되므로 절대값이 필요없게 된다. 따라서, 윗식을 기억하기 좋게 정돈하면 문제에서 주어진 형태로 된다.

【2】 위 문제의 확장으로 2차원 평면상에 놓여 있는 볼록다각형의 꼭지점의 좌표를 순서대로 $(x_1, y_1), (x_2, y_2), (x_3, y_3), \cdots, (x_N, y_N)$이라 하면, 이 볼록다각형의 면적은

$$S = \frac{1}{2}\begin{vmatrix} x_1 & x_2 & x_3 & \cdots & x_N & x_1 \\ y_1 & y_2 & y_3 & \cdots & y_N & y_1 \end{vmatrix}$$

으로 주어짐을 보여라.

☞ 두 개의 삼각형으로 이루어진 경우를 살펴보면(점 1, 2, 3, 4의 선택이 반시계방향임을 주의)

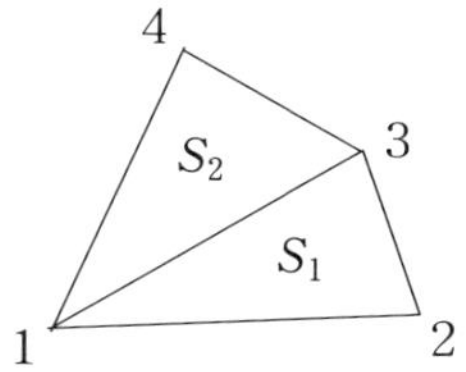

$$S_1 = \frac{1}{2}\begin{vmatrix} x_1 & x_2 & x_3 & x_1 \\ y_1 & y_2 & y_3 & y_1 \end{vmatrix}, \quad S_2 = \frac{1}{2}\begin{vmatrix} x_1 & x_3 & x_4 & x_1 \\ y_1 & y_3 & y_4 & y_1 \end{vmatrix}$$

로 되어

$$\begin{aligned} S_1 + S_2 &= \frac{1}{2}(x_1y_2 + x_2y_3 + x_3y_1 - x_2y_1 - x_3y_2 - x_1y_3) \\ &\quad + \frac{1}{2}(x_1y_3 + x_3y_4 + x_4y_1 - x_3y_1 - x_4y_3 - x_1y_4) \\ &= \frac{1}{2}(x_1y_2 + x_2y_3 + x_3y_4 + x_4y_1 - x_2y_1 - x_3y_2 - x_4y_3 - x_1y_4) \\ &= \frac{1}{2}\begin{vmatrix} x_1 & x_2 & x_3 & x_4 & x_1 \\ y_1 & y_2 & y_3 & y_4 & y_1 \end{vmatrix} \end{aligned}$$

이므로 주어진 관계식이 성립한다. 이것을 N개의 삼각형으로 이루어진 볼록다각형의 경우로 확장하면 꼭지점의 좌표를 계속 붙여나가면 된다.

[3] 3차원 공간상의 세 점 (x_1, y_1, z_1), (x_2, y_2, z_2), (x_3, y_3, z_3)으로 이루어지는 삼각형의 면적을 구하라.

☞ 두 벡터 $\boldsymbol{a}$와 $\boldsymbol{b}$를 꼭지점 1을 기준으로한 위치벡터로 잡으면

$$\begin{aligned} \boldsymbol{a} \times \boldsymbol{b} &= \begin{vmatrix} \boldsymbol{i} & \boldsymbol{j} & \boldsymbol{k} \\ x_2 - x_1 & y_2 - y_1 & z_2 - z_1 \\ x_3 - x_1 & y_3 - y_1 & z_3 - z_1 \end{vmatrix} \\ &= \boldsymbol{i}[(y_2 - y_1)(z_3 - z_1) - (z_2 - z_1)(y_3 - y_1)] \\ &\quad + \boldsymbol{j}[(z_2 - z_1)(x_3 - x_1) - (x_2 - x_1)(z_3 - z_1)] \\ &\quad + \boldsymbol{k}[(x_2 - x_1)(y_3 - y_1) - (y_2 - y_1)(x_3 - x_1)] \end{aligned}$$

로 되고, 삼각형의 면적은 $S = \frac{1}{2}|\boldsymbol{a} \times \boldsymbol{b}|$로 주어진다. 그런데,

$$\frac{1}{2}\boldsymbol{a} \times \boldsymbol{b} = \boldsymbol{i}S_1 + \boldsymbol{j}S_2 + \boldsymbol{k}S_3$$

로 나타내면

$$S_1 = \frac{1}{2}\begin{vmatrix} y_1 & y_2 & y_3 & y_1 \\ z_1 & z_2 & z_3 & z_1 \end{vmatrix}$$

$$S_2 = \frac{1}{2}\begin{vmatrix} z_1 & z_2 & z_3 & z_1 \\ x_1 & x_2 & x_3 & x_1 \end{vmatrix}$$

$$S_3 = \frac{1}{2}\begin{vmatrix} x_1 & x_2 & x_3 & x_1 \\ y_1 & y_2 & y_3 & y_1 \end{vmatrix}$$

임을 알 수 있고, 삼각형의 면적은

$$S = \sqrt{S_1^2 + S_2^2 + S_3^2}$$

으로 된다. 이 결과는 주어진 삼각형을 xy 평면, yz 평면, zx 평면으로 투영시킨 삼각형의 면적을 각각 구하여 $S = \sqrt{S_1^2 + S_2^2 + S_3^2}$ 인 형태로 원래의 삼각형의 면적을 구하는 것으로 해석된다.

【4】 원점에서 직선 AB 까지의 최단거리는 $\ell = \dfrac{|\overrightarrow{OA} \times \overrightarrow{OB}|}{|\overrightarrow{AB}|}$ 임을 보여라 (참고: 삼각형 OAB 의 면적을 생각해보라).

☞ 원점과 점 A, B 를 연결하는 삼각형 OAB 의 면적은 밑변을 AB 로 택하면 높이는 원점에서 선분 AB 에 내린 수선의 길이이다. 즉, 면적은 $S = \frac{1}{2}|\overrightarrow{AB}| \cdot \ell$ 로 된다. 그런데, 삼각형의 면적은 벡터의 외적으로부터 $S = \frac{1}{2}|\overrightarrow{OA} \times \overrightarrow{OB}|$ 이므로 두 식을 같게 놓으면 $\ell = \dfrac{|\overrightarrow{OA} \times \overrightarrow{OB}|}{|\overrightarrow{AB}|}$ 가 된다.

【5】 벡터 $\boldsymbol{a} \neq 0$ 에 대해 $\boldsymbol{a} \times \boldsymbol{b} = \boldsymbol{a} \times \boldsymbol{c}$ 일 때 $\boldsymbol{b} = \boldsymbol{c}$ 가 항상 성립하는 것이 아님을 보여라.

☞ 우변을 이항하면 $\boldsymbol{a} \times (\boldsymbol{b} - \boldsymbol{c}) = 0$ 이다. 이것이 만족되려면 $\boldsymbol{a} \neq 0$ 이므로 $\boldsymbol{b} - \boldsymbol{c} = 0$ 이거나 $\boldsymbol{b} - \boldsymbol{c}$ 가 $\boldsymbol{a}$ 에 수직이면 된다. 따라서, $\boldsymbol{b} = \boldsymbol{c}$ 가 항상 성립하는 것은 아니다. 다시 말하면, $\boldsymbol{a} \times \boldsymbol{b} = \boldsymbol{a} \times \boldsymbol{c}$ 는 $\boldsymbol{b} = \boldsymbol{c}$ 가 되기 위한 필요조건이다.

【6】 $\boldsymbol{a} \times (\boldsymbol{b} \times \boldsymbol{c}) + \boldsymbol{b} \times (\boldsymbol{c} \times \boldsymbol{a}) + \boldsymbol{c} \times (\boldsymbol{a} \times \boldsymbol{b}) = 0$ 을 증명하라.

☞ 각각을 전개하여 쓰면

$$\begin{aligned} &\boldsymbol{a} \times (\boldsymbol{b} \times \boldsymbol{c}) + \boldsymbol{b} \times (\boldsymbol{c} \times \boldsymbol{a}) + \boldsymbol{c} \times (\boldsymbol{a} \times \boldsymbol{b}) \\ &= (\boldsymbol{a} \cdot \boldsymbol{c})\boldsymbol{b} - (\boldsymbol{a} \cdot \boldsymbol{b})\boldsymbol{c} + (\boldsymbol{b} \cdot \boldsymbol{a})\boldsymbol{c} - (\boldsymbol{b} \cdot \boldsymbol{c})\boldsymbol{a} + (\boldsymbol{c} \cdot \boldsymbol{b})\boldsymbol{a} - (\boldsymbol{c} \cdot \boldsymbol{a})\boldsymbol{b} \\ &= 0 \end{aligned}$$

【7】 $(\boldsymbol{a}\,\boldsymbol{b}\,\boldsymbol{c}) = (\boldsymbol{b}\,\boldsymbol{c}\,\boldsymbol{a}) = (\boldsymbol{c}\,\boldsymbol{a}\,\boldsymbol{b})$, $(\boldsymbol{a}\,\boldsymbol{b}\,\boldsymbol{c}) = -(\boldsymbol{a}\,\boldsymbol{c}\,\boldsymbol{b})$ 를 증명하라.

☞ $(\boldsymbol{abc}) = \boldsymbol{a}\cdot(\boldsymbol{b}\times\boldsymbol{c}) = (\boldsymbol{a}\times\boldsymbol{b})\cdot\boldsymbol{c} = -(\boldsymbol{b}\times\boldsymbol{a})\cdot\boldsymbol{c}$
$= -\boldsymbol{b}\cdot(\boldsymbol{a}\times\boldsymbol{c}) = \boldsymbol{b}\cdot(\boldsymbol{c}\times\boldsymbol{a}) = (\boldsymbol{bca})$

마찬가지로, $(\boldsymbol{bca}) = (\boldsymbol{cab})$가 증명된다. 또한,

$$(\boldsymbol{abc}) = \boldsymbol{a}\cdot(\boldsymbol{b}\times\boldsymbol{c}) = -\boldsymbol{a}\cdot(\boldsymbol{c}\times\boldsymbol{b}) = -(\boldsymbol{acb})$$

【8】 위치벡터 $\boldsymbol{a}, \boldsymbol{b}, \boldsymbol{c}$가 한 평면상에 놓여 있을 필요충분조건은 $(\boldsymbol{abc}) = \boldsymbol{a}\cdot\boldsymbol{b}\times\boldsymbol{c} = 0$임을 증명하라.

☞ 위치벡터 $\boldsymbol{a}, \boldsymbol{b}, \boldsymbol{c}$가 모두 한 평면상에 놓여 있다면 이들이 만드는 평행육면체의 체적이 0이 된다. 즉, $(\boldsymbol{abc}) = \boldsymbol{a}\cdot\boldsymbol{b}\times\boldsymbol{c} = 0$이다.

거꾸로, $(\boldsymbol{abc}) = \boldsymbol{a}\cdot\boldsymbol{b}\times\boldsymbol{c} = 0$이 성립하면 세 벡터로 이루어지는 평행육면체의 체적이 0이므로 반드시 한 평면 위에 모두 놓이게 된다.

【9】 $(\boldsymbol{abc}) \le |\boldsymbol{a}||\boldsymbol{b}||\boldsymbol{c}| = abc$ 임을 증명하고 단위벡터 $\boldsymbol{a}, \boldsymbol{b}, \boldsymbol{c}$가 정규직교기저를 이룰 필요충분조건은 $(\boldsymbol{abc}) = \boldsymbol{a}\cdot\boldsymbol{b}\times\boldsymbol{c} = 1$임을 증명하라.

☞ $\boldsymbol{a}\times\boldsymbol{b}$와 $\boldsymbol{c}$가 이루는 사이각을 β라고 하면 $(\boldsymbol{a}\times\boldsymbol{b})\cdot\boldsymbol{c} = |\boldsymbol{a}\times\boldsymbol{b}||\boldsymbol{c}|\cos\beta$이고 $|\boldsymbol{c}|\cos\beta$는 $\boldsymbol{a}$와 $\boldsymbol{b}$를 두 변으로 하는 평행사변형에 수직한 높이가 된다(그림 5.3). 그런데, $|\boldsymbol{a}\times\boldsymbol{b}| = |\boldsymbol{a}||\boldsymbol{b}|\sin\theta$는 평행사변형의 면적이므로($\theta$는 $\boldsymbol{a}$와 $\boldsymbol{b}$의 사이각)

$$\boldsymbol{a}\cdot\boldsymbol{b}\times\boldsymbol{c} = \boldsymbol{a}\times\boldsymbol{b}\cdot\boldsymbol{c} = |\boldsymbol{a}||\boldsymbol{b}||\boldsymbol{c}|\sin\theta\cos\beta$$

이다. 따라서, 항상 $|\cos x| \le 1$, $|\sin x| \le 1$이 되므로 $(\boldsymbol{abc}) \le |\boldsymbol{a}||\boldsymbol{b}||\boldsymbol{c}| = abc$가 성립한다. 이때, $\boldsymbol{a}, \boldsymbol{b}, \boldsymbol{c}$가 단위벡터이고 정규직교기저를 이룬다면 $\beta = 0$, $\theta = \pi/2$이므로 $(\boldsymbol{abc}) = abc = 1$이 된다. 거꾸로, $(\boldsymbol{abc}) = 1$이 성립하고 $\boldsymbol{a}, \boldsymbol{b}, \boldsymbol{c}$가 단위벡터라면 $\sin\theta\cos\beta = 1$이 된다. 이식이 성립하는 것은 $\beta = 0$, $\theta = \pi/2$일 때 뿐이므로 서로 수직이다. 따라서, 정규직교기저를 이룬다.

【10】 다음의 연립방정식을 풀어서 구한 α, β, γ

$$\alpha a_1 + \beta b_1 + \gamma c_1 = F_1$$
$$\alpha a_2 + \beta b_2 + \gamma c_2 = F_2$$
$$\alpha a_3 + \beta b_3 + \gamma c_3 = F_3$$

를 식(25)와 식(26)으로 주어진 벡터분해의 계수와 비교하라.

☞ 제0장에서 공부한 Cramer의 공식을 이용하면

$$\alpha = \frac{\begin{vmatrix} F_1 & b_1 & c_1 \\ F_2 & b_2 & c_2 \\ F_3 & b_3 & c_3 \end{vmatrix}}{\begin{vmatrix} a_1 & b_1 & c_1 \\ a_2 & b_2 & c_2 \\ a_3 & b_3 & c_3 \end{vmatrix}}, \quad \beta = \frac{\begin{vmatrix} a_1 & F_1 & c_1 \\ a_2 & F_2 & c_2 \\ a_3 & F_3 & c_3 \end{vmatrix}}{\begin{vmatrix} a_1 & b_1 & c_1 \\ a_2 & b_2 & c_2 \\ a_3 & b_3 & c_3 \end{vmatrix}}, \quad \gamma = \frac{\begin{vmatrix} a_1 & b_1 & F_1 \\ a_2 & b_2 & F_2 \\ a_3 & b_3 & F_3 \end{vmatrix}}{\begin{vmatrix} a_1 & b_1 & c_1 \\ a_2 & b_2 & c_2 \\ a_3 & b_3 & c_3 \end{vmatrix}}$$

로 해를 구할 수 있다. 그런데, 삼중적의 정의에서

$$(\boldsymbol{abc}) = \boldsymbol{a} \cdot (\boldsymbol{b} \times \boldsymbol{c}) = \begin{vmatrix} a_x & a_y & a_z \\ b_x & b_y & b_z \\ c_x & c_y & c_z \end{vmatrix}$$

이므로 α, β, γ는

$$\alpha = \frac{(\boldsymbol{Fbc})}{(\boldsymbol{abc})}, \beta = \frac{(\boldsymbol{aFc})}{(\boldsymbol{abc})}, \gamma = \frac{(\boldsymbol{abF})}{(\boldsymbol{abc})}$$

로 쓸 수 있다. 이것은 바로 벡터 $\boldsymbol{F}$의 평행육면체분해에서 나타나는 계수와 같다.

【11】 $(\boldsymbol{a} \times \boldsymbol{b}) \cdot (\boldsymbol{b} \times \boldsymbol{c}) \times (\boldsymbol{c} \times \boldsymbol{a}) = (\boldsymbol{a} \cdot \boldsymbol{b} \times \boldsymbol{c})^2$ 임을 보여라.

☞ (예제 15)의 결과를 이용하면 $(\boldsymbol{b} \times \boldsymbol{c}) \times (\boldsymbol{c} \times \boldsymbol{a}) = (\boldsymbol{bca})\boldsymbol{c} - (\boldsymbol{bcc})\boldsymbol{a} = (\boldsymbol{bca})\boldsymbol{c}$ 가 되므로 $(\boldsymbol{a} \times \boldsymbol{b}) \cdot (\boldsymbol{b} \times \boldsymbol{c}) \times (\boldsymbol{c} \times \boldsymbol{a}) = (\boldsymbol{a} \times \boldsymbol{b}) \cdot \boldsymbol{c}(\boldsymbol{bca}) = (\boldsymbol{abc})(\boldsymbol{bca}) = (\boldsymbol{abc})^2$

★ 【12】 $\boldsymbol{a} \times \boldsymbol{b} \neq 0$일 때, $\boldsymbol{x} + \boldsymbol{a} \times \boldsymbol{x} = \boldsymbol{b}$로부터 벡터 $\boldsymbol{x}$를 구하라.

☞ $\boldsymbol{x} = \alpha\boldsymbol{a} + \beta\boldsymbol{b} + \gamma\boldsymbol{a} \times \boldsymbol{b}$로 두고 계수 α, β, γ를 구한다. 이 표현을 원래의 식에 대입하면

$$\alpha\boldsymbol{a} + \beta\boldsymbol{b} + \gamma\boldsymbol{a} \times \boldsymbol{b} + \boldsymbol{a} \times (\alpha\boldsymbol{a} + \beta\boldsymbol{b} + \gamma\boldsymbol{a} \times \boldsymbol{b}) = \boldsymbol{b}$$

즉

$$\alpha\boldsymbol{a} + \beta\boldsymbol{b} + \gamma\boldsymbol{a} \times \boldsymbol{b} + \beta\boldsymbol{a} \times \boldsymbol{b} + \gamma[(\boldsymbol{a} \cdot \boldsymbol{b})\boldsymbol{a} - (\boldsymbol{a} \cdot \boldsymbol{a})\boldsymbol{b}] = \boldsymbol{b}$$

를 얻는다. 윗식은 서로 독립인 벡터 $\boldsymbol{a}, \boldsymbol{b}, \boldsymbol{a} \times \boldsymbol{b}$에 대해서 각각 성립하는 벡터식이므로

$$\alpha + \gamma(\boldsymbol{a} \cdot \boldsymbol{b}) = 0$$
$$\beta - \gamma\boldsymbol{a} \cdot \boldsymbol{a} = 1$$
$$\beta + \gamma = 0$$

인 세 개의 식을 얻고 이를 풀어

$$\alpha = \frac{\boldsymbol{a} \cdot \boldsymbol{b}}{1 + \boldsymbol{a} \cdot \boldsymbol{a}}, \quad \beta = \frac{1}{1 + \boldsymbol{a} \cdot \boldsymbol{a}}, \quad \gamma = \frac{-1}{1 + \boldsymbol{a} \cdot \boldsymbol{a}}$$

를 구한다. 따라서

$$\boldsymbol{x} = \frac{(\boldsymbol{a} \cdot \boldsymbol{b})\boldsymbol{a} + \boldsymbol{b} - \boldsymbol{a} \times \boldsymbol{b}}{1 + \boldsymbol{a} \cdot \boldsymbol{a}}$$

을 구한다.

6-4 벡터함수와 곡선

【1】 $\boldsymbol{r} = \boldsymbol{i}\, a\cos\omega t + \boldsymbol{j}\, b\sin\omega t$ 는 어떤 도형을 나타내는가.

☞ $x = a\cos\omega t,\ y = b\sin\omega t$ 이므로 $\left(\frac{x}{a}\right)^2 + \left(\frac{y}{b}\right)^2 = \cos^2\omega t + \sin^2\omega t = 1$, 즉 타원을 나타낸다.

【2】 원 $x^2 + y^2 = 25$의 한 점 $(3, 4)$에서의 접선벡터를 구하라.

☞ 미분하면 $2x + 2yy' = 0$이므로 $y' = -\frac{x}{y}$가 된다. 따라서, 점 $(3, 4)$에서의 기울기는 $-\frac{3}{4}$이다. 즉, 접선벡터는 $\left(1,\ -\frac{3}{4}\right)$ 또는 $(4, -3)$이 된다.

【3】 곡선 C의 한 점 $\boldsymbol{r}_0 = (x_0, y_0, z_0)$에서의 접선의 식은 $\boldsymbol{r} = \boldsymbol{r}_0 + t\boldsymbol{u}$임을 보여라. 여기서, $\boldsymbol{u} = \frac{\boldsymbol{r}'}{|\boldsymbol{r}'|}$인 단위접선벡터라고 한다.

☞ 접선 위의 임의의 점을 $\boldsymbol{r}$라고 하면 $\boldsymbol{r} - \boldsymbol{r}_0$는 단위접선벡터 $\boldsymbol{u} = \frac{\boldsymbol{r}'}{|\boldsymbol{r}'|}$와 평행하다. 따라서, $\boldsymbol{r} - \boldsymbol{r}_0 = t\boldsymbol{u}$로 쓸 수 있으므로 접선의 식은 $\boldsymbol{r} = \boldsymbol{r}_0 + t\boldsymbol{u}$가 된다.

【4】 xy평면상에서 곡선의 식이 $y = f(x)$로 주어지면 $x = a$에서 $x = b$ 사이의 호의 길이는 $\int_a^b \sqrt{1 + y'^2}\, dx$로 구해지는 것을 보여라.

☞ 호의 미소부분을 택하면 x축 방향으로의 미소길이는 dx, y축 방향의 미소길이는 dy가 된다. 이때, 피타고라스의 정리로부터

$$ds^2 = dx^2 + dy^2 \quad \rightarrow \quad ds = \sqrt{dx^2 + dy^2} = \sqrt{1 + \left(\frac{dy}{dx}\right)^2}\, dx$$

이므로 호의 길이는

$$\int_a^b ds = \int_a^b \sqrt{1 + \left(\frac{dy}{dx}\right)^2}\, dx = \int_a^b \sqrt{1 + y'^2}\, dx$$

【5】 xy 평면상에서 $Ax^2+Bxy+Cy^2+\alpha x+\beta y+\gamma=0$인 2차곡선의 한 점 (x_0, y_0)에서의 접선의 방정식은 $x^2 \to x_0 x$, $y^2 \to y_0 y$, $xy \to \dfrac{x_0 y + x y_0}{2}$, $x \to \dfrac{x_0 + x}{2}$, $y \to \dfrac{y_0 + y}{2}$인 치환에 의해

$$Ax_0 x + \frac{1}{2}B(x_0 y + x y_0) + C y_0 y + \frac{1}{2}\alpha(x_0 + x) + \frac{1}{2}\beta(y_0 + y) + \gamma = 0$$

으로 주어진다. 위의 결과의 한 예로 $x^2+y^2=25$의 한 점 $(3,4)$에서의 접선의 식이 $3x+4y=25$으로 되는지 확인해보라.

☞ 주어진 2차곡선을 미분하면

$$2Ax + By + Bxy' + 2Cyy' + \alpha + \beta y' = 0$$

이므로

$$y' = \frac{-2Ax - By - \alpha}{Bx + 2Cy + \beta}$$

이 된다. 여기서, 기울기 m이고 점 (x_0, y_0)를 지나는 직선의 식은

$$y - y_0 = m(x - x_0)$$

이므로

$$y - y_0 = \frac{-2Ax_0 - By_0 - \alpha}{Bx_0 + 2Cy_0 + \beta}(x - x_0)$$

이다. 이것을 정리하면

$$(2Ax_0 + By_0 + \alpha)(x - x_0) + (Bx_0 + 2Cy_0 + \beta)(y - y_0) = 0$$

이 되고 양변을 2로 나누고 항을 모으면

$$Ax_0 x + B\frac{x_0 y + x y_0}{2} + C y_0 y + \alpha\frac{x + x_0}{2} + \beta\frac{y + y_0}{2} - Ax_0^2 - Bx_0 y_0 - Cy_0^2 - \alpha x_0 - \beta y_0 = 0$$

이다. 그런데, 원래의 2차곡선으로부터

$$-Ax_0^2 - Bx_0 y_0 - Cy_0^2 - \alpha x_0 - \beta y_0 = \gamma$$

이므로 주어진 관계식이 성립한다.

6-5 직교좌표계(원통 및 구면좌표계)

【1】 2차원 평면에서 새로운 좌표계 (u, v)를 $x = \frac{1}{2}(u^2 - v^2)$, $y = uv$로 정의할 때, 각 좌표축 방향의 단위접선벡터를 구하고 두 벡터는 $\boldsymbol{e}_u \cdot \boldsymbol{e}_v = 0$으로 서로 직교하는 것을 보여라.

☞ 정의로부터

$$\boldsymbol{g}_u = \frac{\partial \boldsymbol{r}}{\partial u} = \frac{\partial x}{\partial u}\boldsymbol{i} + \frac{\partial y}{\partial u}\boldsymbol{j} = u\boldsymbol{i} + v\boldsymbol{j}$$

$$\boldsymbol{g}_v = \frac{\partial \boldsymbol{r}}{\partial v} = \frac{\partial x}{\partial v}\boldsymbol{i} + \frac{\partial y}{\partial v}\boldsymbol{j} = -v\boldsymbol{i} + u\boldsymbol{j}$$

가 되고, $\boldsymbol{g}_u \cdot \boldsymbol{g}_v = 0$임을 알 수 있다. 다시 말해서, 두 좌표계의 접선벡터는 직교하므로 직교좌표계이다.

6-6 속도와 가속도

【1】 $\boldsymbol{v} = \boldsymbol{\omega} \times \boldsymbol{r}$일 때, $\frac{d\boldsymbol{v}}{dt}$와 $\frac{d}{dt}(\boldsymbol{r} \times \boldsymbol{v})$를 구하라.

☞ 먼저, 미분규칙으로부터 $\frac{d\boldsymbol{v}}{dt} = \frac{d\boldsymbol{\omega}}{dt} \times \boldsymbol{r} + \boldsymbol{\omega} \times \frac{d\boldsymbol{r}}{dt}$를 구한다. $\boldsymbol{v} = \frac{d\boldsymbol{r}}{dt}$이므로

$$\frac{d\boldsymbol{v}}{dt} = \frac{d\boldsymbol{\omega}}{dt} \times \boldsymbol{r} + \boldsymbol{\omega} \times \boldsymbol{v} = \frac{d\boldsymbol{\omega}}{dt} \times \boldsymbol{r} + \boldsymbol{\omega} \times (\boldsymbol{\omega} \times \boldsymbol{r})$$

또한,

$$\frac{d}{dt}(\boldsymbol{r} \times \boldsymbol{v}) = \frac{d\boldsymbol{r}}{dt} \times \boldsymbol{v} + \boldsymbol{r} \times \frac{d\boldsymbol{v}}{dt} = \boldsymbol{v} \times \boldsymbol{v} + \boldsymbol{r} \times \left[\frac{d\boldsymbol{\omega}}{dt} \times \boldsymbol{r} + \boldsymbol{\omega} \times (\boldsymbol{\omega} \times \boldsymbol{r})\right]$$

위에서, $\boldsymbol{v} \times \boldsymbol{v} = 0$이고

$$\begin{aligned}\boldsymbol{r} \times [\boldsymbol{\omega} \times (\boldsymbol{\omega} \times \boldsymbol{r})] &= \boldsymbol{r} \times [(\boldsymbol{\omega} \cdot \boldsymbol{r})\boldsymbol{\omega} - \omega^2 \boldsymbol{r}] \\ &= (\boldsymbol{\omega} \cdot \boldsymbol{r})\boldsymbol{r} \times \boldsymbol{\omega} = -(\boldsymbol{\omega} \cdot \boldsymbol{r})\boldsymbol{v}\end{aligned}$$

이므로

$$\frac{d}{dt}(\boldsymbol{r} \times \boldsymbol{v}) = \boldsymbol{r} \times \left(\frac{d\boldsymbol{\omega}}{dt} \times \boldsymbol{r}\right) - (\boldsymbol{\omega} \cdot \boldsymbol{r})\boldsymbol{v}$$

【2】 (예제 19)에서 $\boldsymbol{r}(t) = \boldsymbol{b}e^t$으로 두고 Coriolis 가속도를 구하라.

☞ (예제 19)에서 $r(t) = e^t$인 경우이고, Coriolis가속도는 $2r'b'$이므로 $\boldsymbol{b}' = \omega \boldsymbol{k} \times \boldsymbol{b}$를 대입하면 Coriolis가속도는 $2\omega e^t \boldsymbol{k} \times \boldsymbol{b}$이다.

【3】 $\boldsymbol{u}(t)$가 임의의 벡터함수일 때 $\dfrac{d}{dt}\left(\boldsymbol{u}\cdot\dfrac{d\boldsymbol{u}}{dt}\times\dfrac{d^2\boldsymbol{u}}{dt^2}\right)$을 구하라.

☞ $\dfrac{d}{dt}(\boldsymbol{u}\cdot\boldsymbol{u}'\times\boldsymbol{u}'') = \boldsymbol{u}'\cdot\boldsymbol{u}'\times\boldsymbol{u}'' + \boldsymbol{u}\cdot\boldsymbol{u}''\times\boldsymbol{u}'' + \boldsymbol{u}\cdot\boldsymbol{u}'\times\boldsymbol{u}'''$

$$= 0+0+\boldsymbol{u}\cdot\boldsymbol{u}'\times\boldsymbol{u}'''$$

즉,

$$\frac{d}{dt}(\boldsymbol{u}\cdot\boldsymbol{u}'\times\boldsymbol{u}'') = \boldsymbol{u}\cdot\boldsymbol{u}'\times\boldsymbol{u}'''$$

【4】 원통좌표계에서 위치벡터를 $\boldsymbol{r}=\boldsymbol{e}_r r+\boldsymbol{e}_z z$으로 나타낼 수 있다. 식(66)을 써서 속도와 가속도의 표현, 즉 식(69)를 보여라.

☞ 식(66)으로부터 $\dot{\boldsymbol{e}}_r=\dot{\theta}\,\boldsymbol{e}_\theta$, $\dot{\boldsymbol{e}}_\theta=-\dot{\theta}\,\boldsymbol{e}_r$ 임을 이용한다. 위치벡터를 미분하면

$$\boldsymbol{v}=\dot{\boldsymbol{e}}_r r+\boldsymbol{e}_r\dot{r}+\boldsymbol{e}_z\dot{z}=(\dot{\theta}\,\boldsymbol{e}_\theta)r+\boldsymbol{e}_r\dot{r}+\boldsymbol{e}_z\dot{z}$$

를 정리하면

$$\boldsymbol{v}=\boldsymbol{e}_r\dot{r}+\boldsymbol{e}_\theta r\dot{\theta}+\boldsymbol{e}_z\dot{z}$$

이것을 다시 미분하고 정리하면

$$\begin{aligned}\boldsymbol{a}&=(\dot{\boldsymbol{e}}_r\dot{r}+\boldsymbol{e}_r\ddot{r})+(\dot{\boldsymbol{e}}_\theta r\dot{\theta}+\boldsymbol{e}_\theta\dot{r}\,\dot{\theta}+\boldsymbol{e}_\theta r\ddot{\theta})+\boldsymbol{e}_z\ddot{z}\\&=(\dot{\theta}\,\boldsymbol{e}_\theta\dot{r}+\boldsymbol{e}_r\ddot{r})+(-\dot{\theta}\,\boldsymbol{e}_r r\dot{\theta}+\boldsymbol{e}_\theta\dot{r}\,\dot{\theta}+\boldsymbol{e}_\theta r\ddot{\theta})+\boldsymbol{e}_z\ddot{z}\\&=\boldsymbol{e}_r(\ddot{r}-r\dot{\theta}^2)+\boldsymbol{e}_\theta(r\ddot{\theta}+2\dot{r}\,\dot{\theta})+\boldsymbol{e}_z\ddot{z}\end{aligned}$$

【5】 $\boldsymbol{r}=\boldsymbol{e}_r r$에 식(67)을 써서 구면좌표계에서의 속도와 가속도의 표현, 즉 식(69)를 보여라.

☞ 식(67)로부터

$$\dot{\boldsymbol{e}}_r=\boldsymbol{e}_\theta\dot{\theta}+\boldsymbol{e}_\varphi\dot{\varphi}\sin\theta$$

$$\dot{\boldsymbol{e}}_\theta=-\boldsymbol{e}_r\dot{\theta}+\boldsymbol{e}_\varphi\dot{\varphi}\cos\theta$$

$$\dot{\boldsymbol{e}}_\varphi=-\boldsymbol{e}_r\dot{\varphi}\sin\theta-\boldsymbol{e}_\theta\dot{\varphi}\cos\theta$$

인 관계를 얻는다. 먼저 위치벡터를 미분하면

$$\boldsymbol{v}=\dot{\boldsymbol{e}}_r r+\boldsymbol{e}_r\dot{r}=(\boldsymbol{e}_\theta\dot{\theta}+\boldsymbol{e}_\varphi\dot{\varphi}\sin\theta)r+\boldsymbol{e}_r\dot{r}$$

이 되고 이것을 정리하면

$$\boldsymbol{v}=\boldsymbol{e}_r\dot{r}+\boldsymbol{e}_\theta r\dot{\theta}+\boldsymbol{e}_\varphi r\dot{\varphi}\sin\theta$$

가 된다. 다시 미분하면

$$\begin{aligned}\boldsymbol{a} &= (\dot{\boldsymbol{e}}_r \dot{r} + \boldsymbol{e}_r \ddot{r}) + (\dot{\boldsymbol{e}}_\theta r\dot{\theta} + \boldsymbol{e}_\theta \dot{r}\dot{\theta} + \boldsymbol{e}_\theta r\ddot{\theta}) \\ &\quad + (\dot{\boldsymbol{e}}_\varphi r\dot{\varphi}\sin\theta + \boldsymbol{e}_\varphi \dot{r}\dot{\varphi}\sin\theta + \boldsymbol{e}_\varphi r\ddot{\varphi}\sin\theta + \boldsymbol{e}_\varphi r\dot{\varphi}\dot{\theta}\cos\theta) \\ &= [(\boldsymbol{e}_\theta \dot{\theta} + \boldsymbol{e}_\varphi \dot{\varphi}\sin\theta)\dot{r} + \boldsymbol{e}_r \ddot{r}] \\ &\quad + [(-\boldsymbol{e}_r \dot{\theta} + \boldsymbol{e}_\varphi \dot{\varphi}\cos\theta) r\dot{\theta} + \boldsymbol{e}_\theta \dot{r}\dot{\theta} + \boldsymbol{e}_\theta r\ddot{\theta}] \\ &\quad + [(-\boldsymbol{e}_r \dot{\varphi}\sin\theta - \boldsymbol{e}_\theta \dot{\varphi}\cos\theta) r\dot{\varphi}\sin\theta \\ &\qquad + \boldsymbol{e}_\varphi \dot{r}\dot{\varphi}\sin\theta + \boldsymbol{e}_\varphi r\ddot{\varphi}\sin\theta + \boldsymbol{e}_\varphi r\dot{\varphi}\dot{\theta}\cos\theta]\end{aligned}$$

가 되고 정리하면

$$\begin{aligned}\boldsymbol{a} &= \boldsymbol{e}_r(\ddot{r} - r\dot{\theta}^2 - r\dot{\varphi}^2\sin^2\theta) \\ &\quad + \boldsymbol{e}_\theta(r\ddot{\theta} + 2\dot{r}\dot{\theta} - r\dot{\varphi}^2\sin\theta\cos\theta) \\ &\quad + \boldsymbol{e}_\varphi(r\ddot{\varphi}\sin\theta + 2\dot{r}\dot{\varphi}\sin\theta + 2r\dot{\theta}\dot{\varphi}\cos\theta)\end{aligned}$$

를 얻는다.

【6】 포물선 $y = x^2$ 위의 점 $(0,0)$에서의 곡률반지름을 구하라.

☞ 포물선 위의 임의의 점은 매개변수 t를 이용하여 $x = t$, $y = t^2$, 즉 $\boldsymbol{r} = (t, t^2, 0)$로 나타낼 수 있고,

$$\boldsymbol{v} = (1, 2t, 0), \quad \boldsymbol{v}' = (0, 2, 0)$$

이므로 $v = \sqrt{1+4t^2}$, $|\boldsymbol{v} \times \boldsymbol{v}'| = |2\boldsymbol{k}| = 2$를 곡률의 식에 대입하면

$$\frac{v^2}{\rho} = \frac{|\boldsymbol{v} \times \boldsymbol{v}'|}{v} \quad \Rightarrow \quad \rho = \frac{(1+4t^2)^{3/2}}{2}$$

를 얻는다. 점 $(0,0)$에서의 곡률반지름은 $t = 0$을 대입하여 $\rho = \frac{1}{2}$이다.

【7】 직선의 곡률은 0임을 보여라.

☞ 교과서 (예제 17)의 공식 $\frac{1}{\rho} = \frac{|y''|}{(1+y'^2)^{3/2}}$에서 직선의 식을 $y = ax + b$로 두었을 때, $y'' = 0$이므로 곡률은 $\frac{1}{\rho} = 0$이다.

【8】 반지름 a인 원의 곡률반지름은 $\rho = a$임을 보여라.

☞ 주어진 원을 매개변수형태로 나타내면 $\boldsymbol{r} = \boldsymbol{i}a\cos t + \boldsymbol{j}a\sin t$이다. 따라서,

$$\boldsymbol{v} = \boldsymbol{i}(-a\sin t) + \boldsymbol{j}a\cos t, \quad \boldsymbol{v}' = \boldsymbol{i}(-a\cos t) + \boldsymbol{j}(-a\sin t)$$

로 되고,

$$v = a, \quad \boldsymbol{v}\times\boldsymbol{v}' = \begin{vmatrix} \boldsymbol{i} & \boldsymbol{j} & \boldsymbol{k} \\ -a\sin t & a\cos t & 0 \\ -a\cos t & -a\sin t & 0 \end{vmatrix} = \boldsymbol{k}(a^2\sin^2 t + a^2\cos^2 t) = \boldsymbol{k}a^2$$

이므로

$$\frac{1}{\rho} = \frac{a^2}{a^3} \quad \rightarrow \quad \rho = a$$

【9】 $\boldsymbol{r} = \boldsymbol{i}a\cos t + \boldsymbol{j}b\sin t$로 주어지는 곡선의 곡률을 구하라.

☞ $\boldsymbol{v} = \boldsymbol{i}(-a\sin t) + \boldsymbol{j}b\cos t, \quad \boldsymbol{v}' = \boldsymbol{i}(-a\cos t) + \boldsymbol{j}(-b\sin t)$를 먼저 구하고나서

$$v = \sqrt{a^2\sin^2 t + b^2\cos^2 t}$$

$$\boldsymbol{v}\times\boldsymbol{v}' = \begin{vmatrix} \boldsymbol{i} & \boldsymbol{j} & \boldsymbol{k} \\ -a\sin t & b\cos t & 0 \\ -a\cos t & -b\sin t & 0 \end{vmatrix} = \boldsymbol{k}(ab\sin^2 t + ab\cos^2 t) = \boldsymbol{k}ab$$

즉,

$$\frac{1}{\rho} = \frac{|\boldsymbol{v}\times\boldsymbol{v}'|}{v^3} = \frac{ab}{(a^2\sin^2 t + b^2\cos^2 t)^{3/2}}$$

를 얻는다(곡률은 $\frac{1}{\rho}$, 곡률반지름은 ρ임을 잊으면 안된다).

★★6-7 곡선의 기하학

【1】 다음으로 주어지는 곡선의 비틀림률을 구하라.

(a) $\boldsymbol{r}(t) = \boldsymbol{i}t + \boldsymbol{j}2t + \boldsymbol{k}3t$를 미분하면 $\boldsymbol{v} = \boldsymbol{i} + \boldsymbol{j}2 + \boldsymbol{k}3$, $\boldsymbol{v}' = 0$이다. 따라서, $v = \sqrt{14}$, $\boldsymbol{v}\times\boldsymbol{v}' = 0$이므로 $|\boldsymbol{v}\times\boldsymbol{v}'\cdot\boldsymbol{v}''| = |\boldsymbol{v}\cdot\boldsymbol{v}'\times\boldsymbol{v}''| = 0$이다. 곡선의 비틀림률은 $\frac{a_\rho^2}{\tau} = \frac{|\boldsymbol{v}\cdot\boldsymbol{v}'\times\boldsymbol{v}''|}{v^2} = 0$으로부터 $\frac{1}{\tau} = 0$

(b) $\boldsymbol{r}(t) = \boldsymbol{i}t + \boldsymbol{j}t^2 + \boldsymbol{k}t^3$를 미분하면

$$\boldsymbol{v} = \boldsymbol{i} + \boldsymbol{j}2t + \boldsymbol{k}3t^2, \quad \boldsymbol{v}' = \boldsymbol{j}2 + \boldsymbol{k}6t, \quad \boldsymbol{v}'' = \boldsymbol{k}6$$

이다. 따라서,

$$\boldsymbol{v}\times\boldsymbol{v}' = \begin{vmatrix} \boldsymbol{i} & \boldsymbol{j} & \boldsymbol{k} \\ 1 & 2t & 3t^2 \\ 0 & 2 & 6t \end{vmatrix} = \boldsymbol{i}(6t^2) + \boldsymbol{j}(-6t) + \boldsymbol{k}(2)$$

$$\boldsymbol{v}\times\boldsymbol{v}'\cdot\boldsymbol{v}''=(2)(6)=12$$

이므로

$$\frac{1}{\tau}(t)=\frac{|\boldsymbol{v}\times\boldsymbol{v}'\cdot\boldsymbol{v}''|}{|\boldsymbol{v}\times\boldsymbol{v}'|^2}=\frac{12}{36t^4+36t^2+4}=\frac{3}{9t^4+9t^2+1}$$

(c) $\boldsymbol{r}(t)=\boldsymbol{i}\cos t+\boldsymbol{j}\sin t+\boldsymbol{k}e^t$

$$\boldsymbol{v}=\boldsymbol{i}(-\sin t)+\boldsymbol{j}(\cos t)+\boldsymbol{k}(e^t)$$

$$\boldsymbol{v}'=\boldsymbol{i}(-\cos t)+\boldsymbol{j}(-\sin t)+\boldsymbol{k}(e^t)$$

$$\boldsymbol{v}''=\boldsymbol{i}(\sin t)+\boldsymbol{j}(-\cos t)+\boldsymbol{k}(e^t)$$

가 된다. 따라서,

$$\boldsymbol{v}\times\boldsymbol{v}'=\begin{vmatrix}\boldsymbol{i} & \boldsymbol{j} & \boldsymbol{k}\\ -\sin t & \cos t & e^t\\ -\cos t & -\sin t & e^t\end{vmatrix}$$

$$=\boldsymbol{i}[e^t(\cos t+\sin t)]+\boldsymbol{j}[e^t(-\cos t+\sin t)]+\boldsymbol{k}(e^t)$$

$$\boldsymbol{v}\times\boldsymbol{v}'\cdot\boldsymbol{v}''=e^t(\cos t+\sin t)\sin t+e^t(-\cos t+\sin t)(-\cos t)+e^te^t=e^t+e^{2t}$$

에서

$$|\boldsymbol{v}\times\boldsymbol{v}'|^2=e^{2t}(\cos^2 t+2\cos t\sin t+\sin^2 t)+e^{2t}(\cos^2 t-2\cos t\sin t+\sin^2 t)+e^{2t}$$
$$=3e^{2t}$$

를 이용하면

$$\frac{1}{\tau}=\frac{|\boldsymbol{v}\times\boldsymbol{v}'\cdot\boldsymbol{v}''|}{|\boldsymbol{v}\times\boldsymbol{v}'|^2}=\frac{e^t+e^{2t}}{3e^{2t}}=\frac{1}{3}(1+e^{-t})$$

【2】 평면곡선의 비틀림률은 0이 되는 것을 증명하라.

☞ 일반성을 잃지않고 xy 평면을 고려한다. 평면곡선이란 $\boldsymbol{r}(t)=\boldsymbol{i}x(t)+\boldsymbol{j}y(t)$로 주어지는 곡선이라고 할 수 있다. 따라서,

$$\boldsymbol{v}=\boldsymbol{i}x'+\boldsymbol{j}y',\quad \boldsymbol{v}'=\boldsymbol{i}x''+\boldsymbol{j}y'',\quad \boldsymbol{v}''=\boldsymbol{i}x'''+\boldsymbol{j}y'''$$

이 모두 xy 평면상에 놓여 있으므로 이들에 의해 만들어지는 평행육면체의 체적은 항상 0이다. 즉, $|\boldsymbol{v}\cdot\boldsymbol{v}'\times\boldsymbol{v}''|=0$이므로 $\dfrac{a_\rho^2}{\tau}=\dfrac{|\boldsymbol{v}\cdot\boldsymbol{v}'\times\boldsymbol{v}''|}{v^2}=0$이 되어 $\dfrac{1}{\tau}=0$으로 된다.

제 7 장 벡터의 미분법(기울기, 발산, 회전)

7-1 함수의 기울기

【1】 다음의 스칼라함수의 기울기를 구하고 평면상에서 기울기의 방향을 간단히 그려보아라.

(a) $f = x^2 - y^2$

$$\nabla f = \boldsymbol{i}\frac{\partial}{\partial x}(x^2 - y^2) + \boldsymbol{j}\frac{\partial}{\partial y}(x^2 - y^2) + \boldsymbol{k}\frac{\partial}{\partial z}(x^2 - y^2) = \boldsymbol{i}(2x) + \boldsymbol{j}(-2y)$$

(b) $f = xy$

$$\nabla f = \boldsymbol{i}\frac{\partial}{\partial x}(xy) + \boldsymbol{j}\frac{\partial}{\partial y}(xy) + \boldsymbol{k}\frac{\partial}{\partial z}(xy) = \boldsymbol{i}(y) + \boldsymbol{j}(x)$$

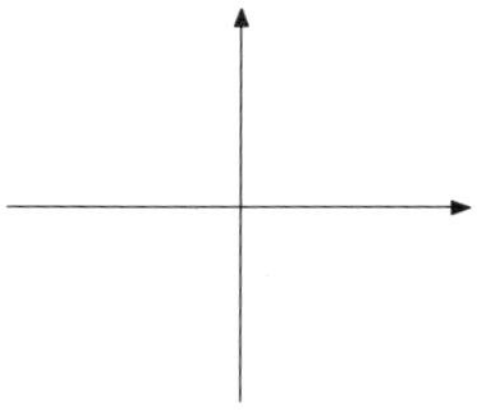

(a)

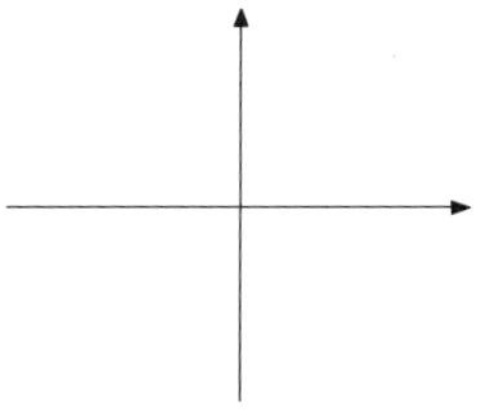

(b)

(c) $f = \tan^{-1}\frac{y}{x}$

$$\nabla f = \boldsymbol{i}\frac{\partial}{\partial x}(\tan^{-1}\frac{y}{x}) + \boldsymbol{j}\frac{\partial}{\partial y}(\tan^{-1}\frac{y}{x}) + \boldsymbol{k}\frac{\partial}{\partial z}(\tan^{-1}\frac{y}{x})$$

$$= \boldsymbol{i}\frac{1}{1+\left(\frac{y}{x}\right)^2}\frac{y}{-x^2} + \boldsymbol{j}\frac{1}{1+\left(\frac{y}{x}\right)^2}\frac{1}{x}$$

$$= \boldsymbol{i}\left(\frac{-y}{x^2+y^2}\right) + \boldsymbol{j}\left(\frac{x}{x^2+y^2}\right)$$

(d) $f = e^x \cos y$

$$\nabla f = \boldsymbol{i}\frac{\partial}{\partial x}(e^x \cos y) + \boldsymbol{j}\frac{\partial}{\partial y}(e^x \cos y) + \boldsymbol{k}\frac{\partial}{\partial z}(e^x \cos y)$$

$$= \boldsymbol{i}\,e^x \cos y + \boldsymbol{j}(-e^x \sin y) = e^x(\boldsymbol{i}\cos y - \boldsymbol{j}\sin y)$$

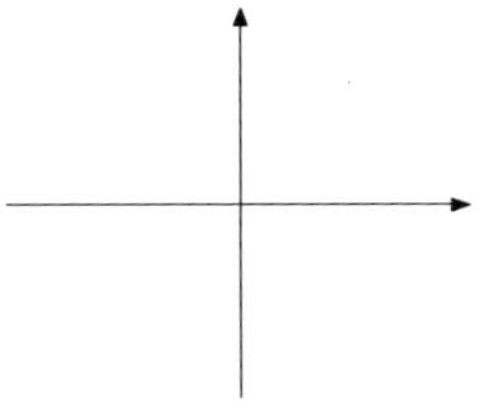

(c)

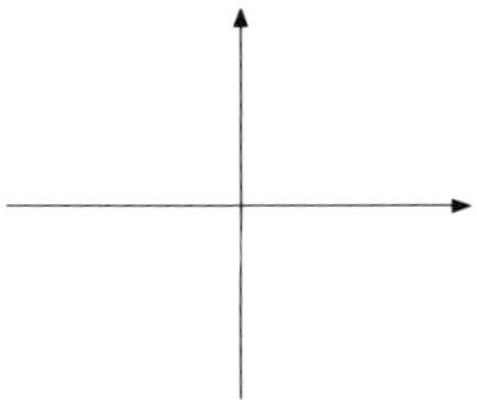

(d)

【2】 $\nabla(uv) = u\nabla v + v\nabla u$ 임을 보여라.

☞ $\nabla(uv) = \boldsymbol{i}\dfrac{\partial(uv)}{\partial x} + \boldsymbol{j}\dfrac{\partial(uv)}{\partial y} + \boldsymbol{k}\dfrac{\partial(uv)}{\partial z}$

$$= \boldsymbol{i}u\frac{\partial v}{\partial x} + \boldsymbol{j}u\frac{\partial v}{\partial y} + \boldsymbol{k}u\frac{\partial u}{\partial z} + \boldsymbol{i}v\frac{\partial u}{\partial x} + \boldsymbol{j}v\frac{\partial u}{\partial y} + \boldsymbol{k}v\frac{\partial u}{\partial z}$$

$$= u\left(\boldsymbol{i}\frac{\partial v}{\partial x} + \boldsymbol{j}\frac{\partial v}{\partial y} + \boldsymbol{k}\frac{\partial v}{\partial z}\right) + v\left(\boldsymbol{i}\frac{\partial u}{\partial x} + \boldsymbol{j}\frac{\partial u}{\partial y} + \boldsymbol{k}\frac{\partial u}{\partial z}\right)$$

$$= u\nabla v + v\nabla u$$

【3】 $\nabla x, \nabla y, \nabla z$ 를 구하라.

☞ 정의로부터 $\nabla x = \boldsymbol{i}\dfrac{\partial(x)}{\partial x} + \boldsymbol{j}\dfrac{\partial(x)}{\partial y} + \boldsymbol{k}\dfrac{\partial(x)}{\partial z} = \boldsymbol{i}$ 가 되고 마찬가지로 하면

$\nabla y = \boldsymbol{j}$, $\nabla z = \boldsymbol{k}$

【4】 xy 평면상에서 $r = \sqrt{x^2 + y^2}$, $\theta = \tan^{-1}\dfrac{y}{x}$ 라 할 때 $\nabla r, \nabla\theta$ 를 구하라.

☞ $\nabla r = \nabla\sqrt{x^2+y^2} = \boldsymbol{i}\dfrac{\partial}{\partial x}\sqrt{x^2+y^2} + \boldsymbol{j}\dfrac{\partial}{\partial y}\sqrt{x^2+y^2}$

$$= \boldsymbol{i}\frac{2x}{2\sqrt{x^2+y^2}} + \boldsymbol{j}\frac{2y}{2\sqrt{x^2+y^2}} = \frac{\boldsymbol{i}x + \boldsymbol{j}y}{r} = \frac{\boldsymbol{r}}{r}$$

$$\nabla\theta = \nabla\tan^{-1}\frac{y}{x} = \boldsymbol{i}\frac{\partial}{\partial x}\tan^{-1}\frac{y}{x} + \boldsymbol{j}\frac{\partial}{\partial y}\tan^{-1}\frac{y}{x}$$

$$= \boldsymbol{i}\frac{1}{1+\left(\frac{y}{x}\right)^2}\left(-\frac{y}{x^2}\right) + \boldsymbol{j}\frac{1}{1+\left(\frac{y}{x}\right)^2}\frac{1}{x} = \boldsymbol{i}\frac{-y}{x^2+y^2} + \boldsymbol{j}\frac{x}{x^2+y^2}$$

【5】 $r = \sqrt{x^2+y^2+z^2}$ 이라 할 때, ∇r 의 크기와 방향을 구하라. 또, ∇r^n 을 구하

라.

☞ $\frac{\partial}{\partial x}\sqrt{x^2+y^2+z^2} = \frac{2x}{2\sqrt{x^2+y^2+z^2}} = \frac{x}{\sqrt{x^2+y^2+z^2}} = \frac{x}{r}$ 이므로

$$\nabla r = \boldsymbol{i}\frac{x}{r} + \boldsymbol{j}\frac{y}{r} + \boldsymbol{k}\frac{z}{r} = \frac{\boldsymbol{r}}{r} = \boldsymbol{e}_r$$

로 되어 크기가 1인 단위벡터이며 방향은 위치벡터와 같다.

$$\nabla r^n = nr^{n-1}\nabla r = nr^{n-1}\frac{\boldsymbol{r}}{r} = nr^{n-2}\boldsymbol{r}$$

【6】 $\boldsymbol{u}$를 $\boldsymbol{i}, \boldsymbol{j}, \boldsymbol{k}$로 택하였을 때의 방향도함수 $\frac{d\phi}{ds} = \boldsymbol{u}\cdot\nabla\phi$를 구하여라.

☞ $\boldsymbol{i}\cdot\nabla\phi = \boldsymbol{i}\cdot\left(\boldsymbol{i}\frac{\partial\phi}{\partial x} + \boldsymbol{j}\frac{\partial\phi}{\partial y} + \boldsymbol{k}\frac{\partial\phi}{\partial z}\right) = \frac{\partial\phi}{\partial x}$

$$\boldsymbol{j}\cdot\nabla\phi = \boldsymbol{j}\cdot\left(\boldsymbol{i}\frac{\partial\phi}{\partial x} + \boldsymbol{j}\frac{\partial\phi}{\partial y} + \boldsymbol{k}\frac{\partial\phi}{\partial z}\right) = \frac{\partial\phi}{\partial y}$$

$$\boldsymbol{k}\cdot\nabla\phi = \boldsymbol{k}\cdot\left(\boldsymbol{i}\frac{\partial\phi}{\partial x} + \boldsymbol{j}\frac{\partial\phi}{\partial y} + \boldsymbol{k}\frac{\partial\phi}{\partial z}\right) = \frac{\partial\phi}{\partial z}$$

위의 관계를 잘 살펴보면

$$\nabla\phi = (\boldsymbol{i}\cdot\nabla\phi)\boldsymbol{i} + (\boldsymbol{j}\cdot\nabla\phi)\boldsymbol{j} + (\boldsymbol{k}\cdot\nabla\phi)\boldsymbol{k}$$

와 동일하다. 즉, $\nabla\phi$의 벡터분해와 같은 개념을 나타낸다.

【7】 힘벡터 $\boldsymbol{F}$가 $\boldsymbol{F} = -\nabla\phi$로 주어지면 $\boldsymbol{F}\cdot d\boldsymbol{r} = -d\phi$이 됨을 증명하라.

☞ $\boldsymbol{F}\cdot d\boldsymbol{r} = (-\nabla\phi)\cdot d\boldsymbol{r} = -d\boldsymbol{r}\cdot\nabla\phi = -(d\boldsymbol{r}\cdot\nabla)\phi = -d\phi$

위에서, $d\boldsymbol{r}\cdot\nabla = d$인 관계를 사용하였다.

【8】 열유속(熱流束, heat flux)벡터 $\boldsymbol{q}$는 Fourier의 법칙에 의해 $\boldsymbol{q} = -k\nabla T$로 주어진다. 여기서 k는 열전도도(熱傳導度)이고 T는 온도이다. 그러면 Fourier의 법칙은 온도가 최대로 감소하는 방향으로 열이 흐른다는 것을 의미한다. $T = x^2 - y^2$으로 주어질 때 $(3, 2)$에서 열이 흐르는 방향을 구하고, 등온선(等溫線) $T = 5$를 그려 보아라.

☞ $\nabla T = \nabla(x^2 - y^2) = \boldsymbol{i}(2x) + \boldsymbol{j}(-2y)$이다. 그런데, 열은 $\boldsymbol{q} = -k\nabla T$의 크기와 방향으로 흐르는 것을 의미하므로 $-k\nabla T = \boldsymbol{i}(-2kx) + \boldsymbol{j}(2ky)$가 열이 흐르는 방향과 일치한다. 점 $(3, 2)$에서 $-k\nabla T = k(-6\boldsymbol{i} + 4\boldsymbol{j})$, 즉

$$-3\boldsymbol{i} + 2\boldsymbol{j}$$

의 방향이다. 등온선(等溫線) $T=5$는 $x^2-y^2=5$인 쌍곡선을 나타낸다.

【9】 xy 평면상에서 전압(電壓, voltage)이 일정한 선이 $V(x,y)=\ln(x^2+y^2)=50$으로 주어져 있다. 점 (1,1)에서의 전기력(기울기)의 방향을 구하라.

☞ $\nabla V=\nabla\ln(x^2+y^2)$

$$=\boldsymbol{i}\frac{\partial}{\partial x}\ln(x^2+y^2)+\boldsymbol{j}\frac{\partial}{\partial y}\ln(x^2+y^2)$$

$$=\boldsymbol{i}\frac{2x}{x^2+y^2}+\boldsymbol{j}\frac{2y}{x^2+y^2}$$

점 (1,1)에서는 $\nabla V=\boldsymbol{i}+\boldsymbol{j}$이다. 즉, x축과 양의 방향으로 45도의 각을 가진다.

7-2 발산과 회전

【1】 다음 벡터장의 발산을 구하라.

(a) $\nabla\cdot(\boldsymbol{i}x+\boldsymbol{j}y+\boldsymbol{k}z)=\dfrac{\partial x}{\partial x}+\dfrac{\partial y}{\partial y}+\dfrac{\partial z}{\partial z}=3$

(b) $\nabla\cdot(\boldsymbol{i}yz+\boldsymbol{j}zx+\boldsymbol{k}xy)=\dfrac{\partial}{\partial x}(yz)+\dfrac{\partial}{\partial y}(zx)+\dfrac{\partial}{\partial z}(xy)=0$

(c) $\nabla\cdot(\boldsymbol{i}x^2yz+\boldsymbol{j}xy^2z+\boldsymbol{k}xyz^2)=\dfrac{\partial}{\partial x}(x^2yz)+\dfrac{\partial}{\partial y}(xy^2z)+\dfrac{\partial}{\partial z}(xyz^2)$

$$=2xyz+2xyz+2xyz=6xyz$$

【2】 다음 벡터장의 회전을 구하라.

(a) $\nabla\times(-\boldsymbol{i}y+\boldsymbol{j}x)=\begin{vmatrix}\boldsymbol{i} & \boldsymbol{j} & \boldsymbol{k}\\ \dfrac{\partial}{\partial x} & \dfrac{\partial}{\partial y} & \dfrac{\partial}{\partial z}\\ -y & x & 0\end{vmatrix}=\boldsymbol{i}(0)+\boldsymbol{j}(0)+\boldsymbol{k}(1+1)=2\boldsymbol{k}$

(b) $\nabla\times\left[\boldsymbol{i}\ln(x^2+y^2)+\boldsymbol{j}\tan^{-1}\dfrac{y}{x}\right]=\begin{vmatrix}\boldsymbol{i} & \boldsymbol{j} & \boldsymbol{k}\\ \dfrac{\partial}{\partial x} & \dfrac{\partial}{\partial y} & \dfrac{\partial}{\partial z}\\ \ln(x^2+y^2) & \tan^{-1}\dfrac{y}{x} & 0\end{vmatrix}$

$$=\boldsymbol{k}\left[\frac{\partial}{\partial x}\tan^{-1}\frac{y}{x}-\frac{\partial}{\partial y}\ln(x^2+y^2)\right]$$

$$=\boldsymbol{k}\left[\frac{1}{1+\left(\frac{y}{x}\right)^2}\left(-\frac{y}{x^2}\right)-\frac{2y}{x^2+y^2}\right]=-\boldsymbol{k}\frac{3y}{x^2+y^2}$$

(c) $$\nabla\times\left[-\boldsymbol{i}\frac{y}{x^2+y^2}+\boldsymbol{j}\frac{x}{x^2+y^2}\right]=\begin{vmatrix}\boldsymbol{i} & \boldsymbol{j} & \boldsymbol{k}\\ \frac{\partial}{\partial x} & \frac{\partial}{\partial y} & \frac{\partial}{\partial z}\\ -\frac{y}{x^2+y^2} & \frac{x}{x^2+y^2} & 0\end{vmatrix}$$

$$=\boldsymbol{k}\left[\frac{\partial}{\partial x}\frac{x}{x^2+y^2}+\frac{\partial}{\partial y}\frac{y}{x^2+y^2}\right]$$

$$=\boldsymbol{k}\left[\frac{1}{x^2+y^2}+\frac{-2x^2}{(x^2+y^2)^2}+\frac{1}{x^2+y^2}+\frac{-2y^2}{(x^2+y^2)^2}\right]$$

$$=\boldsymbol{k}\left[\frac{2}{x^2+y^2}+\frac{-2(x^2+y^2)}{(x^2+y^2)^2}\right]=0$$

【3】 Leibniz의 규칙, $(uv)'=u'v+uv'$ 을 이용하여 다음을 증명하라.

(a) $$\nabla\cdot\phi\boldsymbol{u}=\frac{\partial}{\partial x}(\phi u_1)+\frac{\partial}{\partial y}(\phi u_2)+\frac{\partial}{\partial z}(\phi u_3)$$

$$=\phi\left[\frac{\partial}{\partial x}(u_1)+\frac{\partial}{\partial y}(u_2)+\frac{\partial}{\partial z}(u_3)\right]+u_1\frac{\partial\phi}{\partial x}++u_2\frac{\partial\phi}{\partial y}++u_3\frac{\partial\phi}{\partial z}$$

$$=\phi\nabla\cdot\boldsymbol{u}+\nabla\phi\cdot\boldsymbol{u}$$

(b) $\nabla\times\phi\boldsymbol{u}=\phi\nabla\times\boldsymbol{u}+\nabla\phi\times\boldsymbol{u}$

$\nabla\times\phi\boldsymbol{u}$

$$=\begin{vmatrix}\boldsymbol{i} & \boldsymbol{j} & \boldsymbol{k}\\ \frac{\partial}{\partial x} & \frac{\partial}{\partial y} & \frac{\partial}{\partial z}\\ \phi u_1 & \phi u_2 & \phi u_3\end{vmatrix}$$

$$=\boldsymbol{i}\left[\frac{\partial}{\partial y}(\phi u_3)-\frac{\partial}{\partial z}(\phi u_2)\right]+\boldsymbol{j}\left[\frac{\partial}{\partial z}(\phi u_1)-\frac{\partial}{\partial x}(\phi u_3)\right]+\boldsymbol{k}\left[\frac{\partial}{\partial x}(\phi u_2)-\frac{\partial}{\partial y}(\phi u_1)\right]$$

$$=\phi\left\{\boldsymbol{i}\left[\frac{\partial}{\partial y}(u_3)-\frac{\partial}{\partial z}(u_2)\right]+\boldsymbol{j}\left[\frac{\partial}{\partial z}(u_1)-\frac{\partial}{\partial x}(u_3)\right]+\boldsymbol{k}\left[\frac{\partial}{\partial x}(u_2)-\frac{\partial}{\partial y}(u_1)\right]\right\}$$

$$+\boldsymbol{i}\left[u_3\frac{\partial\phi}{\partial y}-u_2\frac{\partial\phi}{\partial z}\right]+\boldsymbol{j}\left[u_1\frac{\partial\phi}{\partial z}-u_3\frac{\partial\phi}{\partial x}\right]+\boldsymbol{k}\left[u_2\frac{\partial\phi}{\partial x}-u_1\frac{\partial\phi}{\partial y}\right]$$

$$=\phi\begin{vmatrix}\boldsymbol{i} & \boldsymbol{j} & \boldsymbol{k}\\ \frac{\partial}{\partial x} & \frac{\partial}{\partial y} & \frac{\partial}{\partial z}\\ u_1 & u_2 & u_3\end{vmatrix}+\begin{vmatrix}\boldsymbol{i} & \boldsymbol{j} & \boldsymbol{k}\\ \frac{\partial\phi}{\partial x} & \frac{\partial\phi}{\partial y} & \frac{\partial\phi}{\partial z}\\ u_1 & u_2 & u_3\end{vmatrix}=\phi\nabla\times\boldsymbol{u}+\nabla\phi\times\boldsymbol{u}$$

(c) $$\nabla^2(uv) = \frac{\partial^2}{\partial x^2}(uv) + \frac{\partial^2}{\partial y^2}(uv) + \frac{\partial^2}{\partial z^2}(uv)$$

$$= \frac{\partial}{\partial x}\frac{\partial}{\partial x}(uv) + \frac{\partial}{\partial y}\frac{\partial}{\partial y}(uv) + \frac{\partial}{\partial z}\frac{\partial}{\partial z}(uv)$$

$$= \frac{\partial}{\partial x}(u_x v + uv_x) + \frac{\partial}{\partial y}(+ uv_y) + \frac{\partial}{\partial z}(u_z v + uv_z)$$

$$= (u_{xx}v + 2u_x v_x + uv_{xx}) + (u_{yy}v + 2u_y v_y + uv_{yy}) + (u_{zz}v + 2u_z v_z + uv_{zz})$$

$$= (u_{xx} + u_{yy} + u_{zz})v + 2(u_x v_x + u_y v_y + u_z v_z) + (v_{xx} + v_{yy} + v_{zz})u$$

$$= u\nabla^2 v + 2\nabla u \cdot \nabla v + v\nabla^2 u$$

【4】 (예제 4)의 확장으로 부피가 $dx\,dy\,dz$인 미소직육면체에 대한 압축성 유체의 유동을 고려하여 연속방정식 $\frac{\partial \rho}{\partial t} + \nabla \cdot \rho \boldsymbol{v} = 0$을 유도하라.

☞ 생략

【5】 $\boldsymbol{A} = \frac{1}{2}(u\nabla v - v\nabla u)$라 할 때, $\nabla \times \boldsymbol{A} = \nabla u \times \nabla v$를 증명하라.

☞ $$\nabla \times \boldsymbol{A} = \frac{1}{2}\nabla \times (u\nabla v - v\nabla u)$$

$$= \frac{1}{2}(u\nabla \times \nabla v + \nabla u \times \nabla v - v\nabla \times \nabla v - \nabla v \times \nabla u)$$

이다. 그런데, 벡터항등식에서 $\nabla \times \nabla \phi = 0$이므로 윗식은

$$\nabla \times \boldsymbol{A} = \frac{1}{2}(\nabla u \times \nabla v - \nabla v \times \nabla u) = \nabla u \times \nabla v$$

로 된다.

【6】 $\nabla \cdot \boldsymbol{r} = 3$과 $\nabla \cdot \boldsymbol{r}\phi(r) = 3\phi(r) + r\frac{d\phi}{dr}$를 증명하라.

☞ $$\nabla \cdot \boldsymbol{r} = \nabla \cdot (\boldsymbol{i}x + \boldsymbol{j}y + \boldsymbol{k}z) = \frac{\partial x}{\partial x} + \frac{\partial y}{\partial y} + \frac{\partial z}{\partial z} = 3$$

$$\nabla \cdot \boldsymbol{r}\phi(r) = \phi\nabla \cdot \boldsymbol{r} + \boldsymbol{r} \cdot \nabla\phi(r)$$

$$= 3\phi + \boldsymbol{r} \cdot \frac{d\phi}{dr}\frac{\boldsymbol{r}}{r} = 3\phi + r\frac{d\phi}{dr}$$

위의 유도과정에서 $\nabla\phi(r) = \frac{d\phi}{dr}\frac{\boldsymbol{r}}{r}$인 (예제 3)의 결과를 사용하였다.

【7】 $\nabla \times \boldsymbol{r} = 0$과 $\nabla \times \boldsymbol{r}\phi(r) = 0$을 증명하라.

☞ $\nabla\times\boldsymbol{r}=\begin{vmatrix}\boldsymbol{i} & \boldsymbol{j} & \boldsymbol{k}\\ \dfrac{\partial}{\partial x} & \dfrac{\partial}{\partial y} & \dfrac{\partial}{\partial z}\\ x & y & z\end{vmatrix}=\boldsymbol{i}(0)+\boldsymbol{j}(0)+\boldsymbol{k}(0)=0$

$$\nabla\times\boldsymbol{r}\phi(r)=\phi\nabla\times\boldsymbol{r}+\nabla\phi\times\boldsymbol{r}=0+\frac{d\phi}{dr}\frac{\boldsymbol{r}}{r}\times\boldsymbol{r}=0$$

【8】 $\nabla\cdot\boldsymbol{e}_r r^n=\nabla\cdot\boldsymbol{r}r^{n-1}=(n+2)r^{n-1}$ 을 보여라.

☑ $n=-2$일 때, $\nabla\cdot\boldsymbol{e}_r r^n=0$이 되는 결과는 역학에서 대단히 중요한 결과이다. 즉, 거리의 제곱에 반비례하는 중력장, 자기장 등에 이 결과가 적용된다.

☞ $\boldsymbol{e}_r=\dfrac{\boldsymbol{r}}{r}$ 이므로 $\nabla\cdot\boldsymbol{e}_r r^n=\nabla\cdot\boldsymbol{r}r^{n-1}$ 이 된다. 우변을 전개하면

$$\begin{aligned}\nabla\cdot\boldsymbol{r}r^{n-1}&=r^{n-1}\nabla\cdot\boldsymbol{r}+\boldsymbol{r}\cdot\nabla r^{n-1}\\&=3r^{n-1}+\boldsymbol{r}\cdot(n-1)r^{n-2}\nabla r\\&=3r^{n-1}+\boldsymbol{r}\cdot(n-1)r^{n-2}\frac{\boldsymbol{r}}{r}=3r^{n-1}+(n-1)r^{n-1}=(n+2)r^{n-1}\end{aligned}$$

【9】 $\nabla^2\phi(r)=\dfrac{2}{r}\dfrac{d\phi}{dr}+\dfrac{d^2\phi}{dr^2}$ 를 증명하라. [참고: $\nabla\cdot\nabla\phi(r)$이라 두고 (예제 3)을 이용하라]

☞ (예제 3)으로부터 $\nabla\phi(r)=\dfrac{d\phi}{dr}\dfrac{\boldsymbol{r}}{r}$ 이다. 여기에 발산을 취하면

$$\nabla\cdot\nabla\phi(r)=\nabla\cdot\left(\frac{1}{r}\frac{d\phi}{dr}\boldsymbol{r}\right)=\nabla\left(\frac{1}{r}\frac{d\phi}{dr}\right)\cdot\boldsymbol{r}+\frac{1}{r}\frac{d\phi}{dr}\nabla\cdot\boldsymbol{r}$$

이다. 여기서,

$$\begin{aligned}\nabla\left(\frac{1}{r}\frac{d\phi}{dr}\right)\cdot\boldsymbol{r}&=\left[-\frac{1}{r^2}\frac{d\phi}{dr}+\frac{1}{r}\frac{d^2\phi}{dr^2}\right]\nabla r\cdot\boldsymbol{r}\\&=\left[-\frac{1}{r^2}\frac{d\phi}{dr}+\frac{1}{r}\frac{d^2\phi}{dr^2}\right]\frac{\boldsymbol{r}}{r}\cdot\boldsymbol{r}\\&=\left[-\frac{1}{r^2}\frac{d\phi}{dr}+\frac{1}{r}\frac{d^2\phi}{dr^2}\right]r\end{aligned}$$

이므로

$$\nabla\cdot\nabla\phi(r)=-\frac{1}{r}\frac{d\phi}{dr}+\frac{d^2\phi}{dr^2}+\frac{3}{r}\frac{d\phi}{dr}=\frac{d^2\phi}{dr^2}+\frac{2}{r}\frac{d\phi}{dr}$$

【10】 $\nabla^2 r^n=n(n+1)r^{n-2}$ 을 보여라.

☞ 위의 결과를 이용하면 $\nabla^2\phi(r) = \frac{2}{r}\frac{d\phi}{dr} + \frac{d^2\phi}{dr^2}$ 이므로 $\phi = r^n$ 인 경우이다. 따라서,

$$\nabla^2 r^n = \frac{2}{r}(n)r^{n-1} + n(n-1)r^{n-2} = n(n+1)r^{n-2}$$

【11】 $\boldsymbol{F} = r^n \boldsymbol{e_r} = r^{n-1}\boldsymbol{r}$ 으로 주어질 때, $\nabla\cdot\boldsymbol{F}$ 와 $\nabla\times\boldsymbol{F}$ 를 구하라.

☞ $$\nabla\cdot\boldsymbol{F} = \nabla\cdot(r^{n-1}\boldsymbol{r}) = \nabla r^{n-1}\cdot\boldsymbol{r} + r^{n-1}\nabla\cdot\boldsymbol{r}$$
$$= (n-1)r^{n-2}\nabla r\cdot\boldsymbol{r} + r^{n-1}(3)$$
$$= (n-1)r^{n-2}\frac{\boldsymbol{r}}{r}\cdot\boldsymbol{r} + r^{n-1}(3) = (n-1)r^{n-1} + 3r^{n-1} = (n+2)r^{n-1}$$

$$\nabla\times\boldsymbol{F} = \nabla\times(r^{n-1}\boldsymbol{r}) = \nabla r^{n-1}\times\boldsymbol{r} + r^{n-1}\nabla\times\boldsymbol{r}$$
$$= (n-1)r^{n-2}\nabla r\times\boldsymbol{r} + r^{n-1}(0) = (n-1)r^{n-2}\frac{\boldsymbol{r}}{r}\times\boldsymbol{r} = 0$$

【12】 $\boldsymbol{a}$ 를 상수벡터, $\boldsymbol{r}$ 을 위치벡터라 할 때 다음이 성립함을 보여라.

(a) $(\boldsymbol{a}\cdot\nabla)\boldsymbol{r} = \boldsymbol{a}$

$(\boldsymbol{a}\cdot\nabla)\boldsymbol{r} = \boldsymbol{a}\cdot\nabla\boldsymbol{r} = \boldsymbol{a}\cdot(\nabla\boldsymbol{r}) = \boldsymbol{a}$ 는 이미 (예제 10)에서 다룬 내용이므로 생략한다.

(b) $\nabla(\boldsymbol{a}\cdot\boldsymbol{r}) = \boldsymbol{a}$

$\nabla(\boldsymbol{a}\cdot\boldsymbol{r}) = \boldsymbol{a}\cdot\nabla\boldsymbol{r} + \boldsymbol{r}\cdot\nabla\boldsymbol{a} + \boldsymbol{a}\times(\nabla\times\boldsymbol{a}) + \boldsymbol{r}\times(\nabla\times\boldsymbol{r})$

에서 $\boldsymbol{a}\cdot\nabla\boldsymbol{r} = \boldsymbol{a}\cdot(\nabla\boldsymbol{r}) = \boldsymbol{a}$, $\boldsymbol{r}\cdot\nabla\boldsymbol{a} = 0$, $\nabla\times\boldsymbol{a} = 0$, $\nabla\times\boldsymbol{r} = 0$ 이므로

$\nabla(\boldsymbol{a}\cdot\boldsymbol{r}) = \boldsymbol{a}$

(c) $\nabla\times(\boldsymbol{a}\times\boldsymbol{r}) = 2\boldsymbol{a}$

$\nabla\times(\boldsymbol{a}\times\boldsymbol{r}) = (\nabla\cdot\boldsymbol{r} + \boldsymbol{r}\cdot\nabla)\boldsymbol{a} - (\nabla\cdot\boldsymbol{a} + \boldsymbol{a}\cdot\nabla)\boldsymbol{r}$

에서 $\nabla\cdot\boldsymbol{r} = 3$, $\boldsymbol{r}\cdot\nabla\boldsymbol{a} = 0$, $\nabla\cdot\boldsymbol{a} = 0$, $\boldsymbol{a}\cdot\nabla\boldsymbol{r} = \boldsymbol{a}\cdot(\nabla\boldsymbol{r}) = \boldsymbol{a}$ 이므로

$\nabla\times(\boldsymbol{a}\times\boldsymbol{r}) = 3\boldsymbol{a} - \boldsymbol{a} = 2\boldsymbol{a}$

☑ 이 문제는 (예제 10)과 동일한 내용이다.

(d) $\nabla\cdot(\boldsymbol{a}\times\boldsymbol{r}) = 0$

$\nabla\cdot(\boldsymbol{a}\times\boldsymbol{r}) = (\nabla\times\boldsymbol{a})\cdot\boldsymbol{r} - (\nabla\times\boldsymbol{r})\cdot\boldsymbol{a} = \boldsymbol{0}\cdot\boldsymbol{r} - \boldsymbol{0}\cdot\boldsymbol{a} = 0$

【13】 $\boldsymbol{a}$, $\boldsymbol{b}$를 상수벡터라 할 때, $\nabla(\boldsymbol{a}\cdot\boldsymbol{b}\times\boldsymbol{r})=\boldsymbol{a}\times\boldsymbol{b}$를 증명하라.

☞ 삼중적의 정의로부터 $\nabla(\boldsymbol{a}\cdot\boldsymbol{b}\times\boldsymbol{r})=\nabla(\boldsymbol{a}\times\boldsymbol{b}\cdot\boldsymbol{r})$임을 알 수 있다. 여기서, $\boldsymbol{a}\times\boldsymbol{b}=\boldsymbol{A}$로 두면

$$\nabla(\boldsymbol{a}\times\boldsymbol{b}\cdot\boldsymbol{r})=\nabla(\boldsymbol{A}\cdot\boldsymbol{r})=\boldsymbol{A}\cdot\nabla\boldsymbol{r}+\boldsymbol{r}\cdot\nabla\boldsymbol{A}+\boldsymbol{A}\times(\nabla\times\boldsymbol{A})+\boldsymbol{r}\times(\nabla\times\boldsymbol{r})$$

이다. 여기서, $\boldsymbol{A}$는 상수벡터이므로 $\boldsymbol{r}\cdot\nabla\boldsymbol{A}=0$, $\nabla\times\boldsymbol{A}=0$이고, $\nabla\times\boldsymbol{r}=0$이므로 $\nabla(\boldsymbol{a}\times\boldsymbol{b}\cdot\boldsymbol{r})=\nabla(\boldsymbol{A}\cdot\boldsymbol{r})=\boldsymbol{A}\cdot\nabla\boldsymbol{r}$이다. 그런데, $\nabla\boldsymbol{r}$는 벡터의 내적에 대해 항등원의 역할을 하므로 $\boldsymbol{A}\cdot\nabla\boldsymbol{r}=\boldsymbol{A}$, 즉 $\nabla(\boldsymbol{a}\times\boldsymbol{b}\cdot\boldsymbol{r})=\boldsymbol{a}\times\boldsymbol{b}$이다.

【14】 $\boldsymbol{u}$, $\boldsymbol{v}$가 비회전이면 $\boldsymbol{u}\times\boldsymbol{v}$는 solenoidal임을 보여라.

☞ $\boldsymbol{u}$, $\boldsymbol{v}$가 비회전이면 $\nabla\times\boldsymbol{u}=0$, $\nabla\times\boldsymbol{v}=0$이다. 그러면,

$$\nabla\cdot(\boldsymbol{u}\times\boldsymbol{v})=(\nabla\times\boldsymbol{u})\cdot\boldsymbol{v}-(\nabla\times\boldsymbol{v})\cdot\boldsymbol{u}=0$$

이므로 $\boldsymbol{u}\times\boldsymbol{v}$는 비발산(solenoidal)이다.

【15】 $\nabla\times\boldsymbol{A}=0$이면 $\boldsymbol{A}\times\boldsymbol{r}$은 solenoidal임을 보여라.

☞ $\nabla\cdot(\boldsymbol{A}\times\boldsymbol{r})=(\nabla\times\boldsymbol{A})\cdot\boldsymbol{r}-(\nabla\times\boldsymbol{r})\cdot\boldsymbol{A}$이다. 그런데, 위치벡터 $\boldsymbol{r}$의 회전 $\nabla\times\boldsymbol{r}$은 항상 0이다. 즉, $\nabla\times\boldsymbol{r}=0$이므로 $\nabla\cdot(\boldsymbol{A}\times\boldsymbol{r})=0$이 되어 $\boldsymbol{A}\times\boldsymbol{r}$은 비발산(solenoidal)이다.

【16】 라플라스 방정식 $\nabla^2\phi=0$을 만족하는 스칼라함수 ϕ의 기울기 $\nabla\phi$는 비회전이고 또 solenoidal임을 보여라.

☞ 비회전이 되기 위해서는 $\nabla\times\nabla\phi=0$

비발산이 되기 위해서는 $\nabla\cdot\nabla\phi=0$

이 성립하면 된다. 그런데, $\nabla\times\nabla\phi=0$은 벡터항등식이므로 항상 성립하고 ϕ가 라플라스방정식을 만족하므로 $\nabla\cdot\nabla\phi=\nabla^2\phi=0$이다. 즉, 기울기 $\nabla\phi$는 비회전이고 또한 비발산이다.

★ 【17】 $\nabla\left(\frac{1}{2}v^2\right)=(\boldsymbol{v}\cdot\nabla)\boldsymbol{v}$이 성립할 조건은 $\boldsymbol{v}\times(\nabla\times\boldsymbol{v})=0$, 즉 $\boldsymbol{v}=0$, 또는 $\nabla\times\boldsymbol{v}=0$, 또는 $\boldsymbol{v}$가 $\nabla\times\boldsymbol{v}$에 평행할 때이다. 이러한 조건하에서 $\boldsymbol{v}\cdot\nabla\boldsymbol{v}+\frac{1}{\rho}\nabla p=0$을 $d\boldsymbol{r}\cdot\nabla=d$를 사용하여 적분하면 $\frac{1}{2}v^2+\frac{p}{\rho}=$상수가 됨을 보여라. 단, 밀도 ρ는 일정하고 p는 압력을 나타낸다. ☑ 이것은 유체역학에서

Bernoulli 식으로 알려져 있다.

☞ $\nabla\left(\frac{1}{2}v^2\right) = (\boldsymbol{v}\cdot\nabla)\boldsymbol{v}$ 이 성립하는 조건하에서는

$$\boldsymbol{v}\cdot\nabla\boldsymbol{v} + \frac{1}{\rho}\nabla p = \nabla\left(\frac{1}{2}v^2\right) + \frac{1}{\rho}\nabla p = 0$$

가 된다. 나아가 밀도 ρ가 일정하면 윗식은

$$\nabla\left(\frac{1}{2}v^2\right) + \nabla\frac{p}{\rho} = \nabla\left(\frac{1}{2}v^2 + \frac{p}{\rho}\right) = 0$$

으로 된다. 따라서, 윗식에 $d\boldsymbol{r}$과 내적을 취하면

$$d\boldsymbol{r}\cdot\nabla\left(\frac{1}{2}v^2 + \frac{p}{\rho}\right) = d\left(\frac{1}{2}v^2 + \frac{p}{\rho}\right) = 0$$

즉, $\frac{1}{2}v^2 + \frac{p}{\rho} =$ 상수가 된다.

제 8 장 벡터의 적분법

8-2 선적분의 정의

$$\int_C f\,ds = \int_C f(\boldsymbol{r})ds = \begin{cases} \int_\alpha^\beta f[x(s), y(s), z(s)]\,ds, & \alpha \le s \le \beta \\ \int_a^b f[x(t), y(t), z(t)]\,\dfrac{ds}{dt}\,dt, & a \le t \le b \end{cases} \tag{6}$$

$$\int_C \boldsymbol{F}\cdot d\boldsymbol{r} = \begin{cases} \int_C \boldsymbol{F}(\boldsymbol{r})\cdot d\boldsymbol{r} = \int_C (F_1\,dx + F_2\,dy + F_3\,dz) \\ \int_C \boldsymbol{F}(\boldsymbol{r})\cdot \dfrac{d\boldsymbol{r}}{dt}\,dt = \int_C (F_1 x' + F_2 y' + F_3 z')\,dt \end{cases}$$

※다음의 각 경우에 대한 선적분 $\int_C f\,ds$ 를 구하라.

【1】 $f = x^2 y$ 일 때, 평면 $z = 0$에서 $x^2 + y^2 = 1$인 원의 점 $(1,0)$에서 점 $(0,1)$까지의 곡선.

☞ 곡선 위의 점은 $x = \cos s,\ y = \sin s,\ 0 \le s \le \frac{\pi}{2}$로 표현할 수 있다(곡선의 총 길이는 $\frac{\pi}{2}$). 따라서, 선적분은

$$\int_C x^2 y\,ds = \int_0^{\pi/2} (\cos s)^2 (\sin s)\,ds = \frac{1}{2}\int_0^{\pi/2} (1 + \cos 2s)\sin s\,ds$$

$$= \frac{1}{2}\int_0^{\pi/2} \sin s + \frac{1}{2}[\sin(s+2s) + \sin(s-2s)]\,ds$$

$$= \frac{1}{2}\Big[-\cos s + \frac{1}{2}\Big(-\frac{1}{3}\cos 3s + \cos s\Big)\Big]_0^{\pi/2} = \frac{1}{3}$$

【2】 $f=x^2+y^2+z^2$, $\boldsymbol{r}(t)=\boldsymbol{i}\cos t+\boldsymbol{j}\sin t+\boldsymbol{k}t$ 의 $(1,0,0)$에서 $(1,0,2\pi)$까지의 곡선을 따르는 선적분.

☞ $\boldsymbol{r}(t)=\boldsymbol{i}\cos t+\boldsymbol{j}\sin t+\boldsymbol{k}t$를 미분하면 $\boldsymbol{r}'(t)=-\boldsymbol{i}\sin t+\boldsymbol{j}\cos t+\boldsymbol{k}$이다. 따라서, $\frac{ds}{dt}=|\boldsymbol{r}'(t)|=\sqrt{\cos^2 t+\sin^2 t+1}=\sqrt{2}$이다.

$$f=x^2+y^2+z^2=\cos^2 t+\sin^2 t+t^2=1+t^2$$

이므로

$$\int_C f\,ds=\int_C f\frac{ds}{dt}\,dt=\int_0^{2\pi}(1+t^2)\sqrt{2}\,dt=\sqrt{2}\left(2\pi+\frac{8}{3}\pi^3\right)$$

※다음에서 선적분 $\int_C \boldsymbol{F}\cdot d\boldsymbol{r}=\int_C F_1dx+F_2dy+F_3dz$ 를 구하라.

【3】 $\boldsymbol{F}=\boldsymbol{i}2xy+\boldsymbol{j}3x-\boldsymbol{k}$, 포물선 $y=2x^2$, $z=0$을 따라 $(0,0,0)$에서 $(2,8,0)$까지

☞ 매개변수 t를 이용하여 곡선을 $\boldsymbol{r}=\boldsymbol{i}t+\boldsymbol{j}2t^2$로 쓰면 구간은 $0\le t\le 2$로 되고

$$\int_0^2[\boldsymbol{i}2(t)(2t^2)+\boldsymbol{j}3(t)-\boldsymbol{k}]\cdot(\boldsymbol{i}+\boldsymbol{j}4t)\,dt$$

$$=\int_0^2 4t^3+12t^2\,dt=[t^4+4t^3]_0^2=48$$

【4】 $\boldsymbol{F}=\boldsymbol{i}y^2+\boldsymbol{j}z^2-\boldsymbol{k}x^2$, C: $\boldsymbol{r}(t)=\boldsymbol{i}t+\boldsymbol{j}t^2+\boldsymbol{k}t^3$, $1\le t\le 2$

☞ $d\boldsymbol{r}=(\boldsymbol{i}1+\boldsymbol{j}2t+\boldsymbol{k}3t^2)\,dt$이므로

$$\int_0^2[\boldsymbol{i}(t^2)^2+\boldsymbol{j}(t^3)^2-\boldsymbol{k}(t)^2]\cdot(\boldsymbol{i}+\boldsymbol{j}2t+\boldsymbol{k}3t^2)\,dt$$

$$=\int_0^2 -2t^4+2t^7\,dt=\left[-\frac{2}{5}t^5+\frac{1}{4}t^8\right]_1^2=-\frac{62}{5}+\frac{63}{4}=\frac{67}{20}$$

8-4 평면에서의 Green의 정리

> xy 평면상에서 유한한 넓이의 닫힌 영역 Ω의 경계 C가 유한개의 원활곡선으로 이루어져 있고, 함수 $P(x,y)$와 $Q(x,y)$가 영역 내에서 연속이고 그 편도함수도 연속이면
>
> $$\int\int_\Omega\left(\frac{\partial Q}{\partial x}-\frac{\partial P}{\partial y}\right)dx\,dy=\oint_C(P\,dx+Q\,dy)$$

☑ Green의 정리 $\int\int_{\Omega}\left(\frac{\partial Q}{\partial x}-\frac{\partial P}{\partial y}\right)dx\,dy=\oint_C(P\,dx+Q\,dy)$에서 $\frac{\partial Q}{\partial x}-\frac{\partial P}{\partial y}$는 QP(구피)로 기억한다.

※다음의 【1】-【3】에서 주어진 선적분을 Green의 정리를 이용하여 구하라. 곡선의 방향은 반시계방향이라고 한다.

【1】 $\oint_C y\,dx+x\,dy$, 정사각형 $0\le x\le a$, $0\le y\le a$.

☞ $\int\int_{\Omega}\left(\frac{\partial x}{\partial x}-\frac{\partial y}{\partial y}\right)dx\,dy=\int\int_{\Omega}0\,dx\,dy=0$

【2】 $\oint_C x\sin y\,dx-y\sin x\,dy$, 직사각형 $0\le x\le \pi$, $0\le y\le \frac{\pi}{2}$.

☞ $\int\int_{\Omega}\frac{\partial}{\partial x}(-y\sin x)-\frac{\partial}{\partial y}(x\sin y)\,dx\,dy$

$$=-\int\int_{\Omega}y\cos x+x\cos y\,dx\,dy=-\int_0^{\pi/2}\left[\int_0^{\pi}y\cos x+x\cos y\,dx\right]dy$$

$$=-\int_0^{\pi/2}\left[y\sin x+\frac{1}{2}x^2\cos y\right]_0^{\pi}dy=-\int_0^{\pi/2}\frac{1}{2}\pi^2\cos y\,dy=-\frac{\pi^2}{2}$$

【3】 $\oint_C ay\,dx+bx\,dy$를 임의의 폐곡선 C에 대하여 구하라.

☞ $\oint_C ay\,dx+bx\,dy$

$$=\int\int_{\Omega}\frac{\partial}{\partial x}(bx)-\frac{\partial}{\partial y}(ay)\,dx\,dy=\int\int_{\Omega}(b-a)\,dx\,dy=(b-a)A$$

단, A는 폐곡선 C에 의해 둘러싸인 면적을 의미한다.

【4】 타원 $x=a\cos t$, $y=b\sin t$, $0\le t\le 2\pi$의 면적을 $A=\frac{1}{2}\oint_C(x\,dy-y\,dx)$을 이용하여 구하라.

☞ $dx=-a\sin t\,dt$, $dy=b\cos t\,dt$이므로

$$A=\frac{1}{2}\int_0^{2\pi}[(a\cos t)(b\cos t)-(b\sin t)(-a\sin t)]\,dt=\frac{1}{2}\int_0^{2\pi}ab\,dt=\pi ab$$

【5】 cycloid형 곡선: $\boldsymbol{r}=\boldsymbol{i}\,a(t-\sin t)+\boldsymbol{j}\,a(1-\cos t)$, $0\le t\le 2\pi$와 직선 $y=0$으로 둘러싸인 영역의 면적을 $A=\frac{1}{2}\int_{t=a}^{t=b}\begin{vmatrix}x & y\\ x' & y'\end{vmatrix}dt$의 공식을 이용하여 구하라.

☞ $x=a(t-\sin t)$, $y=a(1-\cos t)$이므로

$$A=\frac{1}{2}\int_{t=2\pi}^{t=0}\begin{vmatrix} a(t-\sin t) & a(1-\cos t) \\ a(1-\cos t) & a\sin t\end{vmatrix}dt$$
$$=\frac{1}{2}\int_{2\pi}^{0}a^2[t\sin t-\sin^2 t-(1-\cos t)^2]\,dt$$
$$=\frac{a^2}{2}\int_{2\pi}^{0}[t\sin t+2\cos t-2]\,dt$$
$$=\frac{a^2}{2}[t(-\cos t)-(1)(-\sin t)+2\sin t-2t]_{2\pi}^{0}=3\pi a^2$$

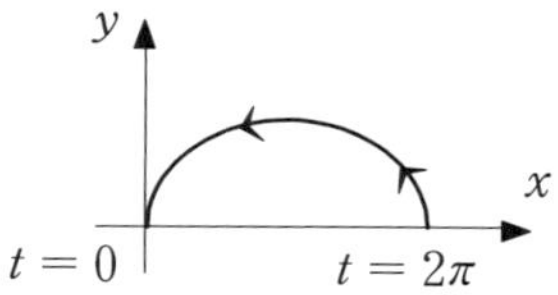

이 문제에서 매우 주의해야 할 것은 매개변수 t의 구간이다. 구간 $0\le t\le 2\pi$로 주어져 있으므로 적분구간이 $\int_0^{2\pi}$라고 생각할 수 있지만 $A=\frac{1}{2}\int_{t=a}^{t=b}\begin{vmatrix} x & y \\ x' & y'\end{vmatrix}dt$의 공식은 항상 "반시계방향"으로 영역을 둘러싸는 것을 원칙으로 한다. 즉, xy평면을 위에서 보는 방향이다. 그림과 같이 cycloid는 $t=2\pi$에서 $t=0$으로 향하는 방향이 면적을 둘러싸는 방향이다.

【6】 심장형곡선(cardioid) $r=a(1-\cos\theta)$, $0\le\theta\le 2\pi$의 면적은 $A=\frac{3\pi}{2}a^2$임을 보여라.

☞ 극좌표계로 표시된 경우, 식(31)로 주어진 $A=\frac{1}{2}\oint_C r^2\,d\theta$의 공식을 이용한다. 따라서,

$$A=\frac{1}{2}\int_0^{2\pi}a^2(1-\cos\theta)^2\,d\theta$$
$$=\frac{a^2}{2}\int_0^{2\pi}1-2\cos\theta+\frac{1}{2}(1+\cos 2\theta)\,d\theta$$
$$=\frac{a^2}{2}\left[\theta-2\sin\theta+\frac{1}{2}\left(\theta+\frac{1}{2}\sin 2\theta\right)\right]_0^{2\pi}=\frac{3\pi a^2}{2}$$

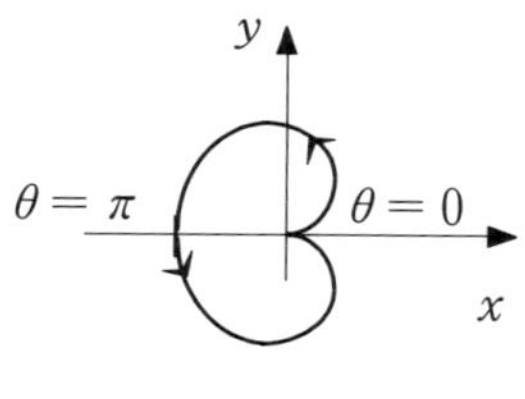

★ 【7】 C : 원판 $x^2+y^2=R^2$에 대해 선적분 $\oint_C y^3\,dx-x^3\,dy$을 구하라.

☑ 이중적분은 $x=r\cos\theta$, $y=r\sin\theta$, $0\le r\le R$, $0\le\theta\le 2\pi$로 치환하여 구한다.

☞ $\oint_C y^3\,dx-x^3\,dy=\int\int_\Omega\frac{\partial}{\partial x}(-x^3)-\frac{\partial}{\partial y}(y^3)\,dx\,dy=\int\int_\Omega-3x^2-3y^2\,dx\,dy$

로 된다. 여기서, 이중적분은 $x=r\cos\theta$, $y=r\sin\theta$, $0\le r\le R$, $0\le\theta\le 2\pi$로

치환하면 $dx\,dy = r\,dr\,d\theta$ 이므로

$$\int\int_{\Omega} -3x^2-3y^2\,dx\,dy = \int_0^{2\pi}\int_0^{R} -3r^2\,r\,dr\,d\theta = -\frac{3}{2}\pi R^3$$

★ **[8]** C : 타원 $2x^2+y^2=2$의 둘레에 따른 선적분 $\oint_C (2x-y^3)\,dx+(2x^3-y)\,dy$를 구하라. ☑ 이중적분은 $x=r\cos\theta$, $y=\sqrt{2}r\sin\theta$, $0\le r\le 1$, $0\le\theta\le 2\pi$로 치환하여 구한다.

☞ $\oint_C (2x-y^3)\,dx+(2x^3-y)\,dy$

$$=\int\int_{\Omega}\frac{\partial}{\partial x}(2x^3-y)-\frac{\partial}{\partial y}(2x-y^3)\,dx\,dy=\int\int_{\Omega}(6x^2+3y^2)\,dx\,dy$$

로 된다. 여기서, $x=r\cos\theta$, $y=\sqrt{2}r\sin\theta$, $0\le r\le 1$, $0\le\theta\le 2\pi$로 치환하면

$$\int_0^{2\pi}\int_0^1[6r^2\cos^2\theta+3(2r^2\sin^2\theta)]\sqrt{2}\,r\,dr\,d\theta=\int_0^{2\pi}\int_0^1 6\sqrt{2}\,r^3\,dr\,d\theta=3\sqrt{2}\pi$$

☑ 먼저, 타원을 원으로 변환하여 구할 수 있다. 즉, $2x^2+y^2=2$에서 $\eta=\frac{y}{\sqrt{2}}$로 치환하면 곡선은 $x^2+\eta^2=1$인 원으로 되고 적분은 $x=R\cos\Theta$, $\eta=R\sin\Theta$로 치환하여

$$\oint_C (2x-y^3)\,dx+(2x^3-y)\,dy$$

$$=\oint_C (2x-2\sqrt{2}\eta^3)\,dx+(2x^3-\sqrt{2}\eta)\sqrt{2}\,d\eta$$

$$=\int\int_{\Omega'}\frac{\partial}{\partial x}(2\sqrt{2}x^3-2\eta)-\frac{\partial}{\partial\eta}(2x-2\sqrt{2}\eta^3)\,dx\,d\eta$$

$$=6\sqrt{2}\int\int_{\Omega'}x^2+\eta^2\,dx\,d\eta=6\sqrt{2}\int_0^{2\pi}\int_0^1 R^2\,R\,dR\,d\Theta=3\sqrt{2}\pi$$

★ **[9]** 곡선 C가 $x^2+\frac{y^2}{4}=1$인 타원의 둘레로 주어질 때, $\oint_C \frac{y}{x^2+y^2}\,dx-\frac{x}{x^2+y^2}\,dy$에 Green의 정리를 적용할 수 없는 이유를 써라. ☑ 참고: 영역내부의 점 $x=y=0$에서 피적분(integrand)은 발산한다.

☞ 그런데, Green의 정리는 "… 함수 $P(x,y)$와 $Q(x,y)$가 영역 내에서 연속이고 그 편도함수도 연속이면 $\int\int_{\Omega}\left(\frac{\partial Q}{\partial x}-\frac{\partial P}{\partial y}\right)dx\,dy=\oint_C (P\,dx+Q\,dy)$이다."로 정의되고, 위에서 타원 C 내부의 점 $(0,0)$에서 피적분은 무한값으로 발산하므로 Green의 정리를 적용할 수 없다

★ 【10】 xy 평면상의 영역 Ω에서 정의된 함수 $\phi(x, y)$가 $\nabla^2\phi = 0$의 해일 때

$$\int\int_\Omega \left(\frac{\partial\phi}{\partial x}\right)^2 + \left(\frac{\partial\phi}{\partial y}\right)^2 dx\,dy = \oint_C \phi \frac{\partial\phi}{\partial n}\,ds$$

를 보여라. ☑ 식(37)에 $\boldsymbol{F} = \phi\nabla\phi$를 대입하고 $\nabla\cdot(\phi\nabla\phi) = \nabla\phi\cdot\nabla\phi + \phi\nabla^2\phi$를 쓴다.

☞ 식(37) $\oint_C \boldsymbol{F}\cdot\boldsymbol{n}\,ds = \int\int_\Omega \nabla\cdot\boldsymbol{F}\,dx\,dy$에 $\boldsymbol{F} = \phi\nabla\phi$를 대입하면

$$\oint_C \phi\nabla\phi\cdot\boldsymbol{n}\,ds = \int\int_\Omega \nabla\cdot(\phi\nabla\phi)\,dx\,dy = \int\int_\Omega \nabla\phi\cdot\nabla\phi + \phi\nabla^2\phi\,dx\,dy$$

이다. 그런데, $\nabla^2\phi = 0$이므로

$$\oint_C \phi\nabla\phi\cdot\boldsymbol{n}\,ds = \int\int_\Omega \nabla\phi\cdot\nabla\phi\,dx\,dy \implies \oint_C \phi\frac{\partial\phi}{\partial n}\,ds = \int\int_\Omega \left(\frac{\partial\phi}{\partial x}\right)^2 + \left(\frac{\partial\phi}{\partial y}\right)^2 dx\,dy$$

8-5 Gauss의 정리(발산정리)

$$\int_V (\nabla\cdot\boldsymbol{F})\,dV = \int_S \boldsymbol{F}\cdot d\boldsymbol{A}$$

표 8.1 Gauss 정리(발산정리)의 이해를 돕기 위한 표현

$\int_V dV(\nabla\cdot\boldsymbol{F}) = \int_V dV\left(\frac{d}{d\boldsymbol{r}}\cdot\boldsymbol{F}\right)$	$V = \frac{4}{3}\pi r^3$ (구의 체적)
$= \int_V d\left(V\frac{d}{d\boldsymbol{r}}\right)\cdot\boldsymbol{F}$	$A = 4\pi r^2$ (구를 둘러싼 표면적)
$= \int_S d\boldsymbol{A}\cdot\boldsymbol{F}$	$\frac{dV}{dr} = 4\pi r^2 \implies V\frac{d}{dr} = A$

【1】 발산정리를 이용하여 폐곡면 S에 의해 둘러 싸인 체적 V의 부피는

$$V = \int\int_S x\,dy\,dz = \int\int_S y\,dz\,dx = \int\int_S z\,dx\,dy = \frac{1}{3}\int\int_S (x\,dy\,dz + y\,dz\,dx + z\,dx\,dy)$$

으로 주어지는 것을 보여라.

☞ 발산정리의 전개형, 식(45)의 형태로부터

$$\int_V \nabla\cdot\boldsymbol{F}\,dV = \int\int_S (F_1\,dy\,dz + F_2\,dz\,dx + F_3\,dx\,dy)$$

에서 $F_1 = x$, $F_2 = F_3 = 0$으로 두면 $\boldsymbol{F} = \boldsymbol{i}x$가 되므로

$$\int_V \nabla \cdot \boldsymbol{i}x\, dV = \int_V \frac{\partial x}{\partial x}\, dV = V = \int\int_S x\, dy\, dz$$

을 얻는다. 비슷한 방법으로 $V = \int\int_S y\, dz\, dx$, $V = \int\int_S z\, dx\, dy$를 얻고, 위의 세 식을 더하여 3으로 나누면

$$V = \frac{1}{3}\int\int_S (x\, dy\, dz + y\, dz\, dx + z\, dx\, dy)$$

가 된다.

【2】 (문제 1)의 결과는 $\boldsymbol{r} = \boldsymbol{i}x + \boldsymbol{j}y + \boldsymbol{k}z$이라고 할 때,

$$V = \frac{1}{3}\int_V \nabla \cdot \boldsymbol{r}\, dV = \frac{1}{3}\int_S \boldsymbol{r} \cdot \boldsymbol{n}\, dA = \frac{1}{3}\int_S |\boldsymbol{r}||\boldsymbol{n}|\cos\phi\, dA = \frac{1}{3}\int_S r\cos\phi\, dA$$

임을 보여라. 여기서, ϕ는 곡면 위의 점 $\boldsymbol{r}$과 외향법선벡터 $\boldsymbol{n}$이 이루는 각이다.

☞ $\boldsymbol{r} = \boldsymbol{i}x + \boldsymbol{j}y + \boldsymbol{k}z$이라고 할 때, $\nabla \cdot \boldsymbol{r} = \frac{\partial x}{\partial x} + \frac{\partial y}{\partial y} + \frac{\partial z}{\partial z} = 3$이므로

$$V = \frac{1}{3}\int_V \nabla \cdot \boldsymbol{r}\, dV$$

가 성립하고, 발산정리를 이용하면

$$V = \frac{1}{3}\int_V \nabla \cdot \boldsymbol{r}\, dV = \frac{1}{3}\int_S \boldsymbol{r} \cdot \boldsymbol{n}\, dA$$

가 된다. 여기서, $\boldsymbol{r} \cdot \boldsymbol{n} = |\boldsymbol{r}||\boldsymbol{n}|\cos\phi = r\cos\phi$이므로 주어진 공식이 성립한다.

【3】 곡면 S가 $0 \le x \le 1$, $0 \le y \le 1$, $0 \le z \le 1$인 주사위 모양의 입체를 둘러싼 표면일 때, $\int_S (x^2\, dy\, dz + y^2\, dz\, dx + z^2\, dx\, dy)$를 구하라.

☞ 발산정리의 전개형 $\int\int_S (F_1\, dy\, dz + F_2\, dz\, dx + F_3\, dx\, dy) = \int_V \nabla \cdot \boldsymbol{F}\, dV$ 로부터

$$\int_S (x^2\, dy\, dz + y^2\, dz\, dz + z^2\, dx\, dy)$$
$$= \int_V \frac{\partial x^2}{\partial x} + \frac{\partial y^2}{\partial y} + \frac{\partial z^2}{\partial z}\, dV = 2\int_V x + y + z\, dV$$
$$= 2\int_0^1 \left\{ \int_0^1 \left[\int_0^1 x + y + z\, dx \right] dy \right\} dz$$
$$= 2\int_0^1 \left\{ \int_0^1 \frac{1}{2} + y + z\, dy \right\} dz = 2\int_0^1 \frac{1}{2} + \frac{1}{2} + z\, dz = 3$$

【4】 곡면 S가 구면 $x^2+y^2+z^2=R^2$으로 주어질 때, $\int_S (yz\,dy\,dz+zx\,dz\,dx+xy\,dx\,dy)$를 구하라.

☞ 발산정리의 전개형 $\int\int_S (F_1\,dy\,dz+F_2\,dz\,dx+F_3\,dx\,dy)=\int_V \nabla\cdot \boldsymbol{F}\,dV$ 로부터

$$\int_S (yz\,dy\,dz+zx\,dz\,dz+xy\,dx\,dy)$$

$$=\int_V \frac{\partial yz}{\partial x}+\frac{\partial zx}{\partial y}+\frac{\partial xy}{\partial z}\,dV=2\int_V 0\,dV=0$$

【5】 함수 $\phi(x,y,z)$가 체적 V의 내부에서 $\nabla^2\phi=0$일 때 다음을 보여라.

(a) $\int_S \frac{\partial\phi}{\partial n}dA=\int_S \nabla\phi\cdot \boldsymbol{n}dA=\int_S \nabla\phi\cdot d\boldsymbol{A}=\int_V \nabla\cdot\nabla\phi\,dV=\int_V \nabla^2\phi\,dV=0$

(b) $\int_V |\nabla\phi|^2\,dV=\int_S \phi\frac{\partial\phi}{\partial n}\,dA$

☞ (예제 15)의 결과 $\int_V (f\nabla^2 g+\nabla f\cdot\nabla g)\,dV=\int_S f\frac{\partial g}{\partial n}\,dA$ 에서 $f=g=\phi$로 두면

$$\int_V (\phi\nabla^2\phi+\nabla\phi\cdot\nabla\phi)\,dV=\int_S \phi\frac{\partial\phi}{\partial n}\,dA$$

로 되고, $\nabla^2\phi=0$, $\nabla\phi\cdot\nabla\phi=|\nabla\phi|^2$ 이므로 $\int_V |\nabla\phi|^2\,dV=\int_S \phi\frac{\partial\phi}{\partial n}\,dA$

(c) ϕ가 S에서 $\frac{\partial\phi}{\partial n}=0$이면 $\nabla\phi=0$, 즉 $\phi=$상수이다

☞ $\int_V |\nabla\phi|^2\,dV=\int_S \phi\frac{\partial\phi}{\partial n}\,dA=0$이므로 $|\nabla\phi|=0$. 따라서, $\nabla\phi=0$, 즉 $\phi=$상수이다

【6】 단위질량에 저장되는 에너지를 $h=\rho cT$, 열이 전달되는 속도를 나타내는 열유속 벡터를 $\boldsymbol{Q}=-k\nabla T$라고 하자. 주어진 체적 V에서 에너지가 보존되기 위해서는 체적의 표면을 통해 빠져나간 만큼의 에너지가 내부에서 감소된다. 즉, $\int_V -\frac{\partial h}{\partial t}\,dV=\int_S \boldsymbol{Q}\cdot d\boldsymbol{A}$로 표현된다. 발산정리를 이용하여 열전도방정식 $\rho c\frac{\partial T}{\partial t}=k\nabla^2 T$를 유도하라(단, 밀도 ρ, 비열 c, 열전도율 k는 모두 일정하다고 하자).

☞ 발산정리로부터 $\int_V -\frac{\partial h}{\partial t}\,dV=\int_S \boldsymbol{Q}\cdot d\boldsymbol{A}=\int_V \nabla\cdot\boldsymbol{Q}\,dV$가 된다. 여기서,

$h = \rho c T$와 $\boldsymbol{Q} = -k \nabla T$를 대입하면

$$\int_V -\rho c \frac{\partial T}{\partial t}\, dV = \int_V \nabla \cdot (-k \nabla T)\, dV = -\int_V k \nabla^2 T\, dV$$

즉,

$$\int_V \left(-\rho c \frac{\partial T}{\partial t} + k \nabla^2 T\right) dV = 0$$

이 되고 체적 V는 임의로 택할 수 있으므로 괄호 안이 0이 되어야 한다.

【7】 $\int_V (\phi \nabla \cdot \boldsymbol{F} + \boldsymbol{F} \cdot \nabla \phi)\, dV = \int_S \phi \boldsymbol{F} \cdot d\boldsymbol{A}$의 관계가 성립함을 보여라(☑ 참고 : $\phi \boldsymbol{F}$에 발산정리를 적용한다).

☞ $\int_V \nabla \cdot (\phi \boldsymbol{F})\, dV = \int_S \phi \boldsymbol{F} \cdot d\boldsymbol{A} \quad \Rightarrow \quad \int_V (\phi \nabla \cdot \boldsymbol{F} + \boldsymbol{F} \cdot \nabla \phi)\, dV = \int_S \phi \boldsymbol{F} \cdot d\boldsymbol{A}$

★ 【8】 $\int_V \nabla \phi\, dV = \int_S \phi\, \boldsymbol{n}\, dA$ 임을 보여라. ☑ 먼저, $\boldsymbol{F} = \boldsymbol{i} \phi$에 대하여 발산정리를 적용하면

$$\int_V \nabla \cdot (\boldsymbol{i} \phi)\, dV = \int_S \boldsymbol{i} \phi \cdot d\boldsymbol{A} \quad \text{즉} \quad \int_V \frac{\partial \phi}{\partial x}\, dV = \int_S \phi (\boldsymbol{n} \cdot \boldsymbol{i})\, dA$$

를 얻는다. 최종적으로 $\boldsymbol{n} = \boldsymbol{i}(\boldsymbol{n} \cdot \boldsymbol{i}) + \boldsymbol{j}(\boldsymbol{n} \cdot \boldsymbol{j}) + \boldsymbol{k}(\boldsymbol{n} \cdot \boldsymbol{k})$를 이용한다.

☞ 힌트의 결과를 $\boldsymbol{F} = \boldsymbol{j} \phi$, $\boldsymbol{F} = \boldsymbol{k} \phi$에 대해 반복하고

$$\int_V \frac{\partial \phi}{\partial x}\, dV = \int_S \phi (\boldsymbol{n} \cdot \boldsymbol{i})\, dA$$

$$\int_V \frac{\partial \phi}{\partial y}\, dV = \int_S \phi (\boldsymbol{n} \cdot \boldsymbol{j})\, dA$$

$$\int_V \frac{\partial \phi}{\partial z}\, dV = \int_S \phi (\boldsymbol{n} \cdot \boldsymbol{k})\, dA$$

가 된다. 이때 $\int_V \nabla \phi\, dV$를 풀어 쓰면

$$\begin{aligned}
\int_V \nabla \phi\, dV &= \boldsymbol{i} \int_V \frac{\partial \phi}{\partial x}\, dV + \boldsymbol{j} \int_V \frac{\partial \phi}{\partial y}\, dV + \boldsymbol{k} \int_V \frac{\partial \phi}{\partial z}\, dV \\
&= \boldsymbol{i} \int_S \phi (\boldsymbol{n} \cdot \boldsymbol{i})\, dA + \boldsymbol{j} \int_S \phi (\boldsymbol{n} \cdot \boldsymbol{j})\, dA + \boldsymbol{k} \int_S \phi (\boldsymbol{n} \cdot \boldsymbol{k})\, dA \\
&= \int_S \phi [\boldsymbol{i}(\boldsymbol{n} \cdot \boldsymbol{i}) + \boldsymbol{j}(\boldsymbol{n} \cdot \boldsymbol{j}) + \boldsymbol{k}(\boldsymbol{n} \cdot \boldsymbol{k})]\, dA = \int_S \phi\, \boldsymbol{n}\, dA
\end{aligned}$$

☑ 보다 쉬운 방법은 상수 벡터 $\boldsymbol{a}$에 대해서

$$\int_V \nabla\cdot(\boldsymbol{a}\phi)\,dV = \int_S \boldsymbol{a}\phi\cdot d\boldsymbol{A} = \boldsymbol{a}\cdot\int_S \phi\, d\boldsymbol{A}$$

와

$$\int_V \nabla\cdot(\boldsymbol{a}\phi)\,dV = \int_V [\,\boldsymbol{a}\cdot\nabla\phi + (\nabla\cdot\boldsymbol{a})\phi\,]dV = \boldsymbol{a}\cdot\int_V \nabla\phi\, dV$$

를 비교하면($\boldsymbol{a}$는 상수벡터이므로 $\nabla\cdot\boldsymbol{a}=0$이다)

$$\boldsymbol{a}\cdot\left(\int_S \phi\, d\boldsymbol{A} - \int_V \nabla\phi\, dV\right) = 0$$

이 된다. 여기서, $\boldsymbol{a}$는 임의의 상수벡터이므로 괄호 안이 0이어야 한다.

★ 【9】 $\int_V \nabla\times\boldsymbol{F}\,dV = -\int_S \boldsymbol{F}\times\boldsymbol{n}\,dA$ 임을 보여라. ☑ $\boldsymbol{n}\cdot\boldsymbol{i} = n_1$ 으로 두고 (문제 8)에서 구한 결과인 $\int_V \frac{\partial\phi}{\partial x}\,dV = \int_S \phi\, n_1\, dA$ 등과 $\boldsymbol{n} = \boldsymbol{i}n_1 + \boldsymbol{j}n_2 + \boldsymbol{k}n_3$ 을 이용한다.

☞ $\boldsymbol{n}\cdot\boldsymbol{i} = n_1$ 으로 두고 (문제 8)에서 구한 결과인 $\int_V \frac{\partial\phi}{\partial x}\,dV = \int_S \phi\, n_1\, dA$ 등과

$$\nabla\times\boldsymbol{F} = \begin{vmatrix} \boldsymbol{i} & \boldsymbol{j} & \boldsymbol{k} \\ \frac{\partial}{\partial x} & \frac{\partial}{\partial y} & \frac{\partial}{\partial z} \\ F_1 & F_2 & F_3 \end{vmatrix} = \boldsymbol{i}\left(\frac{\partial F_3}{\partial y} - \frac{\partial F_2}{\partial z}\right) + \boldsymbol{j}\left(\frac{\partial F_1}{\partial z} - \frac{\partial F_3}{\partial x}\right) + \boldsymbol{k}\left(\frac{\partial F_2}{\partial x} - \frac{\partial F_1}{\partial y}\right)$$

를 쓰면 $\boldsymbol{n} = \boldsymbol{i}n_1 + \boldsymbol{j}n_2 + \boldsymbol{k}n_3$ 이므로

$$\int_V \nabla\times\boldsymbol{F}\,dV = \int_S \boldsymbol{i}(F_3n_2 - F_2n_3) + \boldsymbol{j}(F_1n_3 - F_3n_1) + \boldsymbol{k}(F_2n_1 - F_1n_2)\,dA$$

$$= \int_S \begin{vmatrix} \boldsymbol{i} & \boldsymbol{j} & \boldsymbol{k} \\ n_1 & n_2 & n_3 \\ F_1 & F_2 & F_3 \end{vmatrix} dA = \int_S \boldsymbol{n}\times\boldsymbol{F}\,dA = -\int_S \boldsymbol{F}\times\boldsymbol{n}\,dA$$

☑ 보다 쉬운 방법은 상수벡터 $\boldsymbol{a}$에 대해서

$$\nabla\cdot(\boldsymbol{a}\times\boldsymbol{F}) = \nabla\times\boldsymbol{a}\cdot\boldsymbol{F} - \nabla\times\boldsymbol{F}\cdot\boldsymbol{a} = -\nabla\times\boldsymbol{F}\cdot\boldsymbol{a}$$

이므로

$$\int_V \nabla\cdot(\boldsymbol{a}\times\boldsymbol{F})dV = \int_V \nabla\times\boldsymbol{a}\cdot\boldsymbol{F} - \nabla\times\boldsymbol{F}\cdot\boldsymbol{a}\,dV = -\boldsymbol{a}\cdot\int_V \nabla\times\boldsymbol{F}\,dV$$

가 된다. 여기서, $\boldsymbol{a}\times\boldsymbol{F}$에 발산정리를 적용하면

$$\int_V \nabla\cdot(\boldsymbol{a}\times\boldsymbol{F})dV = \int_S \boldsymbol{a}\times\boldsymbol{F}\cdot\boldsymbol{n}\,dA = \boldsymbol{a}\cdot\int_S \boldsymbol{F}\times\boldsymbol{n}\,dA$$

이다. 따라서, 우변을 비교하면 $\boldsymbol{a}\cdot\left(\int_V \nabla\times\boldsymbol{F}\,dV + \int_S \boldsymbol{F}\times\boldsymbol{n}\,dA\right) = 0$이 된다.

★ 【11】 질량이 m, 체적이 V인 물체가 밀도 ρ인 유체(표면의 위치는 $z=0$) 속에 잠겨 있을 때 받는 수직방향의 부력(즉, $\boldsymbol{k}$방향)은 물체표면의 외향법선벡터를 $\boldsymbol{n}$이라고 하면 깊이 z에서의 압력이 $p=-\rho gz$ 이므로 $\int\int_S \rho gz\,\boldsymbol{k}\cdot\boldsymbol{n}\,dA$로 주어진다(압력의 방향은 $\boldsymbol{n}$과 반대방향). 여기서, 발산정리를 이용하여 물체의 외관상 무게는 $(m-\rho V)g$인 Archimedes의 원리를 보여라.

☞ 부력은 발산정리를 이용하면

$$\int\int_S \rho gz\,\boldsymbol{k}\cdot\boldsymbol{n}\,dA = \int\int_S (\rho gz\,\boldsymbol{k})\cdot d\boldsymbol{A}$$
$$= \int_V \nabla\cdot(\rho gz\,\boldsymbol{k})\,dV = \int_V \rho g\,dV = \rho gV$$

가 된다. 실제 무게 mg에 부력 ρVg가 작용하므로 외관상 무게는 $(m-\rho V)g$.

8-6 Stokes의 정리

$$\int_S \nabla\times\boldsymbol{F}\cdot d\boldsymbol{A} = \oint_C \boldsymbol{F}\cdot d\boldsymbol{\ell}$$

표 8.3 Stokes정리의 이해를 돕기 위한 표현

$\int_S d\boldsymbol{A}\cdot(\nabla\times\boldsymbol{F}) = \int_S d\boldsymbol{A}\cdot\frac{d}{d\boldsymbol{r}}\times\boldsymbol{F}$	$A=\pi r^2$ (원의 면적)
$= \int_S d\left(\boldsymbol{A}\times\frac{d}{d\boldsymbol{r}}\right)\cdot\boldsymbol{F}$	$\ell=2\pi r$ (원을 둘러싼 길이)
$= \oint_C d\boldsymbol{\ell}\cdot\boldsymbol{F}$	$\frac{dA}{dr}=2\pi r \Rightarrow A\frac{d}{dr}=\ell$

【1】 $\oint_C xz\,dx - y\,dy + x^2y\,dz$; C는 $(1,0,0)$, $(0,0,1)$, $(0,0,0)$을 연결하는 삼각형

☞ $$\nabla\times\boldsymbol{F} = \begin{vmatrix} \boldsymbol{i} & \boldsymbol{j} & \boldsymbol{k} \\ \frac{\partial}{\partial x} & \frac{\partial}{\partial y} & \frac{\partial}{\partial z} \\ xz & -y & x^2y \end{vmatrix} = \boldsymbol{i}(x^2) + \boldsymbol{j}(x-2xy) + \boldsymbol{k}(0)$$

이고, 아래의 그림에서 보는 바와 같이 $\boldsymbol{n}=\boldsymbol{j}$이므로

$$\int_S \nabla \times \boldsymbol{F} \cdot d\boldsymbol{A} = \int_S x - 2xy\, dA = \int_S x\, dA$$

(삼각형 내부에서 $y = 0$이므로)

$$\int_S x\, dA = \int_0^1 \left(\int_0^{1-x} x\, dz \right) dx$$

$$= \int_0^1 x(1-x)\, dx = \frac{1}{3}$$

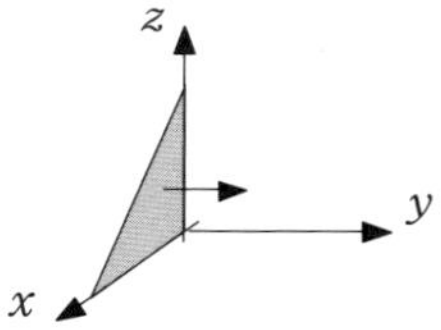

$\boldsymbol{n} = \boldsymbol{j}$

【2】 $\oint_C x\, dx + (x+y)\, dy + (x+y+z)\, dz$; C는 $x^2 + y^2 = 1$, $z = y$의 교선인 타원

☞ $\nabla \times \boldsymbol{F} = \begin{vmatrix} \boldsymbol{i} & \boldsymbol{j} & \boldsymbol{k} \\ \dfrac{\partial}{\partial x} & \dfrac{\partial}{\partial y} & \dfrac{\partial}{\partial z} \\ x & x+y & x+y+z \end{vmatrix} = \boldsymbol{i} + \boldsymbol{j} + \boldsymbol{k}$

$$\int_S \nabla \times \boldsymbol{F} \cdot \boldsymbol{n}\, dA$$

$$= \int_S (\boldsymbol{i} + \boldsymbol{j} + \boldsymbol{k}) \cdot \frac{1}{\sqrt{2}}(-\boldsymbol{j} + \boldsymbol{k})\, dA$$

$$= 0$$

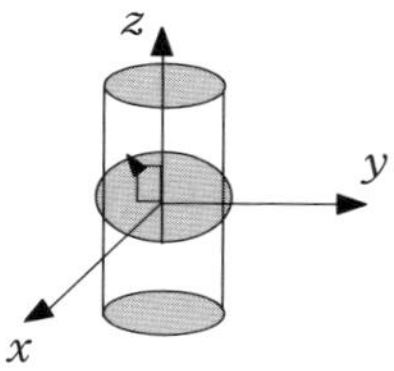

$\boldsymbol{n} = \dfrac{1}{\sqrt{2}}(-\boldsymbol{j} + \boldsymbol{k})$

【3】 $\oint_C (z\, dx + x\, dy + y\, dz)$; C는 $(1,0,0)$, $(0,1,0)$, $(0,0,1)$에 꼭지점을 둔 삼각형

☞ $\nabla \times \boldsymbol{F} = \begin{vmatrix} \boldsymbol{i} & \boldsymbol{j} & \boldsymbol{k} \\ \dfrac{\partial}{\partial x} & \dfrac{\partial}{\partial y} & \dfrac{\partial}{\partial z} \\ z & x & y \end{vmatrix} = \boldsymbol{i} + \boldsymbol{j} + \boldsymbol{k}$이므로

$$\int_S \nabla \times \boldsymbol{F} \cdot \boldsymbol{n}\, dA = \int_S \sqrt{3}\, dA = \sqrt{3}\, A$$

(단, A는 삼각형의 면적). 따라서, 해는

$$\sqrt{3}\, A = \sqrt{3}\frac{\sqrt{3}}{4}(\sqrt{2})^2 = \frac{3}{2}$$

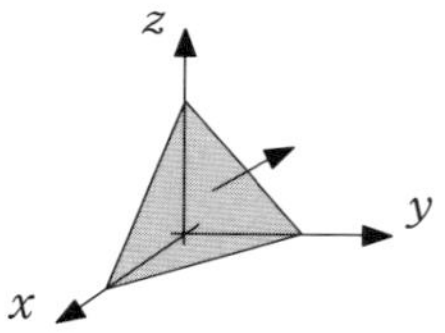

$\boldsymbol{n} = \dfrac{1}{\sqrt{3}}(\boldsymbol{i} + \boldsymbol{j} + \boldsymbol{k})$

【4】 $\oint_C (y\, dx + xz^2\, dy - zy^2\, dz)$; C는 원 $x^2 + y^2 = a^2$, $z = b$

☞ $\nabla \times \boldsymbol{F} = \begin{vmatrix} \boldsymbol{i} & \boldsymbol{j} & \boldsymbol{k} \\ \dfrac{\partial}{\partial x} & \dfrac{\partial}{\partial y} & \dfrac{\partial}{\partial z} \\ y & xz^2 & -zy^2 \end{vmatrix} = \boldsymbol{i}(-2yz - 2xz) + \boldsymbol{j}(0) + \boldsymbol{k}(z^2 - 1)$

$$\int_S \nabla\times\boldsymbol{F}\cdot\boldsymbol{n}\,dA = \int_S b^2-1\,dA$$
$$= (b^2-1)A$$
$$= (b^2-1)\pi a^2$$

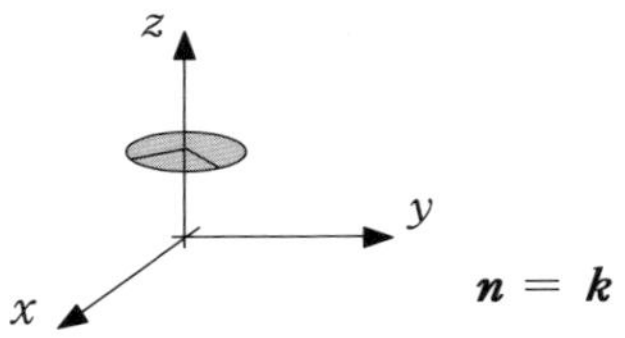

【5】 $\oint_C (x^2\,dx + y^2\,dy + z^2\,dz)$; C는 구면 $x^2+y^2+z^2 = a^2$과 $z = y^2$의 교선

☞ $\nabla\times\boldsymbol{F} = \begin{vmatrix} \boldsymbol{i} & \boldsymbol{j} & \boldsymbol{k} \\ \dfrac{\partial}{\partial x} & \dfrac{\partial}{\partial y} & \dfrac{\partial}{\partial z} \\ x^2 & y^2 & z^2 \end{vmatrix} = \boldsymbol{i}(0)+\boldsymbol{j}(0)+\boldsymbol{k}(0)$

이므로 $\oint_C (x^2\,dx + y^2\,dy + z^2\,dz) = 0$

【6】 폐곡면 S에 대해 $\int_S \boldsymbol{n}\cdot\nabla\times\boldsymbol{v}\,dA = \int_S \nabla\times\boldsymbol{v}\cdot d\boldsymbol{A} = 0$임을 보여라.

☞ 폐곡면 S를 임의의 두 곡면으로 나눌 때, 공유하는 폐곡선을 C라고 하자(아래의 그림 참조).

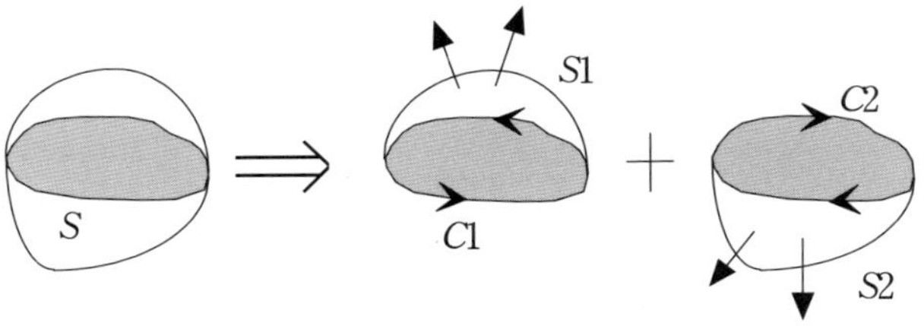

폐곡면의 법선벡터를 외향법선으로 정의하면

$$\int_S \boldsymbol{n}\cdot\nabla\times\boldsymbol{v}\,dA = \int_S \nabla\times\boldsymbol{v}\cdot d\boldsymbol{A} = \int_{S1}\nabla\times\boldsymbol{v}\cdot d\boldsymbol{A} + \int_{S2}\nabla\times\boldsymbol{v}\cdot d\boldsymbol{A}$$

로 되고, 각각의 적분은 Stokes의 정리로부터

$$\int_{S1}\nabla\times\boldsymbol{v}\cdot d\boldsymbol{A} = \oint_{C1}\boldsymbol{v}\cdot d\boldsymbol{\ell}$$
$$\int_{S2}\nabla\times\boldsymbol{v}\cdot d\boldsymbol{A} = \oint_{C2}\boldsymbol{v}\cdot d\boldsymbol{\ell}$$

로 된다. 그런데, 곡선 $C1$과 $C2$의 방향이 서로 반대이므로, 즉 $C1 = -C2$이므로

$$\oint_{C1}\boldsymbol{v}\cdot d\boldsymbol{\ell} = -\oint_{C2}\boldsymbol{v}\cdot d\boldsymbol{\ell}$$

이다. 따라서,

$$\int_S \boldsymbol{n}\cdot\nabla\times\boldsymbol{v}\,dA=\int_S \nabla\times\boldsymbol{v}\cdot d\boldsymbol{A}=\int_{S1}\nabla\times\boldsymbol{v}\cdot d\boldsymbol{A}+\int_{S2}\nabla\times\boldsymbol{v}\cdot d\boldsymbol{A}=0$$

으로 된다.

【7】 $\phi\boldsymbol{F}$에 Stokes의 정리를 적용하면

$$\int_S(\nabla\phi\times\boldsymbol{F}+\phi\nabla\times\boldsymbol{F})\cdot d\boldsymbol{A}=\oint_C\phi\boldsymbol{F}\cdot d\boldsymbol{r}$$

으로 되는 것을 보여라.

☞ Stokes의 정리에서 벡터장을 $\phi\boldsymbol{F}$로 두면 $\int_S\nabla\times(\phi\boldsymbol{F})\cdot d\boldsymbol{A}=\oint_C\phi\boldsymbol{F}\cdot d\boldsymbol{r}$. 그런데, $\nabla\times(\phi\boldsymbol{F})=\phi\nabla\times\boldsymbol{F}+\nabla\phi\times\boldsymbol{F}$이므로

$$\int_S(\nabla\phi\times\boldsymbol{F}+\phi\nabla\times\boldsymbol{F})\cdot d\boldsymbol{A}=\oint_C\phi\boldsymbol{F}\cdot d\boldsymbol{r}$$

【8】 $\oint_C f\nabla g\cdot d\boldsymbol{r}=-\oint_C g\nabla f\cdot d\boldsymbol{r}$을 보여라(참고: $\boldsymbol{F}=\nabla(fg)$에 Stokes 정리를 쓴다).

☞ Stokes의 정리에서 벡터장을 $\boldsymbol{F}=\nabla(fg)$로 두면

$$\int_S\nabla\times\nabla(fg)\cdot d\boldsymbol{A}=\oint_C\nabla(fg)\cdot d\boldsymbol{r}=\oint_C[f\nabla g+g\nabla f]\cdot d\boldsymbol{r}$$

여기서, 벡터항등식에서 $\nabla\times\nabla(fg)=0$이므로

$$\oint_C[f\nabla g+g\nabla f]\cdot d\boldsymbol{r}=0\quad\Rightarrow\quad\oint_C f\nabla g\,d\boldsymbol{r}=-\oint_C g\nabla f\,d\boldsymbol{r}$$

★ **【9】** $\int_S d\boldsymbol{A}\times\nabla\phi=\oint_C\phi\,d\boldsymbol{r}$임을 보여라. (8-5절의 연습문제 8번 참조)

☞ Stokes의 정리에서 $\boldsymbol{F}=\boldsymbol{a}\phi$라고 두면(단, $\boldsymbol{a}$는 상수벡터)

$$\int_S\nabla\times(\phi\boldsymbol{a})\cdot\boldsymbol{n}\,dA=\oint_C\phi\boldsymbol{a}\cdot d\boldsymbol{r}$$

가 된다. 그런데,

$$\nabla\times(\phi\boldsymbol{a})\cdot\boldsymbol{n}=[\phi\nabla\times\boldsymbol{a}+\nabla\phi\times\boldsymbol{a})\cdot\boldsymbol{n}=(-\boldsymbol{a}\times\nabla\phi)\cdot\boldsymbol{n}=\boldsymbol{a}\cdot(\boldsymbol{n}\times\nabla\phi)$$

이므로

$$\int_S\boldsymbol{a}\cdot(\boldsymbol{n}\times\nabla\phi)\,dA=\oint_C\phi\boldsymbol{a}\cdot d\boldsymbol{r}$$

이 성립한다. 이것을 다시 쓰면, $\boldsymbol{a}\cdot\int_S d\boldsymbol{A}\times\nabla\phi=\boldsymbol{a}\cdot\oint_C\phi\,d\boldsymbol{r}$, 즉

$$\boldsymbol{a}\cdot\left(\int_S d\boldsymbol{A}\times\nabla\phi-\oint_C \phi d\boldsymbol{r}\right)=0$$

이다. 임의의 벡터 $\boldsymbol{a}$에 항상 수직인 벡터는 0벡터이므로 $\int_S d\boldsymbol{A}\times\nabla\phi=\oint_C \phi\, d\boldsymbol{r}$

★ 【10】 $\int_S(d\boldsymbol{A}\times\nabla)\times\boldsymbol{F}=\oint_C d\boldsymbol{r}\times\boldsymbol{F}$ 임을 보여라(☑ 참고: $\boldsymbol{a}$를 임의의 상수벡터라고 할 때, $\boldsymbol{F}\times\boldsymbol{a}$에 Stokes의 정리를 적용한다).

☞ Stokes의 정리 $\int_S\nabla\times\boldsymbol{B}\cdot d\boldsymbol{A}=\oint_C\boldsymbol{B}\cdot d\boldsymbol{r}$에 $\boldsymbol{B}=\boldsymbol{F}\times\boldsymbol{a}$를 적용하면

$$\int_S d\boldsymbol{A}\cdot\nabla\times(\boldsymbol{F}\times\boldsymbol{a})=\oint_C d\boldsymbol{r}\cdot(\boldsymbol{F}\times\boldsymbol{a})$$

여기서, 벡터의 삼중적 $(\boldsymbol{ABC})=\boldsymbol{A}\cdot\boldsymbol{B}\times\boldsymbol{C}=\boldsymbol{A}\times\boldsymbol{B}\cdot\boldsymbol{C}$를 이용하면

$$\int_S(d\boldsymbol{A}\times\nabla)\cdot\boldsymbol{F}\times\boldsymbol{a}=\oint_C d\boldsymbol{r}\times\boldsymbol{F}\cdot\boldsymbol{a}$$

이다. 윗식의 좌변에서 ∇연산자는 $\boldsymbol{F}$와 $\boldsymbol{a}$에 모두 작용한다. 이때,

$$\nabla\cdot(\boldsymbol{F}\times\boldsymbol{a})=\nabla\times\boldsymbol{F}\cdot\boldsymbol{a}-\nabla\times\boldsymbol{a}\cdot\boldsymbol{F}$$

인 결과를 생각하면

$$(d\boldsymbol{A}\times\nabla)\cdot(\boldsymbol{F}\times\boldsymbol{a})=(d\boldsymbol{A}\times\nabla)\times\boldsymbol{F}\cdot\boldsymbol{a}-(d\boldsymbol{A}\times\nabla)\times\boldsymbol{a}\cdot\boldsymbol{F}$$

가 된다. 이때, 우변의 두 번째 항은 ∇연산자가 상수벡터 $\boldsymbol{a}$에 작용되므로 0이다. 따라서,

$$\int_S(d\boldsymbol{A}\times\nabla)\times\boldsymbol{F}\cdot\boldsymbol{a}=\oint_C d\boldsymbol{r}\times\boldsymbol{F}\cdot\boldsymbol{a}$$

즉,

$$\left[\int_S(d\boldsymbol{A}\times\nabla)\times\boldsymbol{F}-\oint_C d\boldsymbol{r}\times\boldsymbol{F}\right]\cdot\boldsymbol{a}=0$$

이 되고, 벡터 $\boldsymbol{a}$는 임의의 상수벡터이므로 $\int_S(d\boldsymbol{A}\times\nabla)\times\boldsymbol{F}=\oint_C d\boldsymbol{r}\times\boldsymbol{F}$이다.

★ 【11】 Faraday의 법칙: $\oint_C\boldsymbol{E}\cdot d\boldsymbol{r}=-\frac{\partial}{\partial t}\int\int_S\mu\boldsymbol{H}\cdot d\boldsymbol{A}$

Ampere의 법칙: $\oint_C\boldsymbol{H}\cdot d\boldsymbol{r}=\int\int_S\boldsymbol{J}\cdot d\boldsymbol{A}$

에 Stokes의 정리를 적용하면 $\nabla\times\boldsymbol{E}=-\mu\frac{\partial\boldsymbol{H}}{\partial t}$, $\nabla\times\boldsymbol{H}=\boldsymbol{J}$ 로 되는 것을 보여라 (각 기호의 정확한 의미는 생략하였다).

☞ 각 식의 좌변은 Stokes의 정리를 이용하면

$$\oint_C \boldsymbol{E}\cdot d\boldsymbol{r} = \int_S \nabla\times\boldsymbol{E}\cdot d\boldsymbol{A}$$

$$\oint_C \boldsymbol{H}\cdot d\boldsymbol{r} = \int_S \nabla\times\boldsymbol{H}\cdot d\boldsymbol{A}$$

로 되므로 Faraday의 법칙과 Ampere의 법칙은

$$\int_S \nabla\times\boldsymbol{E}\cdot d\boldsymbol{A} = -\frac{\partial}{\partial t}\int\int_S \mu\boldsymbol{H}\cdot d\boldsymbol{A} \quad\Rightarrow\quad \int\int_S\left(\nabla\times\boldsymbol{E}+\mu\frac{\partial\boldsymbol{H}}{\partial t}\right)\cdot d\boldsymbol{A}=0$$

$$\int_S \nabla\times\boldsymbol{H}\cdot d\boldsymbol{A} = \int\int_S \boldsymbol{J}\cdot d\boldsymbol{A} \quad\Rightarrow\quad \int\int_S(\nabla\times\boldsymbol{H}-\boldsymbol{J})\cdot d\boldsymbol{A}=0$$

으로 쓸 수 있다(μ는 상수로 가정하였다). 여기서, $d\boldsymbol{A}$는 임의로 택할 수 있으므로 피적분(integrand)가 항상 0이 되어야 한다. 따라서,

$$\nabla\times\boldsymbol{E} = -\mu\frac{\partial\boldsymbol{H}}{\partial t}$$

$$\nabla\times\boldsymbol{H} = \boldsymbol{J}$$

제9장 경계값문제와 함수의 직교성

9-1 함수의 직교성

【1】 구간 $[-1,1]$에서 $f_1 = 1$, $f_2 = x$, $f_3 = 3x^2 - 1$는 서로 직교하는 것을 보여라. 또, $f_4 = 5x^3 + ax^2 + bx + c$ 가 f_1, f_2, f_3 에 직교하기 위한 a, b, c 의 값을 구하고 f_1, f_2, f_3, f_4 에 대응하는 정규직교집합을 구하라.

☞ $\langle f_1, f_2 \rangle = \int_{-1}^{1} x\,dx = 0$ (홀함수)

$$\langle f_1, f_3 \rangle = \int_{-1}^{1} 3x^2 - 1\,dx = 2\int_0^1 3x^2 - 1\,dx = 2[x^3 - x]_0^1 = 0$$

$$\langle f_2, f_3 \rangle = \int_{-1}^{1} 3x^3 - x\,dx = 0 \text{ (홀함수)}$$

따라서, 모두 서로 직교한다. $f_4 = 5x^3 + ax^2 + bx + c$ 가 역시 직교집합에 속하려면

$$\langle f_1, f_4 \rangle = \int_{-1}^{1} 5x^3 + ax^2 + bx + c\,dx = 2\int_0^1 ax^2 + c\,dx = 0$$

으로부터 $\frac{1}{3}a + c = 0$

$$\langle f_2, f_4 \rangle = \int_{-1}^{1} 5x^4 + ax^3 + bx^2 + cx\,dx = 2\int_0^1 5x^4 + bx^2\,dx = 0$$

으로부터 $1 + \frac{1}{3}b = 0 \to b = -3$

$$\langle f_3, f_4 \rangle = \int_{-1}^{1} (15x^5 + 3ax^4 + 3bx^3 + 3cx^2) - (5x^3 + ax^2 + bx + c)\,dx$$

$$= 2\int_0^1 (3ax^4 + 3cx^2) - (ax^2 + c)\,dx = 0$$

으로부터 $\frac{3}{5}a + c - \frac{1}{3}a - c = 0 \to a = 0$

정리하면 $a = 0$, $b = -3$, $c = 0$이므로 $f_4 = 5x^3 - 3x$

정규직교 집합을 구하기 위하여

$$\langle f_1, f_1 \rangle = \int_{-1}^{1} 1\, dx = 2$$

$$\langle f_2, f_2 \rangle = \int_{-1}^{1} x^2\, dx = 2\int_0^1 x^2 dx = \frac{2}{3}$$

$$\langle f_3, f_3 \rangle = \int_{-1}^{1} (3x^2-1)^2\, dx = 2\int_0^1 9x^4 - 6x^2 + 1\, dx = \frac{8}{5}$$

$$\langle f_3, f_3 \rangle = \int_{-1}^{1} (5x^3-3x^2)^2\, dx = 2\int_0^1 25x^6 - 30x^5 + 9x^4\, dx = \frac{26}{35}$$

이므로

$$\overline{f_1} = \frac{f_1}{|f_1|} = \frac{1}{\sqrt{2}}$$

$$\overline{f_2} = \frac{f_2}{|f_2|} = \sqrt{\frac{3}{2}}\, x$$

$$\overline{f_3} = \frac{f_3}{|f_3|} = \sqrt{\frac{5}{8}}\, (3x^2-1)$$

$$\overline{f_4} = \frac{f_4}{|f_4|} = \sqrt{\frac{35}{26}}\, (5x^3-3x)$$

★ **[2]** 구간 $[-1, 1]$에서 $f_1 = 1$, $f_2 = x$, $f_3 = 2x^2 - 1$는 가중함수 $w(x) = \dfrac{1}{\sqrt{1-x^2}}$에 관하여 서로 직교하는 것을 보이고(참고: $x = \cos\theta$인 치환이 필요), 각 함수의 정규를 구하라.

☞ $\langle f_1, f_2 \rangle = \int_{-1}^{1} \frac{1}{\sqrt{1-x^2}} (x)\, dx = 0$ (홀함수)

$$\langle f_2, f_3 \rangle = \int_{-1}^{1} \frac{1}{\sqrt{1-x^2}} (2x^3 - x)\, dx = 0 \quad (\text{홀함수})$$

$$\langle f_1, f_3 \rangle = \int_{-1}^{1} \frac{1}{\sqrt{1-x^2}} (2x^2-1)\, dx = 2\int_0^1 \frac{2x^2-1}{\sqrt{1-x^2}}\, dx$$

에서 $x = \cos\theta$로 치환하면

$$dx = -\sin\theta d\theta$$

$$\sqrt{1-x^2} = \sqrt{1-\cos^2\theta} = \sin\theta$$

이므로(구간 $0 \le \theta \le \frac{\pi}{2}$에서 $\sqrt{\sin^2\theta} = \sin\theta$)

$$\langle f_1, f_3 \rangle = 2\int_0^1 \frac{2x^2-1}{\sqrt{1-x^2}}\, dx = 2\int_{\pi/2}^{0} \frac{2\cos^2\theta - 1}{\sin\theta}(-\sin\theta)\, d\theta$$

$$= 2\int_0^{\pi/2} \cos 2\theta\, d\theta = 2\left[\frac{1}{2}\sin 2\theta\right]_0^{\pi/2} = 0$$

이다. 즉, 서로 직교한다. 정규를 구하기 위하여

$$\langle f_1, f_1 \rangle = \int_{-1}^{1} \frac{1}{\sqrt{1-x^2}}\, dx = 2\int_{0}^{1} \frac{1}{\sqrt{1-x^2}}\, dx = 2\int_{\pi/2}^{0} \frac{1}{\sin\theta}(-\sin\theta)\, d\theta$$

$$= 2\int_{0}^{\pi/2} d\theta = \pi$$

$$\langle f_2, f_2 \rangle = \int_{-1}^{1} \frac{x^2}{\sqrt{1-x^2}}\, dx = 2\int_{0}^{1} \frac{x^2}{\sqrt{1-x^2}}\, dx = 2\int_{\pi/2}^{0} \frac{\cos^2\theta}{\sin\theta}(-\sin\theta)\, d\theta$$

$$= 2\int_{0}^{\pi/2} \cos^2\theta\, d\theta = 2\int_{0}^{\pi/2} \frac{1}{2}(1+\cos 2\theta)\, d\theta = \frac{\pi}{2}$$

$$\langle f_3, f_3 \rangle = \int_{-1}^{1} \frac{(2x^2-1)^2}{\sqrt{1-x^2}}\, dx = 2\int_{0}^{1} \frac{4x^4-4x^2+1}{\sqrt{1-x^2}}\, dx$$

$$= 2\int_{\pi/2}^{0} \frac{4\cos^4\theta - 4\cos^2\theta + 1}{\sin\theta}(-\sin\theta)\, d\theta$$

$$= 2\int_{0}^{\pi/2} 4(\cos^2\theta)^2 - 4\cos^2\theta + 1\, d\theta$$

$$= 2\int_{0}^{\pi/2} 4\cdot\frac{1}{4}(1+\cos 2\theta)^2 - 4\cdot\frac{1}{2}(1+\cos 2\theta) + 1\, d\theta$$

$$= 2\int_{0}^{\pi/2} \left[1 + 2\cos 2\theta + \frac{1}{2}(1+\cos 4\theta) - 2 - 2\cos 2\theta + 1\right] d\theta$$

$$= \int_{0}^{\pi/2} 1 + \cos 4\theta\, d\theta = \frac{\pi}{2}$$

이므로

$$\overline{f_1} = \frac{f_1}{|f_1|} = \frac{1}{\sqrt{\pi}}$$

$$\overline{f_2} = \frac{f_2}{|f_2|} = \sqrt{\frac{2}{\pi}}\, x$$

$$\overline{f_3} = \frac{f_3}{|f_3|} = \sqrt{\frac{2}{\pi}}\,(2x^2-1)$$

가 정규직교함수들이며 정규는 $|f_1| = \sqrt{\pi}$, $|f_2| = \sqrt{\frac{\pi}{2}}$, $|f_3| = \sqrt{\frac{\pi}{2}}$ 이다.

9-3 Sturm-Liouville 문제와 고유함수

※다음의 미분방정식을 되딸림꼴(self-adjoint)로 변환하라.

☑ $y'' + ay' + by = 0$에서 $p = e^{\int a}$를 양변에 곱하면

$$py'' + pay' + pby = 0 \;\rightarrow\; (py')' + pby = 0$$

으로 되는 것을 이용한다.

【1】 Laguerre 방정식: $xy'' + (1-x)y' + ny = 0$

☞ 표준형으로 쓰면 $y'' + \left(\frac{1}{x} - 1\right)y' + \frac{n}{x}y = 0$에서 $p = e^{\int \frac{1}{x} - 1} = xe^{-x}$이므로 공식 $(py')' + pby = 0$의 형태를 쓰면

$$\frac{d}{dx}\left(xe^{-x}\frac{dy}{dx}\right) + xe^{-x}\frac{n}{x}y = 0 \ \rightarrow \ \frac{d}{dx}\left(xe^{-x}\frac{dy}{dx}\right) + ne^{-x}y = 0$$

【2】 Hermite 방정식: $y'' - 2xy' + 2\alpha y = 0$

☞ 표준형이므로 $p = e^{\int -2x} = e^{-x^2}$이므로 $\frac{d}{dx}\left(e^{-x^2}\frac{dy}{dx}\right) + 2\alpha e^{-x^2}y = 0$

【3】 Chebyshev 방정식 I: $(1-x^2)y'' - xy' + n^2y = 0$

☞ 표준형으로 쓰면 $y'' - \frac{x}{1-x^2}y' + \frac{n^2}{1-x^2}y = 0$이다. $p = e^{\int \frac{1}{2}\frac{-2x}{1-x^2}} = \sqrt{1-x^2}$ 이므로 $\frac{d}{dx}\left(\sqrt{1-x^2}\frac{dy}{dx}\right) + \sqrt{1-x^2}\frac{n^2}{1-x^2}y = \frac{d}{dx}\left(\sqrt{1-x^2}\frac{dy}{dx}\right) + \frac{n^2}{\sqrt{1-x^2}}y = 0$

【4】 Chebyshev 방정식 II: $(1-x^2)y'' - 3xy' + n(n+2)y = 0$

☞ 표준형으로 쓰면 $y'' - \frac{3x}{1-x^2}y' + \frac{n(n+2)}{1-x^2}y = 0$이다.

$p = e^{\int \frac{3}{2}\frac{-2x}{1-x^2}} = (1-x^2)\sqrt{1-x^2}$ 이므로

$$\frac{d}{dx}\left[(1-x^2)^{\frac{3}{2}}\frac{dy}{dy}\right] + n(n+2)\sqrt{1-x^2}\,y = 0$$

※다음의 Sturm-Liouville 문제의 고유값과 고유함수를 구하라. 편의상, $\lambda = \nu^2$을 가정한다.

【5】 $y'' + \nu^2y = 0$, $y(0) = 0$, $y'(1) = 0$

☞ 일반해는 $y = A\cos\nu x + B\sin\nu x$이다. 여기서, $\lambda = \nu^2 = 0$일 경우에는 해가 $y = A$로 되어 경계조건을 만족하려면 $y = A = 0$으로 자명한 해이다. 따라서, $\lambda = \nu^2 > 0$인 경우만을 고려한다. 경계조건 $y(0) = 0$으로부터 $A = 0$. 또한,

$$y' = -A\nu\sin\nu x + B\nu\cos\nu x$$

이므로 $y'(1) = 0$인 조건으로부터 $\cos\nu = 0$. 따라서, $\nu = \frac{\pi}{2}, \frac{3\pi}{2}, \frac{5\pi}{2}, \cdots$가 되고

고유함수: $y = \sin \nu x$

고유값($\lambda = \nu^2$): ν는 $\cos\nu = 0$의 근($\nu = \frac{\pi}{2}, \frac{3\pi}{2}, \frac{5\pi}{2}, \cdots$)

【6】 $y'' + \nu^2 y = 0,\ y(0) = 0,\ y(1) + y'(1) = 0$

☞ 일반해 $y = A\cos\nu x + B\sin\nu x$ 에서 $y(0) = 0$으로부터 $A = 0$. 또한,

$$y' = -A\nu\sin\nu x + B\nu\cos\nu x$$

이므로 $y(1) + y'(1) = B\sin\nu + B\nu\cos\nu = 0$. 즉, $\sin\nu + \nu\cos\nu = 0$으로부터 고유값을 구한다. 이때, $\lambda = \nu^2 = 0$이 되는 경우는 자명한 해로 되므로 $\nu > 0$만을 고려한다. 따라서,

고유함수: $y = \sin \nu x$

고유값($\lambda = \nu^2$): ν는 $\sin\nu + \nu\cos\nu = 0$의 근(단, $\nu > 0$)

【7】 $y'' + \nu^2 y = 0,\ y'(0) = 0,\ y'(\pi) = 0$

☞ 일반해 $y = A\cos\nu x + B\sin\nu x$ 에서 $y' = -A\nu\sin\nu x + B\nu\cos\nu x$ 이다. $y'(0) = 0$의 조건으로부터 $B = 0$. 다시, $y'(\pi) = 0$의 조건으로부터 $\sin\pi\nu = 0$. 그런데, $\lambda = \nu^2 = 0$인 경우는 $y = \cos\nu x \equiv 1$로 자명하지 않은 해이므로

고유함수: $y = \cos \nu x$

고유값($\lambda = \nu^2$): ν는 $\sin\pi\nu = 0$의 근(즉, $\nu = 0, 1, 2, 3, \cdots$)

【9】 L가 되딸림이면 $\int_a^b [y_2 L y_1 - y_1 L y_2]\,dx = p(y_1' y_2 - y_1 y_2')\Big|_a^b$ 임을 보여라.

☞ L가 되딸림이면

$$Ly_1 = (p y_1')' + q y_1,\quad Ly_2 = (p y_2')' + q y_2$$

이므로

$$\int_a^b [y_2 L y_1 - y_1 L y_2]\,dx$$

$$= \int_a^b [y_2 (p y_1')' + q y_1 y_2] - [y_1 (p y_2')' + q y_1 y_2]\,dx$$

$$= \int_a^b y_2 (p y_1')' - y_1 (p y_2')'\,dx = [y_2 p y_1' - y_1 p y_2']_a^b - \int_a^b y_2' p y_1' - y_1' p y_2'\,dx$$

$$= [p(y_1' y_2 - y_1 y_2')]_a^b$$

★★ 【10】 되딸림꼴의 $L=\frac{d}{dx}\left(p\frac{d}{dx}\right)+q$ 의 Wronskian은 $W[y_1, y_2]=\frac{C}{p(x)}$ 임을 보여라.

☞ Wronskian의 정의에서 $W[y_1, y_2]=\begin{vmatrix} y_1 & y_2 \\ y_1' & y_2' \end{vmatrix}=y_1y_2'-y_1'y_2$

이다. 되딸림꼴의 미분연산자 $L=\frac{d}{dx}\left(p\frac{d}{dx}\right)+q$ 에 대하여

$$Ly=\frac{d}{dx}\left(p\frac{dy}{dx}\right)+qy=py''+p'y'+qy=0$$

이므로

$$py_2''+p'y_2'+qy_2=0$$

$$py_1''+p'y_1'+qy_1=0$$

이 만족되고, 여기서

$$\begin{array}{l} \quad (py_2''+p'y_2'+qy_2=0)\times y_1 \\ -\ (py_1''+p'y_1'+qy_1=0)\times y_2 \\ \hline \quad p(y_1y_2''-y_2y_1'')+p'(y_1y_2'-y_2y_1')=0 \end{array}$$

을 얻는다. 윗식을 변형하면

$$p\frac{d}{dx}(y_1y_2'-y_2y_1')+p'(y_1y_2'-y_2y_1')=p\frac{dW}{dx}+p'W=\frac{d}{dx}(pW)=0$$

즉,

$$pW=c \quad\rightarrow\quad W=\frac{c}{p(x)}$$

☑ 위의 과정은 Abel의 공식을 유도할 때와 동일하다. 2-9절을 참조하라.

9-5 Fourier 급수

【1】 구간 $-\pi<x<0$ 에서는 $f(x)=-1$, 구간 $0<x<\pi$ 에서는 $f(x)=1$로 정의되는 함수의 Fourier 급수를 구하라.

☞ 푸리에급수는

$$f(x) = a_0 + \sum_{n=1}^{\infty}(a_n \cos nx + b_n \sin nx), \quad -\pi \le x \le \pi$$

$$a_0 = \frac{1}{2\pi}\int_{-\pi}^{\pi} f(x)\, dx$$

$$a_n = \frac{1}{\pi}\int_{-\pi}^{\pi} f(x)\cos nx\, dx$$

$$b_n = \frac{1}{\pi}\int_{-\pi}^{\pi} f(x)\sin nx\, dx$$

로 주어진다. 먼저, 계수를 구하면 주어진 함수는 홀함수이므로

$$a_0 = \frac{1}{2\pi}\int_{-\pi}^{\pi} f(x)\, dx = 0 \text{ (홀함수)}$$

$$a_n = \frac{1}{\pi}\int_{-\pi}^{\pi} f(x)\cos nx\, dx = 0 \text{ (홀함수)}$$

$$\begin{aligned} b_n &= \frac{1}{\pi}\int_{-\pi}^{\pi} f(x)\sin nx\, dx \\ &= \frac{1}{\pi}\int_{-\pi}^{0}(-1)\sin nx\, dx + \frac{1}{\pi}\int_{0}^{\pi}\sin nx\, dx \\ &= \frac{2}{\pi}\left[-\frac{1}{n}\cos nx\right]_0^{\pi} = \frac{2}{n\pi}[1-(-1)^n] \end{aligned}$$

이다. 따라서, 푸리에급수는

$$\begin{aligned} f(x) &= a_0 + \sum_{n=1}^{\infty}(a_n\cos nx + b_n \sin nx) \\ &= \sum_{n=1}^{\infty}\frac{2}{n\pi}[1-(-1)^n]\sin nx = \frac{4}{\pi}\left(\sin x - \frac{\sin 3x}{3} + \frac{\sin 5x}{5} - \frac{\sin 7x}{7} + \cdots\right) \end{aligned}$$

【2】 구간 $-\pi < x < \pi$에서 $f(x) = x^2$인 함수의 Fourier 급수를 구하고 이 결과에 Parseval의 등식을 적용하여 $\sum_{n=1}^{\infty}\frac{1}{n^4} = \frac{\pi^4}{90}$을 증명하라.

☞ $a_0 = \frac{1}{2\pi}\int_{-\pi}^{\pi} x^2\, dx = \frac{1}{\pi}\int_0^{\pi} x^2\, dx = \frac{1}{\pi}\frac{\pi^3}{3} = \frac{\pi^2}{3}$

이고, 제0장에서 다룬 연속적인 부분적분을 이용하면

$$\begin{aligned} a_n &= \frac{1}{\pi}\int_{-\pi}^{\pi} x^2\cos nx\, dx = \frac{2}{\pi}\int_0^{\pi} x^2 \cos nx\, dx \\ &= \frac{2}{\pi}\left[x^2\left(\frac{1}{n}\sin nx\right) - 2x\left(-\frac{1}{n^2}\cos nx\right) + 2\left(-\frac{1}{n^3}\sin nx\right)\right]_0^{\pi} \\ &= \frac{2}{\pi}\frac{2\pi}{n^2}(-1)^n = \frac{4(-1)^n}{n^2} \end{aligned}$$

$$b_n = \frac{1}{\pi}\int_{-\pi}^{\pi} x^2 \sin nx\,dx = 0$$

이므로

$$f(x) = a_0 + \sum_{n=1}^{\infty}(a_n \cos nx + b_n \sin nx)$$

$$= \frac{\pi^2}{3} + \sum_{n=1}^{\infty}\frac{4(-1)^n}{n^2}\cos nx = \frac{\pi^2}{3} - 4\left(\cos x - \frac{\cos 2x}{2^2} + \frac{\cos 3x}{3^2} - \cdots\right)$$

가 구하고자 하는 푸리에급수이다.

또한, Parseval의 등식 $2a_0^2 + \sum_{n=1}^{\infty}(a_n^2 + b_n^2) = \frac{1}{\pi}\int_{-\pi}^{\pi} f^2(x)\,dx$ 를 이용하면

$$2\left(\frac{\pi^2}{3}\right)^2 + \sum_{n=1}^{\infty}\frac{4^2}{n^4} = \frac{1}{\pi}\int_{-\pi}^{\pi} x^4\,dx = \frac{2}{\pi}\frac{\pi^5}{5}$$

이항하고 정리하면

$$\sum_{n=1}^{\infty}\frac{1}{n^4} = \frac{1}{16}\left(\frac{2}{5}\pi^4 - \frac{2}{9}\pi^4\right) = \frac{\pi^4}{90}$$

★ 【3】 구간 $-\pi < x < \pi$ 에서 $\cos ax$ 의 Fourier 전개가 다음과 같이 되는 것을 증명하라.

$$\cos ax = \frac{2a\sin a\pi}{\pi}\left(\frac{1}{2a^2} - \frac{\cos x}{a^2-1} + \frac{\cos 2x}{a^2-2^2} - \cdots\right)$$

☞ $a_0 = \frac{1}{2\pi}\int_{-\pi}^{\pi}\cos ax\,dx = \frac{1}{2\pi}\left[\frac{1}{a}\sin ax\right]_{-\pi}^{\pi} = \frac{1}{a\pi}\sin a\pi = \frac{2a\sin a\pi}{\pi}\frac{1}{2a^2}$

$$a_n = \frac{1}{\pi}\int_{-\pi}^{\pi}\cos ax\cos nx\,dx = \frac{2}{\pi}\int_0^{\pi}\cos ax\cos nx\,dx$$

$$= \frac{1}{\pi}\int_0^{\pi}\cos(a+n)x + \cos(a-n)x\,dx$$

$$= \frac{1}{\pi}\left[\frac{1}{a+n}\sin(a+n)x + \frac{1}{a-n}\sin(a-n)x\right]_0^{\pi}$$

$$= \frac{1}{\pi}\left[\frac{1}{a+n}(-1)^n\sin a\pi + \frac{1}{a-n}(-1)^n\sin a\pi\right]$$

$$= \frac{2a}{\pi(a^2-n^2)}(-1)^n\sin a\pi = \frac{2a\sin a\pi}{\pi}\frac{(-1)^n}{a^2-n^2}$$

$$b_n = \frac{1}{\pi}\int_{-\pi}^{\pi}\cos ax\sin nx\,dx = 0 \text{ (홀함수)}$$

로 계수가 결정된다.

$$\cos ax = \frac{2a\sin a\pi}{\pi}\left(\frac{1}{2a^2} + \sum_{n=1}^{\infty}\frac{(-1)^n}{a^2-n^2}\cos nx\right)$$

제 10 장 푸리에 해석(급수, 적분, 변환)

10-1 푸리에급수

표 10.1 함수 $f(x)$의 푸리에급수

구간 $[-\pi, \pi]$, 주기 2π인 경우	구간 $[-L, L]$, 주기 $2L$인 경우
$f = a_0 + \sum_{n=1}^{\infty}(a_n \cos nx + b_n \sin nx)$	$f = a_0 + \sum_{n=1}^{\infty}(a_n \cos \frac{n\pi}{L}x + b_n \sin \frac{n\pi}{L}x)$
$a_0 = \frac{1}{2\pi}\int_{-\pi}^{\pi} f(x)\,dx$	$a_0 = \frac{1}{2L}\int_{-L}^{L} f(x)\,dx$
$a_n = \frac{1}{\pi}\int_{-\pi}^{\pi} f(x)\cos nx\,dx$	$a_n = \frac{1}{L}\int_{-L}^{L} f(x)\cos\frac{n\pi}{L}x\,dx$
$b_n = \frac{1}{\pi}\int_{-\pi}^{\pi} f(x)\sin nx\,dx$	$b_n = \frac{1}{L}\int_{-L}^{L} f(x)\sin\frac{n\pi}{L}x\,dx$

위에 정리한 푸리에급수의 정의를 잘 활용한다.

【1】 구간 $-2 < x < -1$과 $1 < x < 2$에서 함수값은 0이고 구간 $-1 < x < 1$에서 $f(x) = 1$, 주기가 4인 사각파의 푸리에급수를 구하라

☞ 주기가 4, 즉 $2L = 4$이므로 $L = 2$가 된다. 따라서,

$$a_0 = \frac{1}{2L}\int_{-L}^{L} f(x)\,dx = \frac{1}{4}\int_{-2}^{2} f(x)\,dx = \frac{1}{4}\left[\int_{-2}^{-1} 0\,dx + \int_{-1}^{1} dx + \int_{1}^{2} 0\,dx\right] = \frac{1}{2}$$

$$a_n = \frac{1}{L}\int_{-L}^{L} f(x)\cos\frac{n\pi}{L}x\,dx = \frac{1}{2}\int_{-1}^{1}\cos\frac{n\pi}{2}x\,dx = \int_{0}^{1}\cos\frac{n\pi}{2}x\,dx$$

$$= \left[\frac{2}{n\pi}\sin\frac{n\pi}{2}x\right]_0^1 = \frac{2}{n\pi}\sin\frac{n\pi}{2}$$

$$b_n = \frac{1}{L}\int_{-L}^{L} f(x)\sin\frac{n\pi}{L}x\,dx = \frac{1}{2}\int_{-1}^{1}\sin\frac{n\pi}{2}x\,dx = 0 \quad (\text{홀함수})$$

이므로 푸리에급수는

$$f(x) = a_0 + \sum_{n=1}^{\infty}(a_n \cos\frac{n\pi}{L}x + b_n \sin\frac{n\pi}{L}x)$$

$$= \frac{1}{2} + \sum_{n=1}^{\infty}\frac{2}{n\pi}\sin\frac{n\pi}{2}\cos\frac{n\pi}{2}x$$

$$= \frac{1}{2} + \frac{2}{\pi}\left[\cos(\pi x/2) - \frac{\cos(3\pi x/2)}{3} + \frac{\cos(5\pi x/2)}{5} - \cdots\right]$$

☑ 위에서, $n = 1, 2, 3, \cdots$일 때, $\sin\frac{n\pi}{2} = 1, 0, -1, 0, 1, 0, -1, \cdots$으로 되는 결과를 사용하였다.

【2】 주기가 2π이고 구간 $-\pi < x < \pi$에서 정의된 함수 $f(x) = \sin x$의 푸리에급수는 어떻게 되겠는가? 또한, $f(x) = |\sin x|$의 푸리에급수를 구하고 $f(x) = \frac{1}{2}(\sin x + |\sin x|)$의 푸리에급수를 구해보라.

☞ 주기가 2π이고 구간 $-\pi < x < \pi$에서 정의된 함수 $f(x) = \sin x$의 푸리에급수를 구하려면

$$a_0 = \frac{1}{2\pi}\int_{-\pi}^{\pi}\sin x\,dx = 0$$

$$a_n = \frac{1}{\pi}\int_{-\pi}^{\pi}\sin x\cos nx\,dx$$

$$b_n = \frac{1}{\pi}\int_{-\pi}^{\pi}\sin x\sin nx\,dx$$

를 계산하면 된다. 위에서, $n = 1$인 경우

$$a_1 = \frac{1}{\pi}\int_{-\pi}^{\pi}\sin x\cos x\,dx = \frac{1}{\pi}\int_{-\pi}^{\pi}\frac{1}{2}\sin 2x\,dx = \frac{1}{\pi}\left[-\frac{1}{4}\cos 2x\right]_{-\pi}^{\pi} = 0$$

$$b_1 = \frac{1}{\pi}\int_{-\pi}^{\pi}\sin^2 x\,dx = \frac{1}{\pi}\int_{-\pi}^{\pi}\frac{1}{2}(1-\cos 2x)\,dx = 1$$

이고 $n \neq 1$의 경우에는

$$a_n = \frac{1}{\pi}\int_{-\pi}^{\pi}\sin x\cos nx\,dx = \frac{1}{\pi}\int_{-\pi}^{\pi}\frac{1}{2}[\sin(1+n)x + \sin(1-n)x]\,dx = 0$$

$$b_n = \frac{1}{\pi}\int_{-\pi}^{\pi}\sin x\sin nx\,dx = \frac{1}{\pi}\int_{-\pi}^{\pi}-\frac{1}{2}[\cos(1+n)x - \cos(1-n)x]\,dx = 0$$

즉, $f(x) = \sin x$의 푸리에급수는 바로 자기 자신이다.

☑ 이 문제에서는 실제로 위와 같이 계산을 하지 않아도 답을 알 수가 있다. 그러나, 구간 $-\frac{\pi}{2} \leq x \leq \frac{\pi}{2}$에서 정의되고 주기가 π인 $f(x) = \sin x$의 푸리에급수는

자기 자신이 아니다. 이러한 점을 주의해야 한다.

▶ $f(x)=|\sin x|$의 푸리에급수를 구하라. 푸리에계수를 구하면 다음과 같다.

$$a_0 = \frac{1}{2\pi}\int_{-\pi}^{\pi}|\sin x|\,dx = \frac{1}{\pi}\int_0^{\pi}\sin x\,dx = \frac{2}{\pi}$$

$$a_n = \frac{1}{\pi}\int_{-\pi}^{\pi}|\sin x|\cos nx\,dx = \frac{2}{\pi}\int_0^{\pi}\sin x\cos nx\,dx$$

$$= \frac{2}{\pi}\int_0^{\pi}\frac{1}{2}[\sin(1+n)x+\sin(1-n)x]\,dx$$

에서 $n=1$인 경우에는 $a_1=0$이 되고, $n\neq 1$인 경우에는

$$a_n = \frac{2}{\pi}\int_0^{\pi}\frac{1}{2}[\sin(1+n)x+\sin(1-n)x]\,dx$$

$$= \frac{1}{\pi}\left[-\frac{1}{1+n}\cos(1+n)x-\frac{1}{1-n}\cos(1-n)x\right]_0^{\pi}$$

$$= \frac{1}{\pi}\left[\frac{(-1)^n}{1+n}+\frac{(-1)^n}{1-n}+\frac{1}{1+n}+\frac{1}{1-n}\right]=\frac{2}{\pi}\frac{1+(-1)^n}{1-n^2}$$

이다. 또한,

$$b_n = \frac{1}{\pi}\int_{-\pi}^{\pi}|\sin x|\sin nx\,dx = 0 \quad (\text{홀함수})$$

이므로, 푸리에급수는

$$f(x) = a_0+\sum_{n=1}^{\infty}(a_n\cos nx+b_n\sin nx)$$

$$= \frac{2}{\pi}+\sum_{n=2}^{\infty}\frac{2}{\pi}\frac{1+(-1)^n}{1-n^2}\cos nx$$

$$= \frac{2}{\pi}\left[1+\frac{2\cos 2x}{1-2^2}+\frac{2\cos 4x}{1-4^2}-\cdots\right]$$

으로 된다. 이때, $f(x)=|\sin x|$의 푸리에급수에서 sine이 전혀 나타나지 않는 것은 $f(x)=|\sin x|$가 짝함수이기 때문이다.

▶ $f(x)=\frac{1}{2}\{\sin x+|\sin x|\}$의 푸리에급수를 구하라. 위에서 구한 결과를 그대로 이용한다. 즉,

$$f(x) = \frac{1}{2}\sin x+\frac{1}{\pi}\left[1+\frac{2\cos 2x}{1-2^2}+\frac{2\cos 4x}{1-4^2}-\cdots\right]$$

10-2 주기확장

짝주기확장	홀주기확장
$f(x) = a_0 + \sum_{n=1}^{\infty} a_n \cos\frac{n\pi}{L}x$	$f(x) = \sum_{n=1}^{\infty} b_n \sin\frac{n\pi}{L}x$
$a_0 = \frac{1}{L}\int_0^L f(x)\,dx$	$b_n = \frac{2}{L}\int_0^L f(x)\sin\frac{n\pi}{L}x\,dx$
$a_n = \frac{2}{L}\int_0^L f(x)\cos\frac{n\pi}{L}x\,dx$	

위에 정리한 짝주기확장과 홀주기확장을 이용한다. 실제로, 짝주기확장과 홀주기확장은 푸리에급수의 계수

$$a_0 = \frac{1}{2L}\int_{-L}^{L} f(x)\,dx$$

$$a_n = \frac{1}{L}\int_{-L}^{L} f(x)\cos\frac{n\pi}{L}x\,dx$$

$$b_n = \frac{1}{L}\int_{-L}^{L} f(x)\sin\frac{n\pi}{L}x\,dx$$

로부터 쉽게 유도된다.

※구간 $0<x<L$에서 정의된 다음의 함수의 홀주기확장과 짝주기확장을 구하라.

【1】 $f(x) = L - x$

▶ 짝주기확장:

$$a_0 = \frac{1}{L}\int_0^L L - x\,dx = \frac{1}{L}\left[Lx - \frac{1}{2}x^2\right]_0^L = \frac{L}{2}$$

$$\begin{aligned} a_n &= \frac{2}{L}\int_0^L (L-x)\cos\frac{n\pi}{L}x\,dx \\ &= \frac{2}{L}\left[(L-x)\left(\frac{L}{n\pi}\sin\frac{n\pi}{L}x\right) - (-1)\left(-\frac{L^2}{n^2\pi^2}\cos\frac{n\pi}{L}x\right)\right]_0^L \\ &= \frac{2}{L}\frac{L^2}{n^2\pi^2}[-(-1)^n + 1] = \frac{2L}{n^2\pi^2}[1-(-1)^n] \end{aligned}$$

으로 계수를 구하여

$$\begin{aligned} f(x) &= \frac{L}{2} + \sum_{n=1}^{\infty}\frac{2L}{n^2\pi^2}[1-(-1)^n]\cos\frac{n\pi}{L}x \\ &= \frac{L}{2} + \frac{4L}{\pi^2}\left(\cos\frac{\pi}{L}x + \frac{1}{3^2}\cos\frac{3\pi}{L}x + \frac{1}{5^2}\cos\frac{5\pi}{L}x + \cdots\right) \end{aligned}$$

▶ 홀주기확장:

$$b_n = \frac{2}{L}\int_0^L (L-x)\sin\frac{n\pi}{L}x\,dx$$
$$= \frac{2}{L}\left[(L-x)\left(-\frac{L}{n\pi}\cos\frac{n\pi}{L}x\right)-(-1)\left(-\frac{L^2}{n^2\pi^2}\sin\frac{n\pi}{L}x\right)\right]_0^L$$
$$= \frac{2}{L}\frac{L^2}{n\pi} = \frac{2L}{n\pi}$$

이므로

$$f(x) = \sum_{n=1}^{\infty}\frac{2L}{n\pi}\sin\frac{n\pi}{L}x = \frac{2L}{\pi}\left(\sin\frac{\pi}{L}x+\frac{1}{2}\sin\frac{2\pi}{L}x+\frac{1}{3}\sin\frac{3\pi}{L}x+\cdots\right)$$

【2】 $f(x) = x^2$

▶ 짝주기확장:

$$a_0 = \frac{1}{L}\int_0^L x^2\,dx = \frac{1}{L}\left[\frac{1}{3}x^3\right]_0^L = \frac{L^2}{3}$$
$$a_n = \frac{2}{L}\int_0^L x^2\cos\frac{n\pi}{L}x\,dx$$
$$= \frac{2}{L}\left[x^2\left(\frac{L}{n\pi}\sin\frac{n\pi}{L}x\right)-(2x)\left(-\frac{L^2}{n^2\pi^2}\cos\frac{n\pi}{L}x\right)+(2)\left(-\frac{L^3}{n^3\pi^3}\sin\frac{n\pi}{L}x\right)\right]_0^L$$
$$= \frac{2}{L}(2L)\frac{L^2}{n^2\pi^2}(-1)^n = \frac{4L^2}{n^2\pi^2}(-1)^n$$

으로 계수를 구하여

$$f(x) = \frac{L^2}{3}+\sum_{n=1}^{\infty}\frac{4L^2}{n^2\pi^2}(-1)^n\cos\frac{n\pi}{L}x$$
$$= \frac{L^2}{3}+\frac{4L^2}{\pi^2}\left(-\cos\frac{\pi}{L}x+\frac{1}{2^2}\cos\frac{2\pi}{L}x-\frac{1}{3^2}\cos\frac{3\pi}{L}x+\cdots\right)$$

☑ 제0장에서 다루어 본 연속적인 부분적분이 매우 유용하게 사용되고 있다.

▶ 홀주기확장:

$$b_n = \frac{2}{L}\int_0^L x^2\sin\frac{n\pi}{L}x\,dx$$
$$= \frac{2}{L}\left[x^2\left(-\frac{L}{n\pi}\cos\frac{n\pi}{L}x\right)-(2x)\left(-\frac{L^2}{n^2\pi^2}\sin\frac{n\pi}{L}x\right)+(2)\left(\frac{L^3}{n^3\pi^3}\cos\frac{n\pi}{L}x\right)\right]_0^L$$
$$= \frac{2}{L}\left[L^2\left(-\frac{L}{n\pi}\right)(-1)^n+2\frac{L^3}{n^3\pi^3}(-1)^n-2\frac{L^3}{n^3\pi^3}\right]$$
$$= -\frac{2L^2}{n\pi}(-1)^n-\frac{4L^2}{n^3\pi^3}[1-(-1)^n]$$

이므로

$$f(x) = -2L^2 \sum_{n=1}^{\infty}\left\{\frac{2}{n^3\pi^3}[1-(-1)^n]+\frac{1}{n\pi}(-1)^n\right\}\sin\frac{n\pi}{L}x$$

$$= -2L^2\left[\left(\frac{4}{\pi^3}-\frac{1}{\pi}\right)\sin\frac{\pi}{L}x+\left(\frac{1}{2\pi}\right)\sin\frac{2\pi}{L}x+\left(\frac{4}{3^3\pi^3}-\frac{1}{3\pi}\right)\sin\frac{3\pi}{L}x\right.$$

$$\left.+\left(\frac{1}{4\pi}\right)\sin\frac{4\pi}{L}x+\left(\frac{4}{5^3\pi^3}-\frac{1}{5\pi}\right)\sin\frac{5\pi}{L}x+\cdots\right]$$

【3】 $f(x) = e^x$

▶ 짝주기확장:

$$a_0 = \frac{1}{L}\int_0^L e^x\,dx = \frac{1}{L}[e^x]_0^L = \frac{e^L-1}{L}$$

$$a_n = \frac{2}{L}\int_0^L e^x\cos\frac{n\pi}{L}x\,dx$$

$$\boxed{\int e^{ax}\cos bx\,dx = \frac{(e^{ax})'\cos bx - e^{ax}(\cos bx)'}{a^2+b^2}}$$

$$= \frac{2}{L}\left[\frac{e^x}{1+\left(\frac{n\pi}{L}\right)^2}\left(\cos\frac{n\pi}{L}x+\frac{n\pi}{L}\sin\frac{n\pi}{L}x\right)\right]_0^L$$

$$= \frac{2L}{L^2+n^2\pi^2}[(-1)^n e^L-1]$$

으로 계수를 구하여

$$f(x) = \frac{e^L-1}{L}+\sum_{n=1}^{\infty}\frac{2L}{L^2+n^2\pi^2}[(-1)^n e^L-1]\cos\frac{n\pi}{L}x$$

▶ 홀주기확장:

$$b_n = \frac{2}{L}\int_0^L e^x\sin\frac{n\pi}{L}x\,dx$$

$$\boxed{\int e^{ax}\sin bx\,dx = \frac{(e^{ax})'\sin bx - e^{ax}(\sin bx)'}{a^2+b^2}}$$

$$= \frac{2}{L}\left[\frac{e^x}{1+\left(\frac{n\pi}{L}\right)^2}\left(\sin\frac{n\pi}{L}x-\frac{n\pi}{L}\cos\frac{n\pi}{L}x\right)\right]_0^L$$

$$= \frac{2}{L}\left[\frac{e^L}{1+(\ )^2}\left(-\frac{n\pi}{L}\right)(-1)^n-\frac{1}{1+(\ )^2}\left(-\frac{n\pi}{L}\right)\right]$$

$$= \frac{2n\pi}{L^2+n^2\pi^2}[1-(-1)^n e^L]$$

이므로

$$f(x) = \sum_{n=1}^{\infty}\frac{2n\pi}{L^2+n^2\pi^2}[1-(-1)^n e^L]\sin\frac{n\pi}{L}x$$

★10-3 푸리에급수에 의한 진동계의 해석

【1】 예제에서 같은 외부입력에 대해 $2\zeta\omega = 0.01$, $\omega = 5$인 경우라면 진동계의 응답특성은 어떻게 될 것인가 알아보라.

☞ 식(24)까지는 내용이 동일하고, $2\zeta\omega = 0.01$, $\omega = 5$일 때 진폭은

$$|y_n| = \frac{4}{\pi n^2}\frac{1}{\sqrt{(25-n^2)^2+(0.01n)^2}}, \quad n = 1,3,5,\cdots$$

으로 주어진다. 이때, $n = 1,3,5,7,\cdots$일 때의 진폭의 크기를 비교하면

$$|y_1| = 0.05305$$

$$|y_3| = 0.00884$$

$$|y_5| = 1.01859$$

$$|y_7| = 0.00108$$

로 되어, 예상한 바와 같이 y_5의 크기가 지배적이다. 즉, $\omega = 5$에 대응하는 응답이 지배적으로 된다.

10-4 푸리에적분

☑ 푸리에 cosine 적분(Fourier cosine integral)

$$f(x) = \int_0^\infty a(\lambda)\cos\lambda x\,d\lambda, \quad a(\lambda) = \frac{2}{\pi}\int_0^\infty f(x)\cos\lambda x\,dx \tag{33}$$

☑ 푸리에 sine 적분(Fourier sine integral)

$$f(x) = \int_0^\infty b(\lambda)\sin\lambda x\,d\lambda, \quad b(\lambda) = \frac{2}{\pi}\int_0^\infty f(x)\sin\lambda x\,dx \tag{34}$$

※아래의 【1】-【2】에 주어진 함수의 푸리에 cosine 적분과 푸리에 sine 적분을 각각 구하라.

【1】 $f(x) = x\ (0 < x < 1)$, $f(x) = 0\ (x > 1)$

$$a(\lambda) = \frac{2}{\pi}\int_0^\infty f(x)\cos\lambda x\,dx = \frac{2}{\pi}\int_0^1 x\cos\lambda x\,dx$$

$$= \frac{2}{\pi}\left[x\left(\frac{1}{\lambda}\sin\lambda x\right)-(1)\left(-\frac{1}{\lambda^2}\cos\lambda x\right)\right]_0^1 = \frac{2}{\pi}\frac{\cos\lambda-1+\lambda\sin\lambda}{\lambda^2}$$

$$b(\lambda) = \frac{2}{\pi}\int_0^\infty f(x)\sin\lambda x\,dx = \frac{2}{\pi}\int_0^1 x\sin\lambda x\,dx$$

$$= \frac{2}{\pi}\left[x\left(-\frac{1}{\lambda}\cos\lambda x\right)-(1)\left(-\frac{1}{\lambda^2}\sin\lambda x\right)\right]_0^1 = \frac{2}{\pi}\frac{\sin\lambda-\lambda\cos\lambda}{\lambda^2}$$

【2】 $f(x) = x^2\ (0 < x < 1),\ f(x) = 0\ (x > 1)$

$$a(\lambda) = \frac{2}{\pi}\int_0^\infty f(x)\cos\lambda x\,dx = \frac{2}{\pi}\int_0^1 x^2\cos\lambda x\,dx$$

$$= \frac{2}{\pi}\left[x^2\left(\frac{1}{\lambda}\sin\lambda x\right)-(2x)\left(-\frac{1}{\lambda^2}\cos\lambda x\right)+(2)\left(-\frac{1}{\lambda^3}\sin\lambda x\right)\right]_0^1$$

$$= \frac{2}{\pi}\frac{\lambda^2\sin\lambda+2\lambda\cos\lambda-2\sin\lambda}{\lambda^3}$$

$$b(\lambda) = \frac{2}{\pi}\int_0^\infty f(x)\sin\lambda x\,dx = \frac{2}{\pi}\int_0^1 x^2\sin\lambda x\,dx$$

$$= \frac{2}{\pi}\left[x^2\left(-\frac{1}{\lambda}\cos\lambda x\right)-(2x)\left(-\frac{1}{\lambda^2}\sin\lambda x\right)+(2)\left(\frac{1}{\lambda^3}\cos\lambda x\right)\right]_0^1$$

$$= \frac{2}{\pi}\frac{-\lambda^2\cos\lambda+2\lambda\sin\lambda+2\cos\lambda-2}{\lambda^3}$$

【3】 구간 $x > 0$에서 정의된 함수 $f(x) = xe^{-ax}\ (a > 0)$에서, $a(\lambda) = \frac{2}{\pi}\int_0^\infty xe^{-ax}\cos\lambda x\,dx$를 라플라스변환을 이용하여 구하기로 하자. 즉,

$$\mathcal{L}(t\cos\lambda t) = \int_0^\infty e^{-st}t\cos\lambda t\,dt = -\frac{d}{ds}\left(\frac{s}{s^2+\lambda^2}\right) = \frac{s^2-\lambda^2}{(s^2+\lambda^2)^2}$$

에서 $s \to a$, $t \to x$로 치환하면 $a(\lambda)$를 구할 수 있다. 이것을 이용하여 $f(x) = xe^{-ax}$의 푸리에 cosine 적분을 구하고, 비슷한 방법으로 푸리에 sine 적분을 구하라.

☞ 라플라스변환

$$\mathcal{L}(t\cos\lambda t) = \int_0^\infty e^{-st}t\cos\lambda t\,dt = -\frac{d}{ds}\left(\frac{s}{s^2+\lambda^2}\right) = \frac{s^2-\lambda^2}{(s^2+\lambda^2)^2}$$

에서 $s \to a$, $t \to x$로 치환하면

$$\int_0^{\infty} xe^{-ax}\cos\lambda x\,dx = \frac{a^2-\lambda^2}{(a^2+\lambda^2)^2}$$

이므로

$$a(\lambda) = \frac{2}{\pi}\int_0^{\infty} xe^{-ax}\cos\lambda x\,dx = \frac{2}{\pi}\,\frac{a^2-\lambda^2}{(a^2+\lambda^2)^2}$$

를 구할 수 있다.

마찬가지로, 라플라스변환

$$\mathcal{L}(t\sin\lambda t) = \int_0^{\infty} e^{-st}t\sin\lambda t\,dt = -\frac{d}{ds}\left(\frac{\lambda}{s^2+\lambda^2}\right) = \frac{2s\lambda}{(s^2+\lambda^2)^2}$$

에서 $s \to a$, $t \to x$로 치환하면

$$\int_0^{\infty} xe^{-ax}\sin\lambda x\,dx = \frac{2a\lambda}{(a^2+\lambda^2)^2}$$

이므로

$$b(\lambda) = \frac{2}{\pi}\int_0^{\infty} xe^{-ax}\cos\lambda x\,dx = \frac{2}{\pi}\,\frac{2a\lambda}{(a^2+\lambda^2)^2}$$

【4】 문제 3번은 $\int_0^{\infty} e^{-ax}\cos\lambda x\,dx = \frac{a}{\lambda^2+a^2}$의 양변을 a에 관하여 편미분하는 것과 같은 결과임을 보여라.

☞ $\frac{\partial}{\partial a}\int_0^{\infty} e^{-ax}\cos\lambda x\,dx = \frac{\partial}{\partial a}\left(\frac{a}{\lambda^2+a^2}\right)$를 정리하면

$$\int_0^{\infty} -xe^{-ax}\cos\lambda x\,dx = \frac{(\lambda^2+a^2)-a(2a)}{(\lambda^2+a^2)^2} = \frac{\lambda^2-a^2}{(\lambda^2+a^2)^2}$$

따라서, $\int_0^{\infty} xe^{-ax}\cos\lambda x\,dx = \frac{a^2-\lambda^2}{(\lambda^2-a^2)^2}$

★ 【5】 푸리에적분을 이용하여 $\frac{2}{\pi}\int_0^{\infty}\frac{\lambda^3\sin\lambda x}{\lambda^4+4}\,d\lambda = e^{-x}\cos x$, $(x>0)$임을 보여라.

☞ $e^{-x}\cos x$의 푸리에 sine적분을 구하면

$$b(\lambda) = \frac{2}{\pi}\int_0^{\infty} e^{-x}\cos x\sin\lambda x\,dx$$

$$= \frac{1}{\pi}\int_0^{\infty} e^{-x}[\sin(\lambda+1)x + \sin(\lambda-1)x]\,dx$$

$$= \frac{1}{\pi}\left\{\frac{e^{-x}}{1+(\lambda+1)^2}[-\sin(\lambda+1)x-(\lambda+1)\cos(\lambda+1)x]\right\}_0^\infty$$

$$+\frac{1}{\pi}\left\{\frac{e^{-x}}{1+(\lambda-1)^2}[-\sin(\lambda-1)x-(\lambda-1)\cos(\lambda-1)x]\right\}_0^\infty$$ (뒷면에 계속)

$$= \frac{1}{\pi}\left[\frac{\lambda+1}{1+(\lambda+1)^2}+\frac{\lambda-1}{1+(\lambda-1)^2}\right]$$

$$= \frac{1}{\pi}\left[\frac{\lambda+1}{(\lambda^2+2)+2\lambda}+\frac{\lambda-1}{(\lambda^2+2)-2\lambda}\right]$$

$$= \frac{1}{\pi}\left[\frac{(\lambda+1)(\lambda^2+2)+(\lambda-1)(\lambda^2+2)-(\lambda+1)(2\lambda)+(\lambda-1)(2\lambda)}{(\lambda^2+2)^2-(2\lambda)^2}\right]$$

$$= \frac{1}{\pi}\frac{2\lambda^3}{\lambda^4+4}$$

를 푸리에 sine적분의 표현에 대입하면

$$f(x) = e^{-x}\cos x = \int_0^\infty b(\lambda)\sin\lambda x\, d\lambda = \int_0^\infty \frac{1}{\pi}\frac{2\lambda^3}{\lambda^4+4}\sin\lambda x\, d\lambda$$

가 되고 정리하면 $\frac{2}{\pi}\int_0^\infty \frac{\lambda^3\sin\lambda x}{\lambda^4+4}d\lambda = e^{-x}\cos x$, $(x>0)$

※푸리에 cosine 및 sine 적분

$$f(x) = \int_0^\infty a(\lambda)\cos\lambda x\, d\lambda,\quad a(\lambda) = \frac{2}{\pi}\int_0^\infty f(x)\cos\lambda x\, dx$$

$$g(x) = \int_0^\infty b(\lambda)\sin\lambda x\, d\lambda,\quad b(\lambda) = \frac{2}{\pi}\int_0^\infty g(x)\sin\lambda x\, dx$$

에 대해 다음이 성립하는 것을 보여라($h>0$).

★ 【6】 $f(hx) = \frac{1}{h}\int_0^\infty a\left(\frac{\lambda}{h}\right)\cos\lambda x\, d\lambda$

☞ 함수 $f(hx)$의 푸리에 cosine적분은(혼동을 피하기 위해서 대문자 A를 사용하기로 한다)

$$f(hx) = \int_0^\infty A(\lambda)\cos\lambda x\, d\lambda,\quad A(\lambda) = \frac{2}{\pi}\int_0^\infty f(hx)\cos\lambda x\, dx$$

로 구할 수 있다. 위에서, $hx = v$로 치환하면

$$A(\lambda) = \frac{2}{\pi}\int_0^\infty f(v)\cos\frac{\lambda}{h}v\,\frac{dv}{h} = \frac{1}{h}\left[\frac{2}{\pi}\int_0^\infty f(v)\cos\left(\frac{\lambda}{h}\right)v\, dv\right] = \frac{1}{h}a\left(\frac{\lambda}{h}\right)$$

가 되므로 다시 $f(hx) = \int_0^\infty A(\lambda)\cos\lambda x\, d\lambda$ 에 대입하면

$$f(hx) = \frac{1}{h}\int_0^\infty a\left(\frac{\lambda}{h}\right)\cos\lambda x\, d\lambda$$

★ 【7】 $g(hx) = \frac{1}{h}\int_0^\infty b\left(\frac{\lambda}{h}\right)\sin\lambda x\, d\lambda$

☞ 함수 $g(hx)$의 푸리에 sine적분은

$$g(hx) = \int_0^\infty B(\lambda)\sin\lambda x\, d\lambda\,,\quad B(\lambda) = \frac{2}{\pi}\int_0^\infty g(hx)\sin\lambda x\, dx$$

이고, $B(\lambda)$의 식에서 $hx = v$로 치환하면

$$B(\lambda) = \frac{2}{\pi}\int_0^\infty g(v)\sin\frac{\lambda}{h}x\,\frac{dx}{h} = \frac{1}{h}b\left(\frac{\lambda}{h}\right) \quad\rightarrow\quad g(hx) = \frac{1}{h}\int_0^\infty b\left(\frac{\lambda}{h}\right)\sin\lambda x\, d\lambda$$

★ 【8】 $xf(x) = \int_0^\infty -\frac{da}{d\lambda}\sin\lambda x\, d\lambda$

☞ $a(\lambda) = \frac{2}{\pi}\int_0^\infty f(x)\cos\lambda x\, dx$를 미분하면

$$\frac{da}{d\lambda}(\lambda) = \frac{2}{\pi}\int_0^\infty \frac{\partial}{\partial\lambda}f(x)\cos\lambda x\, dx = \frac{2}{\pi}\int_0^\infty -xf(x)\sin\lambda x\, dx$$

즉,

$$\frac{2}{\pi}\int_0^\infty xf(x)\sin\lambda x\, dx = -\frac{da}{d\lambda}(\lambda)$$

따라서, $xf(x)$의 푸리에 sine적분은

$$xf(x) = \int_0^\infty B(\lambda)\sin\lambda x\, d\lambda\,,\quad B(\lambda) = \frac{2}{\pi}\int_0^\infty xf(x)\sin\lambda x\, dx = -\frac{da}{d\lambda}$$

로부터

$$xf(x) = \int_0^\infty -\frac{da}{d\lambda}\sin\lambda x\, d\lambda$$

★ 【9】 $xg(x) = \int_0^\infty \frac{db}{d\lambda}\cos\lambda x\, d\lambda$

☞ $b(\lambda) = \frac{2}{\pi}\int_0^\infty g(x)\sin\lambda x\, dx$를 미분하면

$$\frac{db}{d\lambda}(\lambda) = \frac{2}{\pi}\int_0^\infty \frac{\partial}{\partial\lambda}g(x)\sin\lambda x\, dx = \frac{2}{\pi}\int_0^\infty xg(x)\cos\lambda x\, dx$$

그런데, $xg(x)$의 푸리에 cosine적분은

$$xg(x) = \int_0^\infty A(\lambda)\cos\lambda x\, d\lambda\,,\quad A(\lambda) = \frac{2}{\pi}\int_0^\infty xg(x)\cos\lambda x\, dx = \frac{db}{d\lambda}$$

이므로 $xg(x) = \int_0^\infty \frac{db}{d\lambda}\cos\lambda x\, d\lambda$

★ 【10】 $x^2 f(x) = \int_0^\infty -\frac{d^2 a}{d\lambda^2}\cos\lambda x\, d\lambda$

☞ $\frac{da}{d\lambda}(\lambda) = -\frac{2}{\pi}\int_0^\infty xf(x)\sin\lambda x\, dx$ 를 다시 미분하면

$$\frac{d^2 a}{d\lambda^2}(\lambda) = -\frac{2}{\pi}\int_0^\infty \frac{\partial}{\partial\lambda} xf(x)\sin\lambda x\, dx = -\frac{2}{\pi}\int_0^\infty x^2 f(x)\cos\lambda x\, dx$$

그런데, $x^2 f(x)$의 푸리에 cosine적분은

$$x^2 f(x) = \int_0^\infty A(\lambda)\cos\lambda x\, d\lambda\,,\quad A(\lambda) = \frac{2}{\pi}\int_0^\infty x^2 f(x)\cos\lambda x\, dx = -\frac{d^2 a}{d\lambda^2}$$

이므로 $x^2 f(x) = \int_0^\infty -\frac{d^2 a}{d\lambda^2}\cos\lambda x\, d\lambda$

★ 【11】 $x^2 g(x) = \int_0^\infty -\frac{d^2 b}{d\lambda^2}\sin\lambda x\, d\lambda$

☞ $\frac{db}{d\lambda}(\lambda) = \frac{2}{\pi}\int_0^\infty xg(x)\cos\lambda x\, dx$ 를 다시 미분하면

$$\frac{d^2 b}{d\lambda^2}(\lambda) = \frac{2}{\pi}\int_0^\infty \frac{\partial}{\partial\lambda} xg(x)\cos\lambda x\, dx = -\frac{2}{\pi}\int_0^\infty x^2 g(x)\sin\lambda x\, dx$$

그런데, $x^2 g(x)$의 푸리에 sine적분은

$$x^2 g(x) = \int_0^\infty B(\lambda)\sin\lambda x\, d\lambda\,,\quad B(\lambda) = \frac{2}{\pi}\int_0^\infty x^2 g(x)\sin\lambda x\, dx = -\frac{d^2 b}{d\lambda^2}$$

이므로 $x^2 g(x) = \int_0^\infty -\frac{d^2 b}{d\lambda^2}\sin\lambda x\, d\lambda$

★10-5 푸리에 cosine, sine 변환

$$\mathcal{F}_C(f) = \int_0^\infty f(x)\cos\lambda x\, dx = F_C(\lambda)$$
$$\mathcal{F}_S(f) = \int_0^\infty f(x)\sin\lambda x\, dx = F_S(\lambda)$$

【1】 $\mathcal{F}_C\left(\dfrac{a}{x^2+a^2}\right)$와 $\mathcal{F}_S\left(\dfrac{x}{x^2+a^2}\right)$를 구하라(예제 5 참조).

☞ (예제 5)에서

$$e^{-ax} = \frac{2}{\pi}\int_0^\infty \frac{\lambda\sin\lambda x}{\lambda^2+a^2}\,d\lambda, \quad e^{-ax} = \frac{2}{\pi}\int_0^\infty \frac{a\cos\lambda x}{\lambda^2+a^2}\,d\lambda$$

를 구하였다. 위에서, λ와 x를 바꾸어 쓰면

$$e^{-a\lambda} = \frac{2}{\pi}\int_0^\infty \frac{x\sin\lambda x}{x^2+a^2}\,dx, \quad e^{-a\lambda} = \frac{2}{\pi}\int_0^\infty \frac{a\cos\lambda x}{x^2+a^2}\,dx$$

로 된다. 따라서,

$$\mathcal{F}_C\left(\frac{a}{x^2+a^2}\right) = \int_0^\infty \frac{a\cos\lambda x}{x^2+a^2}\,dx = \frac{\pi}{2}e^{-a\lambda}$$
$$\mathcal{F}_S\left(\frac{x}{x^2+a^2}\right) = \int_0^\infty \frac{x\sin\lambda x}{x^2+a^2}\,dx = \frac{\pi}{2}e^{-a\lambda}$$

☑ 위의 적분을 직접 구하려면 뒤에서 배우게 될 복소적분을 이용하게 된다. 위와 같은 관계를 푸리에적분의 대칭성(symmetry)라고 한다.

【2】 밑변과 높이가 각각 λ와 s인 직각삼각형의 내각의 합 $\dfrac{\pi}{2} + \tan^{-1}\dfrac{s}{\lambda} + \tan^{-1}\dfrac{\lambda}{s} = \pi$인 관계를 이용하여 라플라스변환 $\mathcal{L}\left(\dfrac{\sin\lambda t}{t}\right) = -\displaystyle\int_\infty^s \frac{\lambda}{s^2+\lambda^2}\,ds = \frac{\pi}{2} - \tan^{-1}\frac{s}{\lambda} = \tan^{-1}\frac{\lambda}{s}$을 얻는다. 이 결과로부터 $f(x) = \dfrac{e^{-ax}}{x}$의 푸리에 sine 변환 $\mathcal{F}_S\left(\dfrac{e^{-ax}}{x}\right)$, $a>0$을 구하라.

☞ $\mathcal{F}_S\left(\dfrac{e^{-ax}}{x}\right) = \displaystyle\int_0^\infty \frac{e^{-ax}}{x}\sin\lambda x\,dx = \int_0^\infty e^{-ax}\frac{\sin\lambda x}{x}\,dx$를 정의로부터 쓸 수 있다. 그런데, 라플라스변환

$$\mathcal{L}\left(\frac{\sin\lambda t}{t}\right) = \int_0^\infty \frac{\sin\lambda t}{t}e^{-st}dt = \tan^{-1}\frac{\lambda}{s}$$

에서 $t\to x$, $s\to a$로 치환하면 $\displaystyle\int_0^\infty \frac{\sin\lambda x}{x}e^{-ax}dx = \tan^{-1}\frac{\lambda}{a}$를 구할 수 있으므로

$$\mathcal{F}_S\left(\frac{e^{-ax}}{x}\right) = \int_0^{\infty} e^{-ax}\frac{\sin\lambda x}{x}\,dx = \tan^{-1}\frac{\lambda}{a}$$

【3】 $\int_0^{\infty} e^{-ax}\cos\lambda x\,dx$ 와 $\int_0^{\infty} e^{-ax}\sin\lambda x\,dx$ 는 각각 $\int_0^{\infty} e^{-ax}e^{i\lambda x}\,dx = \frac{1}{a-i\lambda}$ 의 실수부와 허수부이다. 이것을 이용하여 $f(x) = x^n e^{-ax}$ 의 푸리에 cosine, sine 변환을 구하라(참고 : 등식의 양변을 a 에 관해 편미분한다).

☞ $\int_0^{\infty} e^{-ax}e^{i\lambda x}\,dx = \frac{1}{a-i\lambda}$ 의 양변을 a 에 관해 편미분하면

$$\frac{\partial}{\partial a}\int_0^{\infty} e^{-ax}e^{i\lambda x}\,dx = \frac{\partial}{\partial a}\frac{1}{a-i\lambda} \quad\rightarrow\quad \int_0^{\infty} -x\,e^{-ax}e^{i\lambda x}\,dx = -\frac{1}{(a-i\lambda)^2}$$

따라서,

$$0^{\infty} x e^{-ax}e^{i\lambda x}\,dx = \frac{1}{(a-i\lambda)^2}$$

다시, a 에 관하여 편미분하고 정리하면

$$0^{\infty} x^2 e^{-ax}e^{i\lambda x}\,dx = \frac{2!}{(a-i\lambda)^3}$$

위의 과정을 계속 반복하면

$$0^{\infty} x^n e^{-ax}e^{i\lambda x}\,dx = \frac{n!}{(a-i\lambda)^{n+1}}$$

이 되고, 실수부와 허수부를 비교하여

$$\mathcal{F}_C(x^n e^{-ax}) = 0^{\infty} x^n e^{-ax}\cos\lambda x\,dx = \mathrm{Re}\left[\frac{n!}{(a-i\lambda)^{n+1}}\right]$$

$$\mathcal{F}_S(x^n e^{-ax}) = 0^{\infty} x^n e^{-ax}\sin\lambda x\,dx = \mathrm{Im}\left[\frac{n!}{(a-i\lambda)^{n+1}}\right]$$

【4】 구간 $0 < x < a$ 에서 $f_a(x) = \frac{1}{a}$ 이고 다른 구간에서는 $f_a(x) = 0$ 으로 정의된 함수를 고려한다(단, a 는 음이 아닌 수). 이 함수는 $\int_0^{\infty} f_a(x)\,dx = 1$ 을 만족한다. 따라서, $a \rightarrow 0$ 인 극한에서는 디랙 델타함수 $\delta(x) = \lim_{a\rightarrow 0} f_a(x)$ 가 된다. 함수 $f_a(x)$ 의 푸리에 cosine 변환을 구하라.

☞ $\mathcal{F}_C(f_a) = \int_0^{\infty} f_a(x)\cos\lambda x\,dx = \int_0^{a}\frac{1}{a}\cos\lambda x\,dx = \left[\frac{1}{a}\frac{1}{\lambda}\sin\lambda x\right]_0^{a} = \frac{\sin\lambda a}{\lambda a}$

위에서, $a \rightarrow 0$ 인 극한에서는

$$\mathcal{F}_C(f_a) = \frac{\sin \lambda a}{\lambda a} \to 1$$

따라서, 디랙델타함수의 푸리에 cosine변환은 $\mathcal{F}_C(\delta) = 1$이 된다.

☑ 삼각형의 형태를 가진 함수를 다시 정의하면 다음과 같다.

$$f_a(x) = \frac{x}{a^2},\ 0 < x < a$$

$$f_a(x) = \frac{2}{a} - \frac{x}{a^2},\ a < x < 2a$$

$f_a(x) = 0$, 이외의 구간에서

으로 정의된 함수의 푸리에 cosine변환을 구하면

$$\begin{aligned}
\mathcal{F}_C(f_a) &= \int_0^\infty f_a(x) \cos \lambda x \, dx \\
&= \int_0^a \frac{x}{a^2} \cos \lambda x \, dx + \int_a^{2a} \left(\frac{2}{a} - \frac{x}{a^2}\right) \cos \lambda x \, dx \\
&= \left[\left(\frac{x}{a^2}\right)\left(\frac{1}{\lambda} \sin \lambda x\right) - \left(\frac{1}{a^2}\right)\left(-\frac{1}{\lambda^2} \cos \lambda x\right)\right]_0^a \\
&\quad + \left[\left(\frac{2}{a} - \frac{x}{a^2}\right)\left(\frac{1}{\lambda} \sin \lambda x\right) - \left(-\frac{1}{a^2}\right)\left(-\frac{1}{\lambda^2} \cos \lambda x\right)\right]_a^{2a} \\
&= \frac{2\cos a\lambda - \cos 2a\lambda - 1}{a^2 \lambda^2} = \frac{2\cos a\lambda - (2\cos^2 a\lambda - 1) - 1}{a^2\lambda^2} \\
&= \frac{2\cos a\lambda(1 - \cos a\lambda)}{a^2\lambda^2}
\end{aligned}$$

위에서, $a \to 0$인 극한에서는

$$\mathcal{F}_C(f_a) = \frac{2\cos a\lambda(1 - \cos a\lambda)}{a^2\lambda^2} \to \frac{2}{a^2\lambda^2}\left(1 - 1 + \frac{(a\lambda)^2}{2} - \frac{(a\lambda)^4}{4!} + \cdots\right) = 1$$

마찬가지로, 푸리에 cosine변환은 $\mathcal{F}_C(\delta) = 1$이 된다. 즉, $\int_0^\infty f_a(x)\,dx = 1$과 $f_a(0) = \infty$의 성질을 가진 함수는 다른 방법으로 정의하여도 결국 디랙델타함수를 극한으로 가진다.

★10-6 복소수를 이용한 푸리에 해석

$$f(x) = \sum_{n=-\infty}^{\infty} c_n e^{inx}, \quad c_n = \frac{1}{2\pi}\int_{-\pi}^{\pi} f(x)\, e^{-inx}\, dx$$

★ 【1】 구간 $-\pi < x < \pi$ 에서 $f(x) = e^x$ 로 정의되고 주기가 2π 인 함수의 복소 푸리에급수는

$$e^x = \frac{\sinh\pi}{\pi} \sum_{n=-\infty}^{\infty} (-1)^n \frac{1+in}{1+n^2} e^{inx}$$

임을 보이고, 실수부를 택하여 e^x 의 푸리에급수가

$$e^x = \frac{2\sinh\pi}{\pi}\left[\frac{1}{2} - \frac{1}{1+1^2}(\cos x - \sin x) + \frac{1}{1+2^2}(\cos 2x - 2\sin 2x) - \cdots\right]$$

로 되는 것을 보여라($n=0$일 때를 주의).

☞ $c_n = \dfrac{1}{2\pi}\displaystyle\int_{-\pi}^{\pi} e^x e^{-inx} dx = \dfrac{1}{2\pi}\int_{-\pi}^{\pi} e^{(1-in)x} dx$

$$= \frac{1}{2\pi}\left[\frac{e^{(1-in)x}}{1-in}\right]_{-\pi}^{\pi} = \frac{1}{2\pi}\frac{e^{(1-in)\pi} - e^{-(1-in)\pi}}{1-in}$$

$$= \frac{1}{2\pi}\frac{e^{\pi}(-1)^n - e^{-\pi}(-1)^n}{1-in} = \frac{1}{\pi}\frac{e^{\pi}-e^{-\pi}}{2}\frac{1+in}{1+n^2} = \frac{\sinh\pi}{\pi}(-1)^n\frac{1+in}{1+n^2}$$

이므로 푸리에급수는

$$e^x = \frac{\sinh\pi}{\pi} \sum_{n=-\infty}^{\infty} (-1)^n \frac{1+in}{1+n^2} e^{inx}$$

로 된다. 여기서,

$$c_n = \frac{\sinh\pi}{\pi}(-1)^n\frac{1+in}{1+n^2}$$

을 식(51)

$$f(x) = a_0 + \sum_{n=1}^{\infty}(a_n \cos nx + b_n \sin nx)$$

$$a_0 = c_0, \quad a_n = c_n + c_{-n}, \quad b_n = i(c_n - c_{-n})$$

에 대입하면

$$a_0 = \frac{\sinh\pi}{\pi}$$

$$a_n = \frac{\sinh\pi}{\pi}(-1)^n\frac{1+in}{1+n^2} + \frac{\sinh\pi}{\pi}(-1)^n\frac{1-in}{1+n^2} = \frac{\sinh\pi}{\pi}\frac{2(-1)^n}{1+n^2}$$

$$b_n = i\frac{\sinh\pi}{\pi}\left[(-1)^n\frac{1+in}{1+n^2} - (-1)^n\frac{1-in}{1+n^2}\right] = \frac{\sinh\pi}{\pi}\frac{-2n(-1)^n}{1+n^2}$$

이므로, 푸리에급수를

$$f(x) = a_0 + \sum_{n=1}^{\infty}(a_n \cos nx + b_n \sin nx)$$

$$= \frac{\sinh\pi}{\pi}\left[1+\sum_{n=1}^{\infty}\left(\frac{2(-1)^n}{1+n^2}\cos nx+\frac{-2n(-1)^n}{1+n^2}\sin nx\right)\right]$$
$$= \frac{2\sinh\pi}{\pi}\left[\frac{1}{2}-\frac{1}{1+1^2}(\cos x-\sin x)+\frac{1}{1+2^2}(\cos 2x-2\sin 2x)-\cdots\right]$$

【3】 (예제 11)과 (예제 12)의 결과를 이용하여 $\mathcal{F}(xe^{-ax^2})$을 구하라.

☞ $f(x)=e^{-ax^2}$으로 두고 (예제 12)의 결과 $\mathcal{F}(f')=(i\lambda)\mathcal{F}(f)$에 대입하면

$$\mathcal{F}(-2ax\,e^{-ax^2})=(i\lambda)\mathcal{F}(e^{-ax^2})$$

가 되고, (예제 11)로부터 $\mathcal{F}(e^{-ax^2})=\sqrt{\frac{\pi}{a}}\,e^{-\frac{\lambda^2}{4a}}$ 이므로

$$\mathcal{F}(-2ax\,e^{-ax^2})=(i\lambda)\sqrt{\frac{\pi}{a}}\,e^{-\frac{\lambda^2}{4a}}$$

정리하면

$$\mathcal{F}(xe^{-ax^2})=-\frac{i\lambda}{2a}\sqrt{\frac{\pi}{a}}\,e^{-\frac{\lambda^2}{4a}}$$

★ 【4】 합성곱의 정리에서 역변환 $(f*g)(x)=\frac{1}{2\pi}\int_{-\infty}^{\infty}F(\lambda)G(\lambda)e^{i\lambda x}\,d\lambda$ 이 성립함을 보여라.

☞ 합성곱의 정리를 다시 쓰면

$$\mathcal{F}(f*g)=\mathcal{F}(f)\mathcal{F}(g)=F(\lambda)G(\lambda)$$

이다. 여기서, $h=f*g$로 두고 역변환의 정의

$$h(x)=\frac{1}{2\pi}\int_{-\infty}^{\infty}H(\lambda)e^{i\lambda x}\,d\lambda$$

를 비교하면 $H(\lambda)=F(\lambda)G(\lambda)$이므로

$$(f*g)(x)=\frac{1}{2\pi}\int_{-\infty}^{\infty}F(\lambda)G(\lambda)e^{i\lambda x}\,d\lambda$$

제 11 장 편미분방정식

11-1 기본개념

【1】 다음의 다변수함수는 라플라스방정식의 해가 되는 것을 보여라.

(a) $u = Axy + Bx + Cy + D$

$u_x = Ay + B$, $u_{xx} = 0$, $u_y = Ax + C$, $u_{yy} = 0$이므로 $\nabla^2 u = u_{xx} + u_{yy} = 0$

(b) $u = x^2 - y^2$

$u_x = 2x$, $u_{xx} = 2$, $u_y = -2y$, $u_{yy} = -2$이므로 $\nabla^2 u = u_{xx} + u_{yy} = 2 - 2 = 0$

(c) $u = x^3 - 3xy^2$

$u_x = 3x^2 - 3y^2$, $u_{xx} = 6x$, $u_y = -6xy$, $u_{yy} = -6x$이므로

$\nabla^2 u = u_{xx} + u_{yy} = 6x - 6x = 0$

(d) $u = 3x^2y - y^3$

$u_x = 6xy$, $u_{xx} = 6y$, $u_y = 3x^2 - 3y^2$, $u_{yy} = -6y$ 이므로

$\nabla^2 u = u_{xx} + u_{yy} = 6y - 6y = 0$

(e) $u = e^x \sin y$

$u_x = e^x \sin y$, $u_{xx} = e^x \sin y$, $u_y = e^x \cos y$, $u_{yy} = -e^x \sin y$ 이므로

$\nabla^2 u = u_{xx} + u_{yy} = e^x \sin y - e^x \sin y = 0$

(f) $u = \tan^{-1}\dfrac{y}{x}$

$$u_x = \frac{1}{1+\left(\frac{y}{x}\right)^2}\left(-\frac{y}{x^2}\right) = \frac{-y}{x^2+y^2}, \quad u_{xx} = -\frac{(-y)(2x)}{(x^2+y^2)^2} = \frac{2xy}{(x^2+y^2)^2}$$

$$u_y = \frac{1}{1+\left(\frac{y}{x}\right)^2}\left(\frac{1}{x}\right) = \frac{x}{x^2+y^2}, \quad u_{yy} = -\frac{(x)(2y)}{(x^2+y^2)^2} = -\frac{2xy}{(x^2+y^2)^2}$$

이므로 $\nabla^2 u = u_{xx} + u_{yy} = \dfrac{2xy}{(x^2+y^2)^2} - \dfrac{2xy}{(x^2+y^2)^2} = 0$

【2】 $r=\sqrt{x^2+y^2+z^2}$ 이라 할 때 $u=\dfrac{1}{r}$ 이 라플라스방정식의 해가 됨을 보여라. 이 다변수함수의 정의역은 어떻게 되겠는가.

☞ 정의역은 분모가 0이 되지 않는 모든 점으로 원점을 제외한 3차원 공간이 된다. 그리고,

$$\frac{\partial}{\partial x}\frac{1}{r}=-\frac{1}{r^2}\frac{\partial r}{\partial x}=-\frac{1}{r^2}\frac{2x}{2\sqrt{x^2+y^2+z^2}}=-\frac{1}{r^2}\frac{x}{r}=-\frac{x}{r^3}$$

$$\frac{\partial^2}{\partial x^2}\frac{1}{r}=\frac{\partial}{\partial x}\left(\frac{\partial}{\partial x}\frac{1}{r}\right)=\frac{\partial}{\partial x}\left(-\frac{x}{r^3}\right)=-\frac{1}{r^3}+\frac{3x}{r^4}\frac{x}{r}=-\frac{1}{r^3}+\frac{3x^2}{r^5}$$

으로 되고, y, z 에 관한 미분은 x 대신에 y, z 을 쓰면 되기 때문에

$$\frac{\partial^2}{\partial x^2}\frac{1}{r}=-\frac{1}{r^3}+\frac{3x^2}{r^5}$$

$$\frac{\partial^2}{\partial y^2}\frac{1}{r}=-\frac{1}{r^3}+\frac{3y^2}{r^5}$$

$$\frac{\partial^2}{\partial z^2}\frac{1}{r}=-\frac{1}{r^3}+\frac{3z^2}{r^5}$$

이고, 따라서

$$\nabla^2\frac{1}{r}=\frac{\partial^2}{\partial x^2}\frac{1}{r}+\frac{\partial^2}{\partial y^2}\frac{1}{r}+\frac{\partial^2}{\partial z^2}\frac{1}{r}=-\frac{3}{r^3}+\frac{3(x^2+y^2+z^2)}{r^5}=-\frac{3}{r^3}+\frac{3}{r^3}=0$$

【3】 $r=\sqrt{x^2+y^2}$ 이라 할 때 $u=\ln r$ 이 라플라스방정식의 해임을 보이고, 정의역을 구하라.

☞ $u_x=\dfrac{\partial}{\partial x}\ln r=\dfrac{1}{r}\dfrac{\partial r}{\partial x}=\dfrac{1}{r}\dfrac{x}{r}=\dfrac{x}{r^2}$

$$u_{xx}=\frac{\partial}{\partial x}\frac{x}{r^2}=\frac{1}{r^2}-\frac{2x}{r^3}\frac{x}{r}=\frac{1}{r^2}-\frac{2x^2}{r^4}$$

마찬가지로 x 대신에 y 를 대입하면 $u_{yy}=\dfrac{1}{r^2}-\dfrac{2y^2}{r^4}$ 이고, 따라서

$$u_{xx}+u_{yy}=\frac{1}{r^2}-\frac{2x^2}{r^4}+\frac{1}{r^2}-\frac{2y^2}{r^4}=\frac{2}{r^2}-\frac{2(x^2+y^2)}{r^4}=0$$

이고 정의역은 $r>0$ 이다.

【4】 상수 a 와 b 를 잘 선택하면 $u=e^{-at}\cos bx$ 가 열전도방정식의 해가 되는 것을 보여라.

☞ $u_t=-ae^{-at}\cos bx$, $u_x=-be^{-at}\sin bx$, $u_{xx}=-b^2e^{-at}\cos bx$

를 $u_t = \alpha u_{xx}$에 대입하면 $-ae^{-at}\cos bx = (\alpha)(-b^2 e^{-at}\cos bx)$. 즉, $\frac{a}{b^2} = \alpha$가 되도록 하면 된다.

【5】 $u(x, t) = \phi(x+ct) + \psi(x-ct)$는 파동방정식의 해가 되는 것을 보여라. 단, ϕ, ψ는 2계 도함수를 갖는 임의의 함수라고 한다.

☞ $u_x = \phi'(x+ct) + \psi'(x-ct)$, $u_{xx} = \phi''(x+ct) + \psi''(x-ct)$

$u_t = c\phi'(x+ct) - c\psi'(x-ct)$, $u_{tt} = c^2\phi''(x+ct) + c^2\psi''(x-ct)$

이므로 $u_{tt} = c^2 u_{xx}$를 만족한다.

【6】 파동방정식의 c를 보통 파동의 속도(speed of wave)라고 한다. 적당한 c에 대해 다음의 함수들이 파동방정식의 해가 됨을 보여라.

(a) $u = x^2 + t^2$

$u_x = 2x$, $u_{xx} = 2$, $u_t = 2t$, $u_{tt} = 2$이므로 $u_{tt} = c^2 u_{xx}$에서 $c = 1$인 경우에 해당.

(b) $u = x^3 + 3xt^2$

$u_x = 3x^2 + 3t^2$, $u_{xx} = 6x$, $u_t = 6xt$, $u_{tt} = 6x$이므로 $u_{tt} = c^2 u_{xx}$에서 $c = 1$인 경우에 해당.

(c) $u = \sin at \sin bx$

$u_x = b\sin at\cos bx$, $u_{xx} = -b^2\sin at\sin bx$

$u_t = a\cos at\sin bx$, $u_{tt} = -a^2\sin at\sin bx$.

이때, $u_{tt} = c^2 u_{xx}$에서 $c = \frac{a}{b}$인 경우에 해당.

【7】 다음의 편미분방정식을 풀어라.

(a) $u_{xx} + u = 0$

y에 관한 편미분이 없으므로 상미분과 같이 푼다. 단, 상미분을 풀 때 나타나는 적분상수가 이 경우에는 y에 관한 함수가 되는 것을 주의한다. 즉,

$\frac{d^2u}{dx^2} + u = 0$을 풀면 $u = A\cos x + B\sin x$

이므로 구하는 해는 $u(x, y) = A(y)\cos x + B(y)\sin x$

(b) $u_x + yu = 0$을 변수분리하면 $\frac{u_x}{u} = -y$가 되고 적분하면 $\ln|u| = -xy + C(y)$ 정리하면, $|u| = e^{-xy}e^{C(y)}$. 따라서, $u = A(y)e^{-xy}$로 쓸 수 있다.

(c) $u_{xy}+u_x=0$에서 $v=u_x$로 두면 $v_y+v=0$으로 된다. 이것을 풀면 $\dfrac{v_y}{v}=-1$ 에서 $\ln|v|=-y+c(x)$, 즉 $v=u_x=a(x)e^{-y}$가 되고(여기서, $a(x)=\pm e^{c(x)}$로 둔 것이다). 이것을 적분하면

$$u=e^{-y}\int a(x)+B(y)$$

따라서, $u(x,y)=A(x)e^{-y}+B(y)$

★ 【8】 $au_x+bu_y=0$으로 주어진 1계 선형편미분방정식은 좌표축을 α만큼 회전시켜 구한 좌표계 $\xi=x\cos\alpha+y\sin\alpha$, $\eta=-x\sin\alpha+y\cos\alpha$에 대하여 $Au_\xi=0$의 형태로 바꿀 수 있다는 것을 보여라 (단, $\tan\alpha=b/a$).

☞ $$\frac{\partial u}{\partial x}=\frac{\partial u}{\partial \xi}\frac{\partial \xi}{\partial x}+\frac{\partial u}{\partial \eta}\frac{\partial \eta}{\partial x}=u_\xi\cos\alpha+u_\eta(-\sin\alpha)$$

$$\frac{\partial u}{\partial y}=\frac{\partial u}{\partial \xi}\frac{\partial \xi}{\partial y}+\frac{\partial u}{\partial \eta}\frac{\partial \eta}{\partial y}=u_\xi\sin\alpha+u_\eta\cos\alpha$$

이다. 따라서,

$$\begin{aligned} au_x+bu_y &= a[u_\xi\cos\alpha+u_\eta(-\sin\alpha)]+b[u_\xi\sin\alpha+u_\eta\cos\alpha] \\ &= u_\xi(a\cos\alpha+b\sin\alpha)+u_\eta(-a\sin\alpha+b\cos\alpha)]=0 \end{aligned}$$

으로 된다. 그런데, $-a\sin\alpha+b\cos\alpha=0$. 즉, $\tan\alpha=\dfrac{b}{a}$로 택하면 윗식은

$$u_\xi(a\cos\alpha+b\sin\alpha)=0$$

으로 변환된다.

★ 【9】 상계수를 가진 2계 선형편미분방정식 $au_{xx}+bu_{xy}+cu_{yy}=0$은 $\xi=x\cos\alpha+y\sin\alpha$, $\eta=-x\sin\alpha+y\cos\alpha$인 변환에 의해 $Au_{\xi\xi}+Bu_{\eta\eta}=0$로 바꿀 수 있다는 것을 보여라 [단, $\tan 2\alpha=b/(a-c)$이다].

☞ $$\frac{\partial}{\partial x}=\frac{\partial}{\partial \xi}\frac{\partial \xi}{\partial x}+\frac{\partial}{\partial \eta}\frac{\partial \eta}{\partial x}=\cos\alpha\frac{\partial}{\partial \xi}-\sin\alpha\frac{\partial}{\partial \eta}$$

$$\frac{\partial}{\partial y}=\frac{\partial}{\partial \xi}\frac{\partial \xi}{\partial y}+\frac{\partial}{\partial \eta}\frac{\partial \eta}{\partial y}=\sin\alpha\frac{\partial}{\partial \xi}+\cos\alpha\frac{\partial}{\partial \eta}$$

인 관계로부터

$$u_x=u_\xi\cos\alpha-u_\eta\sin\alpha$$

$$u_y=u_\xi\sin\alpha+u_\eta\cos\alpha$$

를 얻는다. 계속 미분하면

$$\begin{aligned}
u_{xx} &= \cos\alpha(u_\xi\cos\alpha - u_\eta\sin\alpha)_\xi - \sin\alpha(u_\xi\cos\alpha - u_\eta\sin\alpha)_\eta \\
&= \cos\alpha(u_{\xi\xi}\cos\alpha - u_{\eta\xi}\sin\alpha) - \sin\alpha(u_{\xi\eta}\cos\alpha - u_{\eta\eta}\sin\alpha) \\
&= u_{\xi\xi}\cos^2\alpha - 2u_{\eta\xi}\cos\alpha\sin\alpha + u_{\eta\eta}\sin^2\alpha \\
u_{xy} &= \sin\alpha(u_\xi\cos\alpha - u_\eta\sin\alpha)_\xi + \cos\alpha(u_\xi\cos\alpha - u_\eta\sin\alpha)_\eta \\
&= \sin\alpha(u_{\xi\xi}\cos\alpha - u_{\eta\xi}\sin\alpha) + \cos\alpha(u_{\xi\eta}\cos\alpha - u_{\eta\eta}\sin\alpha) \\
&= u_{\xi\xi}\sin\alpha\cos\alpha + u_{\eta\xi}(\cos^2\alpha - \sin^2\alpha) - u_{\eta\eta}\sin\alpha\cos\alpha \\
u_{yy} &= \sin\alpha(u_\xi\sin\alpha + u_\eta\sin\alpha)_\xi + \cos\alpha(u_\xi\sin\alpha + u_\eta\cos\alpha)_\eta \\
&= \sin\alpha(u_{\xi\xi}\sin\alpha + u_{\eta\xi}\cos\alpha) + \cos\alpha(u_{\xi\eta}\sin\alpha + u_{\eta\eta}\cos\alpha) \\
&= u_{\xi\xi}\sin^2\alpha + 2u_{\eta\xi}\cos\alpha\sin\alpha + u_{\eta\eta}\cos^2\alpha
\end{aligned}$$

가 된다. 이것을 $au_{xx} + bu_{xy} + cu_{yy} = 0$에 대입하면

$$\begin{aligned}
& au_{xx} + bu_{xy} + cu_{yy} \\
&= a(u_{\xi\xi}\cos^2\alpha - 2u_{\eta\xi}\cos\alpha\sin\alpha + u_{\eta\eta}\sin^2\alpha) \\
&\quad + b[u_{\xi\xi}\sin\alpha\cos\alpha + u_{\eta\xi}(\cos^2\alpha - \sin^2\alpha) - u_{\eta\eta}\sin\alpha\cos\alpha] \\
&\quad + c[u_{\xi\xi}\sin^2\alpha + 2u_{\eta\xi}\cos\alpha\sin\alpha + u_{\eta\eta}\cos^2\alpha] \\
&= u_{\xi\xi}(a\cos^2\alpha + b\cos\alpha\sin\alpha + c\sin^2\alpha) \\
&\quad + u_{\xi\eta}[-2a\cos\alpha\sin\alpha + b(\cos^2\alpha - \sin^2\alpha) + 2c\cos\alpha\sin\alpha] \\
&\quad + u_{\eta\eta}(a\sin^2\alpha - b\cos\alpha\sin\alpha + c\cos^2\alpha) = 0
\end{aligned}$$

으로 된다. 여기서, $u_{\xi\eta}$의 계수가 없어지기 위해서는

$$-2a\cos\alpha\sin\alpha + b(\cos^2\alpha - \sin^2\alpha) + 2c\cos\alpha\sin\alpha = 0$$

즉,

$$b\cos 2\alpha + (c-a)\sin 2\alpha = 0 \quad \to \quad \tan 2\alpha = \frac{b}{a-c}$$

이면 된다. 위의 조건이 만족될 때 주어진 편미분방정식은 $Au_{\xi\xi} + Bu_{\eta\eta} = 0$의 형태를 가진다.

★ 【10】 $u_{xx} + u_{yy} = 0$일 때, 좌표변환 $\xi = x\cos\alpha + y\sin\alpha$, $\eta = -x\sin\alpha + y\cos\alpha$에 대해서도 마찬가지로 $u_{\xi\xi} + u_{\eta\eta} = 0$임을 보여라.

☞ 앞의 문제에서 $a=1$, $b=0$, $c=1$인 경우에 해당한다. 그런데,

$$u_{xx} + u_{yy} = (1)(u_{\xi\xi}\cos^2\alpha - 2u_{\eta\xi}\cos\alpha\sin\alpha + u_{\eta\eta}\sin^2\alpha)$$

$$+ (0)[u_{\xi\xi}\sin\alpha\cos\alpha + u_{\eta\xi}(\cos^2\alpha - \sin^2\alpha) - u_{\eta\eta}\sin\alpha\cos\alpha]$$

$$+(1)[u_{\xi\xi}\sin^2\alpha + 2u_{\eta\xi}\cos\alpha\sin\alpha + u_{\eta\eta}\cos^2\alpha]$$

$$= u_{\xi\xi}(\cos^2\alpha + \sin^2\alpha)$$

$$+ u_{\xi\eta}[-2\cos\alpha\sin\alpha + 2\cos\alpha\sin\alpha]$$

$$+ u_{\eta\eta}(\sin^2\alpha + \cos^2\alpha) = 0$$

즉, $u_{xx} + u_{yy} = u_{\xi\xi} + u_{\eta\eta} = 0$이 된다.

11-4 라플라스방정식의 해: (I) Cartesian 좌표계

【1】 $x = 0$에서 Neumann 조건이 주어진 경우 $u_x(0, y) = f(y)$에 대해 (예제 6)을 풀어라.

☞ 경계조건: $u_x(0, y) = f(y)$, $u(x, 0) = 0$

$u(\infty, y) = 0$, $u(x, H) = 0$

y방향이 제차방향이 되는 것은 (예제 6)과 마찬가지이며, $x \to \infty$에서 $u = 0$인 것도 마찬가지이므로

$$u(x, y) = \sum_{n=1}^{\infty} A_n e^{-\lambda_n x}\sin\lambda_n y, \quad \lambda = \lambda_n = \frac{n\pi}{H}, \ n = 1, 2, 3, \cdots$$

가 된다(위에서, $\lambda = 0$인 고유값이 존재하지 않는 것도 예제와 같다. 왜냐하면 제차방향의 조건이 똑같기 때문이다). 계수 A_n을 구하기 위하여 Neumann조건 $u_x(0, y) = f(y)$를 사용하면

$$u_x(x, y) = \sum_{n=1}^{\infty}(-\lambda_n A_n)e^{-\lambda_n x}\sin\lambda_n y$$

즉,

$$f(y) = \sum_{n=1}^{\infty}(-\lambda_n A_n)\sin\lambda_n y$$

로부터 계수가 결정된다. 식(23)과 비교하면 A_n 대신에 $-\lambda_n A_n$으로 바뀌어 있으므로 식(24)를 그대로 이용한다. 따라서,

$$-\lambda_n A_n = \frac{\langle f(y), \sin\lambda_n y\rangle}{\langle \sin\lambda_n y, \sin\lambda_n y\rangle} = \frac{\int_0^H f(y)\sin\lambda_n y\, dy}{\int_0^H \sin^2\lambda_n y\, dy} = \frac{2}{H}\int_0^H f(y)\sin\lambda_n y\, dy$$

로부터

$$A_n = -\frac{2}{\lambda_n H}\int_0^H f(y)\sin\lambda_n y\, dy$$

【2】 단열조건 $u_y(x,0)=0$과 대류조건 $u_y(x,H)+\frac{h_\infty}{k}u(x,H)=0$에 대하여 (예제 6)을 다시 풀어라.

☞ 경계조건: $u(0,y)=f(y),\ \ u_y(x,0)=0$

$$u(\infty,y)=0\,,\quad u_y(x,H)+\frac{h_\infty}{k}u(x,H)=0$$

경계조건으로부터 y방향이 제차방향이 되는 것을 알 수 있다. 아래의 표 11.2에서

표 11.2 Cartesian (x,y)좌표계에서 $\nabla^2 u=0$의 분리해

제차방향:	$X\sim\begin{cases}1,\ x & (\lambda=0)\\ \cos\lambda x,\ \sin\lambda x & (\lambda\neq 0)\end{cases}$	$\dfrac{\partial^2 u}{\partial x^2}+\dfrac{\partial^2 u}{\partial y^2}=0$
비제차방향:	$Y\sim\begin{cases}1,\ y & (\lambda=0)\\ e^{\lambda y},\ e^{-\lambda y} & (\lambda\neq 0)\end{cases}$	

*제차방향이 x좌표방향으로 주어진 경우임.
**비제차방향이 유한영역일 때는 지수함수대신에 $\cosh\lambda v,\ \sinh\lambda v$를 사용.

y방향이 제차방향인 경우는

$$X\sim\begin{cases}1,\ x & (\lambda=0)\\ e^{\lambda x},\ e^{-\lambda x} & (\lambda\neq 0)\end{cases}$$

$$Y\sim\begin{cases}1,\ y & (\lambda=0)\\ \cos\lambda y,\ \sin\lambda y & (\lambda\neq 0)\end{cases}$$

이 해의 기본계로 된다. 이때, y방향의 경계조건 $u_y(x,0)=X(x)\frac{dY}{dy}(0)=0$으로부터 $\frac{dY}{dy}(0)=0$이 만족되는 $Y\sim\cos\lambda y$를 분리함수로 택한다. 이때, 고유값 $\lambda=0$인 경우는 $Y\sim\cos\lambda y$가 포함하고 있다. 다음으로 다른 경계조건

$$u_y(x,H)+\frac{h_\infty}{k}u(x,H)=X(x)\frac{dY}{dy}(H)+\frac{h_\infty}{k}X(x)Y(H)=0$$

으로부터

$$\frac{dY}{dy}(H)+\frac{h_\infty}{k}Y(H)=0$$

이 되는 λ를 고유값으로 택한다. 정리하면

$$-\lambda\sin\lambda H+\frac{h_\infty}{k}\cos\lambda H=0\ \rightarrow\ (\lambda H)\tan(\lambda H)=\frac{h_\infty H}{k}$$

가 된다. 여기서, k, h_∞, H가 모두 양수인 경우만을 생각한다. 따라서, 고유값은

$$(\lambda_n H)\tan(\lambda_n H)=B,\quad B=\frac{h_\infty H}{k},\quad n=1,2,3,\cdots$$

로부터 얻어진다. 이때, $\lambda=0$은 해가 되지 않는 것에 주목한다. 이와 같이 구한 고유값을 이용하면 해는 $x\to\infty$에서 $u=0$인 조건으로부터 $e^{-\lambda x}$를 분리함수로 택하여 다음과 같이

$$u(x,y)=\sum_{n=1}^{\infty}A_n e^{-\lambda_n x}\cos\lambda_n y,\quad (\lambda_n H)\tan(\lambda_n H)=\frac{h_\infty H}{k},\quad n=1,2,3,\cdots$$

로 쓸 수 있다. 마지막 경계조건 $u(0,y)=f(y)$를 이용하면

$$f(y)=\sum_{n=1}^{\infty}A_n\cos\lambda_n y$$

가 된다. 계수 A_n은

$$A_n=\frac{\langle f(y),\sin\lambda_n y\rangle}{\langle\sin\lambda_n y,\sin\lambda_n y\rangle}=\frac{\int_0^H f(y)\sin\lambda_n y\,dy}{\int_0^H\sin^2\lambda_n y\,dy}$$

로부터 구할 수 있다. 그런데, 분모는

$$\int_0^H\sin^2\lambda_n y\,dy=\int_0^H\frac{1}{2}(1-\cos 2\lambda_n y)\,dy$$
$$=\frac{1}{2}\left(y-\frac{1}{2\lambda_n}\sin 2\lambda_n y\right)\Big|_0^H=\frac{H}{2}-\frac{1}{4\lambda_n}\sin 2\lambda_n H$$

이고 $z\tan z=B$를 이용하면

$$\sin 2z=2\cos z\sin z=2\cos^2 z\tan z=\frac{2\tan z}{1+\tan^2 z}=\frac{2\frac{B}{z}}{1+\frac{B^2}{z^2}}=\frac{2Bz}{z^2+B^2}$$

으로 단순화되므로

$$\int_0^H\sin^2\lambda_n y\,dy=\frac{H}{2}\left[1-\frac{B}{(\lambda_n H)^2+B^2}\right]$$

이다. 최종해는

$$u(x,y)=\sum_{n=1}^{\infty}A_n e^{-\lambda_n x}\cos\lambda_n y,\quad (\lambda_n H)\tan(\lambda_n H)=\frac{h_\infty H}{k},\quad n=1,2,3,\cdots$$

$$A_n = \frac{\int_0^H f(y) \sin\lambda_n y \, dy}{\frac{H}{2}\left[1 - \frac{B}{(\lambda_n H)^2 + B^2}\right]}$$

로 쓸 수 있다.

【3】 그림 11.3에서 x 방향의 경계조건이 $u(0, y) = 0$, $u(L, y) = f(y)$로 위치를 바꾸게 되면

$$u(x, y) = \sum_{n=1}^{\infty} A_n \frac{\sinh\lambda_n x}{\sinh\lambda_n L} \sin\lambda_n y$$

가 해로 되며, 계수 A_n은 식(24)와 동일함을 보여라.

☞ x 방향의 경계조건이 $u(0, y) = 0$, $u(L, y) = f(y)$으로 바뀌는 것은 $x = \frac{L}{2}$를 중심으로 대칭변환을 하는 것이므로 x 대신에 $2\left(\frac{L}{2}\right) - x$를 대입하면 된다. 따라서, 식(27)의 x를 $L - x$로 두어 해를 얻는다.

☑ 처음부터 풀어 나가면 제차방향인 y 방향의 경계조건이 동일하므로 y 방향의 분리함수와 고유값이 동일하다. 따라서, 고유값과 고유함수는

$$Y \sim \sin\lambda_n y, \quad \lambda_n = \frac{n\pi}{H}, \; n = 1, 2, 3, \cdots$$

이다. x 방향은 유한한 영역이고 $X(0) = 0$인 조건으로부터

$$X \sim \frac{\sinh\lambda_n x}{\sinh\lambda_n L}$$

를 x 방향의 분리함수로 택한다. 위에서, 분모는 나중에 $x = L$을 대입할 때 $X(L) = 1$이 되어 간단히 처리하기 위하여 규준화한 것이다. 만일 $x = L$에서 미분조건이 주어져 있다면 $X \sim \frac{\sinh\lambda_n x}{\lambda_n \cosh\lambda_n L}$을 택하여 $X'(L) = 1$이 되도록 한다. 물론, $x = L$에서 훨씬 복잡한 조건이 주어져 있다면 $X \sim \sinh\lambda_n x$가 유일한 선택이 될 것이다. 최종해를

$$u(x, y) = \sum_{n=1}^{\infty} A_n \frac{\sinh\lambda_n x}{\sinh\lambda_n L} \sin\lambda_n y$$

으로 두면 $x = L$에서의 조건이 (예제 6)과 같기 때문에 계수 A_n은 식(24)로 주어진다.

【4】 $0 \le x \le L$, $0 \le y \le H$인 사각형 내부의 온도분포 $u(x, y)$는 $\nabla^2 u = 0$을 만

족한다고 한다. x 방향으로 $u(0, y) = f(y)$, $u(L, y) = 0$, y 방향으로 단열조건 $u_y(x, 0) = u_y(x, H) = 0$을 가질 때의 온도분포는

$$u(x, y) = A_0\left(1 - \frac{x}{L}\right) + \sum_{n=1}^{\infty} A_n \frac{\sinh\lambda_n(L - x)}{\sinh\lambda_n L} \cos\lambda_n y, \quad \lambda_n = \frac{n\pi}{H}$$

으로 쓸 수 있음을 보이고, 계수 A_n 은

$$A_0 = \frac{1}{H}\int_0^H f(y)\,dy, \quad A_n = \frac{2}{H}\int_0^H f(y)\cos\lambda_n y\,dy$$

으로부터 결정되는 것을 보여라.

☞ y 방향으로 단열조건 $u_y(x, 0) = u_y(x, H) = 0$이 주어져 있으므로 제차방향은 y 방향이 된다. 따라서, y 방향의 분리함수 $Y(y)$는 $\frac{dY}{dy}(0) = \frac{dY}{dy}(H) = 0$을 만족해야 한다. 제차방향의 기본해

$$Y \sim \begin{cases} 1,\ y & (\lambda = 0) \\ \cos\lambda y,\ \sin\lambda y & (\lambda \neq 0) \end{cases}$$

에서 $Y \sim \cos\lambda y$가 경계조건 $\frac{dY}{dy}(0) = \frac{dY}{dy}(H) = 0$을 만족한다. 이때, $\lambda = 0$인 경우인 $Y \sim 1$도 경계조건을 만족하므로 $\lambda = 0$도 고유값이 된다. 다른 고유값은 $\frac{dY}{dy}(H) = 0$으로부터

$$\sin\lambda_n H = 0, \quad \lambda_n = \frac{n\pi}{H}, \quad n = 1, 2, 3, \cdots$$

이 된다.

계속하여, x 방향의 제차경계조건 $u(L, y) = 0$, 즉 $X(L) = 0$으로부터 고유값 $\lambda_0 = 0$일 때는 $X = Ax + B$의 형태에서 $X = A\left(1 - \frac{x}{L}\right)$를, $\lambda \neq 0$인 경우에는 유한한 영역이므로 $X \sim \cosh\lambda_n x$, $\sinh\lambda_n x$에서 $X \sim \sinh\lambda_n(L - x)$를 분리함수로 택하여 일반해를

$$u(x, y) = A_0\left(1 - \frac{x}{L}\right) + \sum_{n=1}^{\infty} A_n \frac{\sinh\lambda_n(L - x)}{\sinh\lambda_n L} \cos\lambda_n y, \quad \lambda_n = \frac{n\pi}{H}$$

로 쓸 수 있다. 마지막으로 경계조건 $u(0, y) = f(y)$에서

$$f(y) = A_0 + \sum_{n=1}^{\infty} A_n \cos\lambda_n y, \quad \lambda_n = \frac{n\pi}{H}$$

이다. 계수는

$$A_0 = \frac{\langle f(y), 1\rangle}{\langle 1, 1\rangle} = \frac{\int_0^H f(y)\, dy}{\int_0^H 1\, dy} = \frac{1}{H}\int_0^H f(y)\, dy$$

$$A_n = \frac{\langle f(y), \sin\lambda_n y\rangle}{\langle \sin\lambda_n y, \sin\lambda_n y\rangle} = \frac{\int_0^H f(y)\sin\lambda_n y\, dy}{\int_0^H \sin^2\lambda_n y\, dy} = \frac{2}{H}\int_0^H f(y)\cos\lambda_n y\, dy$$

로부터 구해진다.

☑ 이 문제는 $\lambda = 0$을 처리하는 방법이 가장 중요한 요점이 된다.

11-5 라플라스방정식의 해: (II) (r, θ) 원통좌표계

표 11.4 원통좌표계에서 (r, θ)에 대한 $\nabla^2 u = 0$의 분리해

제차방향: $\Theta \sim$	$1, \theta \quad (\lambda = 0)$ $\cos\lambda\theta, \sin\lambda\theta \quad (\lambda \neq 0)$	$\frac{1}{r}\frac{\partial}{\partial r}\left(r\frac{\partial u}{\partial r}\right) + \frac{1}{r^2}\frac{\partial^2 u}{\partial \theta^2} = 0$
비제차방향: $\mathcal{R} \sim$	$1, \ln r \quad (\lambda = 0)$ $r^{\lambda}, r^{-\lambda} \quad (\lambda \neq 0)$	

* r 방향이 제차방향이 되는 경우는 고려하지 않았음.

【1】 표 11.4로부터 θ에 무관한 해는 $u(r) = A_0 + B_0 \ln r$ 으로 되는 것을 보여라.

☞ 표 11.4에서 라플라스방정식 $\frac{1}{r}\frac{\partial}{\partial r}\left(r\frac{\partial u}{\partial r}\right) + \frac{1}{r^2}\frac{\partial^2 u}{\partial \theta^2} = 0$이 θ에 무관하게 되면 $\frac{1}{r}\frac{\partial}{\partial r}\left(r\frac{\partial u}{\partial r}\right) = 0 \rightarrow r\frac{\partial u}{\partial r} = c$로 되고 $\frac{\partial u}{\partial r} = \frac{c}{r}$ 을 적분하면

$$u(r) = A_0 + B_0 \ln r$$

로 주어진다.

【2】 반지름 R인 원통의 주위온도가 $u(R, \theta) = F(\theta)$로 일정하게 주어져 있다. 이때, 원통의 내부영역 $r \le R$과 외부영역 $r \ge R$에서의 온도분포 $u(r, \theta)$는 $\nabla^2 u = 0$을 각각의 영역에 대해 풀어서

$$u(r, \theta) = \begin{cases} A_0 + \sum_{n=1}^{\infty}\left(\frac{r}{R}\right)^n (A_n \cos n\theta + B_n \sin n\theta), & r \le R \\ A_0 + \sum_{n=1}^{\infty}\left(\frac{R}{r}\right)^n (A_n \cos n\theta + B_n \sin n\theta), & r \ge R \end{cases}$$

으로 되는 것을 보여라 (온도는 무한값을 취할 수 없는 물리량이다). 위에서

$$A_0 = \frac{1}{2\pi}\int_0^{2\pi} F(\theta)\, d\theta,\quad A_n = \frac{1}{\pi}\int_0^{2\pi} F(\theta)\cos n\theta\, d\theta,\quad B_n = \frac{1}{\pi}\int_0^{2\pi} F(\theta)\sin n\theta\, d\theta$$

☞ 이 문제는 (예제 8)에서 θ 방향으로 주기적인 조건이 만족되고, 영역 $a \le r \le b$ 에서 라플라스방정식을 만족하는 해를 그대로 이용한다. 즉, 식(34)로 주어지는

$$u(r,\theta) = (A_0 + B_0 \ln r) + \sum_{n=1}^{\infty}[(A_n r^n + B_n r^{-n})\cos n\theta + (C_n r^n + D_n r^{-n})\sin n\theta]$$

를 이용한다.

먼저, 원통의 내부영역 $r \le R$ 에 대해서는 $a \to 0$ 으로 두었을 때 $r = 0$ 에서 유한한 온도를 가지기 위하여 $\ln r$ 과 r^{-n} 의 계수가 0이 된다. 즉, $B_0 = C_n = D_n = 0$ 이므로 해는

$$u(r,\theta) = A_0 + \sum_{n=1}^{\infty}(A_n r^n \cos n\theta + C_n r^n \sin n\theta)$$

로 주어진다. 계수 A_0, A_n, C_n 은 식(35)로부터 구해진다. 즉,

$$a = 0,\ b = R,\ f(\theta) = 0,\ g(\theta) = T(\theta)$$

로 치환하여

$$A_0 = \frac{1}{2\pi}\int_0^{2\pi} T(\theta)\, d\theta$$

$$A_n R^n = \frac{1}{\pi}\int_0^{2\pi} T(\theta)\cos n\theta\, d\theta$$

$$C_n R^n = \frac{1}{\pi}\int_0^{2\pi} T(\theta)\sin n\theta\, d\theta$$

를 대입하여

$$u(r,\theta) = a_0 + \sum_{n=1}^{\infty}\left(\frac{r}{R}\right)^n (a_n \cos n\theta + b_n \sin n\theta)$$

$$a_0 = \frac{1}{2\pi}\int_0^{2\pi} T(\theta)\, d\theta,\quad a_n = \frac{1}{\pi}\int_0^{2\pi} T(\theta)\cos n\theta\, d\theta,\quad b_n = \frac{1}{\pi}\int_0^{2\pi} T(\theta)\sin n\theta\, d\theta$$

를 얻는다.

다음으로, 외부영역 $r \ge R$ 에서는 $a = R$, $b = \infty$, $f(\theta) = T(\theta)$, $g(\theta) = 0$ 을 치환하고 $b = \infty$ 에서 해가 유한하도록 계수 $B_0 = A_n = C_n = 0$ 으로 두면 해는

$$u(r,\theta) = A_0 + \sum_{n=1}^{\infty}(B_n r^{-n}\cos n\theta + D_n r^{-n}\sin n\theta)$$

로 쓸 수 있고, 계수는 식(35)로부터

$$A_0 = \frac{1}{2\pi}\int_0^{2\pi} T(\theta)\, d\theta$$

$$B_n R^{-n} = \frac{1}{\pi}\int_0^{2\pi} T(\theta)\cos n\theta\, d\theta$$

$$D_n R^{-n} = \frac{1}{\pi}\int_0^{2\pi} T(\theta)\sin n\theta\, d\theta$$

이다. 이것을 대입하면

$$u(r,\theta) = a_0 + \sum_{n=1}^{\infty}\left(\frac{R}{r}\right)^n (a_n\cos n\theta + b_n \sin n\theta)$$

$$a_0 = \frac{1}{2\pi}\int_0^{2\pi} T(\theta)\, d\theta, \quad a_n = \frac{1}{\pi}\int_0^{2\pi} T(\theta)\cos n\theta\, d\theta, \quad b_n = \frac{1}{\pi}\int_0^{2\pi} T(\theta)\sin n\theta\, d\theta$$

으로 된다. 정리하면 문제에서 주어진 형태로 된다.

【3】 앞의 문제 【2】에서 $r \to 0$일 때와 $r \to \infty$의 온도가

$$u_0 = u_\infty = \frac{1}{2\pi}\int_0^{2\pi} T(\theta)\, d\theta$$

로 서로 같음을 보여라.

☞ $r \to 0$일 때의 해는 원통의 내부영역에 대한 해에서 $r \to 0$을 대입하면

$$u_0 = u(0,\theta) = A_0$$

로 주어진다. 또한, $r \to \infty$의 온도는 원통의 내부영역에 대한 해에서 $r \to \infty$를 대입하여

$$u_\infty = u(\infty,\theta) = A_0$$

를 얻는다. 위에서, 계수 A_0는 두 경우 모두 $A_0 = \frac{1}{2\pi}\int_0^{2\pi} T(\theta)\, d\theta$로 주어지므로

$$u_0 = u_\infty = \frac{1}{2\pi}\int_0^{2\pi} T(\theta)\, d\theta$$

【4】 반지름 R인 원통의 주위에서

$$\left(\frac{\partial u}{\partial r} + \frac{h}{k}u\right)_{r=R} = q(\theta) = \begin{cases} q_0 \sin\theta & (0 < \theta < \pi) \\ 0 & (\pi < \theta < 2\pi) \end{cases}$$

인 조건을 만족하는 온도분포는

$$u(r,\theta) = A_0 + \sum_{n=1}^{\infty}\left(\frac{r}{R}\right)^n (A_n\cos n\theta + B_n\sin n\theta), \quad r \le R$$

의 중첩해로 나타낼 수 있는 것을 보이고 최종해를 구하라($\beta = ha/k$ 로 치환하라).

☑ (주의) 문제의 최종해가 매우 복잡하므로 간단한 해를 얻고자 하면 경계조건을

$$\left(\frac{\partial u}{\partial r} + \frac{h}{k}u\right)_{r=R} = q(\theta) = \begin{cases} q_0 & (0 < \theta < \pi) \\ 0 & (\pi < \theta < 2\pi) \end{cases}$$

로 바꾸어 풀도록 한다.

☞ 원통의 내부영역에서 유한한 온도를 가지고 또한 주기조건을 만족하는 해는 앞의 (문제 3)에서 이미

$$u(r, \theta) = A_0 + \sum_{n=1}^{\infty} \left(\frac{r}{R}\right)^n (A_n \cos n\theta + B_n \sin n\theta), \quad r \le R$$

로 주어지는 것을 확인하였다. 여기서, 주목할 것은 위의 중첩해는 주기조건과 해의 유한성이란 제한조건하에서 유효하다. 따라서, 경계 $r = R$ 에서의 조건으로부터 계수 A_n, B_n 이 주어지며 (문제 3)의 해가 하나의 예이다. 이 문제에서 주어진 조건을 사용하여 계수를 구해보자.

$$u = A_0 + \sum_{n=1}^{\infty} \left(\frac{r}{R}\right)^n (A_n \cos n\theta + B_n \sin n\theta)$$

$$\frac{\partial u}{\partial r} = \sum_{n=1}^{\infty} \frac{n}{r} \left(\frac{r}{R}\right)^n (A_n \cos n\theta + B_n \sin n\theta)$$

에서 $\beta = \dfrac{ha}{k}$ 로 치환하면

$$\left(\frac{\partial u}{\partial r} + \frac{h}{k}u\right)_{r=R} = q(\theta) = \frac{h}{k}A_0 + \sum_{n=1}^{\infty} \left(\frac{n}{R} + \frac{h}{k}\right)(A_n \cos n\theta + B_n \sin n\theta)$$

$$= \frac{1}{R}\beta A_0 + \frac{1}{R}\sum_{n=1}^{\infty} (n+\beta)(A_n \cos n\theta + B_n \sin n\theta)$$

로부터

$$\frac{1}{R}\beta A_0 = \frac{\langle q, 1\rangle}{\langle 1, 1\rangle} = \frac{\int_0^{2\pi} q(\theta)\, d\theta}{\int_0^{2\pi} 1\, d\theta} = \frac{1}{2\pi}\int_0^{2\pi} q(\theta)\, d\theta = \frac{1}{2\pi}\int_0^{\pi} q_0 \sin\theta\, d\theta = \frac{q_0}{\pi}$$

$$\frac{1}{R}(n+\beta)A_n = \frac{\int_0^{2\pi} q(\theta)\cos n\theta\, d\theta}{\int_0^{2\pi} \cos^2 n\theta\, d\theta} = \frac{1}{\pi}\int_0^{\pi} q_0 \sin\theta \cos n\theta\, d\theta$$

$$\frac{1}{R}(n+\beta)B_n = \frac{\int_0^{2\pi} q(\theta)\sin n\theta\, d\theta}{\int_0^{2\pi} \sin^2 n\theta\, d\theta} = \frac{1}{\pi}\int_0^{\pi} q_0 \sin\theta \sin n\theta\, d\theta$$

를 구한다. 여기서,

$$\sin x \cos y = \frac{1}{2}[\sin(x+y) + \sin(x-y)]$$

$$\sin x \sin y = -\frac{1}{2}[\cos(x+y) - \cos(x-y)]$$

인 항등식으로부터 $n \neq 1$일 때는

$$\int_0^\pi \sin\theta\cos n\theta\, d\theta = \frac{1}{2}\int_0^\pi \sin(1+n)\theta + \sin(1-n)\theta\, d\theta$$

$$= -\frac{1}{2}\left[\frac{1}{1+n}\cos(1+n)\theta + \frac{1}{1-n}\cos(1-n)\theta\right]_0^\pi$$

$$= -\frac{1}{2}\left[\frac{(-1)^{1+n}}{1+n} + \frac{(-1)^{1-n}}{1-n} - \frac{1}{1+n} - \frac{1}{1-n}\right]$$

$$= -\frac{1}{2}\frac{2}{1-n^2}[(-1)^{1+n} - 1] = \frac{1}{1-n^2}[1+(-1)^n]$$

$$\int_0^\pi \sin\theta\sin n\theta\, d\theta = -\frac{1}{2}\int_0^\pi \cos(1+n)\theta - \cos(1-n)\theta\, d\theta$$

$$= -\frac{1}{2}\left[\frac{1}{1+n}\sin(1+n)\theta - \frac{1}{1-n}\sin(1-n)\theta\right]_0^\pi = 0$$

이고, $n = 1$일 때는

$$\int_0^\pi \sin\theta\cos\theta\, d\theta = \frac{1}{2}\int_0^\pi \sin 2\theta\, d\theta = 0$$

$$\int_0^\pi \sin\theta\sin\theta\, d\theta = \frac{1}{2}\int_0^\pi 1 - \cos 2\theta\, d\theta = \frac{\pi}{2}$$

인 결과를 이용한다. 정리하면

$$\frac{1}{R}\beta A_0 = \frac{q_0}{\pi}$$

$$\frac{1}{R}(1+\beta)A_1 = 0, \quad \frac{1}{R}(n+\beta)A_n = \frac{q_0}{\pi}\frac{1}{1-n^2}[1+(-1)^n], \quad n = 2, 3, 4, \cdots$$

$$\frac{1}{R}(1+\beta)B_1 = \frac{q_0}{2}, \quad \frac{1}{R}(n+\beta)B_n = 0$$

이 되어 최종해는

$$\frac{u(r,\theta)}{Rq_0/\pi} = \frac{1}{\beta} + \frac{\pi}{2(1+\beta)}\left(\frac{r}{R}\right)\sin\theta + \sum_{n=2}^\infty \frac{1+(-1)^n}{(n+\beta)(1-n^2)}\left(\frac{r}{R}\right)^n \cos n\theta$$

★ **[5]** 구간 $a \le r \le b$, $0 \le \theta \le \theta_0 < 2\pi$으로 이루어진 부채꼴에서 온도분포 $u(r,\theta)$가

$$\frac{\partial u}{\partial \theta}(r, 0) = \frac{\partial u}{\partial \theta}(r, \theta_0) = 0, \quad u(a, \theta) = 0, \quad \frac{\partial u}{\partial r}(b, \theta) = q(\theta)$$

의 경계조건을 만족한다. 온도분포를 구하라.

☞ (상당한 수준의 문제임) $\frac{\partial u}{\partial \theta}(r,0) = \frac{\partial u}{\partial \theta}(r,\theta_0) = 0$으로부터 제차방향이 θ 방향임을 알 수 있다. 또한, 표 11.4에 주어진 $\Theta \sim \begin{cases} 1,\ \theta & (\lambda = 0) \\ \cos\lambda\theta,\ \sin\lambda\theta & (\lambda \neq 0) \end{cases}$인 분리함수에서 $\frac{d\Theta}{d\theta}(0) = 0$이 되는 것은 $\Theta \sim \begin{cases} 1 & (\lambda = 0) \\ \cos\lambda\theta & (\lambda \neq 0) \end{cases}$이다. 그리고, $\frac{d\Theta}{d\theta}(\theta_0) = 0$인 조건에서 고유값은 $\lambda = 0$이 되고, 또한 $\lambda \neq 0$인 고유값으로는 $\sin\lambda\theta_0 = 0$을 만족하는 $\lambda_n = \frac{n\pi}{\theta_0}$, $n = 1,2,3,\cdots$이 된다. 즉, 식(32)에서 $\Theta \sim \theta$와 $\Theta \sim \sin\lambda\theta$에 대응하는 항을 소거한

$$u(r,\theta) = [(A_0 + B_0 \ln r)]_{\lambda=0} + \sum_{\lambda\neq 0} (A_\lambda r^\lambda + B_\lambda r^{-\lambda})\cos\lambda\theta$$

인 형태를 해로 갖는다. 그리고, $u(a,\theta) = 0$인 조건을 이용하면

$$A_0 + B_0 \ln a = 0, \quad A_\lambda a^\lambda + B_\lambda a^{-\lambda} = 0$$

으로부터

$$u(r,\theta) = \left[C_0 \ln\frac{r}{a}\right]_{\lambda=0} + \sum_{\lambda\neq 0} C_\lambda\left[\left(\frac{r}{a}\right)^\lambda - \left(\frac{a}{r}\right)^\lambda\right]\cos\lambda\theta$$

가 해가 된다. 여기에 앞에서 구한 고유값을 이용하면 해는

$$u(r,\theta) = C_0 \ln\frac{r}{a} + \sum_{n=1} C_n\left[\left(\frac{r}{a}\right)^{\lambda_n} - \left(\frac{a}{r}\right)^{\lambda_n}\right]\cos\lambda_n\theta, \quad \lambda_n = \frac{n\pi}{\theta_0}, \ n = 1,2,3,\cdots$$

로 쓸 수 있다. 마지막 경계조건 $\frac{\partial u}{\partial r}(b,\theta) = q(\theta)$를 이용하면

$$\frac{\partial u}{\partial r} = C_0\frac{1}{r} + \sum_{n=1} C_n\left[\frac{\lambda_n}{a^{\lambda_n}} r^{\lambda_n - 1} + \lambda_n a^{\lambda_n} r^{-\lambda_n - 1}\right]\cos\lambda_n\theta$$

에 $r = b$를 대입하여

$$q(\theta) = C_0\frac{1}{b} + \sum_{n=1} C_n\frac{\lambda_n}{b}\left[\left(\frac{b}{a}\right)^{\lambda_n} + \left(\frac{a}{b}\right)^{\lambda_n}\right]\cos\lambda_n\theta$$

에서 계수를 구하면

$$C_0\frac{1}{b} = \frac{\langle q,1\rangle}{\langle 1,1\rangle} = \frac{\int_0^{\theta_0} q(\theta)\,d\theta}{\int_0^{\theta_0} 1\,d\theta} = \frac{1}{\theta_0}\int_0^{\theta_0} q(\theta)\,d\theta$$

$$C_n\frac{\lambda_n}{b}\left[\left(\frac{b}{a}\right)^{\lambda_n} + \left(\frac{a}{b}\right)^{\lambda_n}\right] = \frac{\langle q, \cos\lambda_n\theta\rangle}{\langle \cos\lambda_n\theta, \cos\lambda_n\theta\rangle}$$

$$= \frac{\int_0^{\theta_0} q(\theta)\cos\lambda_n\theta\, d\theta}{\int_0^{\theta_0} \cos^2\lambda_n\theta d\theta} = \frac{2}{\theta_0}\int_0^{\theta_0} q(\theta)\cos\lambda_n\theta\, d\theta$$

이다. 위의 분모에 있는 적분에서 $\sin\lambda\theta_0 = 0$인 조건을 사용하였다. 최종해는

$$u(r,\theta) = C_0 \ln\frac{r}{a} + \sum_{n=1} C_n\left[\left(\frac{r}{a}\right)^{\lambda_n} - \left(\frac{a}{r}\right)^{\lambda_n}\right]\cos\lambda_n\theta,\quad \lambda_n = \frac{n\pi}{\theta_0},\quad n = 1,2,3,\cdots$$

$$C_0 = \frac{b}{\theta_0}\int_0^{\theta_0} q(\theta)\, d\theta$$

$$C_n = \frac{2b}{\lambda_n\theta_0}\left[\left(\frac{b}{a}\right)^{\lambda_n} + \left(\frac{a}{b}\right)^{\lambda_n}\right]^{-1}\int_0^{\theta_0} q(\theta)\cos\lambda_n\theta\, d\theta$$

★ **【6】** 반지름 R인 원통주위를 흐르는 유체의 속도퍼텐셜은 라플라스방정식을 만족하고 $\frac{\partial\phi}{\partial r}(R,\theta) = 0$, $\frac{\partial\phi}{\partial r}(\infty,\theta) = V_0\cos\theta$인 경계조건을 갖는다. 이때, 속도퍼텐셜은

$$\phi = \phi_0 + \Gamma\theta + V_0\left(r + \frac{R^2}{r}\right)\cos\theta$$

으로 나타낼 수 있음을 보여라. 그리고, 속도장은

$$\boldsymbol{v} = \nabla\phi = \boldsymbol{e_r}\, V_0\left(1 - \frac{R^2}{r^2}\right)\cos\theta + \boldsymbol{e_\theta}\left[\frac{\Gamma}{r} - V_0\left(1 + \frac{R^2}{r^2}\right)\sin\theta\right]$$

가 된다.

☞ 이 문제에서 주기조건은 속도퍼텐셜이 아니라 속도 자체에 대해 주어진다. 따라서, 식(32)를 미분하여

$$\frac{\partial\phi}{\partial r} = \left[B_0\frac{1}{r} + D_0\frac{1}{r}\theta\right]_{\lambda=0}$$
$$+ \sum_{\lambda\neq 0}\left[(\lambda A_\lambda r^{\lambda-1} - \lambda B_\lambda r^{-\lambda-1})\cos\lambda\theta + (\lambda C_\lambda r^{\lambda-1} - \lambda D_\lambda r^{-\lambda-1})\sin\lambda\theta\right]$$

반경반향의 속도성분 $\frac{\partial\phi}{\partial r}$이 주기조건을 만족하도록 간단히 하면 된다. 즉,

$$D_0 = 0,\quad \lambda = \lambda_n = n,\quad n = 1,2,3,\cdots$$

가 성립한다(그런데, C_0에 대해서는 조건이 주어지지 않는다는 것에 주목한다). 결과적으로

$$\phi(r,\theta) = (A_0 + B_0 \ln r) + C_0\theta + \sum_{n=1}^{\infty}[(A_n r^n + B_n r^{-n})\cos n\theta + (C_n r^n + D_n r^{-n})\sin n\theta]$$

에서 계수를 결정한다.

$$\frac{\partial\phi}{\partial r} = B_0\frac{1}{r} + \sum_{n=1}^{\infty}\left[\left(nA_n r^{n-1} - \frac{nB_n}{r^{n+1}}\right)\cos n\theta + \left(nC_n r^{n-1} - \frac{nD_n}{r^{n+1}}\right)\sin n\theta\right]$$

가 $r \to \infty$에서 $\frac{\partial\phi}{\partial r}(\infty, \theta) = V_0\cos\theta$인 조건을 만족하려면

$$\left.\frac{\partial\phi}{\partial r}\right)_{r\to\infty} = V_0\cos\theta = \sum_{n=1}^{\infty}[(nA_n r^{n-1})\cos n\theta + (nC_n r^{n-1})\sin n\theta]$$

에서 양변을 비교하여

$$A_1 = V_0, \quad A_2 = A_3 = \cdots = 0, \quad C_1 = C_2 = C_3 = \cdots = 0$$

을 얻는다. 위에서 구한 계수를 대입하고 정리하면

$$\frac{\partial\phi}{\partial r} = B_0\frac{1}{r} + V_0\cos\theta - \sum_{n=1}^{\infty}\left[\left(\frac{nB_n}{r^{n+1}}\right)\cos n\theta + \left(\frac{nD_n}{r^{n+1}}\right)\sin n\theta\right]$$

로 된다. 원통 둘레에서의 경계조건 $\frac{\partial\phi}{\partial r}(R, \theta) = 0$을 대입하면

$$0 = \frac{B_0}{R} + V_0\cos\theta - \frac{B_1}{R^2}\cos\theta - \frac{D_1}{R^2}\sin\theta - \frac{2B_2}{R^3}\cos 2\theta - \frac{2D_2}{R^3}\sin 2\theta - \cdots$$

가 얻어진다. 윗식이 항등식이 되기 위해서는

$$B_0 = 0, \quad V_0 = \frac{B_1}{R^2}, \quad D_1 = D_2 = D_3 = \cdots = 0, \quad B_2 = B_3 = \cdots = 0$$

이 된다. 따라서,

$$\frac{\partial\phi}{\partial r} = V_0\cos\theta - \left(V_0\frac{R^2}{r^2}\right)\cos\theta$$

이고

$$\phi(r,\theta) = A_0 + C_0\theta + V_0 r\cos\theta + V_0\frac{R^2}{r}\cos\theta$$

에서 계수의 이름을 바꾸어주고 정리하면

$$\phi(r,\theta) = \phi_0 + \Gamma\theta + V_0\left(r + \frac{R^2}{r}\right)\cos\theta$$

★11-6 라플라스방정식의 해: (III) (r, z) 원통좌표계

표 11.5 원통좌표계에서 (r, z)에 대한 $\nabla^2 u = 0$의 분리해

제차방향: $\mathcal{R} \sim \begin{cases} 1,\ \ln r & (\lambda = 0) \\ J_0(\lambda r),\ Y_0(\lambda r) & (\lambda \neq 0) \end{cases}$ 비제차방향: $Z \sim \begin{cases} 1,\ z & (\lambda = 0) \\ e^{\lambda z},\ e^{-\lambda z} & (\lambda \neq 0) \end{cases}$	$\frac{1}{r}\frac{\partial}{\partial r}\left(r\frac{\partial u}{\partial r}\right) + \frac{\partial^2 u}{\partial z^2} = 0$

* r 좌표방향이 제차방향인 경우임.

**비제차방향의 영역이 유한할 경우에는 지수함수를 $\cosh\lambda z$, $\sinh\lambda z$ 으로 대체한다

【1】 반지름 a, 높이 H인 원통에 대한 경계조건이 $u(r, 0) = f(r)$, $u(r, H) = 0$, $u(0, z) = \text{finite}$, $u(a, z) = 0$으로 주어질 때 온도분포가

$$u(r, z) = \sum_{n=1}^{\infty} A_n \frac{\sinh\lambda_n(H-z)}{\sinh\lambda_n H} J_0(\lambda_n r)$$

으로 표현되고 계수 A_n과 고유값 λ_n 등은 모두 (예제 9)와 동일함을 보여라.

☞ 경계조건 $u(0, z) = \text{finite}$, $u(a, z) = 0$으로부터 제차방향은 r방향이 된다. 따라서, 표 11.5로부터

$$\mathcal{R} \sim \begin{cases} 1,\ \ln r & (\lambda = 0) \\ J_0(\lambda r),\ Y_0(\lambda r) & (\lambda \neq 0) \end{cases}$$

형태의 분리함수를 가진다. 그런데, $\lambda = 0$일 때의 분리함수 $\mathcal{R} \sim 1,\ \ln r$은 경계조건 $u(a, z) = 0$을 만족시키지 않으므로 $\lambda = 0$은 고유값이 될 수 없다.

① $u(0, z) = \text{finite}$ 로부터 $Y_0(\lambda r)$은 삭제하고

② $u(a, z) = \mathcal{R}(a)Z(z) = 0$으로부터 $J_0(\lambda a) = 0$을 만족하는 λ를 택한다.

다음으로, z방향에 대해서는 유한한 영역이므로 $e^{\lambda z}$, $e^{-\lambda z}$ 대신에 $\sinh\lambda z$, $\cosh\lambda z$를 택한다.

③ $u(r, H) = 0$으로부터 $\frac{\sinh\lambda(H-z)}{\sinh\lambda H}$를 z방향의 분리함수로 택한다.

④ $u(r, 0) = f(r)$를 이용하여 계수를 결정한다.

따라서,

$$u(r, z) = \sum_{n=1}^{\infty} A_n \frac{\sinh\lambda_n(H-z)}{\sinh\lambda_n H} J_0(\lambda_n r)$$

으로 해를 나타낼 수 있고, 계수는

$$u(r,0) = f(r) = \sum_{n=1}^{\infty} A_n J_0(\lambda_n r)$$

의 고유함수전개로부터 구할 수 있다. 여기서, 경계조건이 $J_0(\lambda_n a) = 0$으로 주어져 있기 때문에 계수는 식(40)

$$A_n = \frac{2}{a^2 J_1^2(\lambda_n a)} \int_0^a r f(r) J_0(\lambda_n r)\, dr$$

과 동일하다.

★ 【2】 $r = a$에서의 경계조건을 $\frac{\partial u}{\partial r}(a, z) = 0$으로 하여 (예제 9)를 다시 풀어라.

☑ 라플라스방정식: $\frac{\partial^2 u}{\partial r^2} + \frac{1}{r}\frac{\partial u}{\partial r} + \frac{\partial^2 u}{\partial z^2} = 0$

경계조건: $u(r,0) = f(r)$, $u(0, z) = \text{finite}$

$u(r, \infty) = 0$, $\frac{\partial u}{\partial r}(a, z) = 0$

☞ (참고: 이 문제는 대학원생의 Open book 시험문제 정도의 수준이다). 경계조건 $u(0, z) = \text{finite}$, $\frac{\partial u}{\partial r}(a, z) = 0$으로부터 제차방향은 r방향이 된다. 따라서, 표 11.5 로부터 $\mathcal{R} \sim \begin{cases} 1,\ \ln r & (\lambda = 0) \\ J_0(\lambda r),\ Y_0(\lambda r) & (\lambda \neq 0) \end{cases}$ 형태의 분리함수를 가진다.

$\lambda = 0$일 때의 분리함수 $\mathcal{R} \sim 1$과 $\mathcal{R} \sim \ln r$ 중에서 $r = 0$에서 유한하고 $\frac{d\mathcal{R}}{dr}(a) = 0$을 만족시키는 것은 $\mathcal{R} \sim 1$이다. 따라서, 이 문제의 경우 $\lambda = 0$은 하나의 고유값이 된다(이것을 특히 주의하여야 한다).

계속해서,

① $u(0, z) = \text{finite}$로부터 $Y_0(\lambda r)$은 버리고 $\mathcal{R} \sim J_0(\lambda r)$을 택한다.

② $\frac{\partial u}{\partial r}(a, z) = \frac{d\mathcal{R}}{dr}(a)\, Z(z) = 0$으로부터 $J_0{}'(\lambda a) = 0$을 만족하는 λ를 택한다.

z방향에 대해서는 무한한 영역이고

③ $u(r, \infty) = 0$으로부터 $Z \sim e^{-\lambda z}$를 z방향의 분리함수로 택한다.

④ $u(r, 0) = f(r)$를 이용하여 계수를 결정한다.

따라서,

$$u(r,z) = A_0 + \sum_{n=1}^{\infty} A_n e^{-\lambda_n z} J_0(\lambda_n r), \quad J_0'(\lambda_n a) = 0$$

으로 해를 둔다. 위에서, $\lambda = 0$에 대응하는 해 A_0가 존재하는 것이 (예제 9)와의 큰 차이이다. 계수는

$$u(r,0) = f(r) = A_0 + \sum_{n=1}^{\infty} A_n J_0(\lambda_n r)$$

의 고유함수전개로부터 구할 수 있다. 여기서, 경계조건이 $J_0'(\lambda_n a) = 0$으로 주어져 있기 때문에 계수는 푸리에-베셀급수전개에 대한 10-7절의 식(10.72)

$$f(x) = a_0 + \sum_{n=1}^{\infty} a_n J_\nu(\lambda_n x)$$

$$a_0 = \begin{cases} \dfrac{2}{R^2} \displaystyle\int_0^R x f(x)\, dx & (\nu = 0,\ J_0'(\lambda R) = 0 \text{ 일 때}) \\ 0 & (\text{위의 경우가 아닐 때}) \end{cases}$$

$$a_n = \frac{\displaystyle\int_0^R x f(x)\, J_\nu(\lambda_n x)\, dx}{\displaystyle\int_0^R x J_\nu^2(\lambda_n x)\, dx}, \quad n = 1, 2, 3, \cdots$$

를 이용하여야 한다. 또한, 계수 a_n의 분모를 구하기 위해서 식(10.77)

$$\int_0^R x J_\nu^2(\lambda_n x) dx = \begin{cases} \dfrac{R^2}{2} J_{\nu+1}^2(\lambda_n R), & ① \ J_\nu(\lambda_n R) = 0 \\ \dfrac{(\lambda_n^2 + \beta^2) R^2 - \nu^2}{2\lambda_n^2} J_\nu^2(\lambda_n R), & ③ \ J_\nu'(\lambda_n R) + \beta J_\nu(\lambda_n R) = 0 \end{cases} \quad (77)$$

이 필요하다. 정리하면,

$$u(r,z) = A_0 + \sum_{n=1}^{\infty} A_n e^{-\lambda_n z} J_0(\lambda_n r), \quad J_0'(\lambda_n a) = 0$$

$$A_0 = \frac{2}{a^2} \int_0^a x f(x)\, dx$$

$$A_n = \frac{\displaystyle\int_0^a x f(x)\, J_0(\lambda_n x)\, dx}{\dfrac{a^2}{2} J_0^2(\lambda_n a)}, \quad n = 1, 2, 3, \cdots$$

★ **[3]** 반지름 a인 무한원통내부에서 $u(r,0) = u_0$, $u(r,\infty) = 0$, $u(0,z) = \text{finite}$, $\dfrac{\partial u}{\partial r}(a,z) + \dfrac{h}{k} u(a,z) = 0$인 경계조건을 만족하는 온도분포를 구

하라.

☞ 경계조건 $u(0, z) = \text{finite}$, $\dfrac{\partial u}{\partial r}(a, z) + \dfrac{h}{k} u(a, z) = 0$으로부터 제차방향은 r 방향이 된다. 따라서, 표 11.5로부터 nr $(\lambda = 0)$ 형태의 분리함수를 가진다. 계속해서,

① $u(0, z) = \text{finite}$ 로부터 $Y_0(\lambda r)$은 버리고, $\mathcal{R} \sim J_0(\lambda r)$을 택한다.

② $\dfrac{d\mathcal{R}}{dr} + \dfrac{h}{k}\mathcal{R} = 0$으로부터 $J_0{}'(\lambda a) + \dfrac{h}{k} J_0(\lambda a) = 0$을 만족하는 λ를 택한다.

여기서, $\lambda = 0$은 고유값이 될 수 없다. 왜냐하면 $\mathcal{R} \sim \ln r$은 $r = 0$에서 무한값을 가지므로 적당하지 않고, 또한 $\mathcal{R} \sim 1$은 $\dfrac{d\mathcal{R}}{dr} + \dfrac{h}{k}\mathcal{R} = 0$을 만족하지 않는다.

③ $u(r, \infty) = 0$으로부터 $Z \sim e^{-\lambda z}$를 z 방향의 분리함수로 택한다.

④ $u(r, 0) = u_0$ 를 이용하여 계수를 결정한다.

따라서, 해는

$$u(r, z) = \sum_{n=1}^{\infty} A_n e^{-\lambda_n z} J_0(\lambda_n r), \quad J_0{}'(\lambda_n a) + \frac{h}{k} J_0(\lambda_n a) = 0$$

의 형태를 가지고

$$u(r, 0) = u_0 = \sum_{n=1}^{\infty} A_n J_0(\lambda_n r)$$

의 고유함수전개로부터 계수를 구할 수 있다. 경계조건 $J_0{}'(\lambda_n a) + \dfrac{h}{k} J_0(\lambda_n a) = 0$에 대한 푸리에-베셀급수는 식(10.77)으로부터

$$\int_0^a r J_0^2(\lambda_n r) dr = \frac{(\lambda_n^2 + \beta^2)a^2}{2\lambda_n^2} J_0^2(\lambda_n a), \quad \beta = \frac{h}{k}$$

인 적분결과와 식(10.69)

$$\int_0^R x^{\nu+1} J_\nu(\lambda_n x)\, dx = \frac{R^{\nu+1}}{\lambda_n} J_{\nu+1}(\lambda_n R) \quad \rightarrow \quad \int_0^a r J_0(\lambda_n r)\, dr = \frac{a}{\lambda_n} J_1(\lambda_n a)$$

를 이용하면

$$A_n = \frac{\displaystyle\int_0^a r u_0 J_0(\lambda_n r)\, dr}{\displaystyle\int_0^a r J_0^2(\lambda_n r)\, dr} = \frac{u_0 \dfrac{a}{\lambda_n} J_1(\lambda_n a)}{\dfrac{(\lambda_n^2 + \beta^2)a^2}{2\lambda_n^2} J_0^2(\lambda_n a)} = \frac{2u_0 \lambda_n J_1(\lambda_n a)}{a(\lambda_n^2 + \beta^2) J_0^2(\lambda_n a)}$$

이다. 따라서, 해는

$$u(r, z) = \frac{2u_0}{a} \sum_{n=1}^{\infty} \frac{\lambda_n J_1(\lambda_n a)}{(\lambda_n^2 + \beta^2) J_0^2(\lambda_n a)} e^{-\lambda_n z} J_0(\lambda_n r), \quad J_0{}'(\lambda_n a) + \frac{h}{k} J_0(\lambda_n a) = 0$$

★【4】 반지름 a인 무한원통의 주위온도가 $u(a,z) = \cos\lambda z$로 주어질 때, 원통내부의 온도분포는 $u(r,z) = \dfrac{I_0(\lambda r)}{I_0(\lambda a)}\cos\lambda z$로 주어지는 것을 보여라. 이를 이용하여 $r = a$에서 $u(a,z) = u_0$인 경계조건을 만족하는 해를 구하라.

☞ 비제차경계조건이 $r = a$에서 $u(a,z) = \cos\lambda z$으로 주어져 있다. 따라서, 제차방향은 z좌표가 된다. 이때의 분리해는 표 11.6으로부터 구할 수 있지만 여기서 유도해보기로 한다. 편미분방정식

$$\frac{\partial^2 u}{\partial r^2} + \frac{1}{r}\frac{\partial u}{\partial r} + \frac{\partial^2 u}{\partial z^2} = 0$$

을 $u(r,z) = \mathcal{R}(r)Z(z)$형태의 변수분리를 하고, $'$ (prime)으로 d/dr 또는 d/dz를 나타내기로 하면

$$\mathcal{R}''Z + \frac{1}{r}\mathcal{R}'Z + \mathcal{R}Z'' = 0 \quad \text{또는} \quad \frac{1}{\mathcal{R}}\left(\mathcal{R}'' + \frac{1}{r}\mathcal{R}'\right) = -\frac{Z''}{Z} = \pm\lambda^2$$

가 된다. z좌표가 제차방향으로 되도록 분리상수를 택하면

$$r^2\mathcal{R}'' + r\mathcal{R}' - \lambda^2 r^2\mathcal{R} = 0$$
$$Z'' + \lambda^2 Z = 0$$

이 되어, $\lambda \neq 0$에 대해서

변형 베셀방정식: $x^2y'' + xy' - (\lambda^2x^2 + \nu^2)y = 0, \quad y = c_1I_\nu(\lambda x) + c_2K_\nu(\lambda x)$

를 고려하면 표 11.6에 보인 분리함수를 얻게 된다. $\lambda = 0$인 경우는 표 11.5를 유도하는 과정과 동일하므로 생략한다.

표 11.6 원통좌표계에서 (r, z)에 대한 $\nabla^2 u = 0$의 분리해

방향	분리함수	조건	방정식
비제차방향: $\mathcal{R} \sim$	$1, \ln r$	$(\lambda = 0)$	$\frac{1}{r}\frac{\partial}{\partial r}\left(r\frac{\partial u}{\partial r}\right) + \frac{\partial^2 u}{\partial z^2} = 0$
	$I_0(\lambda r), K_0(\lambda r)$	$(\lambda \neq 0)$	
제차방향: $Z \sim$	$1, z$	$(\lambda = 0)$	
	$\cos\lambda z, \sin\lambda z$	$(\lambda \neq 0)$	

* z좌표방향이 제차방향인 경우임.

따라서, 고정된 λ에 대해서 일반해는

$$u(r,z) = [AI_0(\lambda r) + BK_0(\lambda r)][C\cos\lambda z + D\sin\lambda z]$$

형태를 가진다. 여기서, $r=0$에서 무한값을 가질 수 없으므로 $B=0$이 되고 $u(a,z)=\cos\lambda z$ 으로 되기 위해서는 $D=0$이어야 한다. 따라서, 해는

$$u(r,z)=AI_0(\lambda r)\cos\lambda z$$

의 형태가 된다. 경계조건 $u(a,z)=\cos\lambda z$ 으로부터 계수를 구하면

$$u(r,z)=\frac{I_0(\lambda r)}{I_0(\lambda a)}\cos\lambda z$$

가 해로 된다. 이것을 기본해로 하면 $u(a,z)=u_0$ 와 같이 일반적인 경계조건에 대한 해를 얻을 수 있다. 그런데, $f(x)=1$의 푸리에 cosine급수는 바로 자기 자신이므로 $\lambda=0$에 대응하는 $u(r,z)=\dfrac{I_0(\lambda r)}{I_0(\lambda a)}\cos\lambda z\to 1$이 해가 된다. 즉, $u(a,z)=u_0$ 을 경계조건으로 가지는 경우의 해는 $u(r,z)=u_0$ 이다.

★11-7 라플라스방정식의 해: (IV) 구면좌표계

표 11.7 구면좌표계에서 (r,θ)에 대한 $\nabla^2 u=0$의 분리해

$\Theta\sim P_n(\cos\theta),\ Q_n(\cos\theta)$ $\mathcal{R}\sim r^n,\ r^{-n-1}$	$\dfrac{1}{r^2}\dfrac{\partial}{\partial r}\left(r^2\dfrac{\partial u}{\partial r}\right)+\dfrac{1}{r^2\sin\theta}\dfrac{\partial}{\partial\theta}\left(\sin\theta\dfrac{\partial u}{\partial\theta}\right)=0$

* n 은 음이 아닌 정수이고 제차방향은 θ 방향임.

【1】 구면좌표계에서 $\nabla^2 u=0$을 만족하는, θ에 무관한 해는 $u(r)=A+\dfrac{B}{r}$ 임을 보여라.

☞ 구면좌표계에서의 라플라스방정식

$$\frac{1}{r^2}\frac{\partial}{\partial r}\left(r^2\frac{\partial u}{\partial r}\right)+\frac{1}{r^2\sin\theta}\frac{\partial}{\partial\theta}\left(\sin\theta\frac{\partial u}{\partial\theta}\right)=0$$

이 θ에 무관하면

$$\frac{1}{r^2}\frac{\partial}{\partial r}\left(r^2\frac{\partial u}{\partial r}\right)=0$$

으로 변환되고, $r^2\dfrac{\partial u}{\partial r}=c\ \to\ \dfrac{\partial u}{\partial r}=\dfrac{c}{r^2}$, 즉 $u(r)=A+\dfrac{B}{r}$ 형태가 된다.

【2】 정전기퍼텐셜 $V(r)$은 반지름만의 함수로 $\nabla^2 V=0$을 만족한다. 이때, $r=a$에서 $V=V_a$, $r=b$에서 $V=V_b$인 두 구(球) 사이의 퍼텐셜은 $\dfrac{V-V_a}{V_b-V_a}=\dfrac{r^{-1}-r_a^{-1}}{r_b^{-1}-r_a^{-1}}$임을 보여라.

☞ 앞의 문제에서 해가 반경만의 함수로 되면 $u(r)=A+\dfrac{B}{r}$인 일반해를 가진다. 여기서, 계수를 구하면

$$V=A+\frac{B}{r},\quad V_a=A+\frac{B}{r_a},\quad V_b=A+\frac{B}{r_b}$$

즉,

$$V-V_a=\frac{B}{r}-\frac{B}{r_a},\quad V_b-V_a=\frac{B}{r_b}-\frac{B}{r_a}$$

이므로 B를 소거하면

$$\frac{V-V_a}{V_b-V_a}=\frac{r^{-1}-r_a^{-1}}{r_b^{-1}-r_a^{-1}}$$

【3】 앞의 문제에서 $r=a$에서 $V=V_a$, $r\to\infty$에서 $V\to 0$인 반지름 a인 구(球)의 바깥쪽 정전기퍼텐셜을 구하라.

☞ (문제 2)에서 $r_b\to\infty$, $V_b=0$로 두면

$$\frac{V-V_a}{-V_a}=\frac{r^{-1}-r_a^{-1}}{-r_a^{-1}}\quad\to\quad -\frac{V}{V_a}+1=-\frac{r_a}{r}+1$$

즉,

$$\frac{V}{V_a}=\frac{r_a}{r}$$

【4】 반지름이 a인 구의 위쪽 반구면($0\le\theta\le\pi/2$)에서는 온도가 u_0이고 나머지 구면에서는 온도가 0으로 유지되어 있을 때 구의 내부에서의 온도분포를 구하라.

☞ 유한한 값을 가지는 해는 식(49)로부터

$$u(r,\theta)=\begin{cases}\displaystyle\sum_{n=0}^{\infty}A_n\left(\frac{r}{a}\right)^n P_n(\cos\theta), & r\le a\\ \displaystyle\sum_{n=0}^{\infty}A_n\left(\frac{a}{r}\right)^{n+1} P_n(\cos\theta), & r\ge a\end{cases}$$

$$A_n=\frac{2n+1}{2}\int_0^{\pi}f(\theta)P_n(\cos\theta)\sin\theta\,d\theta$$

으로 주어진다. 계수를 구하면

$$A_n = \frac{2n+1}{2}\int_0^\pi f(\theta)P_n(\cos\theta)\sin\theta\, d\theta = \frac{2n+1}{2}\int_0^{\pi/2} u_0 P_n(\cos\theta)\sin\theta\, d\theta$$

이고, $x = \cos\theta$ 로 치환하면

$$A_n = \frac{2n+1}{2}\int_1^0 u_0 P_n(x)(-dx) = u_0\frac{2n+1}{2}\int_0^1 P_n(x)\, dx$$

로 변환된다. 르장드르 다항식은 식(3.29)

$$\begin{array}{ll} P_0(x)=1 & P_3(x)=\frac{1}{2}(5x^3-3x) \\ P_1(x)=x & P_4(x)=\frac{1}{8}(35x^4-30x^2+3) \\ P_2(x)=\frac{1}{2}(3x^2-1) & P_5(x)=\frac{1}{8}(63x^5-70x^3+15x) \end{array} \tag{29}$$

에 주어져 있으므로 적분하면

$$A_0 = u_0\frac{1}{2}\int_0^1 1 = \frac{1}{2}u_0$$

$$A_1 = u_0\frac{3}{2}\int_0^1 x = \frac{3}{4}u_0$$

$$A_2 = u_0\frac{5}{2}\int_0^1 \frac{1}{2}(3x^2-1) = 0$$

$$A_3 = u_0\frac{7}{2}\int_0^1 \frac{1}{2}(5x^3-3x) = -\frac{7}{16}u_0$$

등을 얻어

$$\frac{u(r,\theta)}{u_0} = \frac{1}{2}P_0(\cos\theta) + \frac{3}{4}\left(\frac{r}{a}\right)P_1(\cos\theta) - \frac{7}{16}\left(\frac{r}{a}\right)^3 P_3(\cos\theta) + \cdots$$

★ 【5】 반지름이 a 인 구의 표면에서

$$\left(\frac{\partial u}{\partial r} + \frac{h}{k}u\right)_{r=a} = \frac{q(\theta)}{k} = \begin{cases} \frac{q_0}{k}\cos\theta & (0<\theta<\pi/2) \\ 0 & (\pi/2<\theta<\pi) \end{cases}$$

인 조건을 만족하는 해를 구의 내부영역에 대해 구하면 다음과 같음을 보여라 ($B = ha/k$).

$$\frac{u(r,\theta)}{q_0 a/k} = \frac{1}{B}\frac{1}{4} + \frac{1}{B+1}\frac{1}{2}\left(\frac{r}{a}\right)P_1(\cos\theta) + \frac{1}{B+2}\frac{5}{16}\left(\frac{r}{a}\right)^2 P_2(\cos\theta) + \cdots$$

☞ 앞의 문제와 마찬가지로 구의 내부에서 유한한 값을 가지는 해를 구한다. 따라

서, 해를

$$u(r,\theta) = \sum_{n=0}^{\infty} A_n \left(\frac{r}{a}\right)^n P_n(\cos\theta)$$

의 형태로 가정하고 계수를 구한다. 경계조건에 대입하면

$$\frac{\partial u}{\partial r}(r,\theta) = \sum_{n=0}^{\infty} A_n \frac{n r^{n-1}}{a^n} P_n(\cos\theta)$$

이므로($B = ha/k$ 로 둔다)

$$\frac{q(\theta)}{k} = \left(\frac{\partial u}{\partial r} + \frac{h}{k}u\right)_{r=a} = \sum_{n=0}^{\infty} A_n \frac{n}{a} P_n(\cos\theta) + \frac{h}{k}\sum_{n=0}^{\infty} A_n P_n(\cos\theta)$$

$$= \sum_{n=0}^{\infty} A_n \frac{1}{a}(n+B) P_n(\cos\theta)$$

윗식을 푸리에-르장드르급수를 이용하면

$$A_n \frac{1}{a}(n+B) = \frac{2n+1}{2}\int_0^{\pi} \frac{q(\theta)}{k} P_n(\cos\theta)\sin\theta\, d\theta$$

$$= \frac{2n+1}{2}\int_0^{\pi/2} \frac{q_0}{k} \cos\theta P_n(\cos\theta)\sin\theta\, d\theta$$

에서 $x = \cos\theta$ 로 치환하여

$$A_n = \left(\frac{q_0 a}{k}\right)\frac{1}{n+B}\,\frac{2n+1}{2}\int_0^1 x P_n(x)\,dx$$

로 단순화된다. 이때,

$$\int_0^1 x P_0 = \int_0^1 x = \frac{1}{2}$$

$$\int_0^1 x P_1 = \int_0^1 x^2 = \frac{1}{3}$$

$$\int_0^1 x P_2 = \int_0^1 \frac{1}{2}(3x^3 - x) = \frac{1}{8}$$

등이므로 계수 A_n 에 대입하면

$$\frac{u(r,\theta)}{q_0 a/k} = \frac{1}{B}\frac{1}{4} + \frac{1}{B+1}\frac{1}{2}\left(\frac{r}{a}\right)P_1(\cos\theta) + \frac{1}{B+2}\frac{5}{16}\left(\frac{r}{a}\right)^2 P_2(\cos\theta) + \cdots$$

11-8 1차원 열전도방정식의 해

☑ 분리함수와 중첩해의 형태

$$T \sim e^{-\alpha\lambda^2 t} \quad (\lambda \geq 0)$$

$$X \sim \begin{cases} 1, \ x & (\lambda = 0) \\ \cos\lambda x, \ \sin\lambda x & (\lambda \neq 0) \end{cases}$$

$$u(x,t) = (A_0 + B_0 x)_{\lambda=0} + \sum_{\lambda\neq 0}^{\infty} e^{-\alpha\lambda^2 t}(A_\lambda \cos\lambda x + B_\lambda \sin\lambda x)$$

【1】 양끝의 온도가 $u(0,t) = u(L,t) = 0$으로 고정된 철사의 초기온도분포 $u(x,0) = f(t)$가 삼각형의 분포

$$f(x) = \begin{cases} x/L & (0 < x < L/2) \\ 1-(x/L) & (L/2 < x < L) \end{cases}$$

으로 주어져 있다. 시간 t에서 철사 내부의 온도분포를 구하라.

☞ 경계조건 $u(0,t) = u(L,t) = 0$에서 $X(0) = X(L) = 0$을 얻는다. 따라서, $\lambda = 0$에 대응하는 분리함수 $X \sim 1,\ x$는 경계조건을 만족하지 못하므로 $\lambda \neq 0$이다. 결과적으로, $X = A\cos\lambda x + B\sin\lambda x$로 두고 경계조건을 만족하도록 하면

$$X = B\sin\lambda_n x, \quad \sin\lambda_n L = 0, \quad n = 1, 2, 3, \cdots$$

으로 된다. 따라서, 해는

$$u(x,t) = \sum_{n=1}^{\infty} B_n e^{-\alpha\lambda_n^2 t}\sin\lambda_n x, \quad \lambda_n L = n\pi$$

의 형태가 된다. 초기조건을 대입하면

$$u(x,0) = f(x) = \sum_{n=1}^{\infty} B_n \sin\lambda_n x$$

이고, 계수는

$$B_n = \frac{\langle f(x), \sin\lambda_n x\rangle}{\langle \sin\lambda_n x, \sin\lambda_n x\rangle} = \frac{\int_0^L f(x)\sin\lambda_n x\,dx}{\int_0^L \sin^2\lambda_n x\,dx} = \frac{2}{L}\int_0^L f(x)\sin\lambda_n x\,dx$$

이다. 함수 $f(x)$를 대입하면

$$B_n = \frac{2}{L}\int_0^{L/2}\frac{x}{L}\sin\lambda_n x\,dx + \frac{2}{L}\int_{L/2}^{L}\left(1-\frac{x}{L}\right)\sin\lambda_n x\,dx$$

$$= \frac{2}{L}\left[\frac{x}{L}\left(-\frac{1}{\lambda_n}\cos\lambda_n x\right) - \frac{1}{L}\left(-\frac{1}{\lambda_n^2}\sin\lambda_n x\right)\right]_0^{L/2}$$

$$+\frac{2}{L}\left[\left(1-\frac{x}{L}\right)\left(-\frac{1}{\lambda_n}\cos\lambda_n x\right) - \left(-\frac{1}{L}\right)\left(-\frac{1}{\lambda_n^2}\sin\lambda_n x\right)\right]_{L/2}^{L}$$

$$= \frac{2}{L}\left[\frac{1}{2}\left(-\frac{c}{\lambda}\right) + \frac{1}{L}\frac{s}{\lambda^2} + \frac{1}{2}\frac{c}{\lambda} + \frac{1}{L}\frac{s}{\lambda^2}\right] = \frac{4s}{\lambda^2 L^2}$$

편의상, $\lambda \equiv \lambda_n$, $c \equiv \cos\frac{\lambda_n L}{2} = \cos\frac{n\pi}{2}$, $s \equiv \sin\frac{\lambda_n L}{2} = \sin\frac{n\pi}{2}$으로 두었다. 따라서, 해는

$$u(x,t) = \sum_{n=1}^{\infty}\frac{4\sin\frac{n\pi}{2}}{\lambda_n^2 L^2}e^{-\alpha\lambda_n^2 t}\sin\lambda_n x, \quad \lambda_n L = n\pi$$

【2】 양끝이 단열되고 $u_x(0,t) = u_x(L,t) = 0$, 초기온도가 $u(x,0) = f(x)$일 때 임의의 시간에서의 온도분포 $u(x,t)$는

$$u(x,t) = A_0 + \sum_{n=1}^{\infty} A_n e^{-\alpha\lambda_n^2 t}\cos\lambda_n x$$

$$A_0 = \frac{1}{L}\int_0^L f(x)\,dx, \quad A_n = \frac{2}{L}\int_0^L f(x)\cos\lambda_n x\,dx$$

으로 주어지는 것을 보여라. ☑ 이때, 시간이 무한히 흐르게 되면 $u(x,t)\to A_0$인 정상상태에 도달한다. 여기서, A_0는 주어진 구간에서의 평균온도를 의미하며 양끝이 단열되어 열이 빠져나가지 못하므로 내부에서 균일한 분포를 이루게 되는 것이다.

☞ 경계조건 $u_x(0,t) = u_x(L,t) = 0$를 분리함수에 대해 다시 쓰면

$$\frac{dX}{dx}(0) = \frac{dX}{dx}(L) = 0$$

으로 된다. 제차방향에 대한 분리함수 $X \sim \begin{cases} 1,\ x & (\lambda = 0) \\ \cos\lambda x,\ \sin\lambda x & (\lambda \neq 0)\end{cases}$ 에서 $\lambda = 0$일 때는 $X\sim 1$이 경계조건 $\frac{dX}{dx}(0) = \frac{dX}{dx}(L) = 0$을 만족한다. 따라서, $\lambda = 0$인 고유값을 가진다. $\lambda \neq 0$에 대해서는 $\frac{dX}{dx}(0) = 0$으로부터 $X\sim\cos\lambda x$를 분리함수로 택하고, $\frac{dX}{dx}(L) = 0$으로부터 고유값은 $\sin\lambda L = 0$, 즉 $\lambda_n L = n\pi$, $n = 1, 2, 3, \cdots$로 주어진다. 따라서, 해는

$$u(x,t)=A_0+\sum_{n=1}^{\infty}A_n e^{-\alpha\lambda_n^2 t}\cos\lambda_n x,\quad \lambda_n L=n\pi,\ n=1,2,3,\cdots$$

의 형태를 가진다. 초기조건 $u(x,0)=f(x)$를 대입하면

$$u(x,0)=f(x)=A_0+\sum_{n=1}^{\infty}A_n\cos\lambda_n x$$

가 되고, 계수는

$$A_0=\frac{\langle f(x),1\rangle}{\langle 1,1\rangle}=\frac{\int_0^L f(x)\,dx}{\int_0^L dx}=\frac{1}{L}\int_0^L f(x)\,dx$$

$$A_n=\frac{\langle f(x),\cos\lambda_n x\rangle}{\langle\cos\lambda_n x,\cos\lambda_n x\rangle}=\frac{\int_0^L f(x)\cos\lambda_n x\,dx}{\int_0^L\cos^2\lambda_n x\,dx}=\frac{2}{L}\int_0^L f(x)\cos\lambda_n x\,dx$$

로 결정된다.

【3】 (예제 12)에서 경계조건이 $u(0,t)=\text{finite}$, $\left(\frac{\partial u}{\partial r}+\frac{h_\infty}{k}u\right)(R,t)=0$, $u(r,0)=u_0$ 로 될 때의 해를 구하라.

☞ 열전도방정식 $\frac{\partial u}{\partial t}=\frac{\alpha}{r}\frac{\partial}{\partial r}\left(r\frac{\partial u}{\partial r}\right)$의 일반적인 중첩해는 식(66)에 주어져 있다. 이때, $\left(\frac{\partial u}{\partial r}+\frac{h_\infty}{k}u\right)(R,t)=0$은 $r=R$에서 $\frac{d\mathcal{R}}{dr}+\frac{h}{k}\mathcal{R}=0$과 동일한 조건이다. 따라서, $\lambda=0$에 대응하는 $\mathcal{R}\sim 1$, $\ln r$은 $\frac{d\mathcal{R}}{dr}+\frac{h}{k}\mathcal{R}=0$을 만족할 수 없으므로 $\lambda\neq 0$인 경우만을 생각한다. $u(0,t)=\text{finite}$인 조건에서 $Y_0(\lambda r)$은 소거하고 $J_0(\lambda r)$을 분리함수로 선택한다. 고유값은 경계조건 $\frac{d\mathcal{R}}{dr}+\frac{h}{k}\mathcal{R}=0$으로부터

$$J_0'(\lambda_n R)+\frac{h}{k}J_0(\lambda_n R)=0$$

을 만족하는 $\lambda_n>0$이 된다. 따라서, 해는

$$u(r,t)=\sum_{n=1}^{\infty}A_n e^{-\alpha\lambda_n^2 t}J_0(\lambda_n r),\quad J_0'(\lambda_n R)+\frac{h}{k}J_0(\lambda_n R)=0$$

의 형태로 된다. 초기조건에서

$$u(r,0)=u_0=\sum_{n=1}^{\infty}A_n J_0(\lambda_n r)$$

가 되도록 계수 A_n을 결정한다. 그러나, (예제 12)에서 구한 푸리에-베셀급수는

$J_0(\lambda_n R)=0,\ n=1,2,3,\cdots$에 대한 것이고 여기서는 $J_0'(\lambda_n R)+\frac{h}{k}J_0(\lambda_n R)=0$에 대응하는 계수를 구하게 된다. 따라서, 11-6절의 (문제 3)과 비슷한 방법을 따르게 된다. 실제로 계수는 11-6절의 (문제 3)에서 이미 구한 바와 같이

$$A_n=\frac{\langle u_0,\ J_0(\lambda_n r)\rangle}{\langle J_0(\lambda_n r),J_0(\lambda_n r)\rangle}=\frac{\int_0^R r u_0 J_0(\lambda_n r)\,dr}{\int_0^R r J_0^2(\lambda_n r)\,dr}$$

$$=\frac{u_0\dfrac{R}{\lambda_n}J_1(\lambda_n R)}{\dfrac{(\lambda_n^2+\beta^2)R^2}{2\lambda_n^2}J_0^2(\lambda_n R)}=\frac{2u_0\lambda_n J_1(\lambda_n R)}{R(\lambda_n^2+\beta^2)J_0^2(\lambda_n R)}$$

(단, $\beta=h/k$)로 구해진다. 따라서, 해는

$$\frac{u(r,t)}{u_0}=2\sum_{n=1}^{\infty}\frac{\lambda_n J_1(\lambda_n R)}{R(\lambda_n^2+\beta^2)J_0^2(\lambda_n R)}\ e^{-\alpha\lambda_n^2 t}J_0(\lambda_n r),\quad J_0'(\lambda_n R)+\frac{h}{k}J_0(\lambda_n R)=0$$

★ 【4】 (예제 13)에서 구 표면($r=a$)의 경계조건이 $\frac{\partial u}{\partial r}+\frac{h_\infty}{k}u=0$으로 주어지면 $v(r,t)$에 대해서는 $\frac{\partial v}{\partial r}+\left(\frac{h_\infty}{k}-\frac{1}{r}\right)v=0$으로 경계조건이 바뀌고 $f(r)=u_0$ 일 때의 해가

$$u(r,t)=2u_0\sum_{n=1}^{\infty}\left(\frac{\sin\lambda_n a-\lambda_n a\cos\lambda_n a}{\lambda_n a-\sin\lambda_n a\cos\lambda_n a}\right)e^{-\alpha\lambda_n^2 t}\,\frac{\sin\lambda_n r}{\lambda_n r}$$

임을 보여라. 단, $(\lambda_n a)\cos\lambda_n a=(1-B)\sin\lambda_n a$, $B=h_\infty a/k$.

☞ 경계조건 $\frac{\partial u}{\partial r}+\frac{h_\infty}{k}u=0$은 $\frac{\partial}{\partial r}\frac{v}{r}+\frac{h_\infty}{k}\frac{v}{r}=\frac{v'}{r}-\frac{v}{r^2}+\frac{h_\infty}{k}\frac{v}{r}=0$, 즉

$$\frac{\partial v}{\partial r}+\left(\frac{h_\infty}{k}-\frac{1}{r}\right)v=0$$

으로 바뀐다. (예제 13)을 참조하면 미분방정식은

$$\frac{\partial v}{\partial t}=\alpha\frac{\partial^2 v}{\partial r^2},\quad v(0,t)=0,\quad \frac{\partial v}{\partial r}+\left(\frac{h_\infty}{k}-\frac{1}{r}\right)v\Big|_{r=a}=0,\quad v(r,0)=rf(r)=ru_0$$

으로 변환된다. 위의 직각형 Laplacian에 대해서 $\lambda=0$에 대응하는 분리함수 $\mathcal{R}\sim 1,\ r$는 경계조건을 만족하지 못하므로 $\lambda\neq 0$이다. 경계조건 $v(0,t)=0$으로부터 $\mathcal{R}\sim\sin\lambda r$을 분리함수로 택하고 $\frac{\partial v}{\partial r}+\left(\frac{h_\infty}{k}-\frac{1}{r}\right)v\Big|_{r=a}=0$으로부터

$$\lambda\cos\lambda a+\left(\frac{h_\infty}{k}-\frac{1}{a}\right)\sin\lambda a=0$$

을 만족하도록 λ를 택한다. 여기서, $B=h_\infty a/k$로 두면

$$\lambda\cos\lambda a+\left(\frac{h_\infty}{k}-\frac{1}{a}\right)\sin\lambda a=0\ \rightarrow\ (\lambda_n a)\cos\lambda_n a=(1-B)\sin\lambda_n a,\quad n=1,2,3,\cdots$$

로 바꾸어 쓸 수 있다. 이제, 해를

$$v(r,t)=\sum_{n=1}^{\infty}A_n\,e^{-\alpha\lambda_n^2 t}\sin\lambda_n r,\quad (\lambda_n a)\cos\lambda_n a=(1-B)\sin\lambda_n a$$

로 두고 초기조건을 대입하면

$$v(r,0)=ru_0=\sum_{n=1}^{\infty}A_n\sin\lambda_n r$$

이 되고, 계수는

$$A_n=\frac{\langle ru_0,\sin\lambda_n r\rangle}{\langle\sin\lambda_n r,\sin\lambda_n r\rangle}=\frac{u_0\int_0^a r\sin\lambda_n r\,dr}{\int_0^a\sin^2\lambda_n r\,dr}$$

$$=u_0\frac{\left[r\left(-\frac{1}{\lambda_n}\cos\lambda_n r\right)-\left(-\frac{1}{\lambda_n^2}\sin\lambda_n r\right)\right]_0^a}{\frac{1}{2}\left[r-\frac{1}{\lambda_n}\sin\lambda_n r\cos\lambda_n r\right]_0^a}$$

$$=u_0\frac{a\left(-\frac{c}{\lambda}\right)+\frac{s}{\lambda^2}}{\frac{1}{2}\left(a-\frac{sc}{\lambda}\right)}=\frac{2u_0}{\lambda}\frac{s-ac\lambda}{a\lambda-sc}$$

위에서, 수식을 쉽게 다루기 위하여 $\lambda\equiv\lambda_n$, $s=\sin\lambda_n a$, $c=\cos\lambda_n a$로 사용하였다.

계수를 다시 대입하고 $u=\frac{v}{r}$을 상기하면

$$u(r,t)=2u_0\sum_{n=1}^{\infty}\left(\frac{\sin\lambda_n a-\lambda_n a\cos\lambda_n a}{\lambda_n a-\sin\lambda_n a\cos\lambda_n a}\right)e^{-\alpha\lambda_n^2 t}\frac{\sin\lambda_n r}{\lambda_n r}$$

11-9 1차원 파동방정식의 해

【1】 현의 양끝을 자유단으로 두었을 때, 즉 $\frac{\partial u}{\partial x}(0,t)=\frac{\partial u}{\partial x}(L,t)=0$으로 하여 (예제 14)를 다시 풀어라.

☞ (예제 14)에서 경계조건을 바꾸고 다시 쓰면

지배방정식: $\dfrac{\partial^2 u}{\partial t^2} = c^2 \dfrac{\partial^2 u}{\partial x^2}$

경계조건: $\dfrac{\partial u}{\partial x}(0, t) = \dfrac{\partial u}{\partial x}(L, t) = 0$, 초기조건: $u(x, 0) = f(x)$, $\dfrac{\partial u}{\partial t}(x, 0) = g(x)$

$$\begin{aligned} u(x,t) &= [(A_0 + B_0 t)(C_0 + D_0 x)]_{\lambda=0} \\ &\quad + \sum_{\lambda \neq 0} (A_\lambda \cos c\lambda t + B_\lambda \sin c\lambda t)(C_\lambda \cos \lambda x + D_\lambda \sin \lambda x) \end{aligned}$$

로 된다. 경계조건 $\dfrac{\partial u}{\partial x}(0, t) = \dfrac{\partial u}{\partial x}(L, t) = 0$은 $\dfrac{dX}{dx}(0) = \dfrac{dX}{dx}(L) = 0$으로 분리함수를 이용하여 쓸 수 있고, $\lambda = 0$에 대응하는 해 $X \sim 1$, x에서 경계조건을 만족하는 해는 $X \sim 1$이다. $\lambda \neq 0$인 경우에는

$$X \sim \cos \lambda_n x, \quad \sin \lambda_n L = 0, \quad \lambda_n L = n\pi, \quad n = 1, 2, 3, \cdots$$

로 분리함수를 구한다. 따라서, 해는

$$u(x, t) = A_0 + B_0 t + \sum_{n=1}^{\infty} (A_n \cos c\lambda_n t + B_n \sin c\lambda_n t) \cos \lambda_n x$$

로 된다. 초기조건을 대입하면

$$u(x, 0) = f(x) = A_0 + \sum_{n=1}^{\infty} A_n \cos \lambda_n x$$

$$\frac{\partial u}{\partial t}(x, 0) = g(x) = B_0 + \sum_{n=1}^{\infty} c\lambda_n B_n \cos \lambda_n x$$

이므로

$$A_0 = \frac{1}{L} \int_0^L f(x)\, dx, \qquad B_0 = \frac{1}{L} \int_0^L g(x)\, dx$$

$$A_n = \frac{2}{L} \int_0^L f(x) \cos \lambda_n x\, dx, \quad c\lambda_n B_n = \frac{2}{L} \int_0^L g(x) \cos \lambda_n x\, dx$$

로부터 계수를 구한다(단, $\lambda_n L = n\pi$, $n = 1, 2, 3, \cdots$).

【2】 현의 한끝을 고정단, 다른 끝을 자유단으로 두었을 때, 즉 $u(0, t) = \dfrac{\partial u}{\partial x}(L, t) = 0$으로 경계조건이 주어졌을 때 (예제 14)의 해를 구하라.

☞ (예제 14)에서 경계조건을 바꾸고 다시 쓰면

지배방정식: $\dfrac{\partial^2 u}{\partial t^2} = c^2 \dfrac{\partial^2 u}{\partial x^2}$

경계조건: $u(0, t) = \dfrac{\partial u}{\partial x}(L, t) = 0$,

초기조건: $u(x,0)=f(x)$, $\dfrac{\partial u}{\partial t}(x,0)=g(x)$

로 된다. 여기서, 경계조건을 분리함수로 이용하여 나타내면 $X(0)=\dfrac{dX}{dx}(L)=0$이므로 $X\sim 1, x$는 해가 되지 못한다. 따라서, $X(0)=\dfrac{dX}{dx}(L)=0$을 만족하는 고유함수와 고유값은

$$X\sim \sin\lambda_n x,\quad \cos\lambda_n L=0,\quad \lambda_n L=\frac{\pi}{2}+(n-1)\pi,\quad n=1,2,3,\cdots$$

으로 결정할 수 있다. 이때, 해는

$$u(x,t)=\sum_{n=1}^{\infty}(A_n\cos c\lambda_n t+B_n\sin c\lambda_n t)\sin\lambda_n x$$

로 된다. 초기조건을 대입하면

$$u(x,0)=f(x)=\sum_{n=1}^{\infty}A_n\sin\lambda_n x$$

$$\frac{\partial u}{\partial t}(x,0)=g(x)=\sum_{n=1}^{\infty}c\lambda_n B_n\sin\lambda_n x$$

이므로

$$A_n=\frac{2}{L}\int_0^L f(x)\sin\lambda_n x\,dx,\quad c\lambda_n B_n=\frac{2}{L}\int_0^L g(x)\sin\lambda_n x\,dx$$

로부터 계수를 구한다(단, $\lambda_n L=n\pi-\dfrac{\pi}{2}$, $n=1,2,3,\cdots$)

11-10 독립변수의 결합에 의한 해법

【1】 $u(x,y)=\phi(ax+y)$가 $\dfrac{\partial u}{\partial x}=a\dfrac{\partial u}{\partial y}$의 일반해임을 보여라.

☞ $\dfrac{\partial u}{\partial x}=a\phi'(ax+y)$, $\dfrac{\partial u}{\partial y}=\phi'(ax+y)$이므로 $\dfrac{\partial u}{\partial x}=a\dfrac{\partial u}{\partial y}$가 항상 만족된다.

【2】 $\phi(z)=e^z=e^{x+iy}=e^x\cos y+ie^x\sin y$의 실수부와 허수부 모두가 라플라스방정식의 해가 되는 것을 확인해보라.

☞ $u(x,y)=e^x\cos y$, $v(x,y)=e^x\sin y$로 두면 $u_{xx}+u_{yy}=e^x\cos y-e^x\cos y=0$으로 되고, 또한 $v_{xx}+v_{yy}=e^x\sin y-e^x\sin y=0$

【3】 $\phi(z) = \ln z = \ln re^{i\theta} = \ln r + i\theta = \frac{1}{2}\ln(x^2+y^2) + i\tan^{-1}\frac{y}{x}$ 의 실수부와 허수부 각각이 라플라스방정식의 해가 되는 것을 확인해보라.

☞ $u(x, y) = \frac{1}{2}\ln(x^2+y^2)$, $v(x, y) = \tan^{-1}\frac{y}{x}$ 로 두면

$$\frac{\partial u}{\partial x} = \frac{1}{2}\frac{2x}{x^2+y^2} = \frac{x}{x^2+y^2}, \quad \frac{\partial u}{\partial y} = \frac{1}{2}\frac{2y}{x^2+y^2} = \frac{y}{x^2+y^2}$$

$$\frac{\partial^2 u}{\partial x^2} = \frac{1}{x^2+y^2} - \frac{x(2x)}{(x^2+y^2)^2}, \quad \frac{\partial^2 u}{\partial y^2} = \frac{1}{x^2+y^2} - \frac{y(2y)}{(x^2+y^2)^2}$$

따라서, $\frac{\partial^2 u}{\partial x^2} + \frac{\partial^2 u}{\partial y^2} = \frac{2}{x^2+y^2} - \frac{2(x^2+y^2)}{(x^2+y^2)^2} = 0$이다. 다음으로,

$$\frac{\partial v}{\partial x} = \frac{1}{1+\left(\frac{y}{x}\right)^2}\left(-\frac{y}{x^2}\right) = \frac{-y}{x^2+y^2}, \quad \frac{\partial v}{\partial y} = \frac{1}{1+\left(\frac{y}{x}\right)^2}\left(\frac{1}{x}\right) = \frac{x}{x^2+y^2}$$

$$\frac{\partial^2 v}{\partial x^2} = -\frac{(-y)(2x)}{(x^2+y^2)^2} = \frac{2xy}{(x^2+y^2)^2}, \quad \frac{\partial^2 v}{\partial y^2} = -\frac{(x)(2y)}{(x^2+y^2)^2} = -\frac{2xy}{(x^2+y^2)^2}$$

이므로 $\frac{\partial^2 v}{\partial x^2} + \frac{\partial^2 v}{\partial y^2} = 0$

【4】 $\xi = x+ct$, $\eta = x-ct$라 두고 $u(x, y)$를 ξ, η의 함수라고 생각하자.

$$\frac{\partial}{\partial x} = \frac{\partial}{\partial \xi}\frac{\partial \xi}{\partial x} + \frac{\partial}{\partial \eta}\frac{\partial \eta}{\partial x} = \frac{\partial}{\partial \xi} + \frac{\partial}{\partial \eta}$$

$$\frac{\partial}{\partial t} = \frac{\partial}{\partial \xi}\frac{\partial \xi}{\partial t} + \frac{\partial}{\partial \eta}\frac{\partial \eta}{\partial t} = c\left(\frac{\partial}{\partial \xi} - \frac{\partial}{\partial \eta}\right)$$

임을 이용하여 $u_{tt} - c^2u_{xx} = 0$은 $u_{\xi\eta} = 0$과 같게 되는 것을 보이고 일반해는

$$u = \phi(\xi) + \psi(\eta) = \phi(x+ct) + \psi(x-ct)$$

로 되는 D'Alembert의 해로 되는 것을 보여라.

☞ $u_x = u_\xi + u_\eta$

$$u_{xx} = (u_\xi + u_\eta)_x = (u_\xi + u_\eta)_\xi + (u_\xi + u_\eta)_\eta = u_{\xi\xi} + 2u_{\xi\eta} + u_{\eta\eta}$$

이고,

$$u_t = c(u_\xi - u_\eta)$$

$$u_{tt} = c(u_\xi - u_\eta)_t = c^2[(u_\xi - u_\eta)_\xi - (u_\xi - u_\eta)_\eta] = c^2(u_{\xi\xi} - 2u_{\xi\eta} + u_{\eta\eta})$$

이므로 $u_{tt} - c^2u_{xx} = 0$을 정리하면 $c^2(u_{\xi\xi} - 2u_{\xi\eta} + u_{\eta\eta}) - c^2(u_{\xi\xi} + 2u_{\xi\eta} + u_{\eta\eta}) = 0$.

즉, $u_{\xi\eta} = 0$으로 된다. 이것을 η에 대해 적분하면

$$u_\xi = A(\xi)$$

가 되고, 다시 ξ에 대해 적분하면 $u = \int A(\xi) + B(\eta)$가 된다. 이때,

$$\phi(\xi) = \int A(\xi), \quad \psi(\eta) = B(\eta)$$

로 두면 $u = \phi(\xi) + \psi(\eta) = \phi(x+ct) + \psi(x-ct)$로 일반해가 얻어진다.

제 12 장　복소수와 복소함수

12-1　복소수의 기본성질

【1】 복소수가 실수일 조건은 $z=\bar{z}$ 임을 보여라.

☞ $z=\bar{z}$ 를 성분으로 나타내면 $x+iy=x-iy$. 이항하고 정리하면 $2iy=0$, 즉 $y=0$인 조건을 말한다. 그런데, 복소수가 실수라는 것은 허수부가 0이 되는 것을 말하므로 복소수가 실수인 것과 $z=\bar{z}$ 는 서로 동치이다.

【2】 복소수가 순허수일 조건은 $z+\bar{z}=0$임을 보여라.

☞ $z+\bar{z}=0$을 성분으로 나타내고 간단히 하면 $x+iy+x-iy=0 \rightarrow 2x=0$. 복소수가 순허수가 되는 것은 실수부가 0, 즉 $x=0$과 동치이므로 $z+\bar{z}=0$과 동치인 조건이다.

【3】 $i^2=-1$, $i^4=1$임을 이용하여 i^{19} 을 구하라.

☞ $i^{19}=(i^4)^4\cdot i^3=-i$

【4】 $z^n=1$의 해는 $z=\cos\frac{2k\pi}{n}+i\sin\frac{2k\pi}{n}$, $k=0,1,2,\cdots,n-1$임을 보여라.

☞ 우변을 De Moivre의 정리를 이용하여 복소수형식으로 나타내면

$$z^n=\cos 2k\pi+i\sin 2k\pi,\quad k=0,1,2,\cdots,n-1,n,n+1,\cdots$$

가 된다. 이것을 풀면

$$z=(\cos 2k\pi+i\sin 2k\pi)^{\frac{1}{n}}=\cos\frac{2k\pi}{n}+i\sin\frac{2k\pi}{n}$$

위에서, $k=0,1,2,\cdots,n-1,n,n+1,\cdots$이다. 그런데, $k=n$인 경우는 $k=0$인 경우와 동일하고 $k=n+1$은 $k=1$과 동일하다. 계속하면 $k=0,1,2,\cdots,n-1$까지만 고려하면 된다.

【5】 삼각부등식 $|z_1+z_2| \le |z_1|+|z_2|$을 증명하라.

☞ $z_1 = x_1+iy_1$, $z_2 = x_2+iy_2$ 로 두고 주어진 관계식을 다시 쓰면

$$\sqrt{(x_1+x_2)^2+(y_1+y_2)^2} \le \sqrt{x_1^2+y_1^2}+\sqrt{x_2^2+y_2^2}$$

이다. 여기서, 오른쪽의 제곱에서 왼쪽의 제곱을 빼면

$$\begin{aligned}&(x_1^2+y_1^2)+(x_2^2+y_2^2)+2\sqrt{x_1^2+y_1^2}\sqrt{x_2^2+y_2^2}-(x_1+x_2)^2-(y_1+y_2)^2\\&\quad=2\left(\sqrt{x_1^2+y_1^2}\sqrt{x_2^2+y_2^2}-x_1x_2-y_1y_2\right)\end{aligned}$$

이다. 다시 우변을 $A-B$로 생각하여 A^2-B^2을 살펴보면

$$\begin{aligned}&(x_1^2+y_1^2)(x_2^2+y_2^2)-(x_1x_2+y_1y_2)^2\\&\quad=x_1^2y_2^2+x_2^2y_1^2-2x_1x_2y_1y_2=(x_1y_2-x_2y_1)^2\end{aligned}$$

즉, 항상 음이 아닌 수가 되므로 주어진 부등식이 성립한다.

【6】 평행사변형 등식 $|z_1+z_2|^2+|z_1-z_2|^2 = 2(|z_1|^2+|z_2|^2)$을 증명하라.

☞ $$\begin{aligned}|z_1+z_2|^2+|z_1-z_2|^2 &= (z_1+z_2)(\overline{z_1}+\overline{z_2})+(z_1-z_2)(\overline{z_1}-\overline{z_2})\\&=(z_1\overline{z_1}+z_2\overline{z_2}+z_1\overline{z_2}+z_2\overline{z_1})+(z_1\overline{z_1}+z_2\overline{z_2}-z_1\overline{z_2}-z_2\overline{z_1})\\&=2z_1\overline{z_1}+2z_2\overline{z_2}=2(|z_1|^2+|z_2|^2)\end{aligned}$$

【7】 De Moivre의 공식을 써서 $\cos 3\theta = 4\cos^3\theta-3\cos\theta$, $\sin 3\theta = 3\sin\theta-4\sin^3\theta$를 보여라.

☞ $$\begin{aligned}(\cos\theta+i\sin\theta)^3 &= \cos^3\theta+3\cos^2\theta(i\sin\theta)+3\cos\theta(i^2\sin^2\theta)+i^3\sin^3\theta\\&=\cos^3\theta-3\cos\theta\sin^2\theta+i(3\cos^2\theta\sin\theta-\sin^3\theta)\end{aligned}$$

와 같이 전개한 결과와 De Moivre의 공식

$$(\cos\theta+i\sin\theta)^3 = \cos 3\theta+i\sin 3\theta$$

의 실수부와 허수부를 각각 비교하면

$$\cos 3\theta = \cos^3\theta-3\cos\theta\sin^2\theta = \cos^3\theta-3\cos\theta(1-\cos^2\theta) = 4\cos^3\theta-3\cos\theta$$

$$\sin 3\theta = 3\cos^2\theta\sin\theta-\sin^3\theta = 3(1-\sin^2\theta)\sin\theta-\sin^3\theta = 3\sin\theta-4\sin^3\theta$$

이다.

☑ 위의 공식을 sine함수는 증가함수, cosine함수는 감소함수(구간 $0 \le \theta$ 부근에서)임을 이용하여

$\sin 3\theta$는 계수가 3, 4로 증가, 멱(power)은 $\sin\theta$, $\sin^3\theta$로 증가

$\cos 3\theta$ 는 계수가 4, 3로 감소, 멱(power)은 $\cos^3\theta$, $\cos\theta$ 로 감소하여

$$\sin 3\theta = 3\sin\theta - 4\sin^3\theta$$
$$\cos 3\theta = 4\cos^3\theta - 3\cos\theta$$

로 기억해두면 편리하다.

【8】 (문제 7)의 결과를 이용하여 $8x^3 - 6x - 1 = 0$의 한 근이 $x = \cos 20°$ 임을 보여라.

☞ $\cos 3\theta = 4\cos^3\theta - 3\cos\theta$ 에서 $x = \cos\theta$로 두면 $4x^3 - 3x - \cos 3\theta = 0$로 된다. 여기서, $\theta = 20°$ 로 택하면 $4x^3 - 3x - \cos 60° = 0$. 즉, $4x^3 - 3x - \frac{1}{2} = 0$이다. 양변에 2를 곱하면 $8x^3 - 6x - 1 = 0$의 한근은 $x = \cos 20°$ 임을 알 수 있다.

12-3 Cauchy-Riemann 방정식

【1】 $f(z) = |z|^2 = x^2 + y^2$ 은 어떤 점에서도 해석적이 아니라는 것을 보여라.

☞ 주어진 복소함수는 $f(z) = u + iv$, $u = x^2 + y^2$, $v = 0$으로 쓸 수 있다. 그런데,

$$\frac{\partial u}{\partial x} = 2x,\ \frac{\partial u}{\partial y} = 2y,\ \frac{\partial v}{\partial x} = \frac{\partial v}{\partial y} = 0$$

이므로 $\frac{\partial u}{\partial x} = 2x \neq 0 = \frac{\partial v}{\partial y}$, $\frac{\partial u}{\partial y} = 2y \neq 0 = -\frac{\partial v}{\partial x}$가 되어 해석적이 아니다. 그런데, $x = y = 0$인 점에서는 Cauchy-Riemann조건이 만족된다. 그러나, 해석적이 되기 위해서는 주어진 점을 포함하는 부근에서 Cauchy-Riemann조건이 만족되어야 하기 때문에 $f(z) = |z|^2 = x^2 + y^2$ 는 어떤 점에서도 해석적이 아니다.

【2】 $f(z) = \mathrm{Re}(z) = x$, $f(z) = \mathrm{Im}(z) = y$는 모두 해석적이 아님을 보여라.

☞ 복소함수 $f(z) = \mathrm{Re}(z) = x$인 경우, 항상 $\frac{\partial u}{\partial x} = 1 \neq 0 = \frac{\partial v}{\partial y}$ 이므로 해석적이 아니다. 또한, 복소함수 $f(z) = \mathrm{Im}(z) = y$인 경우 항상 $\frac{\partial u}{\partial y} = 1 \neq 0 = -\frac{\partial v}{\partial x}$ 이므로 역시 해석적이 아니다(Cauchy-Riemann조건의 한쪽이 성립하지 않는 것을 보이는 것으로 충분하다).

【3】 $f(z) = \arg z = \theta$는 해석적이 아님을 보여라.

☞ 주어진 함수로부터 $u = \theta$, $v = 0$이므로

$$\frac{\partial u}{\partial r} = 0, \quad \frac{1}{r}\frac{\partial u}{\partial \theta} = \frac{1}{r}, \quad \frac{\partial v}{\partial r} = 0, \quad \frac{1}{r}\frac{\partial v}{\partial \theta} = 0$$

인 결과로부터 항상

$$\frac{\partial v}{\partial r} + \frac{1}{r}\frac{\partial u}{\partial \theta} = \frac{1}{r} \neq 0$$

이므로 해석적이 아니다.

【4】 $z^n = r^n \cos n\theta + i r^n \sin n\theta$, $n = 0, 1, 2, \cdots$가 완전함수라는 것을 보여라.

☞ $\dfrac{\partial u}{\partial r} = nr^{n-1}\cos n\theta$, $\dfrac{1}{r}\dfrac{\partial u}{\partial \theta} = \dfrac{1}{r} r^n(-n\sin n\theta) = -nr^{n-1}\sin n\theta$,

$$\frac{\partial v}{\partial r} = nr^{n-1}\sin n\theta, \quad \frac{1}{r}\frac{\partial v}{\partial \theta} = \frac{1}{r} r^n n\cos n\theta = nr^{n-1}\cos n\theta,$$

이므로

$$\frac{\partial u}{\partial r} = \frac{1}{r}\frac{\partial v}{\partial \theta}, \quad \frac{\partial v}{\partial r} = -\frac{1}{r}\frac{\partial u}{\partial \theta}$$

가 항상 성립한다. 즉, 완전함수이다.

【5】 $e^z = e^x \cos y + i e^x \sin y$가 완전함수라는 것을 보여라.

☞ $\dfrac{\partial u}{\partial x} = e^x \cos y$, $\dfrac{\partial u}{\partial y} = -e^x \sin y$,

$$\frac{\partial v}{\partial x} = e^x \sin y, \quad \frac{\partial v}{\partial y} = e^x \cos y,$$

이므로

$$\frac{\partial u}{\partial x} = \frac{\partial v}{\partial y}, \quad \frac{\partial v}{\partial x} = -\frac{\partial u}{\partial y}$$

가 항상 성립한다. 즉, 완전함수이다.

12-5 대표적인 복소함수

【1】 $\dfrac{d}{dz}\sin z = \cos z$, $\dfrac{d}{dz}\cos z = -\sin z$을 보여라.

☞ $\sin z = \sin x \cosh y + i\cos x \sinh y$, $\cos z = \cos x \cosh y - i\sin x \sinh y$로부터

$$\frac{d}{dz}\sin z = \frac{\partial}{\partial x}(\sin x\cosh y + i\cos x\sinh y)$$
$$= \cos x\cosh y - i\sin x\sinh y = \cos z$$
$$\frac{d}{dz}\cos z = \frac{\partial}{\partial x}(\cos x\cosh y - i\sin x\sinh y)$$
$$= -\sin x\cosh y - i\cos x\sinh y = -\sin z$$

【2】 $\frac{d}{dz}\sinh z = \cosh z$, $\frac{d}{dz}\cosh z = \sinh z$ 을 보여라.

☞ $\sinh z = \sinh x\cos y + i\cosh x\sin y$,

$\cosh z = \cosh x\cos y + i\sinh x\sin y$

로부터

$$\frac{d}{dz}\sinh z = \frac{\partial}{\partial x}(\sinh x\cos y + i\cosh x\sin y) = \cosh x\cos y + i\sinh x\sin y = \cosh z$$
$$\frac{d}{dz}\cosh z = \frac{\partial}{\partial x}(\cosh x\cos y + i\sinh x\sin y) = \sinh x\cos y + i\cosh x\sin y = \sinh z$$

【3】 $|\cos z|^2 = \cos^2 x + \sinh^2 y$, $|\sin z|^2 = \sin^2 x + \sinh^2 y$ 임을 보여라.

☞ $|\cos z|^2 = \cos^2 x\cosh^2 y + \sin^2 x\sinh^2 y$

$$= \cos^2 x(1+\sinh^2 y) + \sin^2 x\sinh^2 y$$
$$= \cos^2 x + (\cos^2 x + \sin^2 x)\sinh^2 y = \cos^2 x + \sinh^2 y$$

$$|\sin z|^2 = \sin^2 x\cosh^2 y + \cos^2 x\sinh^2 y$$
$$= \sin^2 x(1+\sinh^2 y) + \cos^2 x\sinh^2 y$$
$$= \sin^2 x + (\sin^2 x + \cos^2 x)\sinh^2 y = \sin^2 x + \sinh^2 y$$

【4】 $\cos z = 0$, $\sin z = 0$을 만족하는 복소수는 실수축 위에 있고, $\cosh z = 0$, $\sinh z = 0$을 만족하는 복소수는 허수축 위에 있는 것을 보여라.

☞ 앞의 문제에서

$$|\cos z|^2 = \cos^2 x + \sinh^2 y = 0 \quad \rightarrow \quad \cos x = 0,\ \sinh y = 0$$

이므로 $x = \frac{\pi}{2} \pm n\pi$, $y = 0$이 된다. 즉, $\cos z = 0$을 풀면 $z = x + iy = \frac{\pi}{2} \pm n\pi$이므로 해는 실수축 위에 있다. 또한,

$$|\sin z|^2 = \sin^2 x + \sinh^2 y = 0 \quad \rightarrow \quad \sin x = 0,\ \sinh y = 0$$

으로부터 $x = n\pi$, $y = 0$을 얻어 $z = n\pi$가 되어 역시 실수축 위에 해가 존재한다.

마찬가지로 쌍곡선함수에 대해서도

$$|\sinh z|^2 = \sinh^2 x\cos^2 y + \cosh^2 x\sin^2 y$$
$$= \sinh^2 x\cos^2 y + (1+\sinh^2 x)\sin^2 y = \sinh^2 x + \sin^2 y = 0$$

을 풀면

$$\sinh x = \sin y = 0 \ \rightarrow \ x=0,\ y = n\pi$$

이므로 $z = in\pi$ 는 허수축 위에 존재한다. 또한,

$$|\cosh z|^2 = \cosh^2 x\cos^2 y + \sinh^2 x\sin^2 y$$
$$= (1+\sinh^2 x)\cos^2 y + \sinh^2 x\sin^2 y = \sinh^2 x + \cos^2 y = 0$$

을 풀어

$$\sinh x = \cos y = 0 \ \rightarrow \ x=0,\ y = \frac{\pi}{2} + n\pi$$

이므로 $z = i\left(\frac{\pi}{2} + n\pi\right)$는 허수축 위에 존재한다.

【5】 $k = 0, \pm 1, \pm 2, \cdots$일 때, $\ln(1+i) = \frac{1}{2}\ln 2 + i\left(\frac{\pi}{4} + 2k\pi\right)$임을 보여라.

☞ $1+i = \sqrt{2}\,e^{i\frac{\pi}{4}}e^{i2k\pi} = \sqrt{2}e^{i\frac{\pi}{4}+i2k\pi}$ 로 쓸 수 있고, $k = 0, \pm 1, \pm 2, \cdots$이다. 여기서, 양변에 로그를 취하면

$$\ln(1+i) = \frac{1}{2}\ln 2 + i\left(\frac{\pi}{4} + 2k\pi\right)$$

【6】 $\cos z$, $\sin z$, $\cosh z$, $\sinh z$가 완전함수라는 것을 보여라.

☞ $\sin z = u + iv = \sin x\cosh y + i\cos x\sinh y$ 로부터

$$\frac{\partial u}{\partial x} = \cos x\cosh y,\ \frac{\partial u}{\partial y} = \sin x\sinh y$$
$$\frac{\partial v}{\partial x} = -\sin x\sinh y,\ \frac{\partial v}{\partial y} = \cos x\cosh y$$

이므로 Cauchy-Riemann조건이 모든 x, y에 대하여 항상 만족된다.

$$\cos z = u + iv = \cos x\cosh y - i\sin x\sinh y$$

$$\frac{\partial u}{\partial x} = -\sin x\cosh y,\ \frac{\partial u}{\partial y} = \cos x\sinh y$$
$$\frac{\partial v}{\partial x} = -\cos x\sinh y,\ \frac{\partial v}{\partial y} = -\sin x\cosh y$$

이므로 $\cos z$ 는 완전함수이다.

$$\sinh z = u + iv = \sinh x \cos y + i \cosh x \sin y$$

$$\frac{\partial u}{\partial x} = \cosh x \cos y, \quad \frac{\partial u}{\partial y} = -\sinh x \sin y$$

$$\frac{\partial v}{\partial x} = \sinh x \sin y, \quad \frac{\partial v}{\partial y} = \cosh x \cos y$$

로 Cauchy-Riemann조건이 항상 만족된다. 즉, 완전함수이다. 마찬가지로

$$\cosh z = u + iv = \cosh x \cos y + i \sinh x \sin y$$

$$\frac{\partial u}{\partial x} = \sinh x \cos y, \quad \frac{\partial u}{\partial y} = -\cosh x \sin y$$

$$\frac{\partial v}{\partial x} = \cosh x \sin y, \quad \frac{\partial v}{\partial y} = \sinh x \cos y$$

【7】 다음을 증명하여라.

$$\cos^2 z + \sin^2 z = 1, \qquad \cos^2 z - \sin^2 z = \cos 2z$$
$$\cosh^2 z - \sinh^2 z = 1, \qquad \cosh^2 z + \sinh^2 z = \cosh 2z$$

☞ $$\cos^2 z + \sin^2 z = \left(\frac{e^{iz} + e^{-iz}}{2}\right)^2 + \left(\frac{e^{iz} - e^{-iz}}{2i}\right)^2$$
$$= \frac{e^{2iz} + e^{-2iz} + 2}{4} + \frac{e^{2iz} + e^{-2iz} - 2}{-4} = 1$$

$$\cos^2 z - \sin^2 z = \left(\frac{e^{iz} + e^{-iz}}{2}\right)^2 - \left(\frac{e^{iz} - e^{-iz}}{2i}\right)^2$$
$$= \frac{e^{2iz} + e^{-2iz} + 2}{4} + \frac{e^{2iz} + e^{-2iz} - 2}{4} = \frac{e^{2iz} + e^{-2iz}}{2} = \cos 2z$$

$$\cosh^2 z - \sinh^2 z = \left(\frac{e^{z} + e^{-z}}{2}\right)^2 - \left(\frac{e^{z} - e^{-z}}{2}\right)^2$$
$$= \frac{e^{2z} + e^{-2z} + 2}{4} - \frac{e^{2z} + e^{-2z} - 2}{4} = 1$$

$$\cosh^2 z + \sinh^2 z = \left(\frac{e^{z} + e^{-z}}{2}\right)^2 + \left(\frac{e^{z} - e^{-z}}{2}\right)^2$$
$$= \frac{e^{2z} + e^{-2z} + 2}{4} + \frac{e^{2z} + e^{-2z} - 2}{4} = \frac{e^{2z} + e^{-2z}}{2} = \cosh 2z$$

훨씬 복잡하지만 다른 방법은 다음과 같다.

$$\cos^2 z + \sin^2 z = (\cos x \cosh y - i \sin x \sinh y)^2 + (\sin x \cosh y + i \cos x \sinh y)^2$$
$$= \cos^2 x \cosh^2 y - \sin^2 x \sinh^2 y + \sin^2 x \cosh^2 y - \cos^2 x \sinh^2 y$$
$$= (\cos^2 x + \sin^2 x) \cosh^2 y - (\sin^2 x + \cos^2 x) \sinh^2 y$$

$$= \cosh^2 y - \sinh^2 y = 1$$

$$\begin{aligned}\cos^2 z - \sin^2 z &= (\cos x \cosh y - i \sin x \sinh y)^2 - (\sin x \cosh y + i \cos x \sinh y)^2 \\ &= \cos^2 x \cosh^2 y - \sin^2 x \sinh^2 y - \sin^2 x \cosh^2 y + \cos^2 x \sinh^2 y \\ &\quad - 4i \cos x \sin x \cosh y \sinh y \\ &= (\cos^2 x - \sin^2 x) \cosh^2 y + (\cos^2 x - \sin^2 x) \sinh^2 y \\ &\quad - 2i \sin 2x \cosh y \sinh y \\ &= \cos 2x (\cosh^2 y + \sinh^2 y) - 2i \sin 2x \cosh y \sinh y\end{aligned}$$

여기서,

$$\begin{aligned}\cosh^2 y + \sinh^2 y &= \frac{1}{4}(e^{2y} + e^{-2y} + 2) + \frac{1}{4}(e^{2y} + e^{-2y} - 2) \\ &= \frac{1}{2}(e^{2y} + e^{-2y}) = \cosh 2y\end{aligned}$$

$$\cosh y \sinh y = \frac{1}{4}(e^y + e^{-y})(e^y - e^{-y}) = \frac{1}{4}(e^{2y} - e^{-2y}) = \frac{1}{2}\sinh 2y$$

이므로

$$\begin{aligned}\cos^2 z - \sin^2 z &= \cos 2x (\cosh^2 y + \sinh^2 y) - 2i \sin 2x \cosh y \sinh y \\ &= \cos 2x \cosh 2y - i \sin 2x \sinh 2y = \cos(2x + i2y) = \cos 2z\end{aligned}$$

다음으로, 쌍곡선함수에 대해서도 아래와 같이 비슷한 방법으로 구한다.

$$\begin{aligned}\cosh^2 z - \sinh^2 z &= (\cosh x \cos y + i \sinh x \sin y)^2 - (\sinh x \cos y + i \cosh x \sin y)^2 \\ &= \cosh^2 x \cos^2 y - \sinh^2 x \sin^2 y - \sinh^2 x \cos^2 y + \cosh^2 x \sin^2 y \\ &= \cosh^2 x (\cos^2 y + \sin^2 y) - \sinh^2 x (\sin^2 y + \cos^2 y) \\ &= \cosh^2 x - \sinh^2 x = 1\end{aligned}$$

$$\begin{aligned}\cosh^2 z + \sinh^2 z &= (\cosh x \cos y + i \sinh x \sin y)^2 + (\sinh x \cos y + i \cosh x \sin y)^2 \\ &= \cosh^2 x \cos^2 y - \sinh^2 x \sin^2 y + \sinh^2 x \cos^2 y - \cosh^2 x \sin^2 y \\ &\quad + 4i \cosh x \sinh x \cos y \sin y \\ &= \cosh^2 x (\cos^2 y - \sin^2 y) + \sinh^2 x (\cos^2 y - \sin^2 y) \\ &\quad + i \sinh 2x \sin 2y \\ &= (\cosh^2 x + \sinh^2 x) \cos 2y + i \sinh 2x \sin 2y \\ &= \cosh 2x \cos 2y + i \sinh 2x \sin 2y \\ &= \cosh(2x + i2y) = \cosh 2z\end{aligned}$$

※역함수 $w = f(z) = \cos^{-1} z$는 다음과 같은 방법으로 구한다. 먼저, 역함수의 정의로부터 $\cos w = z$가 만족된다. 이때, $\cos w = \dfrac{e^{iw} + e^{-iw}}{2} = z$를 정리하면

$e^{2iw} - 2ze^{iw} + 1 = 0$이 되고, 이것은 2차방정식이므로 $e^{iw} = z \pm \sqrt{z^2-1}$ 을 얻는다. 이러한 방법을 적용하여 다음의 관계식을 보여라[여기서, $\sqrt{\ }$에 붙는 부호는 실변수의 경우와 비교하여 택하게 된다. 예를 들어 0-4절의 식(0.47)의 참조내용과 비교하라].

★ 【8】 $\cos^{-1} z = -i \ln(z + \sqrt{z^2-1})$

☞ $w = \cos^{-1} z$라 두면 $\cos w = z$ 이다. $\cos w = \dfrac{e^{iw} + e^{-iw}}{2} = z$를 정리하면

$$e^{2iw} - 2ze^{iw} + 1 = 0$$

을 얻고, 이것을 풀어 $e^{iw} = z \pm \sqrt{z^2-1}$, 즉 $iw = \ln(z \pm \sqrt{z^2-1})$이다. 그런데, $z = 0$일 때, $w = \cos^{-1} 0 = \frac{\pi}{2}$이므로 $iw = \ln(z \pm \sqrt{z^2-1})$에 대입해보면

$$\frac{\pi}{2} i = \ln(\pm i)$$

이므로 + 기호를 택하게 된다. 즉, $iw = \ln(z + \sqrt{z^2-1})$을 택한다. 따라서, $\cos^{-1} z = w = -i \ln(z + \sqrt{z^2-1})$

★ 【9】 $\sin^{-1} z = -i \ln(iz + \sqrt{1-z^2})$

☞ $w = \sin^{-1} z$라 두면 $\sin w = z$ 이다. $\sin w = \dfrac{e^{iw} - e^{-iw}}{2i} = z$를 정리하면

$$e^{2iw} - 2ize^{iw} - 1 = 0$$

이 되고, 이것을 풀어 $e^{iw} = iz \pm \sqrt{-z^2+1}$ 이다. 마찬가지로 $0 = \sin^{-1} 0$임을 이용하면 $z = 0$일 때, $w = 0$이 되는 것은 $iw = \ln(iz + \sqrt{1-z^2})$일 경우이다(부호의 선택에 대해서 $\ln(-1) = \pi i$, $\ln(1) = 0$ 임을 생각해보라). 따라서,

$$\sin^{-1} z = w = -i \ln(iz + \sqrt{1-z^2})$$

★ 【10】 $\cosh^{-1} z = \ln(z + \sqrt{z^2-1})$

☞ $w = \cosh^{-1} z$라 두면 $\cosh w = z$ 이다. $\cosh w = \dfrac{e^{w} + e^{-w}}{2} = z$를 정리하면

$$e^{2w} - 2ze^{w} + 1 = 0$$

이 되고, 이것을 풀어 $e^{w} = z \pm \sqrt{z^2-1}$ 이다. 즉, $w = \cosh^{-1} z = \ln(z \pm \sqrt{z^2-1})$이 된다. 이것을 실수인 경우 $z = x$일 때와 비교하면 +부호를 택하게 된다. 따라서,

$$\cosh^{-1} z = w = \ln(z + \sqrt{z^2-1})$$

★ 【11】 $\sinh^{-1} z = \ln(z + \sqrt{z^2+1})$

☞ $w = \sinh^{-1} z$ 라 두면 $\sinh w = z$ 이다. $\sinh w = \dfrac{e^w - e^{-w}}{2} = z$ 를 정리하면

$$e^{2w} - 2ze^w - 1 = 0$$

이 되고, 이것을 풀어 $e^w = z \pm \sqrt{z^2+1}$ 이다. 마찬가지로 $0 = \sinh^{-1} 0$임을 이용하면 $z = 0$일 때, $w = 0$이 되는 것은 $w = \ln(z + \sqrt{z^2+1})$일 경우이다. 따라서,

$$\sinh^{-1} z = w = \ln(z + \sqrt{z^2+1})$$

★ 【12】 $\tanh^{-1} z = \dfrac{1}{2} \ln \dfrac{1+z}{1-z}$

☞ $w = \tanh^{-1} z$ 라 두면 $\tanh w = z$ 이다. $\tanh w = \dfrac{e^w - e^{-w}}{e^w + e^{-w}} = z$ 를 정리하면

$$e^{2w} = \frac{1+z}{1-z} \rightarrow 2w = \ln \frac{1+z}{1-z}$$

즉, $\tanh^{-1} z = w = \dfrac{1}{2} \ln \dfrac{1+z}{1-z}$ 을 바로 얻는다.

★ 【13】 $\tan^{-1} z = \dfrac{i}{2} \ln \dfrac{i+z}{i-z}$

☞ $w = \tan^{-1} z$ 라 두면 $\tan w = z$ 이다. $\tan w = \dfrac{\dfrac{e^{iw} - e^{-iw}}{2i}}{\dfrac{e^{iw} + e^{-iw}}{2}} = z$ 를 정리하면

$$e^{2iw} = \frac{1+iz}{1-iz} \rightarrow 2iw = \ln \frac{1+iz}{1-iz} \rightarrow w = -\frac{i}{2} \ln \frac{1+iz}{1-iz}$$

즉, $\tan^{-1} z = w = \dfrac{i}{2} \ln \dfrac{1-iz}{1+iz} = \dfrac{i}{2} \ln \dfrac{i+z}{i-z}$ 을 얻는다($-\ln x = \ln \dfrac{1}{x}$ 임을 이용하였다).

제 13 장 복소적분

13-1 복소평면에서의 선적분

※ 【1】 - 【4】 에 주어진 선적분을 그림 12.1에 보인 경로 $C_1 : z = t + it$ 와 $C_2 : z = t + it^2$ 에 대하여 구하라(단, $0 \le t \le 1$).

【1】 $\int_C \text{Re}(z)\,dz = \int_C x\,dz = \int_0^1 (t)(1+i)\,dt$

☞ 경로 C_1 에 대해서는 $dz = d(t+it) = (1+i)\,dt$ 이고 경로 C_2 에 대해서는 $dz = d(t+it^2) = (1+i2t)\,dt$ 이다. 따라서, 경로 C_1 에 대해서

$$\int_C \text{Re}(z)\,dz = \int_C x\,dz = \int_0^1 (t)(1+i)\,dt = \frac{1}{2}(1+i)$$

경로 C_2 에 대해서

$$\int_C \text{Re}(z)\,dz = \int_C x\,dz = \int_0^1 (t)(1+i2t)\,dt = \int_0^1 (t+i2t^2)\,dt = \frac{1}{2} + i\frac{2}{3}$$

【2】 $\int_C \text{Im}(z)\,dz$

☞ 경로 C_1 에 대해서

$$\int_C \text{Im}(z)\,dz = \int_C y\,dz = \int_0^1 (t)(1+i)\,dt = \frac{1}{2}(1+i)$$

경로 C_2 에 대해서

$$\int_C \text{Im}(z)\,dz = \int_C y\,dz = \int_0^1 (t^2)(1+i2t)\,dt = \int_0^1 (t^2+i2t^3)\,dt = \frac{1}{3} + i\frac{1}{2}$$

【3】 $\int_C z^2\,dz$

☞ 경로 C_1 에 대해서

$$\int_C z^2\,dz = \int_C [(x^2-y^2)+i2xy]\,dz = \int_0^1 (i2t^2)(1+i)\,dt = \frac{2}{3}(i-1)$$

경로 C_2 에 대해서

$$\int_C z^2\,dz = \int_C [(x^2-y^2)+i2xy]\,dz = \int_0^1 (t^2-t^4+i2t^3)(1+i2t)\,dt$$
$$= \int_0^1 (t^2-5t^4)+i(4t^3-2t^5)\,dt$$
$$= \frac{1}{3}-1+i\left(1-\frac{1}{3}\right) = \frac{2}{3}(i-1)$$

【4】 $\int_C e^z\,dz$ (뒤에서 배우게 될 복소적분을 이용하면 $\int_C e^z\,dz = [e^z]_{\text{initial}}^{\text{final}}$ 로 주어지므로 매우 쉽게 해를 얻는다).

☞ 경로 C_1 에 대해서

$$\int_C e^z\,dz = \int_C (e^x\cos y + ie^x\sin y)\,dz = \int_0^1 (e^t\cos t + ie^t\sin t)(1+i)\,dt$$
$$= \left[\frac{e^t}{2}(\cos t+\sin t) + i\frac{e^t}{2}(\sin t-\cos t)\right]_0^1 (1+i)$$
$$= \left[\frac{e}{2}(\cos 1+\sin 1) - \frac{1}{2} + i\frac{e}{2}(\sin 1-\cos 1) + i\frac{1}{2}\right](1+i)$$
$$= e\cos 1 - 1 + ie\sin 1 = e^{1+i} - e^0$$

경로 C_2 에 대해서

$$\int_C e^z\,dz = \int_C (e^x\cos y + ie^x\sin y)\,dz = \int_0^1 (e^t\cos t^2 + ie^t\sin t^2)(1+i2t)\,dt$$
$$= \int_0^1 (e^t\cos t^2 - 2te^t\sin t^2)\,dt + i\int_0^1 (e^t\sin t^2 + 2te^t\cos t^2)\,dt$$
$$= [e^t\cos t^2]_0^1 + i[e^t\sin t^2]_0^1 = e\cos 1 - 1 + ie\sin 1 = e^{1+i} - e^0$$

위에서, $\int_0^1 e^t\cos t^2\,dt$ 등으로 각각에 대한 적분을 할 필요없다는 것에 주목한다.

따라서, 경로 C_1 을 따른 선적분과 경로 C_2 를 따른 선적분의 값은 서로 같다.

【5】 $C: |z| = 1$ (시계반대방향)에 대해 $\int_C \mathrm{Re}(z)\,dz$ 을 구하라.

☞ $z = \cos t + i\sin t$, $0 \le t \le 2\pi$ 인 매개변수형태로 곡선을 나타내면
$dz = (-\sin t + i\cos t)\,dt$, $x = \cos t$, $y = \sin t$ 이므로

$$\int_C \mathrm{Re}(z)\,dz = \int_0^{2\pi}(\cos t)(-\sin t + i\cos t)\,dt = \int_0^{2\pi}(-\cos t\sin t + i\cos^2 t)\,dt$$
$$= \int_0^{2\pi} -\frac{1}{2}\sin 2t + i\frac{1}{2}(1+\cos 2t)\,dt = i\frac{1}{2}(2\pi) = i\pi$$

13-3 Cauchy의 적분정리

※다음의 【1】-【4】로 주어진 적분을 구하라.

【1】 $\int_0^{\pi i} z\,dz = \frac{1}{2}z^2\Big|_0^{\pi i} = -\frac{1}{2}\pi^2$

【2】 $\int_{-i}^{i} \sin z\,dz = -\cos z\Big|_{-i}^{i} = -\cos i + \cos(-i) = 0$

【3】 $\int_1^{i} e^z\,dz = e^z\Big|_1^{i} = e^i - e = \cos 1 - e + i\sin 1$

【4】 $\int_{1-i}^{1+i} (z-1)^2\,dz = \frac{1}{3}(z-1)^3\Big|_{1-i}^{1+i} = \frac{1}{3}[i^3-(-i)^3] = \frac{1}{3}[2i^3] = -\frac{2}{3}i$

13-4 Cauchy의 적분공식

※단위원의 둘레를 반시계방향으로 다음의 선적분을 구하라.

【1】 $\int_C \frac{1}{z}\,dz = (2\pi i)\times 1 = 2\pi i$

【2】 $\int_C \frac{\sin z}{z}\,dz = (2\pi i)\times[\sin z]_{z=0} = 0$

【3】 $\int_C \frac{e^z-1}{z}\,dz = 2\pi i\times[e^z-1]_{z=0} = 0$

【4】 $\int_C \frac{z^2-1}{2z-1}\,dz = \int_C \frac{\frac{1}{2}(z^2-1)}{z-\frac{1}{2}}\,dz = 2\pi i\times\left[\frac{1}{2}(z^2-1)\right]_{z=\frac{1}{2}} = -\frac{3}{4}\pi i$

【5】 $\int_C \frac{\sinh z}{z}\,dz = 2\pi i \times [\sinh z]_{z=0} = 0$

【6】 $\int_C \frac{\tan z}{z-2}\,dz = 0$ (단위원 내부의 모든 점에서 해석적이다).

☑ 이 문제는 실수하기 쉬운 경우이다. 만일 적분이 $\int_C \frac{\tan \pi z}{z-2}\,dz$로 주어졌다면 답은 0이 아니다. 이것은 $\frac{\tan \pi z}{z-2} = \frac{\sin \pi z}{(z-2)\cos \pi z}$이므로 분모가 0이 되는 점 중에서 반지름 2인 원의 내부에 존재하는 복소수는 $z=\frac{1}{2}$, $z=-\frac{1}{2}$가 되어 두 점을 둘러싼 작은 원에 대한 선적분을 고려해야 한다. 뒤에서 다루게 될 유수를 이용하면 선적분은

$$\underset{z=\frac{1}{2}}{\text{Res}}\ \frac{\sin \pi z}{(z-2)\cos \pi z} = \lim_{z\to\frac{1}{2}} \frac{\left(z-\frac{1}{2}\right)\sin \pi z}{(z-2)\cos \pi z}$$

$$= \lim_{z\to\frac{1}{2}} \frac{\sin \pi z}{\cos \pi z - \pi(z-2)\sin \pi z} = \frac{2}{3\pi}$$

$$\underset{z=-\frac{1}{2}}{\text{Res}}\ \frac{\sin \pi z}{(z-2)\cos \pi z} = \lim_{z\to-\frac{1}{2}} \frac{\left(z+\frac{1}{2}\right)\sin \pi z}{(z-2)\cos \pi z}$$

$$= \lim_{z\to-\frac{1}{2}} \frac{\sin \pi z}{\cos \pi z - \pi(z-2)\sin \pi z} = \frac{2}{5\pi}$$

$$\int_C \frac{\tan \pi z}{z-2}\,dz = (2\pi i)\times\left(\frac{2}{3\pi}+\frac{2}{5\pi}\right) = \frac{32}{15}\,i$$

와 같이 된다.

※함수 $\frac{z}{z^2-1}$을 다음으로 주어지는 원을 따라 반시계방향으로 적분하여라.

【7】 $|z| = 10$

☞ 분모가 0이 되는 점 $z=1$과 $z=-1$을 모두 포함한다. 따라서,

$$\int_C \frac{z}{z^2-1}\,dz = \int_{|z-1|=\rho} \frac{z}{z+1}\,\frac{1}{z-1}\,dz + \int_{|z+1|=\rho} \frac{z}{z-1}\,\frac{1}{z+1}\,dz$$

로 쓸 수 있다(위에서, ρ는 충분히 작은 양의 수).

$$\int_C \frac{z}{z^2-1}\,dz = (2\pi i)\times\left[\frac{z}{z+1}\right]_{z=1} + (2\pi i)\times\left[\frac{z}{z-1}\right]_{z=-1} = \pi i + \pi i = 2\pi i$$

【8】 $|z-1|=1$

☞ 앞의 문제와는 달리 $|z-1|=1$의 내부에는 점 $z=1$만이 포함되어 있으므로

$$\int_C \frac{z}{z^2-1}\,dz = \int_{|z-1|=1} \frac{z}{z+1}\,\frac{1}{z-1}\,dz = (2\pi i)\times\left[\frac{z}{z+1}\right]_{z=1} = \pi i$$

【9】 $|z+i|=1$

☞ 원 $|z+i|=1$의 내부에는 점 $z=1$과 $z=-1$이 포함되어 있지 않으므로 함수 $\frac{z}{z^2-1}$은 해석적이다. 따라서,

$$\int_C \frac{z}{z^2-1}\,dz = 0$$

제 14 장 유수정리와 응용

14-1 복소함수와 무한급수

【1】 다음의 Taylor 급수가 성립하는 것을 보여라.

(a) $\cosh z = 1 + \frac{z^2}{2!} + \frac{z^4}{4!} + \cdots,\ \ \sinh z = z + \frac{z^3}{3!} + \frac{z^5}{5!} + \cdots$

☞ 이미 알고 있는 Taylor급수를 이용하는 것이 편리하다. 즉, 지수함수

$$e^z = \sum_{n=0}^{\infty} \frac{z^n}{n!} = 1 + z + \frac{z^2}{2!} + \frac{z^3}{3!} + \cdots$$

를 이용하면

$$\cosh z = \frac{1}{2}(e^z + e^{-z}) = \frac{1}{2}\left(1 + z + \frac{z^2}{2!} + \frac{z^3}{3!} + \cdots + 1 - z + \frac{z^2}{2!} - \frac{z^3}{3!} + \cdots\right)$$

$$= 1 + \frac{z^2}{2!} + \frac{z^4}{4!} + \cdots$$

$$\sinh z = \frac{1}{2}(e^z - e^{-z}) = \frac{1}{2}\left(1 + z + \frac{z^2}{2!} + \frac{z^3}{3!} + \cdots - 1 + z - \frac{z^2}{2!} + \frac{z^3}{3!} + \cdots\right)$$

$$= z + \frac{z^3}{3!} + \frac{z^5}{5!} + \cdots$$

(b) $\mathrm{Ln}(1+z) = z - \frac{z^2}{2} + \frac{z^3}{3} - \cdots,\ \ \frac{1}{2}\mathrm{Ln}\frac{1+z}{1-z} = z + \frac{z^3}{3} + \frac{z^5}{5} + \cdots,\ |z| < 1$

☞ 기하급수의 합 (단, $|z| < 1$)

$$\frac{1}{1+z} = 1 - z + z^2 - z^3 + \cdots$$

를 적분하면

$$\int \frac{1}{1+z} = \mathrm{Ln}(1+z) = z - \frac{z^2}{2} + \frac{z^3}{3} - \cdots$$

를 얻고,

$$\mathrm{Ln}(1-z) = -z - \frac{z^2}{2} - \frac{z^3}{3} - \cdots$$

를 빼고 2로 나누면

$$\frac{1}{2}\,\mathrm{Ln}\frac{1+z}{1-z}=z+\frac{z^3}{3}+\frac{z^5}{5}+\cdots,\ |z|<1$$

【2】 점 $z=1$을 중심으로 $f(z)=\dfrac{1}{z}$의 Taylor 급수와 수렴반지름을 구하라.

☞ $f(z)=\dfrac{1}{z}=\dfrac{1}{1+(z-1)}=1-(z-1)+(z-1)^2-(z-1)^3+\cdots$

이 되고 수렴반지름은

$$\frac{1}{R}=\lim_{s\to\infty}\left|\frac{A_{s+1}}{A_s}\right|=\lim_{s\to\infty}1=1$$

이므로 1이 된다.

【3】 다음 함수를 $0<|z|<R$인 열린 환형에서 Laurent 급수를 구하고, 반지름 R의 최대값을 각각 구하라.

(a) $\dfrac{1}{z(1+z)}$

☞ 분모가 0이 되는 점이 $z=0$과 $z=-1$이므로 $0<|z|<R$인 열린 환형 내부에서 해석적이 되기 위한 반지름의 최대값은 1이다(1보다 크면 $z=-1$이 내부로 되기 때문). 따라서, Laurent급수는 $0<|z|<1$ 에서 구할 수 있다.

$$\frac{1}{z(1+z)}=\frac{1}{z}\frac{1}{1+z}=\frac{1}{z}(1-z+z^2-z^3+z^4-\cdots)=\frac{1}{z}-1+z-z^2+z^3-\cdots$$

(b) $\dfrac{\cosh z}{z^3}$

☞ 분모가 0이 되는 점이 $z=0$ 뿐이므로 $0<|z|<R$인 열린 환형 내부에서 해석적이 되기 위해 가장 큰 반지름은 무한하다. 따라서, $R=\infty$이고

$$\frac{\cosh z}{z^3}=\frac{1}{z^3}\left(1+\frac{z^2}{2!}+\frac{z^4}{4!}+\frac{z^6}{6!}+\cdots\right)=\frac{1}{z^3}+\frac{1}{2z}+\frac{z}{4!}+\frac{z^3}{6!}$$

(c) $z^2\sin\dfrac{1}{z}$

☞ $\sin\dfrac{1}{z}$에서 $\dfrac{1}{z}$의 분모가 0이 되는 점이 $z=0$ 뿐이므로 $0<|z|$인 모든 점에서 해석적이다. 따라서, $R=\infty$이고

$$z^2\sin\frac{1}{z}=z^2\left(\frac{1}{z}-\frac{1}{z^3}\frac{1}{3!}+\frac{1}{z^5}\frac{1}{5!}-\frac{1}{z^7}\frac{1}{7!}+\cdots\right)$$

$$= z - \frac{1}{z}\frac{1}{3!} + \frac{1}{z^3}\frac{1}{5!} - \frac{1}{z^5}\frac{1}{7!} + \cdots$$

★ 【4】 다음 함수의 Laurent 급수를 열린 환형 $1 < |z-1|$에 대하여 구하라.

(a) $\frac{1}{|z-1|} < 1$임을 이용하면

$$\frac{1}{z-z^2} = -\frac{1}{z}\frac{1}{z-1} = -\frac{1}{z-1}\frac{1}{z-1+1}$$

$$= -\frac{1}{(z-1)^2}\frac{1}{1+\frac{1}{z-1}}$$

$$= -\frac{1}{(z-1)^2}\left[1 - \frac{1}{z-1} + \frac{1}{(z-1)^2} - \frac{1}{(z-1)^3} + \cdots\right]$$

$$= -\frac{1}{(z-1)^2} + \frac{1}{(z-1)^3} - \frac{1}{(z-1)^4} + \frac{1}{(z-1)^5} - \cdots$$

(b) $\frac{1}{2-z} = -\frac{1}{(z-1)-1} = -\frac{1}{z-1}\frac{1}{1-\frac{1}{z-1}}$

$$= -\frac{1}{z-1}\left[1 + \frac{1}{z-1} + \frac{1}{(z-1)^2} + \cdots\right]$$

$$= -\frac{1}{z-1} - \frac{1}{(z-1)^2} - \frac{1}{(z-1)^3} - \cdots$$

14-3 유수의 정의와 계산

※특이점에서 다음 함수의 유수를 모두 구하라.

【1】 $\frac{1}{z-z^3} = \frac{1}{z(1-z)(1+z)}$

☞ 특이점은 $z=0$, $z=1$, $z=-1$이다. 유수는 부분분수로 전개할 때의 계수와 동일하다. 즉,

$$\frac{1}{z-z^3} = \frac{1}{z(1-z)(1+z)} = -\frac{1}{z(z-1)(z+1)} = \frac{1}{z} - \frac{1}{2}\frac{1}{z-1} - \frac{1}{2}\frac{1}{z+1}$$

이므로

$$\operatorname*{Res}_{z=0}\frac{1}{z-z^3} = 1, \quad \operatorname*{Res}_{z=1}\frac{1}{z-z^3} = -\frac{1}{2}, \quad \operatorname*{Res}_{z=-1}\frac{1}{z-z^3} = -\frac{1}{2}$$

【2】 $\frac{1}{z^2} - \frac{1}{z^3}$

☞ 특이점은 $z=0$이고 정의에 의하면 $\frac{1}{z}$항이 없으므로 유수는 0이다.

[3] $\dfrac{\sinh \pi z}{(4z^2+1)(z-1)}$

☞ 특이점은 $z=1$, $z=\frac{1}{2}i$, $z=-\frac{1}{2}i$이고 단순극에 대한 공식으로부터

$$\operatorname*{Res}_{z=1} \frac{\sinh \pi z}{(4z^2+1)(z-1)} = \lim_{z\to 1} \frac{(z-1)\sinh \pi z}{(4z^2+1)(z-1)} = \frac{\sinh \pi}{5}$$

$$\operatorname*{Res}_{z=\frac{1}{2}i} \frac{\sinh \pi z}{(4z^2+1)(z-1)} = \lim_{z\to \frac{1}{2}i} \frac{\left(z-\frac{1}{2}i\right)\sinh \pi z}{(4z^2+1)(z-1)} \quad \text{(로피탈의 정리를 사용)}$$

$$= \lim_{z\to \frac{1}{2}i} \frac{\sinh \pi z}{(8z)(z-1)+(4z^2+1)}$$

$$= \frac{\sinh i\frac{\pi}{2}}{-2-4i} = \frac{i\sin\frac{\pi}{2}}{-2-4i} = \frac{-2-i}{10}$$

$$\operatorname*{Res}_{z=-\frac{1}{2}i} \frac{\sinh \pi z}{(4z^2+1)(z-1)} = \lim_{z\to -\frac{1}{2}i} \frac{\left(z+\frac{1}{2}i\right)\sinh \pi z}{(4z^2+1)(z-1)} \quad \text{(로피탈의 정리를 사용)}$$

$$= \lim_{z\to -\frac{1}{2}i} \frac{\sinh \pi z}{(8z)(z-1)+(4z^2+1)}$$

$$= \frac{-\sinh i\frac{\pi}{2}}{-2+4i} = \frac{-i\sin\frac{\pi}{2}}{-2+4i} = \frac{-2+i}{10}$$

[4] $\tan z = \dfrac{\sin z}{\cos z}$

☞ $\cos z = 0$이 되는 모든 점 $z=\frac{\pi}{2}+n\pi$(단, $n=\cdots,-2,-1,0,1,2,\cdots$)가 특이점이 된다. 따라서, 단순극에 대한 공식에서 로피탈의 정리를 사용하면

$$\operatorname*{Res}_{z=\frac{\pi}{2}+n\pi} \frac{\sin z}{\cos z} = \lim_{z\to \frac{\pi}{2}+n\pi} \frac{\left(z-\frac{\pi}{2}-n\pi\right)\sin z}{\cos z} = \lim_{z\to \frac{\pi}{2}+n\pi} \frac{\sin z}{-\sin z} = -1$$

[5] $\dfrac{e^{i\pi z}}{(z-1)^4}$

☞ 점 $z=1$이 특이점이고 4중극이므로 유수를 구하는 공식

$$\operatorname*{Res}_{z=z_0} f(z) = \lim_{z\to z_0} \frac{1}{(m-1)!} \frac{d^{m-1}}{dz^{m-1}} [(z-z_0)^m f(z)]$$

으로부터

$$\operatorname*{Res}_{z=1} \frac{e^{i\pi z}}{(z-1)^4} = \lim_{z\to 1} \frac{1}{3!} \frac{d^3}{dz^3} [e^{i\pi z}] = \frac{(i\pi)^3}{3!} e^{i\pi} = \left(-\frac{\pi^3}{6} i\right)(-1) = \frac{\pi^3}{6} i$$

【6】 $\dfrac{3z}{(z+2)(z-1)^3}$

☞ 점 $z=-2$는 단순극이므로 유수는

$$\operatorname*{Res}_{z=-2} \frac{3z}{(z+2)(z-1)^3} = \frac{-6}{(-3)^3} = \frac{2}{9}$$

점 $z=1$은 3중극이므로 유수를 구하는 공식으로부터

$$\operatorname*{Res}_{z=1} \frac{3z}{(z+2)(z-1)^3} = \lim_{z\to 1} \frac{1}{2!} \frac{d^2}{dz^2} \left[\frac{3z}{(z+2)}\right]$$

$$= \lim_{z\to 1} \frac{1}{2!} \frac{d^2}{dz^2} \left[3 - \frac{6}{z+2}\right]$$

$$= \frac{1}{2}\left[-\frac{12}{(z+2)^3}\right]_{z=1} = -\frac{2}{9}$$

14-4 유수정리

※유수정리를 이용하여 다음의 선적분을 구하라(폐곡선 C는 반지름 2인 원이라 한다).

【1】 $\oint_C \dfrac{z}{z^2-1}\, dz$

☞ $\dfrac{z}{z^2-1} = \dfrac{z}{(z-1)(z+1)} = \dfrac{1}{2}\dfrac{1}{z-1} + \dfrac{1}{2}\dfrac{1}{z+1}$

$$\oint_C \frac{z}{z^2-1}\, dz = (2\pi i)[Res(z=1) + Res(z=-1)] = (2\pi i)\left(\frac{1}{2} + \frac{1}{2}\right) = 2\pi i$$

【2】 $\oint_C \dfrac{e^z}{z}\, dz$

☞ $\dfrac{e^z}{z} = \dfrac{1+z+\dfrac{z^2}{2}+\cdots}{z} = \dfrac{1}{z} + 1 + \dfrac{z}{2} + \cdots$이므로 유수는 1이다. 따라서,

$$\oint_C \frac{e^z}{z}\, dz = (2\pi i)\times 1 = 2\pi i$$

【3】 $\oint_C \frac{e^{az}}{(z+1)^2}\,dz$

☞ $\underset{z=-1}{\text{Res}}\ \frac{e^{az}}{(z+1)^2} = \lim_{z\to -1} \frac{1}{1!}\frac{d}{dz}[e^{az}] = ae^{-a}$

이므로 $\oint_C \frac{e^{az}}{(z+1)^2}\,dz = (2\pi i)ae^{-a} = 2\pi a e^{-a} i$

【4】 $\oint_C \frac{\cos z}{ze^z}\,dz$

☞ 특이점이 $z=0$이므로 유수는 $\frac{\cos 0}{e^0} = 1$이다. 따라서, 선적분은

$$\oint_C \frac{\cos z}{ze^z}\,dz = (2\pi i)\times 1 = 2\pi i$$

【5】 $\oint_C \frac{\cos \pi z}{(z+i)^3}\,dz$

☞ 특이점 $z=-i$는 3중극이므로 유수는

$$\underset{z=-i}{\text{Res}}\ \frac{\cos \pi z}{(z+i)^3} = \lim_{z\to -i} \frac{1}{2!}\frac{d^2}{dz^2}[\cos \pi z]$$
$$= \left[-\frac{1}{2}\pi^2 \cos \pi z\right]_{z=-i} = -\frac{1}{2}\pi^2 \cosh \pi$$

이고, 따라서 선적분은

$$\oint_C \frac{\cos \pi z}{(z+i)^3}\,dz = (2\pi i)\left(-\frac{1}{2}\pi^2 \cosh \pi\right) = -i\pi^3 \cosh \pi$$

【6】 $\oint_C \tan z\,dz$

☞ $\tan z = \frac{\sin z}{\cos z}$에서 $\cos z = 0$이 되는 점은 $z = \frac{\pi}{2} + n\pi$이다. 그런데, 반지름 2인 원의 내부에 존재하는 특이점은 $z=\frac{\pi}{2}$, $z=-\frac{\pi}{2}$ 두 점뿐이다. 이때, 대응하는 유수는

$$\underset{z=\pm\frac{\pi}{2}}{\text{Res}}\ \frac{\sin z}{\cos z} = \lim_{z\to \pm\frac{\pi}{2}} \frac{\left(z\mp\frac{\pi}{2}\right)(\sin z)}{\cos z} = \lim_{z\to \pm\frac{\pi}{2}} \frac{\sin z}{-\sin z} = -1$$

이므로

$$\oint_C \tan z\,dz = (2\pi i)\times(-1-1) = -4\pi i$$

【7】 $\oint_C e^{\frac{1}{z}}\,dz$

☞ $e^{\frac{1}{z}} = 1 + \frac{1}{z} + \frac{1}{2!}\frac{1}{z^2} + \frac{1}{3!}\frac{1}{z^3} + \cdots$ 으로 $z=0$은 진성특이점이다. 이때, 유수는 $\frac{1}{z}$의 계수이므로 유수는 1이다. 따라서, 선적분은

$$\oint_C e^{\frac{1}{z}}\,dz = (2\pi i)\times 1 = 2\pi i$$

【8】 $\oint_C \sin\frac{1}{z}\,dz$

☞ $\sin\frac{1}{z} = \frac{1}{z} - \frac{1}{3!}\frac{1}{z^3} + \frac{1}{5!}\frac{1}{z^5} - \frac{1}{7!}\frac{1}{z^7} + \cdots$ 으로 $z=0$은 진성특이점이다.

$$\oint_C \sin\frac{1}{z}\,dz = (2\pi i)\times 1 = 2\pi i$$

14-6 유수정리를 이용한 적분계산

【1】 (예제 10)을 이용하여 Poisson의 kernel

$$\frac{1}{2\pi}\int_0^{2\pi}\frac{R^2-r^2}{R^2-2Rr\cos\theta+r^2}\,d\theta = 1,\ 0<r<R$$

을 보여라(참고: $a = \frac{r}{R}$ 로 둔다).

☞ $\int_0^{2\pi}\frac{d\theta}{1-2a\cos\theta+a^2} = \frac{2\pi}{1-a^2}$ 에서 $a = \frac{r}{R}$ 로 치환하고 정리하면

$$\int_0^{2\pi}\frac{R^2\,d\theta}{R^2-2r\cos\theta+r^2} = \frac{2\pi R^2}{R^2-r^2}$$

즉,

$$\frac{1}{2\pi}\int_0^{2\pi}\frac{R^2-r^2}{R^2-2Rr\cos\theta+r^2}\,d\theta = 1,\ 0<r<R$$

※다음의 적분을 구하라.

【2】 $\int_0^{2\pi}\frac{1}{13+12\sin\theta}\,d\theta = \int_C \frac{1}{13+12\frac{z^2-1}{2iz}}\frac{dz}{iz}$ (단, 곡선 C는 단위원)으로 두고 $\int_C\frac{dz}{6z^2+13iz-6} = \int_C\frac{dz}{(3z+2i)(2z+3i)}$ 을 구한다. 단위원 내부의 특이점은

$z=-\frac{2}{3}i$ 이므로 유수는 $\frac{1}{(3z+2i)(2z+3i)}=\frac{1}{5i}\frac{1}{z+\frac{2}{3}i}-\frac{1}{5i}\frac{1}{z+\frac{3}{2}i}$ 에서 $\frac{1}{5i}$ 이다. 따라서, $\int_0^{2\pi}\frac{1}{13+12\sin\theta}d\theta=\int_C\frac{dz}{(3z+2i)(2z+3i)}=(2\pi i)\times\frac{1}{5i}=\frac{2\pi}{5}$

【3】 $\int_0^{2\pi}\frac{1}{(2+\cos\theta)^2}d\theta=\int_C\frac{1}{\left(2+\frac{z^2+1}{2z}\right)^2}\frac{dz}{iz}=\int_C\frac{4z}{i(z^2+4z+1)^2}dz$ 으로 두고 $z^2+4z+1=(z-z_1)(z-z_2)=0$ 에서 $z_1=-2+\sqrt{3}$, $z_2=-2-\sqrt{3}$ 이다. 단위원의 내부에는 $z=z_1$ 이 존재한다. 특이점 $z=z_1$ 은 2중근이므로 유수는

$$\begin{aligned}\operatorname*{Res}_{z=z_1}\frac{4z}{i(z-z_1)^2(z-z_2)^2}&=\frac{4}{i}\frac{d}{dz}\left[\frac{z}{(z-z_2)^2}\right]_{z=z_1}\\&=\frac{4}{i}\left[\frac{1}{(z-z_2)^2}-\frac{2z}{(z-z_2)^3}\right]_{z=z_1}\\&=-\frac{4}{i}\frac{z_1+z_2}{(z_1-z_2)^3}=-\frac{4}{i}\frac{-4}{(2\sqrt{3})^3}=\frac{2}{i3\sqrt{3}}\end{aligned}$$

$$\int_0^{2\pi}\frac{1}{(2+\cos\theta)^2}d\theta=\int_C\frac{4z}{i(z^2+4z+1)^2}dz=(2\pi i)\times\frac{2}{i3\sqrt{3}}=\frac{4\pi}{3\sqrt{3}}$$

【4】 $\int_0^{\infty}\frac{x^2+1}{x^4+1}dx$

☞ 짝함수이므로 $\frac{1}{2}\int_{-\infty}^{\infty}\frac{x^2+1}{x^4+1}dx$ 를 구한다.

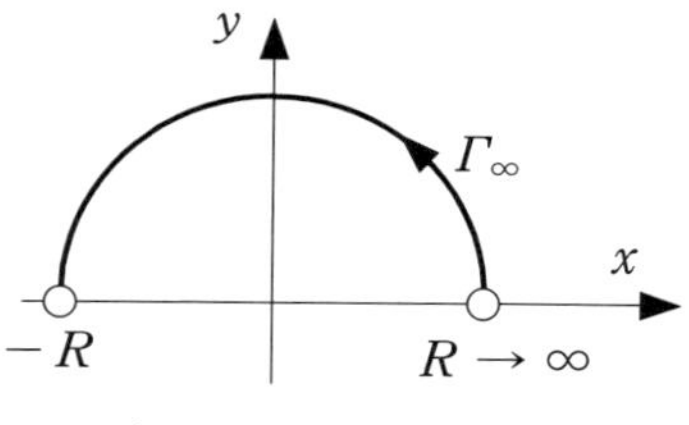

그림 14.5 Jordan의 보조정리를 증명하기 위한 적분경로

$\Gamma_\infty : z=Re^{i\theta},\ 0\le\theta\le\pi$

그림 14.5에 보인 적분경로를 따라 선적분 $\frac{1}{2}\int_C\frac{z^2+1}{z^4+1}dz$ 를 구하면 Jordan의 보조정리로부터

$$\frac{1}{2}\oint_C \frac{z^2+1}{z^4+1}\,dz = \frac{1}{2}\int_{-\infty}^{\infty}\frac{x^2+1}{x^4+1}\,dx + (\text{Jordan}) = 2\pi i \sum \text{Residues (상부 반평면)}$$

그런데, $z^4+1=0$을 풀면 $z^4=-1=e^{i\pi}=e^{i\pi+i2n\pi}$인 관계로부터

$$z=e^{i\frac{\pi}{4}},\ z=e^{i\frac{3\pi}{4}},\ z=e^{i\frac{5\pi}{4}},\ z=e^{i\frac{7\pi}{4}}$$

를 얻는다. 여기서, 상부반평면에 존재하는 복소수 $z=e^{i\frac{\pi}{4}}$, $z=e^{i\frac{3\pi}{4}}$만을 고려한다. 대응하는 유수를 구하면

$$\operatorname*{Res}_{z=e^{i\frac{\pi}{4}}}\frac{1}{2}\frac{z^2+1}{z^4+1} = \lim_{z\to e^{i\frac{\pi}{4}}}\frac{1}{2}\frac{\left(z-e^{i\frac{\pi}{4}}\right)(z^2+1)}{z^4+1}$$

$$= \lim_{z\to e^{i\frac{\pi}{4}}}\frac{1}{2}\frac{z^2+1}{4z^3} = \frac{1}{2}\frac{i+1}{4e^{i\frac{3\pi}{4}}} = \frac{\sqrt{2}}{8}\frac{i+1}{-1+i}$$

$$\operatorname*{Res}_{z=e^{i\frac{3\pi}{4}}}\frac{1}{2}\frac{z^2+1}{z^4+1} = \lim_{z\to e^{i\frac{3\pi}{4}}}\frac{1}{2}\frac{\left(z-e^{i\frac{3\pi}{4}}\right)(z^2+1)}{z^4+1}$$

$$= \lim_{z\to e^{i\frac{3\pi}{4}}}\frac{1}{2}\frac{z^2+1}{4z^3} = \frac{1}{2}\frac{-i+1}{4e^{i\frac{\pi}{4}}} = \frac{\sqrt{2}}{8}\frac{-i+1}{1+i}$$

$$\frac{1}{2}\int_{-\infty}^{\infty}\frac{x^2+1}{x^4+1}\,dx = 2\pi i\times\frac{\sqrt{2}}{8}\left(\frac{i+1}{i-1}+\frac{1-i}{1+i}\right) = \frac{\pi\sqrt{2}}{2}$$

[5] $\displaystyle\int_0^{\infty}\frac{dx}{x^4+16}$

☞ 짝함수이므로 $\frac{1}{2}\int_{-\infty}^{\infty}\frac{1}{x^4+16}\,dx$를 구한다. $z^4+16=0$을 풀어 상부반평면 위에 있는 점을 찾으면 $z=2e^{i\frac{\pi}{4}}$, $z=2e^{i\frac{3\pi}{4}}$. 대응하는 유수를 구하면

$$\operatorname*{Res}_{z=e^{i\frac{\pi}{4}}}\frac{1}{2}\frac{1}{z^4+16} = \lim_{z\to e^{i\frac{\pi}{4}}}\frac{1}{2}\frac{\left(z-e^{i\frac{\pi}{4}}\right)}{z^4+16} = \lim_{z\to e^{i\frac{\pi}{4}}}\frac{1}{2}\frac{1}{4z^3} = \frac{\sqrt{2}}{8}\frac{1}{-1+i}$$

$$\operatorname*{Res}_{z=e^{i\frac{3\pi}{4}}}\frac{1}{2}\frac{1}{z^4+16} = \lim_{z\to e^{i\frac{3\pi}{4}}}\frac{1}{2}\frac{\left(z-e^{i\frac{3\pi}{4}}\right)}{z^4+16} = \lim_{z\to e^{i\frac{3\pi}{4}}}\frac{1}{2}\frac{1}{4z^3} = \frac{\sqrt{2}}{8}\frac{1}{1+i}$$

$$2\pi i\sum\text{Residues (상부 반평면)} = \frac{\sqrt{2}}{8}\left(\frac{1}{-1+i}+\frac{1}{1+i}\right) = \frac{\sqrt{2}}{8i}$$

Jordan의 보조정리로부터

$$\frac{1}{2}\oint_C \frac{1}{z^4+16}\,dz = \frac{1}{2}\int_{-\infty}^{\infty}\frac{1}{x^4+16}\,dx + (\text{Jordan}) = 2\pi i\times\frac{\sqrt{2}}{8i} = \frac{\pi\sqrt{2}}{4}$$

【6】 $\displaystyle\int_{-\infty}^{\infty}\frac{dx}{(x^2+1)(x^2+4)}$

☞ 상부반평면에서 특이점은 $z=i$, $z=2i$ 이고 유수는

$$\operatorname*{Res}_{z=i}\frac{1}{(z^2+1)(z^2+4)} = \lim_{z\to i}\frac{z-i}{(z^2+1)(z^2+4)} = \lim_{z\to i}\frac{1}{2z(z^2+4)} = \frac{1}{6i}$$

$$\operatorname*{Res}_{z=2i}\frac{1}{(z^2+1)(z^2+4)} = \lim_{z\to 2i}\frac{z-2i}{(z^2+1)(z^2+4)} = \lim_{z\to 2i}\frac{1}{2z(z^2+1)} = \frac{1}{-12i}$$

$$2\pi i\sum \text{Residues (상부 반평면)} = 2\pi i\times\left(\frac{1}{6i}+\frac{1}{-12i}\right) = \frac{\pi}{6}$$

이므로 선적분은 Jordan의 보조정리로부터

$$\int_{-\infty}^{\infty}\frac{dx}{(x^2+1)(x^2+4)} = \frac{\pi}{6}$$

【7】 $\displaystyle\int_{-\infty}^{\infty}\frac{dx}{(x^2+9)^2}$

☞ 상부반평면에서 특이점은 $z=3i$ 이고 2중극이다. 대응하는 유수는

$$\operatorname*{Res}_{z=3i}\frac{1}{(z-3i)^2(z+3i)^2} = \frac{d}{dz}\left[\frac{1}{(z+3i)^2}\right]_{z=3i} = \left.\frac{-2}{(z+3i)^3}\right|_{z=3i} = \frac{1}{108i}$$

Jordan의 보조정리를 이용하면

$$\int_{-\infty}^{\infty}\frac{dx}{(x^2+9)^2} = 2\pi i\times\frac{1}{108i} = \frac{\pi}{54}$$

【8】 $\displaystyle\int_{-\infty}^{\infty}\frac{dx}{(x^2-2x+10)^2}$

☞ 상부반평면에서 특이점은 $z=1+3i$ 이고 2중극이다. 대응하는 유수는

$$\operatorname*{Res}_{z=1+3i}\frac{1}{(z-1-3i)^2(z-1+3i)^2} = \frac{d}{dz}\left[\frac{1}{(z-1+3i)^2}\right]_{z=1+3i}$$

$$= \left.\frac{-2}{(z-1+3i)^3}\right|_{z=1+3i} = \frac{1}{108i}$$

Jordan의 보조정리를 이용하면

$$\int_{-\infty}^{\infty}\frac{dx}{(x^2-2x+10)^2} = 2\pi i\times\frac{1}{108i} = \frac{\pi}{54}$$

【9】 $\int_{-\infty}^{\infty} \frac{x\sin x}{x^2+1}\,dx = \mathrm{Im}\int_{-\infty}^{\infty} \frac{xe^{ix}}{x^2+1}\,dx$ 로 두고 푼다.

☞ 상부반평면에서 특이점은 $z=i$ 이다. 대응하는 유수는

$$\operatorname*{Res}_{z=i} \frac{ze^{iz}}{z^2+1} = \lim_{z\to i} \frac{(z-i)ze^{iz}}{z^2+1} = \lim_{z\to i} \frac{ze^{iz}}{z+i} = \frac{1}{2e}$$

Jordan의 보조정리로부터

$$\oint \frac{ze^{iz}}{z^2+1}\,dz = 2\pi i \times \frac{1}{2e} = \frac{\pi}{e}i \;\rightarrow\; \int_{-\infty}^{\infty} \frac{x\sin x}{x^2+1}\,dx = \mathrm{Im}\int_{-\infty}^{\infty} \frac{xe^{ix}}{x^2+1}\,dx = \frac{\pi}{e}$$

【10】 $\int_0^{\infty} \frac{x^2\cos x}{x^4+1}\,dx = \frac{1}{2}\int_{-\infty}^{\infty} \frac{x^2\cos x}{x^4+1}\,dx = \mathrm{Re}\int_{-\infty}^{\infty} \frac{1}{2}\frac{x^2e^{ix}}{x^4+1}\,dx$

☞ 상부반평면에서 특이점은 $z=z_1=e^{i\frac{\pi}{4}}$, $z=z_2=e^{i\frac{3\pi}{4}}$ 이다. 대응하는 유수는

$$\operatorname*{Res}_{z=z_1} \frac{1}{2}\frac{z^2e^{iz}}{z^4+1} = \lim_{z\to z_1} \frac{1}{2}\frac{(z-z_1)z^2e^{iz}}{z^4+1} = \lim_{z\to z_1} \frac{1}{2}\frac{z^2e^{iz}}{4z^3} = \frac{e^{iz_1}}{8z_1}$$

$$\operatorname*{Res}_{z=z_2} \frac{1}{2}\frac{z^2e^{iz}}{z^4+1} = \lim_{z\to z_2} \frac{1}{2}\frac{(z-z_2)z^2e^{iz}}{z^4+1} = \lim_{z\to z_2} \frac{1}{2}\frac{z^2e^{iz}}{4z^3} = \frac{e^{iz_2}}{8z_2}$$

그런데,

$$\frac{e^{iz_1}}{8z_1} + \frac{e^{iz_2}}{8z_2} = \frac{e^{i\frac{1}{\sqrt{2}}(1+i)}}{\frac{8}{\sqrt{2}}(1+i)} + \frac{e^{i\frac{1}{\sqrt{2}}(-1+i)}}{\frac{8}{\sqrt{2}}(-1+i)}$$

$$= \frac{\sqrt{2}}{8}e^{-\frac{1}{\sqrt{2}}}\left(\frac{e^{\frac{i}{\sqrt{2}}}}{1+i} + \frac{e^{-\frac{i}{\sqrt{2}}}}{-1+i}\right) = \frac{\sqrt{2}}{8}\frac{1}{i}\left(\cos\frac{1}{\sqrt{2}} - \sin\frac{1}{\sqrt{2}}\right)$$

이므로 Jordan의 보조정리로부터

$$\oint_C \frac{1}{2}\frac{z^2e^{iz}}{z^4+1}\,dz = 2\pi i \times \frac{\sqrt{2}}{8}\frac{1}{i}\left(\cos\frac{1}{\sqrt{2}} - \sin\frac{1}{\sqrt{2}}\right) = \frac{\pi\sqrt{2}}{4}\left(\cos\frac{1}{\sqrt{2}} - \sin\frac{1}{\sqrt{2}}\right)$$

따라서,

$$\int_0^{\infty} \frac{x^2\cos x}{x^4+1}\,dx = \frac{\pi\sqrt{2}}{4}\left(\cos\frac{1}{\sqrt{2}} - \sin\frac{1}{\sqrt{2}}\right)$$

14-7 특수한 경우의 실적분

$$\oint_C f(z)\,dz = p.v.\int_{-\infty}^{\infty} f(x)\,dx - \pi i \sum \text{Residues (실수축)} + (\text{Jordan})$$
$$= 2\pi i \sum \text{Residues (상부 반평면)}$$

을 정리하면

$$p.v.\int_{-\infty}^{\infty} f(x)\,dx = \pi i \sum \text{Residues (실수축)} + 2\pi i \sum \text{Residues (상부 반평면)}$$

인 공식을 얻는다. 이 결과를 이용하여 문제를 푸는 것이 편리하다.

【1】 $p.v.\int_{-\infty}^{\infty} \frac{dx}{(x-1)(x^2+a^2)}$ 을 구하라.

☞ 특이점은 $z = ai$ 는 상부반평면에 놓여 있고, 대응하는 유수는

$$\left.\frac{1}{(z-1)(z+ai)}\right|_{z=ai} = \frac{1}{(ai-1)(2ai)} = \frac{-1-ai}{a^2+1}\frac{1}{2ai}$$

이다. 또한, 특이점 $z=1$은 실수축 위에 있고 대응하는 유수는

$$\left.\frac{1}{z^2+a^2}\right|_{z=1} = \frac{1}{a^2+1}$$

이므로

$$p.v.\int_{-\infty}^{\infty} f(x)\,dx = \pi i \sum \text{Residues (실수축)} + 2\pi i \sum \text{Residues (상부 반평면)}$$

인 공식을 이용하면

$$p.v.\int_{-\infty}^{\infty} \frac{dx}{(x-1)(x^2+a^2)} = \pi i \times \frac{1}{a^2+1} + 2\pi i \times \frac{-1-ai}{a^2+1}\frac{1}{2ai} = -\frac{\pi}{a(a^2+1)}$$

【2】 $p.v.\int_{-\infty}^{\infty} \frac{\sin x}{x(\pi^2-x^2)}\,dx$ 을 구하라.

☞ $\sin z$ 는 무한대에서의 거동이 적당하지 않기 때문에 항상 e^{iz} 의 허수부가 $\sin z$ 이라는 사실을 이용한다. 그러면, Jordan의 보조정리를 사용할 수 있다.

따라서, $p.v.\int_{-\infty}^{\infty} \frac{e^{ix}}{x(\pi^2-x^2)}\,dx$ 를 먼저 구해보자.

특이점은 $z=0$, $z=\pi$, $z=-\pi$ 는 모두 실수축 위에 놓여 있고 상부반평면에는 특이점이 없다. 대응하는 유수는

$$\underset{z=0}{\text{Res}}\ \frac{-e^{iz}}{z(z-\pi)(z+\pi)} = \frac{-1}{-\pi^2} = \frac{1}{\pi^2}$$

$$\underset{z=\pi}{\text{Res}}\ \frac{-e^{iz}}{z(z-\pi)(z+\pi)} = \frac{-e^{i\pi}}{\pi(2\pi)} = \frac{1}{2\pi^2}$$

$$\underset{z=-\pi}{\text{Res}}\ \frac{-e^{iz}}{z(z-\pi)(z+\pi)} = \frac{-e^{-i\pi}}{(-\pi)(-2\pi)} = \frac{1}{2\pi^2}$$

이므로 Cauchy의 주치는(실수축에 놓인 특이점에 대해 πi 임을 조심)

$$p.v. \int_{-\infty}^{\infty} \frac{e^{ix}}{x(\pi^2-x^2)}\,dx = \pi i \times \left(\frac{1}{\pi^2} + \frac{1}{2\pi^2} + \frac{1}{2\pi^2}\right) = \frac{2}{\pi} i$$

이다. 따라서,

$$p.v. \int_{-\infty}^{\infty} \frac{\sin x}{x(\pi^2-x^2)}\,dx = \frac{2}{\pi}$$

【3】 복소함수 $f(z) = \dfrac{e^{iaz} - e^{ibz}}{z^2}$ (단, $a, b > 0$)는 $z=0$을 단순극으로 가지는 것을 보이고 $\displaystyle\int_{-\infty}^{\infty} \frac{\cos ax - \cos bx}{x^2}\,dx = \pi(b-a)$임을 보여라.

☞ $$f(z) = \frac{e^{iaz} - e^{ibz}}{z^2} = \frac{\left(1 + iaz + \frac{(iaz)^2}{2!} + \cdots\right) - \left(1 + ibz + \frac{(ibz)^2}{2!} + \cdots\right)}{z^2}$$

$$= i(a-b)\frac{1}{z} - \frac{1}{2}(a^2-b^2) + \cdots$$

으로 전개되므로 $z=0$에서 단순극을 가지고 유수는 $i(a-b)$이다. 따라서, Cauchy의 주치는(πi 임을 조심)

$$p.v. \int_{-\infty}^{\infty} \frac{e^{iax} - e^{ibx}}{x^2}\,dx = \pi i \times i(a-b) = \pi(b-a)$$

이므로 실수부를 택하면

$$\int_{-\infty}^{\infty} \frac{\cos ax - \cos bx}{x^2}\,dx = \pi(b-a)$$

【4】 함수 $f(z) = e^{-z^2}$ 을 $-R$, R, $R+ia$, $-R+ia$를 연결하는 사각형의 둘레를 따라 선적분하고 $R \to \infty$로 두어 $\displaystyle\int_{-\infty}^{\infty} e^{-x^2} \cos 2ax\,dx = \sqrt{\pi}\,e^{-a^2}$ 을 보여라. 단, $\displaystyle\int_{-\infty}^{\infty} e^{-x^2}\,dx = \sqrt{\pi}$ 를 이용하라.

☞ $f(z) = e^{-z^2}$ 을 아래의 그림을 보고 선적분을 한다.

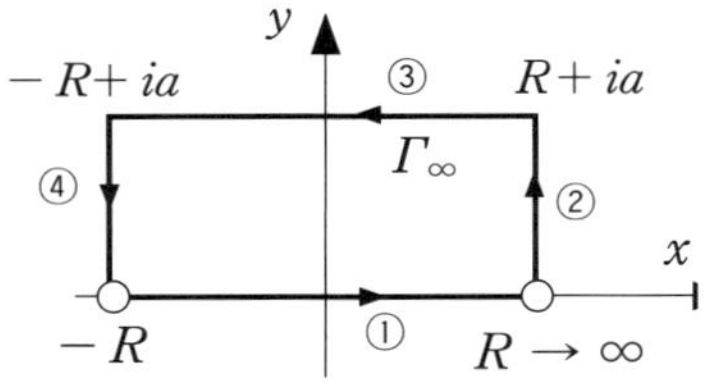

곡선 ①: $z = x$
곡선 ②: $z = R + iy$
곡선 ③: $z = x + ia$
곡선 ④: $z = -R + iy$

$$\int_c e^{-z^2}dz = \int_{①} + \int_{②} + \int_{③} + \int_{④}$$
$$= \int_{-R}^{R} e^{-x^2}dx + \int_0^a e^{-(R+iy)^2}idy + \int_R^{-R} e^{-(x+ia)^2}dx + \int_a^0 e^{-(-R+iy)^2}idy$$

여기서, 두 번째 적분과 네 번째 적분은 다음과 같이 합이 0으로 접근한다.

$$\int_{②} + \int_{④} = \int_0^a e^{-(R+iy)^2}idy + \int_a^0 e^{-(-R+iy)^2}idy$$
$$= ie^{-R^2}\left[\int_0^a e^{y^2-2iRy}dy + \int_a^0 e^{y^2+2iRy}dy\right] = ie^{-R^2}\left[\int_0^a e^{y^2}(e^{-2iRy} - e^{+2iRy})\,dy\right]$$
$$= ie^{-R^2}\left[\int_0^a e^{y^2}(-2i)\sin 2Ry\,dy\right] = 2e^{-R^2}\left[\int_0^a e^{y^2}\sin 2Ry\,dy\right]$$

위에서, 마지막 적분은 a가 고정되어 있으므로(단, M은 충분히 큰 양수)

$$\left|2e^{-R^2}\int_0^a e^{y^2}\sin 2Ry\,dy\right| \le 2e^{-R^2}\left|\int_0^a e^{y^2}dy\right| \le 2e^{-R^2}M$$

인 부등식에서 $R \to \infty$인 조건에서 우변은 0으로 된다. 따라서, 적분은 0이다.

그런데, 복소함수 e^{-z^2}은 복소평면 전체에서 해석적이므로 임의의 폐곡선을 따른 선적분이 0이 된다. 따라서,

$$0 = \int_c e^{-z^2}dz = \int_{①} + \int_{③} = \int_{-R}^{R} e^{-x^2}dx + \int_R^{-R} e^{-(x+ia)^2}dx$$

이 된다. 우변의 첫 번째 항은 $R \to \infty$일 때, $\int_{-\infty}^{\infty} e^{-x^2}dx = \sqrt{\pi}$ 이므로

$$\sqrt{\pi} = \int_{-R}^{R} e^{-(x+ia)^2}dx = e^{a^2}\int_{-R}^{R} e^{-x^2}(\cos 2ax + i\sin 2ax)\,dx$$

에서 실수부를 택하면

$$\int_{-\infty}^{\infty} e^{-x^2}\cos 2ax\,dx = \sqrt{\pi}\,e^{-a^2}$$

★ 【5】 부채꼴 모양의 영역 $0 \le |z| \le R$, $0 < \arg z \le \frac{\pi}{8}$의 경계를 따라 $f(z) = e^{-z^2}$을 적분하여 다음을 보여라.

(a) $\int_0^\infty e^{-x^2}\cos x^2\,dx = \frac{\sqrt{\pi}}{4}\sqrt{\sqrt{2}+1}$

(b) $\int_0^\infty e^{-x^2}\sin x^2\,dx = \frac{\sqrt{\pi}}{4}\sqrt{\sqrt{2}-1}$

☞ $f(z)=e^{-z^2}$ 를 아래의 그림을 보고 선적분을 하면 곡선의 내부에서 해석적이므로 $\int_C e^{-z^2}dz=0$이다(물론, 모든 복소평면에서도 $f(z)=e^{-z^2}$ 는 해석적이다).

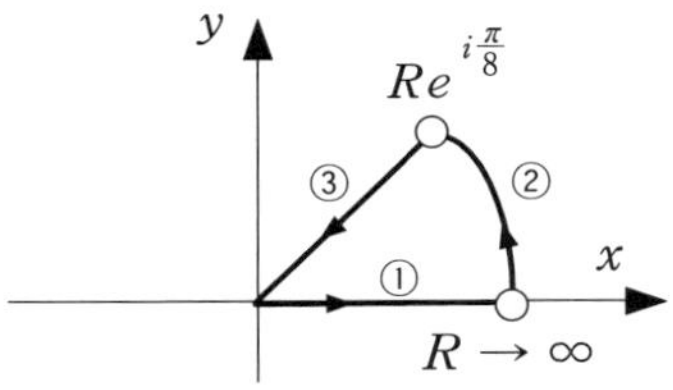

곡선 ①: $z=x$

곡선 ②: $z=Re^{i\theta}$

곡선 ③: $z=xe^{i\frac{\pi}{8}}$

$$0=\int_c e^{-z^2}dz=\int_{①}+\int_{②}+\int_{③}$$

으로 적분을 나누어 두고 각각에 대하여 다음과 같이 구한다.

▶ 곡선 ①: $z=x$ 에서는 $dz=dx$, $z^2=x^2$ 이므로 선적분은

$$\int_{①}=\int_0^R e^{-x^2}dx \;\rightarrow\; \int_{①}=\frac{1}{2}\int_{-\infty}^{\infty}e^{-x^2}dx=\frac{\sqrt{\pi}}{2}$$

▶ 곡선 ②: $z=Re^{i\theta}$ 를 따라갈 때는

$$dz=Rie^{i\theta}d\theta,\; z^2=R^2e^{i2\theta}=R^2(\cos2\theta+i\sin2\theta)$$

이므로

$$e^{-z^2}=e^{-R^2(\cos2\theta+i\sin2\theta)}=e^{-R^2\cos2\theta}e^{-iR^2\sin2\theta}$$

로 쓸 수 있고, $|e^{ix}|=|\cos x+i\sin x|\le1$임을 이용하면

$$\left|\int_{②}e^{-z^2}dz\right|=\left|\int_0^{\frac{\pi}{8}}e^{-R^2\cos2\theta}e^{-iR^2\sin2\theta}Rie^{i\theta}d\theta\right|\le\int_0^{\frac{\pi}{8}}Re^{-R^2\cos2\theta}d\theta$$

여기서, 구간 $0\le\theta\le\frac{\pi}{8}$에서 $\frac{1}{\sqrt{2}}\le\cos2\theta\le1$이므로 $R\to\infty$에서

$$\left|\int_{②}e^{-z^2}dz\right|\le\int_0^{\frac{\pi}{8}}Re^{-R^2\cos2\theta}d\theta\le\int_0^{\frac{\pi}{8}}Re^{-R^2\frac{1}{\sqrt{2}}}d\theta=Re^{-R^2\frac{1}{\sqrt{2}}}\left(\frac{\pi}{8}\right)\rightarrow0$$

이다.

▶ 곡선 ③: $z=xe^{i\frac{\pi}{8}}$ 에서는 $dz=dxe^{i\frac{\pi}{8}}$, $z^2=x^2e^{i\frac{\pi}{4}}=x^2\frac{1}{\sqrt{2}}(1+i)$이므로

$$\int_{③} e^{-z^2} dz = \int_R^0 e^{-x^2 \frac{1}{\sqrt{2}}(1+i)} dx\, e^{i\frac{\pi}{8}} = -e^{i\frac{\pi}{8}} \int_0^R e^{-x^2 \frac{1}{\sqrt{2}}(1+i)} dx$$

로 되고 $\frac{x^2}{\sqrt{2}} = \zeta^2$, $\frac{x}{\sqrt{\sqrt{2}}} = \zeta$으로 치환하면

$$\int_{③} e^{-z^2} dz = -\sqrt{\sqrt{2}}\, e^{i\frac{\pi}{8}} \int_0^\infty e^{-\zeta^2(1+i)} d\zeta = -\sqrt{\sqrt{2}}\, e^{i\frac{\pi}{8}} \int_0^\infty e^{-\zeta^2}(\cos\zeta^2 - i\sin\zeta^2)\, d\zeta$$

로 된다. 이것을 처음의 선적분 $0 = \int_C e^{-z^2} dz = \int_{①} + \int_{②} + \int_{③}$에 대입하면

$$0 = \frac{\sqrt{\pi}}{2} - \sqrt{\sqrt{2}}\, e^{i\frac{\pi}{8}} \int_0^\infty e^{-\zeta^2}(\cos\zeta^2 - i\sin\zeta^2)\, d\zeta$$

가 되고 이항하여 정리하면($\cos\frac{\pi}{8}$, $\sin\frac{\pi}{8}$의 값은 ☑를 참조)

$$\int_0^\infty e^{-\zeta^2}\cos\zeta^2\, d\zeta - i\int_0^\infty e^{-\zeta^2}\sin\zeta^2\, d\zeta = \frac{\sqrt{\pi}}{2\sqrt{\sqrt{2}}} e^{-i\frac{\pi}{8}}$$

$$= \frac{\sqrt{\pi}}{2\sqrt{\sqrt{2}}}\left(\frac{\sqrt{\sqrt{2}+1}}{\sqrt{2}\sqrt{\sqrt{2}}} - i\frac{\sqrt{\sqrt{2}+1}}{\sqrt{2}\sqrt{\sqrt{2}}}\right) = \frac{\sqrt{\pi}}{4}(\sqrt{\sqrt{2}+1} - i\sqrt{\sqrt{2}-1})$$

에서 양변의 실수부와 허수부를 비교하면

$$\int_0^\infty e^{-x^2}\cos x^2\, dx = \frac{\sqrt{\pi}}{4}\sqrt{\sqrt{2}+1}$$

$$\int_0^\infty e^{-x^2}\sin x^2\, dx = \frac{\sqrt{\pi}}{4}\sqrt{\sqrt{2}-1}$$

☑ $\cos^2\frac{\pi}{8} = \frac{1}{2}\left(1 + \cos\frac{\pi}{4}\right) = \frac{\sqrt{2}+1}{2\sqrt{2}}$

$\sin^2\frac{\pi}{8} = \frac{1}{2}\left(1 - \cos\frac{\pi}{4}\right) = \frac{\sqrt{2}-1}{2\sqrt{2}}$

제 15 장 등각사상

15-1 사상의 기본개념

【1】 $w=iz$에 의한 영역 $|z-i|=1$의 상을 구하라.

☞ $z=\frac{w}{i}=-iw$를 $|z-i|=1$에 대입하면

$$|-iw-i|=1 \quad \Rightarrow \quad |w+1|=1$$

즉, 중심 $w=-1$, 반지름 1인 원이다.

【2】 반전 $w=\frac{1}{z}$에 의한 다음의 상을 구하라.

$$u+iv=\frac{1}{x+iy} \quad \Rightarrow \quad \begin{cases} u=\frac{x}{x^2+y^2}, & x=\frac{u}{u^2+v^2} \\ v=\frac{-y}{x^2+y^2}, & y=\frac{-v}{u^2+v^2} \end{cases}$$

(a) $\mathrm{Re}(z) \geq -1$

☞ 주어진 영역 $\mathrm{Re}(z)=x \geq -1$은 $x=-1$을 경계로 한다. 따라서,

$$x=\frac{u}{u^2+v^2}=-1 \quad \Rightarrow \quad \left(u+\frac{1}{2}\right)^2+v^2=\left(\frac{1}{2}\right)^2$$

이 경계로 되고, 중심 $u=-\frac{1}{2}$, $v=0$은 $x=\frac{u}{u^2+v^2}=-2$, $y=\frac{-v}{u^2+v^2}=0$에 대응된다. 이것은 영역의 외부이므로 $\mathrm{Re}(z) \geq -1$은 중심 $\left(-\frac{1}{2}, 0\right)$, 반지름 $\frac{1}{2}$이 원의 외부로 사상된다.

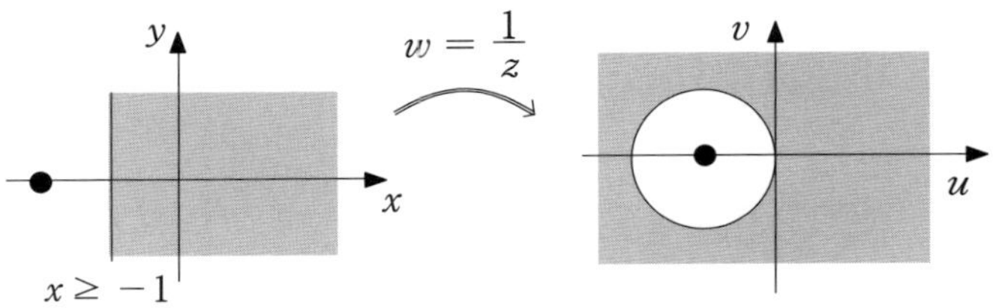

(b) $1 \le \mathrm{Im}(z) \le 2$

☞ 주어진 영역 $1 \le \mathrm{Im}(z) \le 2$는 $y=1$과 $y=2$를 경계로 한다. 따라서,

$$y = \frac{-v}{u^2+v^2} = y_0 \quad \Rightarrow \quad u^2 + \left(v + \frac{1}{2y_0}\right)^2 = \left(\frac{1}{2y_0}\right)^2$$

여기서, $y_0 = 1, 2$. 즉, $y=1$은 중심 $\left(0, -\frac{1}{2}\right)$, 반지름 $\frac{1}{2}$인 큰 원으로, $y=2$는 중심 $\left(0, -\frac{1}{4}\right)$, 반지름 $\frac{1}{4}$인 작은 원으로 사상된다. 그림의 까만 점이 $u=0$, $v=-\frac{3}{4}$를 나타낼 때, $x=\frac{u}{u^2+v^2}=0$, $y=\frac{-v}{u^2+v^2}=\frac{4}{3}$으로 영역의 내부이므로 영역 $1 \le \mathrm{Im}(z) \le 2$는 작은 원과 큰 원의 사이로 사상된다.

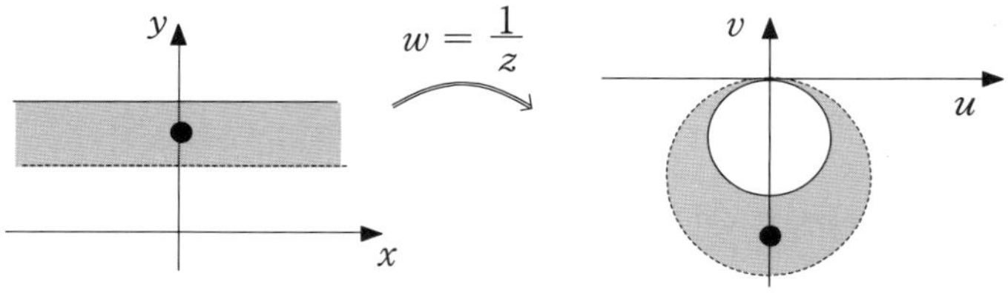

(c) $|z+i| = 1$

☞ $w = \frac{1}{z}$을 대입하면 $\left|\frac{1}{w} + i\right| = \left|\frac{1+iw}{w}\right| = \left|\frac{i-w}{w}\right| = 1$. 즉,

$$|w| = |w-i|$$

로 사상된다. 이것은 점 $w=0$과 점 $w=i$까지의 거리가 같은 점의 집합, 즉 이등분선을 의미한다.

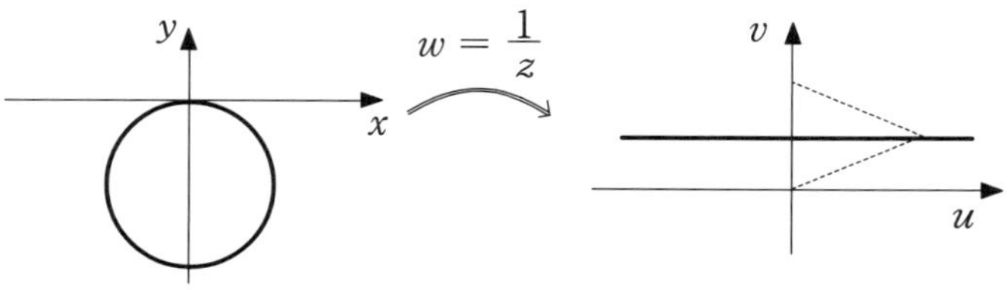

15-2 해석함수와 등각사상

【1】 $w = \bar{z} = x - iy$는 사이각의 크기는 보존하지만 방향을 보존하지 않는 것을 설명하라.

☞ 주어진 사상은 아래의 그림에 보인 바와 같이 실수축에 관한 대칭 사상이다. 따

라서, 모양이 그대로 유지되므로 사이각이 보존되지만 방향은 반대로 된다. 즉, 시계방향의 곡선은 반시계방향의 곡선으로 된다.

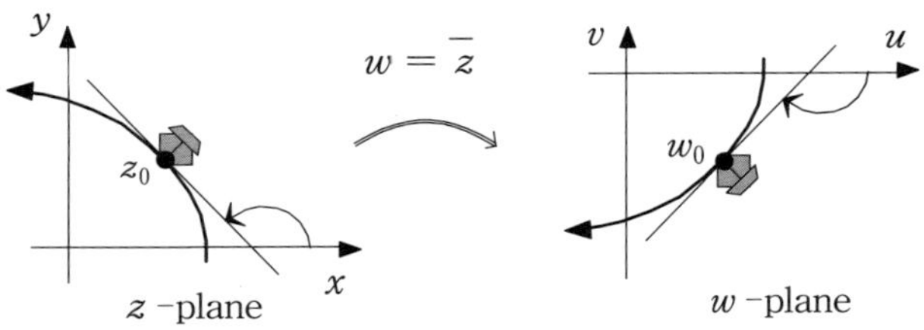

【2】 $w=\cos z$ 가 등각사상이 아닌 점을 써라.

☞ $\dfrac{dw}{dz}=-\sin z=0$ 이 되는 점에서 등각사상이 아니다. 그런데,

$$|\sin z|^2=\sin^2 x+\sinh^2 y=0$$

이므로(11-1절 참조), $x=n\pi$, $y=0$, $n=0, \pm1, \pm2, \pm3, \cdots$가 된다. 따라서,

$$z=0,\ \pm\pi,\ \pm2\pi,\ \pm3\pi, \cdots$$

에서 등각사상이 아니다.

15-3 기본적인 등각사상

★ 【1】 $\cos z=\sin\left(z+\dfrac{\pi}{2}\right)$를 이용하면 사상 $w=\cos z$ 은 $\zeta_1=z+\dfrac{\pi}{2}$, $w=\sin\zeta_1$ 으로 두 사상을 합성하여 구할 수 있다. 사상을 그려보라.

☞ z 평면에서 $-\pi\le x\le 0$ 인 영역은 $\zeta_1=z+\dfrac{\pi}{2}$ 에 의해 그림 15.10에 보인 영역으로 사상된다. $\cos(z+\pi)=-\cos z$ 이므로 $0\le x\le\pi$ 인 영역은 허수축에 관해 대칭으로 된다.

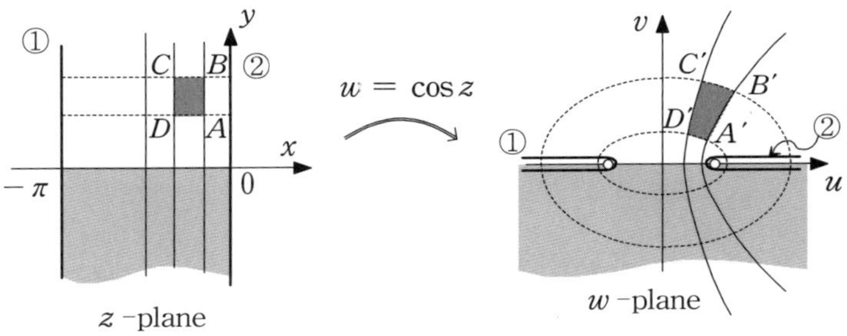

★ 【2】 $\cosh z = \cos iz = \sin\left(iz + \frac{\pi}{2}\right)$, $\sinh z = -i\sin iz$ 을 이용하여 각 사상을 그려보라.

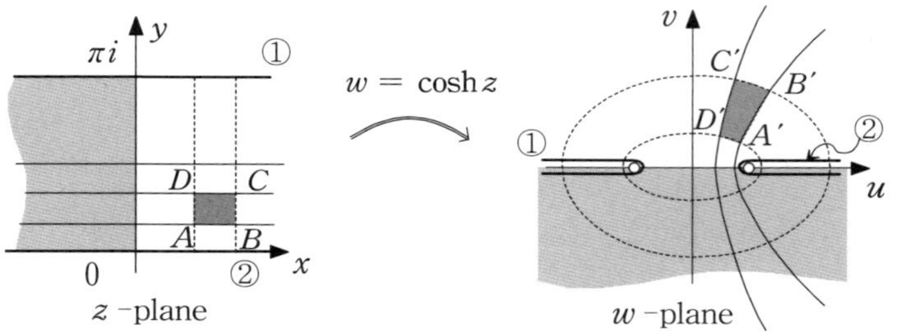

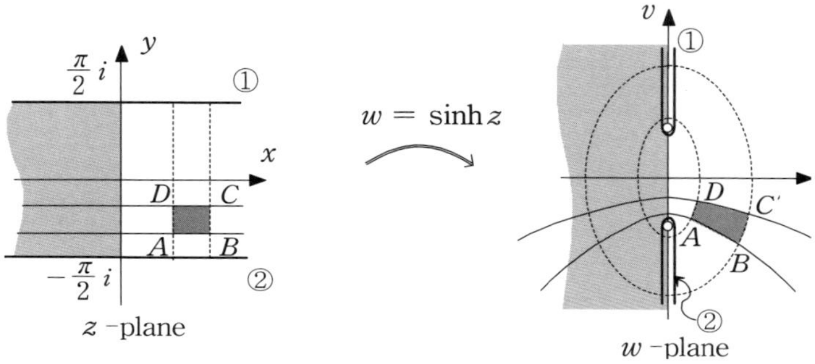

15-4 1차분수 변환

$$\frac{w-w_1}{w_3-w_1}\,\frac{w_3-w_2}{w-w_2} = \frac{z-z_1}{z_3-z_1}\,\frac{z_3-z_2}{z-z_2}$$

$$w = \frac{z-z_0}{\overline{z}_0 z-1}, \quad |z_0|<1$$

【1】 0, 1을 부동점으로 갖는 1차분수 변환을 구하라.

☞ 부동점을 z 이라고 하면 $w = \dfrac{az+b}{cz+d} = z$ 이다. 정리하면

$cz^2 + (d-a)z - b = 0$

이 된다. 0, 1을 부동점으로 가지려면 $z^2 - z = 0$과 $cz^2 + (d-a)z - b = 0$이 동일한 식이다. 즉, $c = 1$, $b = 0$, $d-a = -1$이면 충분하다. 따라서, 1차분수 변환은

$$w = \frac{az}{z+a-1}, \quad a \neq 0$$

【2】 i를 부동점으로 갖는 1차분수 변환을 구하라.

☞ 부동점을 z이라고 하면 $w = \dfrac{az+b}{cz+d} = z$이다. 정리하면

$$cz^2 + (d-a)z - b = 0$$

이 된다. i을 부동점으로 가지려면 $(z-i)^2 = z^2 - 2iz - 1 = 0$으로부터

$$c = 1,\ b = 1,\ d-a = -2i$$

이면 충분하다. 따라서, 1차분수 변환은

$$w = \frac{az+1}{z+a-2i}$$

【3】 $-1, 0, 1$을 $0, 1, \infty$로 보내는 사상을 구하라.

☞ $\dfrac{z+1}{1+1}\,\dfrac{1-0}{z-0} = \dfrac{w-0}{\infty-0}\,\dfrac{\infty-1}{w-1}$

정리하면,

$$\frac{z+1}{2z} = \frac{w}{w-1} \quad \Rightarrow \quad w = \frac{1+z}{1-z}$$

【4】 $-i, 1, i$를 $-1, 0, 1$로 보내는 사상을 구하라.

☞ $\dfrac{z+i}{i+i}\,\dfrac{i-1}{z-1} = \dfrac{w+1}{1+1}\,\dfrac{1-0}{w-0}$

정리하면,

$$\frac{z+i}{z-1}(1+i) = \frac{w+1}{w} = 1 + \frac{1}{w} \quad \Rightarrow \quad w = i\frac{1-z}{1+z}$$

【5】 단위원을 단위원으로 그리고 $z_0 = \dfrac{1}{2}$를 원점으로 보내는 사상을 구하라.

☞ 1차분수 변환 $w = \dfrac{z-z_0}{\bar{z}_0 z - 1}$에 $z_0 = \dfrac{1}{2}$을 대입하여 $w = \dfrac{2z-1}{z-2}$

【6】 각영역 $-\dfrac{\pi}{6} \le \arg z \le \dfrac{\pi}{6}$를 단위원의 내부로 보내는 사상을 구하라.

☞ 먼저 사상 $\zeta = z^3$을 이용하면 각영역을 $-\dfrac{\pi}{2} \le \arg z \le \dfrac{\pi}{2}$인 오른쪽 반평면으

로 보낼 수 있다(아래의 그림 참조).

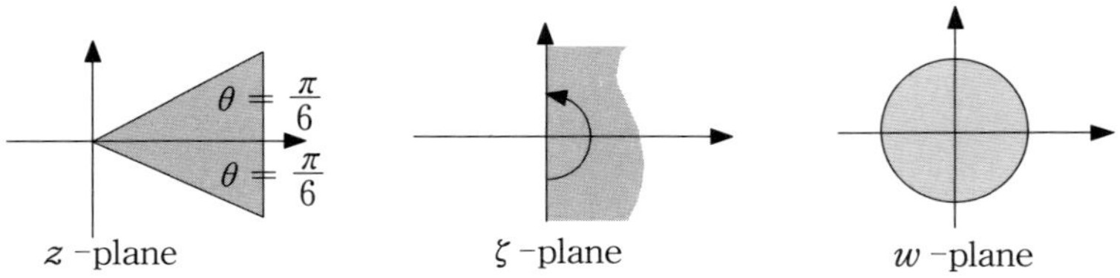

다음으로 ζ평면의 경계에서 3개의 점을 적당히 택하여 단위원의 경계로 보내는 1차분수 변환을 이용한다. 예를 들어,

$\zeta = -i,\ 0,\ i$를 $w = -1,\ i,\ 1$

로 보내는 1차분수 변환을 구하면

$$\frac{\zeta+i}{i+i}\ \frac{i-0}{\zeta-0} = \frac{w+1}{1+1}\ \frac{1-i}{w-i}$$

정리하면

$$\frac{\zeta+i}{\zeta} = \frac{w+1}{w-i}(1-i) \quad \Rightarrow \quad \frac{w-i}{w+1} = (1-i)\frac{\zeta}{\zeta+i}$$

가 되고,

$$w = \frac{\zeta-1}{i(\zeta+1)} = i\frac{1-\zeta}{1+\zeta}$$

이다. 이때, $\zeta=1$은 오른쪽 반평면 내부의 점이 위의 사상에 의해 $w=0$으로 사상된다(만일 단위원의 외부로 사상되면 $\frac{1}{w}$로 반전을 택한다). 따라서,

$$w = i\frac{1-z^3}{1+z^3}$$

이 구하고자 하는 사상이다.

【7】 $1 \le y \le x+1$인 영역을 단위원의 내부로 보내는 사상을 구하라.

☞ 먼저 사상 $\zeta_1 = z-i$를 이용하면 각영역 $0 \le \arg z \le \frac{\pi}{4}$인 영역으로 사상된다. 다음으로 $\zeta_2 = \zeta_1^4 = (z-i)^4$를 이용하면 상부반평면으로 사상된다. 따라서, 상부반평면을 단위원의 내부로 보내는 사상은 (예제 4)로부터 $w = i\frac{\zeta_2 - i}{\zeta_2 + i}$를 이용하면

$$w = i\frac{(z-i)^4 - i}{(z-i)^4 + i}$$

15-5 등각사상의 응용

【1】 그림 15.10을 이용하여 그림 15.15에 보인 경계조건과 상부반평면에서 라플라스방정식 $\nabla^2 T = 0$을 만족하는 해가 $T(x, y) = \frac{1}{2} + \frac{1}{\pi}\,\mathrm{Re}\,(\sin^{-1} z)$임을 보여라.

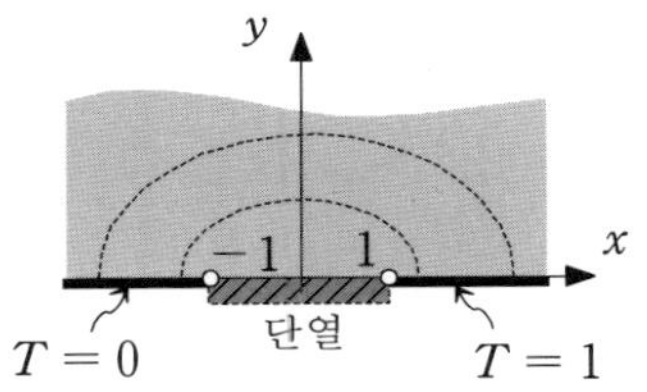

그림 15.15

☞ 그림 15.10의 오른쪽이 문제에서 주어진 형상과 같기 때문에 역변환 $w = \sin^{-1} z$을 아래의 그림과 같이 이용한다.

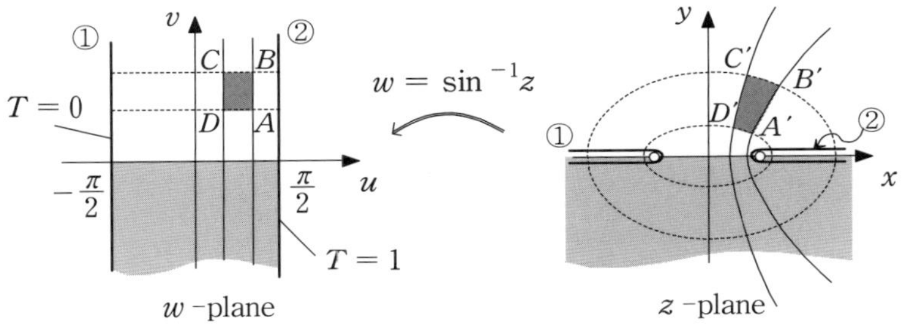

사상된 공간에서는

① $u = -\frac{\pi}{2}$에서 $T = 0$,

② $u = \frac{\pi}{2}$에서는 $T = 1$이므로

$$T = \frac{1}{2} + \frac{1}{\pi} u$$

로 해가 주어진다. 여기서, $u = \mathrm{Re}\, w$이므로

$$T(x, y) = \frac{1}{2} + \frac{1}{\pi}\,\mathrm{Re}\,(\sin^{-1} z)$$

로 해가 결정된다.

★ 【2】 단위원의 둘레의 $y<0$인 영역에서는 $\phi=1$, $y>0$인 영역에서는 $\phi=0$이라고 할 때, 단위원 내부에서 $\nabla^2\phi=0$을 만족하는 함수 $\phi(x, y)$를 구하라.

☞ 1차분수 변환 $w=\dfrac{1+z}{1-z}$는 점 $z=-i,\ -1,\ i$을 $w=-i,\ 0,\ i$로 사상한다 (☑ 참조). 이때, 단위원의 내부점 $z=0$은 $w=1$로 오른쪽 반평면으로 사상된다 (아래의 그림 참조).

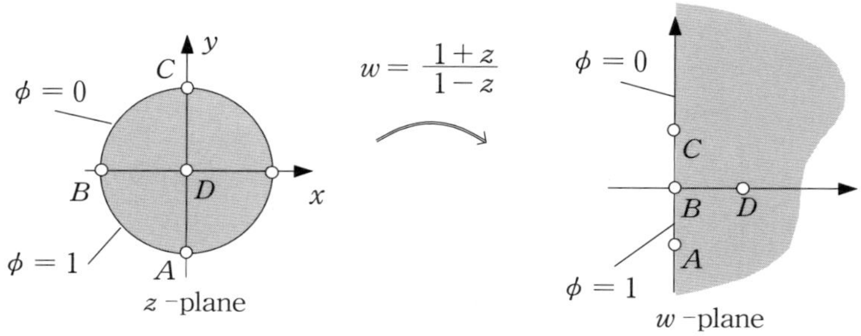

즉,

$$\text{Arg}\, w=\Theta=-\frac{\pi}{2}\text{에서}\quad \phi=1$$

$$\text{Arg}\, w=\Theta=\frac{\pi}{2}\text{에서}\quad \phi=0$$

이므로

$$\phi=\frac{1}{2}-\frac{1}{\pi}\Theta=\frac{1}{2}-\frac{1}{\pi}\text{Arg}\, w$$

가 해로 된다. 따라서,

$$\phi(x, y)=\frac{1}{2}-\frac{1}{\pi}\text{Arg}\frac{1+z}{1-z}$$

이다.

☑ $\dfrac{z+i}{i+i}\dfrac{i+1}{i-1}=\dfrac{w+i}{i+i}\dfrac{i-0}{w-0}\quad\Rightarrow\quad\dfrac{z+i}{z+1}(1+i)=\dfrac{w+i}{w}i$를 정리하면

$$\frac{(z+i)(1-i)}{z+1}=1+\frac{i}{w}$$

$$w=\frac{1+z}{1-z}$$

제 16 장 선형대수의 응용

16-1 행렬과 연립 1 차방정식

※Gauss 의 소거법으로 다음의 연립방정식을 풀어라.

【1】 $\begin{cases} -x_1+x_2+2x_3 &= 2 \\ 3x_1-x_2+x_3 &= 6 \\ -2x_1+5x_2+4x_3 &= 1 \end{cases}$

☞ 주어진 연립방정식을 첨가행렬을 이용하여 나타내면

$$\left(\begin{array}{ccc|c} -1 & 1 & 2 & 2 \\ 3 & -1 & 1 & 6 \\ -2 & 5 & 4 & 1 \end{array}\right) \Rightarrow \left(\begin{array}{ccc|c} -1 & 1 & 2 & 2 \\ 0 & 2 & 7 & 12 \\ 0 & 3 & 0 & -3 \end{array}\right)$$

즉,

$$\begin{cases} -x_1+x_2+2x_3=2 \\ 2x_2+7x_3=12 \\ 3x_2=-3 \end{cases}$$

로부터 $x_2=-1$을 먼저 얻고, 두 번째 식에 대입하여 $x_3=2$, 첫 번째 식에 대입하여 $x_1=1$이 된다. 따라서,

$x_1=1,\ x_2=-1,\ x_3=2$

【2】 $\begin{cases} x_1+x_2+2x_3 &= 1 \\ 2x_1-3x_2+x_3 &= 2 \\ -3x_1-3x_2-6x_3 &= -3 \end{cases}$

☞ $\left(\begin{array}{ccc|c} 1 & 1 & 2 & 1 \\ 2 & -3 & 1 & 2 \\ -3 & -3 & -6 & -3 \end{array}\right) \Rightarrow \left(\begin{array}{ccc|c} 1 & 1 & 2 & 1 \\ 0 & -5 & -3 & 0 \\ 0 & 0 & 0 & 0 \end{array}\right)$

즉,

$$\begin{cases} x_1+x_2+2x_3=1 \\ -5x_2-3x_3=0 \end{cases} \Rightarrow \begin{cases} x_1=1-\dfrac{7}{5}x_3 \\ x_2=-\dfrac{3}{5}x_3 \end{cases},\quad x_3 \text{ 는 임의의 수}$$

[3] $\begin{cases} x_1+x_2-x_3 &= 1 \\ x_1+2x_2-x_3 &= 2 \\ 2x_1-2x_2+x_3 &= 1 \\ x_1+x_2+x_3 &= 6 \end{cases}$

☞ $\left(\begin{array}{ccc:c} 1 & 1 & -1 & 1 \\ 1 & 2 & -1 & 2 \\ 2 & -2 & 1 & 1 \\ 1 & 1 & 1 & 6 \end{array}\right) \Rightarrow$

$\left(\begin{array}{ccc:c} 1 & 1 & -1 & 1 \\ 0 & 1 & 0 & 1 \\ 0 & -4 & 3 & -1 \\ 0 & 0 & 2 & 5 \end{array}\right) \Rightarrow$

$\left(\begin{array}{ccc:c} 1 & 1 & -1 & 1 \\ 0 & 1 & 0 & 1 \\ 0 & 0 & 3 & 3 \\ 0 & 0 & 2 & 5 \end{array}\right) \Rightarrow$

$\left(\begin{array}{ccc:c} 1 & 1 & -1 & 1 \\ 0 & 1 & 0 & 1 \\ 0 & 0 & 1 & 1 \\ 0 & 0 & \boxed{0} & \boxed{3} \end{array}\right) \Rightarrow$ $0=3$은 항상 거짓이므로 해가 존재하지 않는다.

[4] $\begin{cases} -a+3b-3c+d &= 3 \\ -2a+5b-4c+5d &= 5 \\ -4a+7b-2c-3d &= 7 \\ 3a+b-11c+2d &= 1 \end{cases}$

☞ $\left(\begin{array}{cccc:c} -1 & 3 & -3 & 1 & 3 \\ -2 & 5 & -4 & 5 & 5 \\ -4 & 7 & -2 & -3 & 7 \\ 3 & 1 & -11 & 2 & 1 \end{array}\right) \Rightarrow$

$= \left(\begin{array}{cccc:c} -1 & 3 & -3 & 1 & 3 \\ 0 & -1 & 2 & 3 & -1 \\ 0 & -5 & 10 & -7 & -5 \\ 0 & 10 & -20 & 5 & 10 \end{array}\right) \Rightarrow$

$= \left(\begin{array}{cccc:c} -1 & 3 & -3 & 1 & 3 \\ 0 & -1 & 2 & 3 & -1 \\ 0 & 0 & 0 & -22 & 0 \\ 0 & 0 & 0 & 35 & 0 \end{array}\right) \Rightarrow$

$= \left(\begin{array}{cccc:c} -1 & 3 & -3 & 1 & 3 \\ 0 & -1 & 2 & 3 & -1 \\ 0 & 0 & 0 & 1 & 0 \\ 0 & 0 & 0 & \boxed{0} & \boxed{0} \end{array}\right) \Rightarrow$ $0=0$이므로 해가 존재한다.

그런데, 방정식은 3개이고 미지수는 4개이므로 무한히 많은 해가 존재한다. 풀면

$a=3c,\ b=2c+1,\ d=0,\ c$는 임의의 수

※다음의 역행렬을 구하라.

【5】 $\begin{pmatrix} 1 & 0 & 0 \\ -2 & 1 & 0 \\ 3 & -4 & 1 \end{pmatrix}$

☞ $\left(\begin{array}{ccc|ccc} 1 & 0 & 0 & 1 & 0 & 0 \\ -2 & 1 & 0 & 0 & 1 & 0 \\ 3 & -4 & 1 & 0 & 0 & 1 \end{array}\right)$

$= \left(\begin{array}{ccc|ccc} 1 & 0 & 0 & 1 & 0 & 0 \\ 0 & 1 & 0 & 2 & 1 & 0 \\ 0 & -4 & 1 & -3 & 0 & 1 \end{array}\right)$

$= \left(\begin{array}{ccc|ccc} 1 & 0 & 0 & 1 & 0 & 0 \\ 0 & 1 & 0 & 2 & 1 & 0 \\ 0 & 0 & 1 & 5 & 4 & 1 \end{array}\right)$

따라서, 역행렬은 $\begin{pmatrix} 1 & 0 & 0 \\ 2 & 1 & 0 \\ 5 & 4 & 1 \end{pmatrix}$

【6】 $\begin{pmatrix} 2 & 5 & 3 \\ -1 & 2 & 1 \\ 1 & 1 & 1 \end{pmatrix}$

☞ $\left(\begin{array}{ccc|ccc} 2 & 5 & 3 & 1 & 0 & 0 \\ -1 & 2 & 1 & 0 & 1 & 0 \\ 1 & 1 & 1 & 0 & 0 & 1 \end{array}\right) \begin{array}{l} \boldsymbol{r}_1/2 \ \Longrightarrow \\ \\ \\ \end{array}$

$= \left(\begin{array}{ccc|ccc} 1 & \frac{5}{2} & \frac{3}{2} & \frac{1}{2} & 0 & 0 \\ -1 & 2 & 1 & 0 & 1 & 0 \\ 1 & 1 & 1 & 0 & 0 & 1 \end{array}\right) \begin{array}{l} \\ \boldsymbol{r}_2 + \boldsymbol{r}_1 \ \Longrightarrow \\ \boldsymbol{r}_3 - \boldsymbol{r}_1 \ \Longrightarrow \end{array}$

$= \left(\begin{array}{ccc|ccc} 1 & \frac{5}{2} & \frac{3}{2} & \frac{1}{2} & 0 & 0 \\ 0 & \frac{9}{2} & \frac{5}{2} & \frac{1}{2} & 1 & 0 \\ 0 & -\frac{3}{2} & -\frac{1}{2} & -\frac{1}{2} & 0 & 1 \end{array}\right) \begin{array}{l} \\ \boldsymbol{r}_2 \times \frac{2}{9} \ \Longrightarrow \\ \\ \end{array}$

$= \left(\begin{array}{ccc|ccc} 1 & \frac{5}{2} & \frac{3}{2} & \frac{1}{2} & 0 & 0 \\ 0 & 1 & \frac{5}{9} & \frac{1}{9} & \frac{2}{9} & 0 \\ 0 & -\frac{3}{2} & -\frac{1}{2} & -\frac{1}{2} & 0 & 1 \end{array}\right) \begin{array}{l} \boldsymbol{r}_1 - \frac{5}{2}\boldsymbol{r}_2 \ \Longrightarrow \\ \\ \boldsymbol{r}_3 + \frac{3}{2}\boldsymbol{r}_2 \ \Longrightarrow \end{array}$

$$= \left(\begin{array}{ccc:ccc} 1 & 0 & \frac{1}{9} & \frac{2}{9} & -\frac{5}{9} & 0 \\ 0 & 1 & \frac{5}{9} & \frac{1}{9} & \frac{2}{9} & 0 \\ 0 & 0 & \frac{1}{3} & -\frac{1}{3} & \frac{1}{3} & 1 \end{array} \right) \begin{matrix} \\ \\ \boldsymbol{r}_3 \times 3 \implies \end{matrix}$$

$$= \left(\begin{array}{ccc:ccc} 1 & 0 & \frac{1}{9} & \frac{2}{9} & -\frac{5}{9} & 0 \\ 0 & 1 & \frac{5}{9} & \frac{1}{9} & \frac{2}{9} & 0 \\ 0 & 0 & 1 & -1 & 1 & 3 \end{array} \right) \begin{matrix} \boldsymbol{r}_1 - \frac{1}{9}\boldsymbol{r}_3 \implies \\ \boldsymbol{r}_2 - \frac{5}{9}\boldsymbol{r}_3 \implies \\ \end{matrix}$$

$$= \left(\begin{array}{ccc:ccc} 1 & 0 & 0 & \frac{1}{3} & -\frac{2}{3} & -\frac{1}{3} \\ 0 & 1 & 0 & \frac{2}{3} & -\frac{1}{3} & -\frac{5}{3} \\ 0 & 0 & 1 & -1 & 1 & 3 \end{array} \right)$$

으로부터 역행렬은 $\frac{1}{3}\begin{pmatrix} 1 & -2 & -1 \\ 2 & -1 & -5 \\ -3 & 3 & 9 \end{pmatrix}$

★ 【7】 $\text{rank}(\boldsymbol{B}^T\boldsymbol{A}^T) = \text{rank}(\boldsymbol{A}\boldsymbol{B})$임을 보여라.

☞ $\text{rank}(\boldsymbol{B}^T\boldsymbol{A}^T) = \text{rank}(\boldsymbol{A}\boldsymbol{B})^T = \text{rank}(\boldsymbol{A}\boldsymbol{B})$

16-2 행렬의 대각화와 고유벡터

【1】 행렬 $\boldsymbol{A}$와 상사행렬 $\widetilde{\boldsymbol{A}} = \boldsymbol{T}^{-1}\boldsymbol{A}\boldsymbol{T}$는 $\text{trace}\,\widetilde{\boldsymbol{A}} = \text{trace}\,\boldsymbol{A}$를 만족하는 것을 보여라.

☞ 행렬 $\boldsymbol{A}$의 trace는 고유값의 합

$$\text{trace}\,\boldsymbol{A} \equiv a_{11} + a_{22} + \cdots + a_{nn} = \lambda_1 + \lambda_2 + \cdots + \lambda_n$$

으로 주어진다. 그런데, (예제 15)에서 행렬 $\boldsymbol{A}$와 상사행렬 $\widetilde{\boldsymbol{A}} = \boldsymbol{T}^{-1}\boldsymbol{A}\boldsymbol{T}$는 같은 고유값을 가지므로 $\text{trace}\,\widetilde{\boldsymbol{A}} = \text{trace}\,\boldsymbol{A}$가 된다.

【2】 다음의 2차형식으로 표현되는 원추곡선의 형태를 찾고 주축형으로 바꾸어라.

(a) $x_1^2 - 2x_1x_2 + 4x_2^2 = 12$

☞ $Q = \boldsymbol{x}^T\boldsymbol{A}\boldsymbol{x} = x_1^2 - 2x_1x_2 + 4x_2^2 = 12$에서

$$\boldsymbol{A} = \begin{pmatrix} 1 & -1 \\ -1 & 4 \end{pmatrix}, \quad \boldsymbol{x} = \begin{pmatrix} x_1 \\ x_2 \end{pmatrix}$$

이고, 특성방정식 $(1-\lambda)(4-\lambda)-1=\lambda^2-5\lambda+3=0$이다. $\lambda=\dfrac{5\pm\sqrt{13}}{2}$이므로

$$Q=\boldsymbol{y}^T\boldsymbol{D}\boldsymbol{y}=\frac{5+\sqrt{13}}{2}y_1^2+\frac{5-\sqrt{13}}{2}y_2^2=12$$

즉, y_1y_2 좌표계에서는 타원이 된다.

(b) $6x_1^2+2x_1x_2+5x_2^2=7$

☞ $Q=\boldsymbol{x}^T\boldsymbol{A}\boldsymbol{x}=6x_1^2+2x_1x_2+5x_2^2=7$에서

$$\boldsymbol{A}=\begin{pmatrix}6&1\\1&5\end{pmatrix},\quad \boldsymbol{x}=\begin{pmatrix}x_1\\x_2\end{pmatrix}$$

이고, 특성방정식 $(6-\lambda)(5-\lambda)-1=\lambda^2-11\lambda+29=0$이다. $\lambda=\dfrac{11\pm\sqrt{5}}{2}$이므로

$$Q=\boldsymbol{y}^T\boldsymbol{D}\boldsymbol{y}=\frac{11+\sqrt{5}}{2}y_1^2-\frac{11-\sqrt{5}}{2}y_2^2=7$$

즉, y_1y_2 좌표계에서는 쌍곡선이 된다.

(c) $3x_1^2+4x_1x_2-3x_2^2=5$

☞ $Q=\boldsymbol{x}^T\boldsymbol{A}\boldsymbol{x}=3x_1^2+4x_1x_2-3x_2^2=5$에서

$$\boldsymbol{A}=\begin{pmatrix}3&2\\2&-3\end{pmatrix},\quad \boldsymbol{x}=\begin{pmatrix}x_1\\x_2\end{pmatrix}$$

이고, 특성방정식 $(3-\lambda)(-3-\lambda)-4=\lambda^2-13=0$이다. 따라서, $\lambda=\pm\sqrt{13}$이므로

$$Q=\boldsymbol{y}^T\boldsymbol{D}\boldsymbol{y}=\sqrt{13}\,y_1^2-\sqrt{13}\,y_2^2=5$$

즉, y_1y_2 좌표계에서는 쌍곡선이 된다.

16-3 행렬의 분해(LU-decomposition)

※ 다음 행렬의 LU-분해가 존재할 경우 LU-분해를 구하라.

[1] $\begin{pmatrix}2&-8\\-3&13\end{pmatrix}$

☞ $\begin{pmatrix}2&-8\\-3&13\end{pmatrix}\Rightarrow\begin{pmatrix}1&-4\\-3&13\end{pmatrix}\Rightarrow\begin{pmatrix}1&-4\\0&1\end{pmatrix}$

따라서, LU-분해는 $\begin{pmatrix} 2 & -8 \\ -3 & 13 \end{pmatrix} = \begin{pmatrix} 2 & 0 \\ -3 & 1 \end{pmatrix}\begin{pmatrix} 1 & -4 \\ 0 & 1 \end{pmatrix}$로 된다.

[2] $\begin{pmatrix} 1 & -1 \\ -2 & 5 \end{pmatrix}$

☞ $\begin{pmatrix} 1 & -1 \\ \boxed{-2} & 5 \end{pmatrix} \Rightarrow \begin{pmatrix} 1 & -1 \\ 0 & \boxed{3} \end{pmatrix} \Rightarrow \begin{pmatrix} 1 & -1 \\ 0 & 1 \end{pmatrix}$

따라서, $\begin{pmatrix} 1 & -1 \\ -2 & 5 \end{pmatrix} = \begin{pmatrix} 1 & 0 \\ -2 & 3 \end{pmatrix}\begin{pmatrix} 1 & -1 \\ 0 & 1 \end{pmatrix}$

[3] $\begin{pmatrix} 3 & -6 & -3 \\ 2 & 0 & 6 \\ -4 & 7 & 4 \end{pmatrix}$

☞ 각 기본행연산이 수행될 때마다 선두(leading)에 표시를 하면서 순차적으로 위 삼각행렬을 만들면

$$\begin{pmatrix} \boxed{3} & -6 & -3 \\ 2 & 0 & 6 \\ -4 & 7 & 4 \end{pmatrix} \Rightarrow \begin{pmatrix} 1 & -2 & -1 \\ \boxed{2} & 0 & 6 \\ \boxed{-4} & 7 & 4 \end{pmatrix} \Rightarrow \begin{pmatrix} 1 & -2 & -1 \\ 0 & \boxed{4} & 8 \\ 0 & -1 & 0 \end{pmatrix} \Rightarrow \begin{pmatrix} 1 & -2 & -1 \\ 0 & 1 & 2 \\ 0 & \boxed{-1} & 0 \end{pmatrix} \Rightarrow$$

$$\Rightarrow \begin{pmatrix} 1 & -2 & -1 \\ 0 & 1 & 2 \\ 0 & 0 & \boxed{2} \end{pmatrix} \Rightarrow \begin{pmatrix} 1 & -2 & -1 \\ 0 & 1 & 2 \\ 0 & 0 & 1 \end{pmatrix}$$

로 된다. 따라서, LU-분해는

$$\begin{pmatrix} 3 & -6 & -3 \\ 2 & 0 & 6 \\ -4 & 7 & 4 \end{pmatrix} = \begin{pmatrix} 3 & 0 & 0 \\ 2 & 4 & 0 \\ -4 & -1 & 2 \end{pmatrix}\begin{pmatrix} 1 & -2 & -1 \\ 0 & 1 & 2 \\ 0 & 0 & 1 \end{pmatrix}$$

[4] $\begin{pmatrix} 2 & -6 & 2 \\ -3 & 8 & 0 \\ 4 & 9 & 2 \end{pmatrix}$

☞ 각 기본행연산이 수행될 때마다 선두(leading)에 표시를 하면서 순차적으로 위 삼각행렬을 만들면

$$\begin{pmatrix} \boxed{2} & -6 & 2 \\ -3 & 8 & 0 \\ 4 & 9 & 2 \end{pmatrix} \Rightarrow \begin{pmatrix} 1 & -3 & 1 \\ \boxed{-3} & 8 & 0 \\ \boxed{4} & 9 & 2 \end{pmatrix} \Rightarrow \begin{pmatrix} 1 & -3 & 1 \\ 0 & \boxed{-1} & 3 \\ 0 & 21 & -2 \end{pmatrix} \Rightarrow \begin{pmatrix} 1 & -3 & 1 \\ 0 & 1 & -3 \\ 0 & \boxed{21} & -2 \end{pmatrix} \Rightarrow$$

$$\Rightarrow \begin{pmatrix} 1 & -3 & 1 \\ 0 & 1 & -3 \\ 0 & 0 & \boxed{61} \end{pmatrix} \Rightarrow \begin{pmatrix} 1 & -3 & 1 \\ 0 & 1 & -3 \\ 0 & 0 & 1 \end{pmatrix}$$

로 된다. 따라서, LU-분해는

$$\begin{pmatrix} 2 & -6 & 2 \\ -3 & 8 & 0 \\ 4 & 9 & 2 \end{pmatrix} = \begin{pmatrix} 2 & 0 & 0 \\ -3 & -1 & 0 \\ 4 & 21 & 61 \end{pmatrix} \begin{pmatrix} 1 & -3 & 1 \\ 0 & 1 & -3 \\ 0 & 0 & 1 \end{pmatrix}$$

★[5] $\begin{pmatrix} 2 & -4 & 0 & 0 \\ 1 & 2 & 12 & 0 \\ 0 & -1 & -4 & -5 \\ 0 & 0 & 2 & 11 \end{pmatrix}$

☞ 각 기본행연산이 수행될 때마다 선도(leading)에 표시를 하면서 순차적으로 위삼각행렬을 만들면

$$\begin{pmatrix} 2 & -4 & 0 & 0 \\ 1 & 2 & 12 & 0 \\ 0 & -1 & -4 & -5 \\ 0 & 0 & 2 & 11 \end{pmatrix} \Rightarrow \begin{pmatrix} 1 & -2 & 0 & 0 \\ 1 & 2 & 12 & 0 \\ 0 & -1 & -4 & -5 \\ 0 & 0 & 2 & 11 \end{pmatrix} \Rightarrow \begin{pmatrix} 1 & -2 & 0 & 0 \\ 0 & 4 & 12 & 0 \\ 0 & -1 & -4 & -5 \\ 0 & 0 & 2 & 11 \end{pmatrix} \Rightarrow$$

$$\Rightarrow \begin{pmatrix} 1 & -2 & 0 & 0 \\ 0 & 1 & 3 & 0 \\ 0 & -1 & -4 & -5 \\ 0 & 0 & 2 & 11 \end{pmatrix} \Rightarrow \begin{pmatrix} 1 & -2 & 0 & 0 \\ 0 & 1 & 3 & 0 \\ 0 & 0 & -1 & -5 \\ 0 & 0 & 2 & 11 \end{pmatrix} \Rightarrow \begin{pmatrix} 1 & -2 & 0 & 0 \\ 0 & 1 & 3 & 0 \\ 0 & 0 & 1 & 5 \\ 0 & 0 & 2 & 11 \end{pmatrix} \Rightarrow$$

$$\Rightarrow \begin{pmatrix} 1 & -2 & 0 & 0 \\ 0 & 1 & 3 & 0 \\ 0 & 0 & 1 & 5 \\ 0 & 0 & 0 & 1 \end{pmatrix}$$

로 된다. 따라서, LU-분해는

$$\begin{pmatrix} 2 & -4 & 0 & 0 \\ 1 & 2 & 12 & 0 \\ 0 & -1 & -4 & -5 \\ 0 & 0 & 2 & 11 \end{pmatrix} = \begin{pmatrix} 2 & 0 & 0 & 0 \\ 1 & 4 & 0 & 0 \\ 0 & -1 & -1 & 0 \\ 0 & 0 & 2 & 1 \end{pmatrix} \begin{pmatrix} 1 & -2 & 0 & 0 \\ 0 & 1 & 3 & 0 \\ 0 & 0 & 1 & 5 \\ 0 & 0 & 0 & 1 \end{pmatrix}$$

★[6] $\begin{pmatrix} -1 & 0 & 1 & 0 \\ 2 & 3 & -2 & 6 \\ 0 & -1 & 2 & 0 \\ 0 & 0 & 1 & 5 \end{pmatrix}$

☞ 각 기본행연산이 수행될 때마다 선두(leading)에 표시를 하면서 순차적으로 위삼각행렬을 만들면

$$\begin{pmatrix} -1 & 0 & 1 & 0 \\ 2 & 3 & -2 & 6 \\ 0 & -1 & 2 & 0 \\ 0 & 0 & 1 & 5 \end{pmatrix} \Rightarrow \begin{pmatrix} 1 & 0 & -1 & 0 \\ 2 & 3 & -2 & 6 \\ 0 & -1 & 2 & 0 \\ 0 & 0 & 1 & 5 \end{pmatrix} \Rightarrow \begin{pmatrix} 1 & 0 & -1 & 0 \\ 0 & 3 & 0 & 6 \\ 0 & -1 & 2 & 0 \\ 0 & 0 & 1 & 5 \end{pmatrix} \Rightarrow$$

$$\Rightarrow \begin{pmatrix} 1 & 0 & -1 & 0 \\ 0 & 1 & 0 & 2 \\ 0 & -1 & 2 & 0 \\ 0 & 0 & 1 & 5 \end{pmatrix} \Rightarrow \begin{pmatrix} 1 & 0 & -1 & 0 \\ 0 & 1 & 0 & 2 \\ 0 & 0 & 2 & 2 \\ 0 & 0 & 1 & 5 \end{pmatrix} \Rightarrow \begin{pmatrix} 1 & 0 & -1 & 0 \\ 0 & 1 & 0 & 2 \\ 0 & 0 & 1 & 1 \\ 0 & 0 & 1 & 5 \end{pmatrix} \Rightarrow$$

$$\Rightarrow \begin{pmatrix} 1 & 0 & -1 & 0 \\ 0 & 1 & 0 & 2 \\ 0 & 0 & 1 & 1 \\ 0 & 0 & 0 & 4 \end{pmatrix} \Rightarrow \begin{pmatrix} 1 & 0 & -1 & 0 \\ 0 & 1 & 0 & 2 \\ 0 & 0 & 1 & 1 \\ 0 & 0 & 0 & 1 \end{pmatrix}$$

로 된다. 따라서, LU-분해는

$$\begin{pmatrix} -1 & 0 & 1 & 0 \\ 2 & 3 & -2 & 6 \\ 0 & -1 & 2 & 0 \\ 0 & 0 & 1 & 5 \end{pmatrix} = \begin{pmatrix} -1 & 0 & 0 & 0 \\ 2 & 3 & 0 & 0 \\ 0 & -1 & 2 & 0 \\ 0 & 0 & 1 & 4 \end{pmatrix} \begin{pmatrix} 1 & 0 & -1 & 0 \\ 0 & 1 & 0 & 2 \\ 0 & 0 & 1 & 1 \\ 0 & 0 & 0 & 1 \end{pmatrix}$$

★[7] 행을 교환하는 기본행연산

$$\boldsymbol{P}_{12} = \begin{pmatrix} 0 & 1 & 0 \\ 1 & 0 & 0 \\ 0 & 0 & 1 \end{pmatrix}, \quad \boldsymbol{P}_{23} = \begin{pmatrix} 1 & 0 & 0 \\ 0 & 0 & 1 \\ 0 & 1 & 0 \end{pmatrix}, \quad \boldsymbol{P}_{31} = \begin{pmatrix} 0 & 0 & 1 \\ 0 & 1 & 0 \\ 1 & 0 & 0 \end{pmatrix}$$

에 대하여 $\boldsymbol{P}_{12}^{-1} = \boldsymbol{P}_{12}$, $\boldsymbol{P}_{23}^{-1} = \boldsymbol{P}_{23}$, $\boldsymbol{P}_{31}^{-1} = \boldsymbol{P}_{31}$ 이 성립하는 것을 보여라.

☞ 자기 자신을 곱하면

$$\boldsymbol{P}_{12}\boldsymbol{P}_{12} = \begin{pmatrix} 0 & 1 & 0 \\ 1 & 0 & 0 \\ 0 & 0 & 1 \end{pmatrix} \begin{pmatrix} 0 & 1 & 0 \\ 1 & 0 & 0 \\ 0 & 0 & 1 \end{pmatrix} = \begin{pmatrix} 1 & 0 & 0 \\ 0 & 1 & 0 \\ 0 & 0 & 1 \end{pmatrix} = \boldsymbol{I}$$

$$\boldsymbol{P}_{23}\boldsymbol{P}_{23} = \begin{pmatrix} 1 & 0 & 0 \\ 0 & 0 & 1 \\ 0 & 1 & 0 \end{pmatrix} \begin{pmatrix} 1 & 0 & 0 \\ 0 & 0 & 1 \\ 0 & 1 & 0 \end{pmatrix} = \begin{pmatrix} 1 & 0 & 0 \\ 0 & 1 & 0 \\ 0 & 0 & 1 \end{pmatrix} = \boldsymbol{I}$$

$$\boldsymbol{P}_{31}\boldsymbol{P}_{31} = \begin{pmatrix} 0 & 0 & 1 \\ 0 & 1 & 0 \\ 1 & 0 & 0 \end{pmatrix} \begin{pmatrix} 0 & 0 & 1 \\ 0 & 1 & 0 \\ 1 & 0 & 0 \end{pmatrix} = \begin{pmatrix} 1 & 0 & 0 \\ 0 & 1 & 0 \\ 0 & 0 & 1 \end{pmatrix} = \boldsymbol{I}$$

으로 되므로 $\boldsymbol{P}_{12}^{-1} = \boldsymbol{P}_{12}$, $\boldsymbol{P}_{23}^{-1} = \boldsymbol{P}_{23}$, $\boldsymbol{P}_{31}^{-1} = \boldsymbol{P}_{31}$ 이 된다.

★[보충문제] $\begin{pmatrix} -1 & -3 & 2 & 0 \\ 1 & 5 & -2 & 0 \\ -1 & -2 & -1 & -15 \\ 2 & 6 & -3 & 6 \end{pmatrix}$

☞ 각 기본행연산이 수행될 때마다 선도(leading)에 표시를 하면서 순차적으로 위삼각행렬을 만들면

$$\begin{pmatrix} -1 & -3 & 2 & 0 \\ 1 & 5 & -2 & 0 \\ -1 & -2 & -1 & -15 \\ 2 & 6 & -3 & 6 \end{pmatrix} \Rightarrow \begin{pmatrix} 1 & 3 & -2 & 0 \\ 1 & 5 & -2 & 0 \\ -1 & -2 & -1 & -15 \\ 2 & 6 & -3 & 6 \end{pmatrix} \Rightarrow \begin{pmatrix} 1 & 3 & -2 & 0 \\ 0 & 2 & 0 & 0 \\ 0 & 1 & -3 & -15 \\ 0 & 0 & 1 & 6 \end{pmatrix} \Rightarrow$$

$$\Rightarrow \begin{pmatrix} 1 & 3 & -2 & 0 \\ 0 & 1 & 0 & 0 \\ 0 & 1 & -3 & -15 \\ 0 & 0 & 1 & 6 \end{pmatrix} \Rightarrow \begin{pmatrix} 1 & 3 & -2 & 0 \\ 0 & 1 & 0 & 0 \\ 0 & 0 & -3 & -15 \\ 0 & 0 & 1 & 6 \end{pmatrix} \Rightarrow \begin{pmatrix} 1 & 3 & -2 & 0 \\ 0 & 1 & 0 & 0 \\ 0 & 0 & 1 & 5 \\ 0 & 0 & 1 & 6 \end{pmatrix} \Rightarrow$$

$$\Rightarrow \begin{pmatrix} 1 & 3 & -2 & 0 \\ 0 & 1 & 0 & 0 \\ 0 & 0 & 1 & 5 \\ 0 & 0 & 0 & 1 \end{pmatrix}$$

로 된다. 따라서, LU-분해는

$$\begin{pmatrix} -1 & -3 & 2 & 0 \\ 1 & 5 & -2 & 0 \\ -1 & -2 & -1 & -15 \\ 2 & 6 & -3 & 6 \end{pmatrix} = \begin{pmatrix} -1 & 0 & 0 & 0 \\ 1 & 2 & 0 & 0 \\ -1 & 1 & -3 & 0 \\ 2 & 0 & 1 & 1 \end{pmatrix} \begin{pmatrix} 1 & 3 & -2 & 0 \\ 0 & 1 & 0 & 0 \\ 0 & 0 & 1 & 5 \\ 0 & 0 & 0 & 1 \end{pmatrix}$$

★16-4 Hermite, skew-Hermite, unitary 행렬

$\overline{\boldsymbol{A}}^T = \boldsymbol{A}$	Hermite	$\boldsymbol{A}^T = \boldsymbol{A}$	대칭
$\overline{\boldsymbol{A}}^T = -\boldsymbol{A}$	skew-Hermite	$\boldsymbol{A}^T = -\boldsymbol{A}$	의대칭
$\overline{\boldsymbol{A}}^T = \boldsymbol{A}^{-1}$	unitary	$\boldsymbol{A}^T = \boldsymbol{A}^{-1}$	직교

【1】 임의의 정사각행렬은 Hermite 행렬과 skew-Hermite 행렬의 합으로 되는 것을 보여라.

☞ $\boldsymbol{A} = \boldsymbol{S} + \boldsymbol{K} = \frac{1}{2}(\boldsymbol{A} + \overline{\boldsymbol{A}}^T) + \frac{1}{2}(\boldsymbol{A} - \overline{\boldsymbol{A}}^T)$

로 쓸 수 있고,

$$\boldsymbol{S} = \frac{1}{2}(\boldsymbol{A} + \overline{\boldsymbol{A}}^T) \quad \Rightarrow \quad \overline{\boldsymbol{S}} = \frac{1}{2}(\overline{\boldsymbol{A}} + \boldsymbol{A}^T) \quad \Rightarrow \quad \overline{\boldsymbol{S}}^T = \frac{1}{2}(\overline{\boldsymbol{A}}^T + \boldsymbol{A}) = \boldsymbol{S}$$

이므로 $\boldsymbol{S}$는 Hermite행렬이다. 또한,

$$\boldsymbol{K} = \frac{1}{2}(\boldsymbol{A} - \overline{\boldsymbol{A}}^T) \quad \Rightarrow \quad \overline{\boldsymbol{K}} = \frac{1}{2}(\overline{\boldsymbol{A}} - \boldsymbol{A}^T) \quad \Rightarrow \quad \overline{\boldsymbol{K}}^T = \frac{1}{2}(\overline{\boldsymbol{A}}^T - \boldsymbol{A}) = -\boldsymbol{K}$$

이므로 $\boldsymbol{K}$는 skew-Hermite행렬이다.

【2】 unitary 행렬의 역은 unitary 행렬임을 보여라.

☞ 행렬 $\boldsymbol{A}$가 unitary행렬이면 $\overline{\boldsymbol{A}}^T = \boldsymbol{A}^{-1}$이다. 여기서, $\boldsymbol{B} = \boldsymbol{A}^{-1}$이라고 두면

$$\overline{\boldsymbol{B}}^T = (\overline{\boldsymbol{A}^{-1}})^T = (\overline{\boldsymbol{A}}^T)^{-1} = (\boldsymbol{A}^{-1})^{-1} = \boldsymbol{B}^{-1}$$

이므로 $\boldsymbol{B} = \boldsymbol{A}^{-1}$도 unitary행렬이다.

【3】 두 unitary 행렬의 곱은 unitary 행렬임을 보여라.

☞ 행렬 $\boldsymbol{A}$, $\boldsymbol{B}$가 unitary행렬이면 $\overline{\boldsymbol{A}}^T = \boldsymbol{A}^{-1}$, $\overline{\boldsymbol{B}}^T = \boldsymbol{B}^{-1}$이다. 여기서, $\boldsymbol{C} = \boldsymbol{A}\boldsymbol{B}$이라고 두면

$$\overline{\boldsymbol{C}}^T = (\overline{\boldsymbol{A}}\,\overline{\boldsymbol{B}})^T = \overline{\boldsymbol{B}}^T\,\overline{\boldsymbol{A}}^T = \boldsymbol{B}^{-1}\boldsymbol{A}^{-1} = (\boldsymbol{A}\boldsymbol{B})^{-1} = \boldsymbol{C}^{-1}$$

이므로 $\boldsymbol{C} = \boldsymbol{A}\boldsymbol{B}$도 unitary행렬이다.

【4】 $\boldsymbol{A}\overline{\boldsymbol{A}}^T = \overline{\boldsymbol{A}}^T\boldsymbol{A}$를 만족하는 행렬을 정규행렬이라고 한다. Hermite, skew-Hermite, unitary 행렬은 정규행렬임을 보여라.

☞ 행렬 $\boldsymbol{A}$가 Hermite행렬이면 $\overline{\boldsymbol{A}}^T = \boldsymbol{A}$이므로

$$\boldsymbol{A}\overline{\boldsymbol{A}}^T = \boldsymbol{A}\boldsymbol{A} = \overline{\boldsymbol{A}}^T\boldsymbol{A}$$

행렬 $\boldsymbol{B}$가 skew-Hermite행렬이면 $\overline{\boldsymbol{B}}^T = -\boldsymbol{B}$이므로

$$\boldsymbol{B}\overline{\boldsymbol{B}}^T = \boldsymbol{B}(-\boldsymbol{B}) = (-\boldsymbol{B})\boldsymbol{B} = \overline{\boldsymbol{B}}^T\boldsymbol{B}$$

행렬 $\boldsymbol{C}$가 unitary행렬이면 $\overline{\boldsymbol{C}}^T = \boldsymbol{C}^{-1}$이므로

$$\boldsymbol{C}\overline{\boldsymbol{C}}^T = \boldsymbol{C}\boldsymbol{C}^{-1} = \boldsymbol{I} = \boldsymbol{C}^{-1}\boldsymbol{C} = \overline{\boldsymbol{C}}^T\boldsymbol{C}$$

즉, Hermite, skew-Hermite, unitary행렬은 모두 정규행렬이다.

제 17 장 고계 및 연립미분방정식

17-1 제차선형미분방정식

※다음의 【1】-【6】까지의 미분방정식을 풀어라.

【1】 $y''' - 3y'' + 4y' - 2y = 0$

☞ $\lambda^3 - 3\lambda^2 + 4\lambda - 2 = (\lambda - 1)(\lambda^2 - 2\lambda + 2) = (\lambda - 1)[(\lambda - 1)^2 + 1] = 0$

을 풀면 $\lambda = 1$, $\lambda = 1 \pm i$를 얻는다. 따라서, 일반해는

$$y = c_1 e^x + e^x(c_2 \cos x + c_3 \sin x)$$

【2】 $y^{(4)} + 3y'' - 4y = 0$

☞ $\lambda^4 + 3\lambda^2 - 4 = (\lambda^2 + 4)(\lambda^2 - 1) = 0$을 풀어 $\lambda = \pm 2i$, $\lambda = 1, -1$. 따라서,

$$y = c_1 e^x + c_2 e^{-x} + c_3 \cos 2x + c_4 \sin 2x$$

【3】 $y^{(4)} - y = 0$

☞ $\lambda^4 - 1 = (\lambda^2 - 1)(\lambda^2 + 1) = 0$을 풀어 $\lambda = 1, -1$, $\lambda = \pm i$이므로

$$y = c_1 e^x + c_2 e^{-x} + c_3 \cos x + c_4 \sin x$$

【4】 $x^3 y''' + x^2 y'' - 4xy' = 0$

☞ $\lambda(\lambda - 1)(\lambda - 2) + \lambda(\lambda - 1) - 4\lambda = (\lambda^3 - 3\lambda^2 + 2\lambda) + (\lambda^2 - \lambda) - 4\lambda$

$$= \lambda^3 - 2\lambda^2 - 3\lambda = \lambda(\lambda - 3)(\lambda + 1) = 0$$

으로부터 일반해는

$$y = c_1 + c_2 x^3 + c_3 \frac{1}{x}$$

【5】 $x^3 y''' - 3x^2 y'' + 6xy' - 6y = 0$

☞ $\lambda(\lambda - 1)(\lambda - 2) - 3\lambda(\lambda - 1) + 6\lambda - 6 = (\lambda^3 - 3\lambda^2 + 2\lambda) - 3(\lambda^2 - \lambda) + 6\lambda - 6$

$$= \lambda^3 - 6\lambda^2 + 11\lambda - 6 = (\lambda-1)(\lambda-2)(\lambda-3) = 0$$

을 풀어서

$$y = c_1 x + c_2 x^2 + c_3 x^3$$

【6】 $xy''' + 3y'' = 0$을 다시 쓰면 $x^3 y''' + 3x^2 y'' = 0$으로 오일러방정식이다.

☞ $\lambda(\lambda-1)(\lambda-2) + 3\lambda(\lambda-1) = \lambda(\lambda-1)(\lambda+1) = 0$을 풀어

$$y = c_1 + c_2 x + c_3 \frac{1}{x}$$

★【7】 식(20)을 증명하라.

☞ $y''' + a_1 y'' + a_2 y' + a_3 y = 0$에서 한 해를 y_1 이라고 할 때, $y = uy_1$ 으로 두면

$$y' = u'y_1 + uy_1'$$
$$y'' = u''y_1 + 2u'y_1' + uy_1''$$
$$y''' = u'''y_1 + 3u''y_1' + 3u'y_1'' + uy_1'''$$

으로 되고 대입하고

$$(u'''y_1 + 3u''y_1' + 3u'y_1'' + uy_1''') + a_1(u''y_1 + 2u'y_1' + uy_1'') + a_2(u'y_1 + uy_1') + a_3 y = 0$$

항을 모으면

$$u'''y_1 + u''(3y_1' + a_1 y_1) + u'(3y_1'' + 2a_1 y_1' + a_2 y_1) + u(y_1''' + a_1 y_1'' + a_2 y_1' + a_3 y_1) = 0$$

으로 되고 좌변의 마지막 항은 y_1 이 해이므로 0이 된다. 따라서, $v = u'$으로 두면

$$v''y_1 + v'(3y_1' + a_1 y_1) + v(3y_1'' + 2a_1 y_1' + a_2 y_1) = 0$$

이 되고 양변을 y_1 으로 나누면

$$v'' + \left(a_1 + 3\frac{y_1'}{y_1}\right)v' + \left(a_2 + 2a_1\frac{y_1'}{y_1} + 3\frac{y_1''}{y_1}\right)v = 0$$

17-2 비제차선형미분방정식

【1】 $y''' + y'' - y' - y = 3x + e^{-x}$ 를 미정계수법으로 풀어라.

☞ 먼저, 제차해는 $\lambda^3+\lambda^2-\lambda-1=(\lambda^2-1)(\lambda+1)=(\lambda+1)^2(\lambda-1)=0$을 풀어

$$y_h = e^{-x}(c_1+c_2x)+c_3e^x$$

가 되고, 비제차항에서 e^{-x}는 제차해에 이미 2중근으로 포함되어 있으므로 x^2을 곱하여

$$y_p=(Ax+B)+Cx^2e^{-x}$$

로 특수해를 가정한다. 미분하면

$$y_p'=A+C(-x^2+2x)e^{-x}$$
$$y_p''=C(x^2-2x-2x+2)e^{-x}=C(x^2-4x+2)e^{-x}$$
$$y_p'''=C(-x^2+4x-2+2x-4)e^{-x}=C(-x^2+6x-6)e^{-x}$$

가 되고, 미분방정식에 대입하고 정리하면

$$-Ax-A-B-4Ce^{-x}=3x+e^{-x}$$

이므로

$$A=-3,\ B=3,\ C=-\frac{1}{4}$$

을 얻어

$$y=e^{-x}(c_1+c_2x)+c_3e^x-3x+3-\frac{1}{4}x^2e^{-x}$$

【2】 $y'''+3y''-y'-3y=x^2+1$을 미정계수법으로 풀어라.

☞ 제차해는 $\lambda^3+3\lambda^2-\lambda-3=(\lambda^2-1)(\lambda+3)=(\lambda+1)(\lambda-1)(\lambda+3)=0$을 풀어

$$y_h=c_1e^x+c_2e^{-x}+c_3e^{-3x}$$

가 되고, 비제차항은 x^2+1이므로

$$y_p=Ax^2+Bx+C$$

로 특수해를 가정한다. 미분하고 대입하면

$$3(2A)-(2Ax+B)-3(Ax^2+Bx+C)=x^2+1$$

즉,

$$-3Ax^2+(-3B-2A)x+(6A-B-3C)=x^2+1$$

의 양변을 계수비교하여

$\frac{1}{3}$, $B=\frac{2}{9}$, $C=-\frac{29}{27}$

을 얻는다. 따라서, 해는

$$y=c_1e^x+c_2e^{-x}+c_3e^{-3x}+\frac{1}{27}(-9x^2+6x-29)$$

17-3 연립미분방정식의 기본개념

※다음의 연립미분방정식을 소거법으로 풀어라.

【1】 $\begin{cases} x'=x+y \\ y'=x-y \end{cases}$

☞ $\begin{cases} Dx=x+y \\ Dy=x-y \end{cases} \rightarrow \begin{cases} (D-1)x-y=0 \\ x-(D+1)y=0 \end{cases}$

의 첫 번째 식으로부터 $y=(D-1)x$ 를 얻고 이것을 두 번째 식에 대입하면

$$x-(D+1)(D-1)x=0 \rightarrow (D^2-2)x=0$$

즉,

$$x''-2x=0$$

을 풀게 된다. 윗식의 해는 $x=Ae^{\sqrt{2}t}+Be^{-\sqrt{2}t}$ 이므로 $y=(D-1)x$ 로부터

$$x=Ae^{\sqrt{2}t}+Be^{-\sqrt{2}t}$$
$$y=(\sqrt{2}-1)Ae^{\sqrt{2}t}-(\sqrt{2}+1)Be^{-\sqrt{2}t}$$

단, A, B 는 임의의 상수

【2】 $\begin{cases} x'=x+2y \\ y'=-3x+6y \end{cases}$

☞ 첫 번째 식에서 $(D-1)x=2y \rightarrow y=\frac{1}{2}(D-1)x$ 를 얻고 두 번째 식에 대입하면

$$\frac{1}{2}(D^2-D)x=-3x+6\frac{1}{2}(D-1)x \rightarrow \frac{1}{2}(x''-x')=-3x+3(x'-x)$$

로 되어 정리하면

$$x''-7x'+12x=0$$

이다. 따라서, $\lambda^2-7\lambda+12=(\lambda-3)(\lambda-4)=0$을 풀어

$$x = Ae^{3t} + Be^{4t}$$
$$y = \frac{1}{2}(D-1)x = \frac{1}{2}(3Ae^{3t} + 4Be^{4t} - Ae^{3t} - Be^{4t}) = Ae^{3t} + \frac{3}{2}Be^{4t}$$

[3] $\begin{cases} x'' = y+1 \\ y'' = x+t \end{cases}$

☞ 주어진 미분방정식은

$$\begin{cases} D^2x - y = 1 \\ -x + D^2y = t \end{cases}$$

로 쓸 수 있고, 윗식을 풀면 처음 식에서 $y = x'' - 1$이므로 x에 관한 해를 얻으면 된다. 따라서,

$$x = \frac{\begin{vmatrix} 1 & -1 \\ t & D^2 \end{vmatrix}}{\begin{vmatrix} D^2 & -1 \\ -1 & D^2 \end{vmatrix}} = \frac{D^2 1 + t}{D^4 - 1} = \frac{t}{D^4 - 1} \quad \rightarrow \quad x^{(IV)} - x = t$$

로 정리되고, 윗식을 풀어

$$x = Ae^{t} + Be^{-t} + C\cos t + D\sin t - t$$

이고 $y = x'' - 1$에 대입하여

$$x = Ae^{t} + Be^{-t} + C\cos t + D\sin t - t$$
$$y = Ae^{t} + Be^{-t} - C\cos t - D\sin t - 1$$

단, A, B, C, D는 임의의 상수

★ **[4]** $\begin{cases} x' = -2x + 4y + 6 \\ y' = -x + 3y + 3t \end{cases}$

☞ 주어진 연립미분방정식은

$$\begin{cases} (D+2)x - 4y = 6 \\ x + (D-3)y = 3t \end{cases}$$

의 형태로 된다. 두 번째 식에서 $x = 3t - y' + 3y$로 주어지므로 y를 먼저 구하는 것이 편리하다. 따라서,

$$y = \frac{\begin{vmatrix} D+2 & 6 \\ 1 & 3t \end{vmatrix}}{\begin{vmatrix} D+2 & -4 \\ 1 & D-3 \end{vmatrix}} = \frac{(D+2)(3t) - 6}{(D+2)(D-3) + 4} = \frac{6t - 3}{D^2 - D - 2}$$

즉,

$$y'' - y' - 2y = 6t - 3$$

을 얻는다. 윗식을 미정계수법으로 풀면

$$y = Ae^{2t} + Be^{-t} - 3t + 3$$

이 되고, $x = 3t - y' + 3y$ 에 대입하면

$$x = Ae^{2t} + 4Be^{-t} - 6t + 12$$

즉,

$$\begin{cases} x = Ae^{2t} + 4Be^{-t} - 6t + 12 \\ y = Ae^{2t} + Be^{-t} - 3t + 3 \end{cases}$$

단, A, B 는 임의의 상수

17-4 1계 연립미분방정식의 해법

표 17.1 간단한 선형 연립미분방정식의 일반해

연립미분방정식: $\begin{pmatrix} x' \\ y' \end{pmatrix} = \begin{pmatrix} a & c \\ b & d \end{pmatrix} \begin{pmatrix} x \\ y \end{pmatrix}$

분리된 형태: $\begin{cases} x'' - (a+d)x' + (ad-bc)x = 0 \\ y'' - (a+d)y' + (ad-bc)y = 0 \end{cases}$

특성방정식: $D(\lambda) = \lambda^2 - (a+d)\lambda + (ad-bc) = 0$

① 두 실근, $\lambda = \lambda_1, \lambda_2$ $\quad x = c_1 e^{\lambda_1 t} + c_2 e^{\lambda_2 t}$

② 중근, $\lambda = p$ $\quad x = e^{pt}(c_1 + c_2 t)$

③ 복소근, $\lambda = p \pm iq$ $\quad x = e^{pt}(c_1 \cos qt + c_2 \sin qt)$

$c \neq 0$이면 위의 모든 경우에 대해 $y = \dfrac{1}{c}(x' - ax)$

* 만일 $c = 0$, $b \neq 0$이면 y를 먼저 구하고 $x = \dfrac{1}{b}(y' - dy)$를 쓴다.

※다음의 연립미분방정식을 풀어라.

[1] $\begin{cases} x' = x + 2y \\ y' = -x + 4y \end{cases}$ $\qquad \begin{pmatrix} x' \\ y' \end{pmatrix} = \begin{pmatrix} 1 & 2 \\ -1 & 4 \end{pmatrix} \begin{pmatrix} x \\ y \end{pmatrix}$

☞ 행렬을 이용하여 분리하면 특성방정식 $\lambda^2 - 5\lambda + 6 = (\lambda - 2)(\lambda - 3) = 0$을 얻고,

$$x'' - 5x' + 6x = 0, \quad y'' - 5y' + 6y = 0$$

으로 된다. 따라서,

$$y = Ae^{2t} + Be^{3t}$$

가 되고, 이것을 두 번째 식에 대입하면 $x = 4y - y'$이므로

$$x = 2Ae^{2t} + Be^{3t}$$

를 얻는다. 즉,

$$\begin{cases} x = 2Ae^{2t} + Be^{3t} \\ y = Ae^{2t} + Be^{3t} \end{cases}$$

☑ 반드시 y를 먼저 구해야 하는 것은 아니다. 만일, x를 먼저

$$x = \alpha e^{2t} + \beta e^{3t}$$

로 구하면, 첫 번째 식에서 $y = \frac{1}{2}(x' - x)$이므로

$$y = \frac{\alpha}{2} e^{2t} + \beta e^{3t}$$

로 된다. 이 결과는 $A = \frac{1}{2}\alpha$, $B = \beta$로 두면 앞에서 푼 것과 동일한 것이다.

[2] $\begin{cases} x' = x + y \\ y' = -x + 3y \end{cases}$ $\quad \begin{pmatrix} x' \\ y' \end{pmatrix} = \begin{pmatrix} 1 & 1 \\ -1 & 3 \end{pmatrix}\begin{pmatrix} x \\ y \end{pmatrix}$

☞ 행렬을 이용하여 분리하면 특성방정식 $\lambda^2 - 4\lambda + 4 = (\lambda - 2)^2 = 0$을 얻고,

$$x'' - 4x' + 4x = 0, \quad y'' - 4y' + 4y = 0$$

으로 된다. 따라서,

$$y = e^{2t}(A + Bt)$$

가 되고, 이것을 두 번째 식에 대입하면 $x = 3y - y'$이므로

$$x = e^{2t}(A - B + Bt)$$

를 얻는다. 즉,

$$\begin{cases} x = e^{2t}(A - B + Bt) \\ y = e^{2t}(A + Bt) \end{cases}$$

[3] $\begin{cases} x' = 2x - 5y \\ y' = x + 4y \end{cases}$ $\quad \begin{pmatrix} x' \\ y' \end{pmatrix} = \begin{pmatrix} 2 & -5 \\ 1 & 4 \end{pmatrix}\begin{pmatrix} x \\ y \end{pmatrix}$

☞ 행렬을 이용하여 분리하면 특성방정식 $\lambda^2 - 6\lambda + 13 = (\lambda - 3)^2 + 4 = 0$을 얻고,

$$x'' - 6x' + 13x = 0, \quad y'' - 6y' + 13y = 0$$

으로 된다. 따라서,

$$y = e^{3t}(A\cos 2t + B\sin 2t)$$

가 되고, 이것을 두 번째 식에 대입하면 $x = y' - 4y$ 이므로

$$x = e^{3t}[(-A+2B)\cos 2t + (-2A-B)\sin 2t]$$

를 얻는다. 즉,

$$\begin{cases} x = e^{3t}[(-A+2B)\cos 2t + (-2A-B)\sin 2t] \\ y = e^{3t}(A\cos 2t + B\sin 2t) \end{cases}$$

※다음의 연립미분방정식을 대각화법으로 풀어라.

【4】 $\begin{cases} x' = 3x + 3y + 8 \\ y' = x + 5y + 4e^{3t} \end{cases}$

☞ 주어진 연립미분방정식을 행렬을 이용하여

$$\begin{pmatrix} x' \\ y' \end{pmatrix} = \begin{pmatrix} 3 & 3 \\ 1 & 5 \end{pmatrix}\begin{pmatrix} x \\ y \end{pmatrix} + \begin{pmatrix} 8 \\ 4e^{3t} \end{pmatrix}$$

으로 정리하면 특성방정식이

$$\lambda^2 - 8\lambda + 12 = (\lambda - 2)(\lambda - 6) = 0$$

이므로 $\lambda_1 = 2$, $\lambda_2 = 6$이고 대응하는 고유벡터는

$$(3-2)x + 3y = 0 \;\rightarrow\; x + 3y = 0$$
$$(3-6)x + 3y = 0 \;\rightarrow\; -3x + 3y = 0$$

으로부터

$$\boldsymbol{x}_1 = \begin{pmatrix} 3 \\ -1 \end{pmatrix}, \quad \boldsymbol{x}_2 = \begin{pmatrix} 1 \\ 1 \end{pmatrix}$$

이다. 따라서, 행렬의 대각화를 위한 행렬

$$\boldsymbol{D} = \begin{pmatrix} 2 & 0 \\ 0 & 6 \end{pmatrix}, \quad \boldsymbol{X} = \begin{pmatrix} 3 & 1 \\ -1 & 1 \end{pmatrix}, \quad \boldsymbol{X}^{-1} = \frac{1}{4}\begin{pmatrix} 1 & -1 \\ 1 & 3 \end{pmatrix}$$

을 얻는다. 원래의 미분방정식은 $\boldsymbol{y} = \boldsymbol{X}\boldsymbol{z}$ 의 치환에 의해

$$\boldsymbol{z}' = \boldsymbol{D}\boldsymbol{z} + \boldsymbol{X}^{-1}\boldsymbol{h} \;\rightarrow\; \begin{pmatrix} z_1' \\ z_2' \end{pmatrix} = \begin{pmatrix} 2 & 0 \\ 0 & 6 \end{pmatrix}\begin{pmatrix} z_1 \\ z_2 \end{pmatrix} + \frac{1}{4}\begin{pmatrix} 1 & -1 \\ 1 & 3 \end{pmatrix}\begin{pmatrix} 8 \\ 4e^{3t} \end{pmatrix}$$

인 비연립방정식으로 변환된다. 이것을 각각 미정계수법으로 풀어

$$\begin{cases} z_1{}' = 2z_1 + 2 - e^{3t} \\ z_2{}' = 6z_2 + 2 + 3e^{3t} \end{cases} \Rightarrow \begin{cases} z_1 = Ae^{2t} - 1 - e^{3t} \\ z_2 = Be^{6t} - \dfrac{1}{3} - e^{3t} \end{cases}$$

을 구하고 다시 $\boldsymbol{y} = \boldsymbol{X}\boldsymbol{z}$에 대입하면

$$\begin{pmatrix} x \\ y \end{pmatrix} = \begin{pmatrix} 3 & 1 \\ -1 & 1 \end{pmatrix} \begin{pmatrix} Ae^{2t} - 1 - e^{3t} \\ Be^{6t} - \dfrac{1}{3} - e^{3t} \end{pmatrix}$$

$$= Ae^{2t}\begin{pmatrix} 3 \\ -1 \end{pmatrix} + Be^{6t}\begin{pmatrix} 1 \\ 1 \end{pmatrix} + \begin{pmatrix} -\dfrac{10}{3} - 4e^{3t} \\ \dfrac{2}{3} \end{pmatrix}$$

로 해가 주어진다.

☑ 대각화법을 이용한 풀이방법이 어렵게 느껴진다면 다음을 생각해본다.

① 고유벡터란 무엇인가?

$\boldsymbol{A}\boldsymbol{x} = \lambda \boldsymbol{x}$ (단, $\boldsymbol{x}$는 고유벡터, $\boldsymbol{A}$는 주어진 행렬)

② 고유벡터로 이루어진 행렬 $\boldsymbol{X} = (\boldsymbol{x}_1, \boldsymbol{x}_2, \cdots, \boldsymbol{x}_n)$는 어떤 의미를 가지느가?

$\boldsymbol{A}\boldsymbol{X} = \boldsymbol{D}\boldsymbol{X}$ (단, 대각행렬 $\boldsymbol{D} = (\lambda_1, \lambda_2, \cdots, \lambda_n)$를 나타낸다).

③ 연립미분방정식이란 무엇인가? 미지수를 $\boldsymbol{y} = \begin{pmatrix} x \\ y \end{pmatrix}$로 둔다면 표현방법은?

$\boldsymbol{y}' = \boldsymbol{A}\boldsymbol{y} + \boldsymbol{h}$ (단, $\boldsymbol{h}$는 비제차 항을 의미)

④ $\boldsymbol{A}\boldsymbol{X} = \boldsymbol{D}\boldsymbol{X}$, 즉 $\boldsymbol{X}^{-1}\boldsymbol{A}\boldsymbol{X} = \boldsymbol{D}$를 활용하려면 어떠한 변환이 필요한가?

위의 미분방정식에 $\boldsymbol{X}^{-1}$을 곱하면

$$\boldsymbol{X}^{-1}\boldsymbol{y}' = \boldsymbol{X}^{-1}\boldsymbol{A}\boldsymbol{y} + \boldsymbol{X}^{-1}\boldsymbol{h} \Rightarrow \boldsymbol{X}^{-1}\boldsymbol{y}' = \boldsymbol{D}\boldsymbol{X}^{-1}\boldsymbol{y} + \boldsymbol{X}^{-1}\boldsymbol{h}$$

가 되므로 $\boldsymbol{z} = \boldsymbol{X}^{-1}\boldsymbol{y}$로 치환하면, 즉 $\boldsymbol{y} = \boldsymbol{X}\boldsymbol{z}$로 두면

$$\boldsymbol{z}' = \boldsymbol{D}\boldsymbol{z} + \boldsymbol{X}^{-1}\boldsymbol{h}$$

인 decoupled 미분방정식을 얻게 된다.

[5] $\begin{cases} x' = 2x + y + t \\ y' = x + 2y + t^2 \end{cases}$

☞ 주어진 연립미분방정식을 행렬을 이용하여

$$\begin{pmatrix} x' \\ y' \end{pmatrix} = \begin{pmatrix} 2 & 1 \\ 1 & 2 \end{pmatrix}\begin{pmatrix} x \\ y \end{pmatrix} + \begin{pmatrix} t \\ t^2 \end{pmatrix}$$

으로 정리하면 특성방정식이

$$\lambda^2 - 4\lambda + 3 = (\lambda - 1)(\lambda - 3) = 0$$

이므로 $\lambda_1 = 1$, $\lambda_2 = 3$이고 대응하는 고유벡터는

$$(2-1)x + y = 0 \;\rightarrow\; x + y = 0$$
$$(2-3)x + y = 0 \;\rightarrow\; -x + y = 0$$

으로부터

$$\boldsymbol{x}_1 = \begin{pmatrix} 1 \\ -1 \end{pmatrix}, \quad \boldsymbol{x}_2 = \begin{pmatrix} 1 \\ 1 \end{pmatrix}$$

이다. 따라서, 행렬의 대각화를 위한 행렬

$$\boldsymbol{D} = \begin{pmatrix} 1 & 0 \\ 0 & 3 \end{pmatrix}, \quad \boldsymbol{X} = \begin{pmatrix} 1 & 1 \\ -1 & 1 \end{pmatrix}, \quad \boldsymbol{X}^{-1} = \frac{1}{2}\begin{pmatrix} 1 & -1 \\ 1 & 1 \end{pmatrix}$$

을 얻는다. 원래의 미분방정식은 $\boldsymbol{y} = \boldsymbol{X}\boldsymbol{z}$의 치환에 의해

$$\boldsymbol{z}' = \boldsymbol{D}\boldsymbol{z} + \boldsymbol{X}^{-1}\boldsymbol{h} \;\rightarrow\; \begin{pmatrix} z_1' \\ z_2' \end{pmatrix} = \begin{pmatrix} 1 & 0 \\ 0 & 3 \end{pmatrix}\begin{pmatrix} z_1 \\ z_2 \end{pmatrix} + \frac{1}{2}\begin{pmatrix} 1 & -1 \\ 1 & 1 \end{pmatrix}\begin{pmatrix} t \\ t^2 \end{pmatrix}$$

인 비연립방정식으로 변환된다. 이것을 각각 미정계수법으로 풀어

$$\begin{cases} z_1' = z_1 + \dfrac{1}{2}(t - t^2) \\[2ex] z_2' = 3z_2 + \dfrac{1}{2}(t + t^2) \end{cases} \;\Rightarrow\; \begin{cases} z_1 = Ae^t + \dfrac{1}{2}(t^2 + t + 1) \\[2ex] z_2 = Be^{3t} + \dfrac{1}{54}(-9t^2 - 15t - 5) \end{cases}$$

을 구하고 다시 $\boldsymbol{y} = \boldsymbol{X}\boldsymbol{z}$에 대입하면

$$\begin{pmatrix} x \\ y \end{pmatrix} = \begin{pmatrix} 1 & 1 \\ -1 & 1 \end{pmatrix}\begin{pmatrix} Ae^t + \dfrac{1}{2}(t^2 + t + 1) \\ Be^{3t} + \dfrac{1}{54}(-9t^2 - 15t - 5) \end{pmatrix}$$
$$= Ae^t\begin{pmatrix} 1 \\ -1 \end{pmatrix} + Be^{3t}\begin{pmatrix} 1 \\ 1 \end{pmatrix} + \frac{1}{54}\begin{pmatrix} 18t^2 + 12t + 22 \\ -36t^2 - 42t - 32 \end{pmatrix}$$

로 해가 주어진다.

제 18 장　다변수함수의 미적분

18-1　편도함수와 사슬법칙

【1】　$x = r\cos\theta$, $y = r\sin\theta$ 인 관계가 주어져 있을 때, 다음의 편도함수를 r, θ 의 함수로 나타내어라.

(a) $\left.\dfrac{\partial x}{\partial r}\right)_\theta = \dfrac{\partial}{\partial r}(r\cos\theta)_\theta = \cos\theta$

(b) $\left.\dfrac{\partial y}{\partial r}\right)_\theta = \dfrac{\partial}{\partial r}(r\sin\theta)_\theta = \sin\theta$

(c) $\left.\dfrac{\partial x}{\partial \theta}\right)_r = \dfrac{\partial}{\partial \theta}(r\cos\theta)_r = -r\sin\theta$

(d) $\left.\dfrac{\partial y}{\partial \theta}\right)_r = \dfrac{\partial}{\partial \theta}(r\sin\theta)_r = r\cos\theta$

(e) $\left.\dfrac{\partial r}{\partial x}\right)_y = \dfrac{\partial}{\partial x}(\sqrt{x^2+y^2})_y = \dfrac{2x}{2\sqrt{x^2+y^2}} = \dfrac{x}{r} = \cos\theta$

(f) $\left.\dfrac{\partial \theta}{\partial x}\right)_y = \dfrac{\partial}{\partial x}\left(\tan^{-1}\dfrac{y}{x}\right)_y = \dfrac{1}{1+\left(\dfrac{y}{x}\right)^2}\left(-\dfrac{y}{x^2}\right) = -\dfrac{y}{x^2+y^2} = -\dfrac{\sin\theta}{r}$

(g) $\left.\dfrac{\partial r}{\partial y}\right)_x = \dfrac{\partial}{\partial y}(\sqrt{x^2+y^2})_x = \dfrac{2y}{2\sqrt{x^2+y^2}} = \dfrac{y}{r} = \sin\theta$

(h) $\left.\dfrac{\partial \theta}{\partial y}\right)_x = \dfrac{\partial}{\partial y}\left(\tan^{-1}\dfrac{y}{x}\right)_x = \dfrac{1}{1+\left(\dfrac{y}{x}\right)^2}\left(\dfrac{1}{x}\right) = \dfrac{x}{x^2+y^2} = \dfrac{\cos\theta}{r}$

위에서, $r = \sqrt{x^2+y^2}$, $\theta = \tan^{-1}\dfrac{y}{x}$ 와 같이 명백히 역함수를 구하기 어려울 경우에는 미소증분의 정의로부터 구한다. 즉,

$$dx = \cos\theta dr - r\sin\theta d\theta, \quad dy = \sin\theta dr + r\cos\theta d\theta$$

를 dr, $d\theta$ 에 대해 풀면

$$dr = \cos\theta dx + \sin\theta dy$$

$$d\theta = -\frac{\sin\theta}{r}dx + \frac{\cos\theta}{r}dy$$

가 된다. 여기서, $\left.\frac{\partial\theta}{\partial x}\right)_y$ 은 y를 고정하고 즉 $dy=0$인 상태로 x에 관하여 미분하는 것이므로 $d\theta=-\frac{\sin\theta}{r}dx$가 된다. 따라서, $\left.\frac{\partial\theta}{\partial x}\right)_y=-\frac{\sin\theta}{r}$ 등을 얻는다.

【2】 압력 P, 비체적 v, 온도 T가 $f(P,v,T)=0$인 관계를 만족한다고 하면 다음이 성립하는 것을 보여라.

> (예제 3) $f(x,y,z)=0$, $z=z(x,y)$로 x, y를 독립변수로 택할 때,
> $\frac{\partial z}{\partial x}=-\frac{\partial f/\partial x}{\partial f/\partial z}=-\frac{f_x}{f_z}$ 이다.

위의 결과를 이용하면 아래의 (a), (b), (c)는 자명하다.

(a) $\left.\frac{\partial v}{\partial T}\right)_P=-\frac{f_T}{f_v}$

(b) $\left.\frac{\partial P}{\partial v}\right)_T=-\frac{f_v}{f_P}$

(c) $\left.\frac{\partial T}{\partial P}\right)_v=-\frac{f_P}{f_T}$

(d) $\left.\frac{\partial T}{\partial P}\right)_v\left.\frac{\partial P}{\partial v}\right)_T\left.\frac{\partial v}{\partial T}\right)_P=-1$은 (예제 4)의 결과를 그대로 사용한다.

18-2 일반 곡선좌표계와 Jacobian, 기울기, 발산 및 회전

【1】 편구면(偏球面) (u,v,θ)좌표계는

$$x=\cosh u\sin v\cos\theta,\quad y=\cosh u\sin v\sin\theta,\quad z=\sinh u\cos v$$

단, $0\le u<\infty$, $0\le v\le\pi$, $0\le\theta<2\pi$로 정의되는 좌표계이다.

(a) $u=$ 상수, $v=$ 상수는 각각 타원면과 쌍곡면을 나타내는 것을 보여라.

☞ $\frac{x}{\cosh u}=\sin v\cos\theta$, $\frac{y}{\cosh u}=\sin v\sin\theta$, $\frac{z}{\sinh u}=\cos v$

이므로

$$\left(\frac{x}{\cosh u}\right)^2+\left(\frac{y}{\cosh u}\right)^2+\left(\frac{z}{\sinh u}\right)^2=\sin^2 v\cos^2\theta+\sin^2 v\sin^2\theta+\cos^2 v=1$$

또한,

$$\frac{x}{\sin v}=\cosh u\cos\theta,\quad \frac{y}{\sin v}=\cosh u\sin\theta,\quad \frac{z}{\cos v}=\sinh u$$

이므로

$$\left(\frac{x}{\sin v}\right)^2+\left(\frac{y}{\sin v}\right)^2-\left(\frac{z}{\cos v}\right)^2=\cosh^2 u\cos^2\theta+\cosh^2 v\sin^2\theta-\sinh^2 u=1$$

이 된다. 만일, $u=$ 상수이면 $a=\cosh u$, $b=\sinh u$ 는 상수이므로

$$\left(\frac{x}{a}\right)^2+\left(\frac{y}{a}\right)^2+\left(\frac{z}{b}\right)^2=1$$

인 타원면으로 된다. 또한, $v=$ 상수이면 $B=\cos v$, $A=\sin v$ 도 상수가 되어

$$\left(\frac{x}{A}\right)^2+\left(\frac{y}{A}\right)^2-\left(\frac{z}{B}\right)^2=1$$

인 쌍곡면으로 된다.

(b) $\dfrac{\partial \boldsymbol{r}}{\partial u}$, $\dfrac{\partial \boldsymbol{r}}{\partial v}$, $\dfrac{\partial \boldsymbol{r}}{\partial \theta}$ 는 서로 직교하는 것을 보여라.

☞ 먼저, 접선벡터를 구해보면

$$\frac{\partial \boldsymbol{r}}{\partial u}=\frac{\partial}{\partial u}(\boldsymbol{i}x+\boldsymbol{j}y+\boldsymbol{k}z)=\boldsymbol{i}\frac{\partial x}{\partial u}+\boldsymbol{j}\frac{\partial y}{\partial u}+\boldsymbol{k}\frac{\partial z}{\partial u}$$

$$=\boldsymbol{i}(\sinh u\sin v\cos\theta)+\boldsymbol{j}(\sinh u\sin v\sin\theta)+\boldsymbol{k}(\cosh u\cos v)$$

$$\frac{\partial \boldsymbol{r}}{\partial v}=\frac{\partial}{\partial v}(\boldsymbol{i}x+\boldsymbol{j}y+\boldsymbol{k}z)=\boldsymbol{i}\frac{\partial x}{\partial v}+\boldsymbol{j}\frac{\partial y}{\partial v}+\boldsymbol{k}\frac{\partial z}{\partial v}$$

$$=\boldsymbol{i}(\cosh u\cos v\cos\theta)+\boldsymbol{j}(\cosh u\cos v\sin\theta)+\boldsymbol{k}(-\sinh u\sin v)$$

$$\frac{\partial \boldsymbol{r}}{\partial \theta}=\frac{\partial}{\partial \theta}(\boldsymbol{i}x+\boldsymbol{j}y+\boldsymbol{k}z)=\boldsymbol{i}\frac{\partial x}{\partial \theta}+\boldsymbol{j}\frac{\partial y}{\partial \theta}+\boldsymbol{k}\frac{\partial z}{\partial \theta}$$

$$=\boldsymbol{i}(-\cosh u\sin v\sin\theta)+\boldsymbol{j}(\cosh u\sin v\cos\theta)$$

가 된다. 위에서, 두 개씩 택하여 내적을 취하면

$$\frac{\partial \boldsymbol{r}}{\partial u}\cdot\frac{\partial \boldsymbol{r}}{\partial v}=(\sinh u\sin v)(\cosh u\cos v)\cos^2\theta$$
$$+(\sinh u\sin v)(\cosh u\cos v)\sin^2\theta+(\cosh u\cos v)(-\sinh u\sin v)=0$$

$$\frac{\partial \boldsymbol{r}}{\partial u}\cdot\frac{\partial \boldsymbol{r}}{\partial \theta}=(\sinh u\sin v\cos\theta)(-\cosh u\sin v\sin\theta)$$
$$+(\sinh u\sin v\sin\theta)(\cosh u\sin v\cos\theta)=0$$

$$\frac{\partial \boldsymbol{r}}{\partial v}\cdot\frac{\partial \boldsymbol{r}}{\partial \theta}=(\cosh u\cos v\cos\theta)(-\cosh u\sin v\sin\theta)$$
$$+(\cosh u\cos v\sin\theta)(\cosh u\sin v\cos\theta)=0$$

으로 모두 직교한다.

(c) 척도요소 h_1, h_2, h_3 와 Jacobian J를 구하라.

$$h_1^2=\left(\frac{\partial x}{\partial u}\right)^2+\left(\frac{\partial y}{\partial u}\right)^2+\left(\frac{\partial z}{\partial u}\right)^2$$
$$=(\sinh u\sin v\cos\theta)^2+(\sinh u\sin v\sin\theta)^2+(\cosh u\cos v)^2$$
$$=(\sinh u\sin v)^2(\cos^2\theta+\sin^2\theta)+(\cosh u\cos v)^2$$
$$=(\sinh u\sin v)^2+(\cosh u\cos v)^2$$
$$=(\cosh^2 u-1)\sin^2 v+\cosh^2 u\cos^2 v$$
$$=\cosh^2 u-\sin^2 v$$

$$h_2^2=\left(\frac{\partial x}{\partial v}\right)^2+\left(\frac{\partial y}{\partial v}\right)^2+\left(\frac{\partial z}{\partial v}\right)^2$$
$$=(\cosh u\cos v\cos\theta)^2+(\cosh u\cos v\sin\theta)^2+(-\sinh u\sin v)^2$$
$$=\cosh^2 u\cos^2 v+\sinh^2 u\sin^2 v$$
$$=\cosh^2 u\cos^2 v+(\cosh^2 u-1)\sin^2 v$$
$$=\cosh^2 u-\sin^2 v$$

$$h_3^3=\left(\frac{\partial x}{\partial \theta}\right)^2+\left(\frac{\partial y}{\partial \theta}\right)^2+\left(\frac{\partial z}{\partial \theta}\right)^2$$
$$=(-\cosh u\sin v\sin\theta)^2+(\cosh u\sin v\cos\theta)^2$$
$$=\cosh^2 u\sin^2 v$$

로부터

$$h_1=h_2=\sqrt{\cosh^2 u-\sin^2 v},\quad h_3=\cosh u\sin v,\quad J=(\cosh^2 u-\sin^2 v)\cosh u\sin v$$

【2】 구면좌표계에서 다음을 보여라.

$$\begin{pmatrix}\frac{\partial}{\partial x}\\ \frac{\partial}{\partial y}\\ \frac{\partial}{\partial z}\end{pmatrix}=\begin{pmatrix}\sin\theta\cos\varphi & \cos\theta\cos\varphi & -\sin\varphi\\ \sin\theta\sin\varphi & \cos\theta\sin\varphi & \cos\varphi\\ \cos\theta & -\sin\theta & 0\end{pmatrix}\begin{pmatrix}\frac{\partial}{\partial r}\\ \frac{1}{r}\frac{\partial}{\partial\theta}\\ \frac{1}{r\sin\theta}\frac{\partial}{\partial\varphi}\end{pmatrix}$$

☞ 구면좌표계는 식(30)에서

$$x=r\sin\theta\cos\varphi,\quad y=r\sin\theta\sin\varphi,\quad z=r\cos\theta$$

로 정의된다. 따라서,

$$\frac{\partial}{\partial r}=\frac{\partial}{\partial x}\frac{\partial x}{\partial r}+\frac{\partial}{\partial y}\frac{\partial y}{\partial r}+\frac{\partial}{\partial z}\frac{\partial z}{\partial r}$$

$$= \frac{\partial}{\partial x}\sin\theta\cos\varphi + \frac{\partial}{\partial y}\sin\theta\sin\varphi + \frac{\partial}{\partial z}\cos\theta$$

$$\frac{\partial}{\partial\theta} = \frac{\partial}{\partial x}\frac{\partial x}{\partial\theta} + \frac{\partial}{\partial y}\frac{\partial y}{\partial\theta} + \frac{\partial}{\partial z}\frac{\partial z}{\partial\theta}$$

$$= \frac{\partial}{\partial x} r\cos\theta\cos\varphi + \frac{\partial}{\partial y} r\cos\theta\sin\varphi - \frac{\partial}{\partial z} r\sin\theta$$

$$\frac{\partial}{\partial\varphi} = \frac{\partial}{\partial x}\frac{\partial x}{\partial\varphi} + \frac{\partial}{\partial y}\frac{\partial y}{\partial\varphi} + \frac{\partial}{\partial z}\frac{\partial z}{\partial\varphi}$$

$$= -\frac{\partial}{\partial x} r\sin\theta\sin\varphi + \frac{\partial}{\partial y} r\sin\theta\cos\varphi$$

윗식을 행렬을 이용하여 나타내면

$$\begin{pmatrix} \frac{\partial}{\partial r} \\ \frac{\partial}{\partial\theta} \\ \frac{\partial}{\partial\varphi} \end{pmatrix} = \begin{pmatrix} \sin\theta\cos\varphi & \sin\theta\sin\varphi & \cos\theta \\ r\cos\theta\cos\varphi & r\cos\theta\sin\varphi & -r\sin\theta \\ -r\sin\theta\sin\varphi & r\sin\theta\cos\varphi & 0 \end{pmatrix} \begin{pmatrix} \frac{\partial}{\partial x} \\ \frac{\partial}{\partial y} \\ \frac{\partial}{\partial z} \end{pmatrix}$$

으로 된다. 위에서, 역행렬을 구하면 $\frac{\partial}{\partial\theta}$와 $\frac{\partial}{\partial\varphi}$가 모두 길이 차원을 가지도록 각 행에 1, $\frac{1}{r}$, $\frac{1}{r\sin\theta}$를 곱하여 정리하면

$$\begin{pmatrix} \frac{\partial}{\partial r} \\ \frac{1}{r}\frac{\partial}{\partial\theta} \\ \frac{1}{r\sin\theta}\frac{\partial}{\partial\varphi} \end{pmatrix} = \begin{pmatrix} \sin\theta\cos\varphi & \sin\theta\sin\varphi & \cos\theta \\ \cos\theta\cos\varphi & \cos\theta\sin\varphi & -\sin\theta \\ -\sin\varphi & \cos\varphi & 0 \end{pmatrix} \begin{pmatrix} \frac{\partial}{\partial x} \\ \frac{\partial}{\partial y} \\ \frac{\partial}{\partial z} \end{pmatrix}$$

으로 된다. 위의 역행렬을 구하기 위하여 보다 간단히

$$s = \sin\theta,\ c = \cos\theta,\ \bar{s} = \sin\varphi,\ \bar{c} = \cos\varphi,\quad s^2 + c^2 = \bar{s}^2 + \bar{c}^2 = 1$$

로 나타내면 행렬은

$$\begin{pmatrix} s\bar{c} & s\bar{s} & c \\ c\bar{c} & c\bar{s} & -s \\ -\bar{s} & \bar{c} & 0 \end{pmatrix}$$

으로 주어지고, 행렬식은

$$s^2\bar{s}^2 + c^2\bar{c}^2 + c^2\bar{s}^2 + s^2\bar{c}^2 = c^2(\bar{c}^2 + \bar{s}^2) + s^2(\bar{c}^2 + \bar{s}^2) = 1$$

이 된다. 따라서, 역행렬은 주어진 행렬이 직교행렬이므로 전치와 같다(직교행렬이란 각 행이 서로 직교하고 모두 크기 1인 벡터로 이루어진 것이다. 16-3절을 참조).

$$\begin{pmatrix} s\bar{c} & s\bar{s} & c \\ c\bar{c} & c\bar{s} & -s \\ -\bar{s} & \bar{c} & 0 \end{pmatrix}^{-1} = \begin{pmatrix} s\bar{c} & c\bar{c} & -\bar{s} \\ s\bar{s} & c\bar{s} & \bar{c} \\ c & -s & 0 \end{pmatrix}$$

따라서, 역행렬을 이용하면

$$\begin{pmatrix} \frac{\partial}{\partial x} \\ \frac{\partial}{\partial y} \\ \frac{\partial}{\partial z} \end{pmatrix} = \begin{pmatrix} \sin\theta\cos\varphi & \cos\theta\cos\varphi & -\sin\varphi \\ \sin\theta\sin\varphi & \cos\theta\sin\varphi & \cos\varphi \\ \cos\theta & -\sin\theta & 0 \end{pmatrix} \begin{pmatrix} \frac{\partial}{\partial r} \\ \frac{1}{r}\frac{\partial}{\partial\theta} \\ \frac{1}{r\sin\theta}\frac{\partial}{\partial\varphi} \end{pmatrix}$$

☑ 다른 방법으로는 여인자를 이용하여 역행렬을 구한다.

【3】 (열역학) $J = \dfrac{\partial(P, v)}{\partial(T, s)} = 1$이 만족될 때, 다음의 Maxwell 관계식을 보여라.

(a) $\left.\dfrac{\partial T}{\partial v}\right)_s = \dfrac{\partial(T, s)}{\partial(v, s)} = \dfrac{\partial(T, s)}{\partial(P, v)}\dfrac{\partial(P, v)}{\partial(v, s)} = \dfrac{\partial(P, v)}{\partial(v, s)} = (-1)\dfrac{\partial(P, v)}{\partial(s, v)} = -\left.\dfrac{\partial P}{\partial s}\right)_v$

(b) $\left.\dfrac{\partial T}{\partial P}\right)_s = \dfrac{\partial(T, s)}{\partial(P, s)} = \dfrac{\partial(T, s)}{\partial(P, v)}\dfrac{\partial(P, v)}{\partial(P, s)} = \dfrac{\partial(P, v)}{\partial(P, s)} = \left.\dfrac{\partial v}{\partial s}\right)_P$

(c) $\left.\dfrac{\partial v}{\partial T}\right)_P = \dfrac{\partial(v, P)}{\partial(T, P)} = \dfrac{\partial(v, P)}{\partial(T, s)}\dfrac{\partial(T, s)}{\partial(T, P)} = -\dfrac{\partial(T, s)}{\partial(T, P)} = -\left.\dfrac{\partial s}{\partial P}\right)_T$

(d) $\left.\dfrac{\partial P}{\partial T}\right)_v = \dfrac{\partial(P, v)}{\partial(T, v)} = \dfrac{\partial(P, v)}{\partial(T, s)}\dfrac{\partial(T, s)}{\partial(T, v)} = \dfrac{\partial(T, s)}{\partial(T, v)} = \left.\dfrac{\partial s}{\partial v}\right)_T$

18-3 극대, 극소와 Lagrangian multiplier

【1】 함수 $x^2 + y^2 - \frac{1}{2}y^4$ 의 정류점을 모두 구하고 극대, 극소 또는 안장점인가를 판단하라.

☞ 정류점은 $\dfrac{\partial f}{\partial x} = \dfrac{\partial f}{\partial y} = 0$이 되는 점을 말한다. 따라서,

$$f_x = 2x, \quad f_y = 2y - 2y^3$$

이므로

$$2x = 2(y - y^3) = 0 \;\rightarrow\; x = 0,\; y = 0,\; \pm 1$$

즉,

$$(x, y) = (0, 0),\ (0, 1),\ (0, -1)$$

이 정류점으로 된다. 이때,

$$f_{xx}=2,\ f_{xy}=0,\ f_{yy}=2(1-3y^2)$$

이 된다. 극대, 극소의 판정을 위해

$$f_{xx}f_{yy}-f_{xy}^2=4(1-3y^2)$$

을 각각 구하면

① $y=0 \ \rightarrow \ f_{xx}f_{yy}-f_{xy}^2=2$

② $y=1 \ \rightarrow \ f_{xx}f_{yy}-f_{xy}^2=-1$

③ $y=-1 \ \rightarrow \ f_{xx}f_{yy}-f_{xy}^2=-1$

이다. 그런데, $f_{xx}>0$이므로

① 점 $(0,0)$은 극소점이고
② 점 $(0,1)$은 안장점
③ 점 $(0,-1)$은 안장점

이다(아래를 참조한다).

(곡면의 극대, 극소 및 안장점)

곡면 $z=f(x,y)$ 위에서 $f_x=f_y=0$인 정류점 (x_0, y_0)는

① 극대점: $f_{xx}f_{yy}-f_{xy}^2>0,\ f_{xx}<0$

② 극소점: $f_{xx}f_{yy}-f_{xy}^2>0,\ f_{xx}>0$

③ 안장점: $f_{xx}f_{yy}-f_{xy}^2<0$

④ $f_{xx}f_{yy}-f_{xy}^2=0$이면 거동을 판단하기 위한 정보가 더 필요하다.

【2】 길이가 ℓ인 실(string)로 직사각형을 만들어 면적이 최대가 되려면 한 변의 길이가 $\ell/4$인 정사각형이어야 하는 것을 보여라.

☞ 직사각형의 두 변을 각각 x, y라고 두면 구속조건은 전체길이가 ℓ이 되는 것이고 면적 xy를 최대로 하는 x, y를 찾는 것이다. 즉, $2x+2y=\ell$이면서 xy가 최대로 되는 경우를 찾는다. 따라서, 라그랑주의 승수법을 쓰기 위하여

$$\phi=xy+\lambda(2x+2y-\ell)$$

로 두고

$$\phi_x=y+\lambda(2)=0$$

$$\phi_y = x + \lambda(2) = 0$$

를 풀면

$$x = y = -2\lambda$$

가 되고 조건 $2x + 2y - \ell = 0$에 대입하면 $\lambda = -\frac{\ell}{8}$이 된다. 즉,

$$x = y = -2\lambda = \frac{\ell}{4}$$

인 정사각형을 얻는다.

【3】 길이가 ℓ인 실(string)로 반지름 R, 각도 θ인 부채꼴을 만들었을 때 면적이 최대로 되는 각도를 구하라.

☞ 구속조건 $2R + R\theta = \ell$를 만족시키면서 $S = \frac{1}{2}R^2\theta$를 최대로 하려면

$$\phi = \frac{1}{2}R^2\theta + \lambda(2R + R\theta - \ell)$$

로 두고

$$\phi_R = R\theta + \lambda(2 + \theta) = 0$$

$$\phi_\theta = \frac{1}{2}R^2 + \lambda(R) = 0$$

이 된다. 두 번째 식을 풀면 $R = -2\lambda$가 되고 첫 번째 식에 대입하여

$$\theta = 2$$

를 얻는다. 이때의 반지름은 $R = \frac{\ell}{4}$가 된다.

☑ 반드시 λ값을 알아야만 하는 것은 아니다. λ는 최종목표를 이루기 위한 보조개념일 뿐이다.

★【4】 단위원 $x^2 + y^2 = 1$ 위의 점에서 직선 $y = 3x + 4$에 가장 가까운 길이를 구하라.

☞ 단위원 위의 점을 (x, y)로 나타내고 직선 위의 점을 (X, Y)로 나타내면

$$x^2 + y^2 = 1, \quad Y = 3X + 4$$

가 만족된다. 즉, 2개의 구속조건이 주어져 있다. 이때, 두 점 사이의 거리

$$\ell^2 = (X - x)^2 + (Y - y)^2 = (X - x)^2 + (3X + 4 - y)^2$$

을 최소로 하는 문제이다. 즉, 독립변수가 x, y, X로 3개로 주어진다. 따라서,

$$\phi = (X-x)^2 + (3X+4-y)^2 + \lambda(x^2+y^2-1)$$

로 두고

$$\phi_X = 2(X-x) + 6(3X+4-y) = 0 \quad \rightarrow \quad 10X - x - 3y + 12 = 0$$
$$\phi_x = -2(X-x) + \lambda(2x) = 0 \quad \rightarrow \quad X = (\lambda+1)x$$
$$\phi_y = -2(3X+4-y) + \lambda(2y) = 0 \quad \rightarrow \quad 3X + 4 - (\lambda+1)y = 0$$

이 된다. 두 번째 식 $X = (\lambda+1)x$를 마지막 식에 대입하고 정리하면

$$y = 3x + \frac{4}{\lambda+1}$$

이 되고, 첫 번째 식과 같이 풀면

$$10(\lambda+1)x - x - 9x - \frac{12}{\lambda+1} + 12 = 0 \quad \rightarrow \quad x = -\frac{6}{5}\frac{1}{\lambda+1}$$

이 된다. 여기서, 편의상 $\beta = \dfrac{1}{\lambda+1}$로 두면

$$X = \frac{x}{\beta}, \quad y = 3x + 4\beta, \quad x = -\frac{6}{5}\beta$$

즉,

$$X = -\frac{6}{5}, \ x = -\frac{6}{5}\beta, \ y = \frac{2}{5}\beta$$

를 얻을 수 있다. 이것을 구속조건 $x^2+y^2=1$에 대입하면

$$\frac{36+4}{25}\beta^2 = 1 \quad \rightarrow \quad \beta = \frac{\sqrt{10}}{4}$$

이 된다. 따라서,

$$X = -\frac{6}{5}, \ x = -\frac{6}{5}\beta, \ y = \frac{2}{5}\beta$$

즉, 최소거리는 점 $(X, Y) = \left(-\frac{6}{5}, \frac{2}{5}\right)$, $(x, y) = \left(-\frac{3\sqrt{10}}{10}, \frac{\sqrt{10}}{10}\right)$ 사이의 거리이다. 즉,

$$\ell^2 = (X-x)^2 + (Y-y)^2 = \left(\frac{12-3\sqrt{10}}{10}\right)^2 + \left(\frac{4-\sqrt{10}}{10}\right)^2$$
$$= \frac{260-80\sqrt{10}}{100} = \frac{26-2\sqrt{160}}{10} = \frac{(\sqrt{16}-\sqrt{10})^2}{10}$$

정리하면

$$\ell = \frac{4}{\sqrt{10}} - 1$$

로 된다.

☑ 이 문제는 원점에서 직선까지의 최소거리 $L=\dfrac{4}{\sqrt{3^2+1^2}}=\dfrac{4}{\sqrt{10}}$ 에서 반지름 1을 뺀 결과와 같으며, 직관에 의한 해가 가장 쉬운 예제이다.

18-4 다중적분

【1】 $z\geq 0,\ x^2+y^2+z\leq a^2$ 은 포물선을 z축 주위로 회전하여 얻는 영역을 의미한다. 이 영역의 체적을 이중적분을 이용하여 구하라.

☞ z평면 위에 존재하는 체적으로 xy평면상의 미소면적 $dxdy$와 높이 z의 곱이 미소사각기둥의 체적이다. 따라서, 전체체적은

$$V=\int_A z\,dx\,dy$$

(단, A는 $z=0$평면에서 반지름 a인 원의 내부, 즉 영역 $z=0,\ x^2+y^2\leq a^2$)이다. 그런데, $z=a^2-x^2-y^2$ 이므로

$$V=\int_A (a^2-x^2-y^2)\,dx\,dy$$

영역의 형상에 의해 극좌표계 $x=r\cos\theta,\ y=r\sin\theta$로 변환하는 것이 편리하다. 따라서,

$$V=\int_A (a^2-x^2-y^2)\,dx\,dy=\int_0^{2\pi}\int_0^a (a^2-r^2)\,r\,dr\,d\theta=\frac{1}{4}a^4(2\pi)=\frac{1}{2}\pi a^4$$

【2】 $z\geq 0,\ x^2+y^2+z^2\leq a^2$ 으로 표현되는 반구(hemisphere)의 체적을 구하라.

☞ (문제 1)번과 동일한 내용으로 단지 $z=z(x,y)$의 식만 다르다. 따라서,

$$\begin{aligned}V&=\int_A \sqrt{a^2-x^2-y^2}\,dx\,dy\\&=\int_0^{2\pi}\int_0^a \sqrt{a^2-r^2}\,r\,dr\,d\theta\\&=\int_0^{2\pi}\left[-\frac{1}{3}(a^2-r^2)^{\frac{3}{2}}\right]_0^a d\theta=\frac{1}{3}a^3(2\pi)=\frac{2\pi}{3}a^3\end{aligned}$$

【3】 그림 18.4에 주어진 영역 R의 무게중심의 좌표 (x_G, y_G)와 관성능률 I_x, I_y를 구하라. 단, 밀도는 영역 전체에서 균일하다.

☞ 그림 18.4에 주어진 영역은 R은 $y=x^2$, $y=4$, $x=0$으로 둘러싸인 영역을

의미한다.

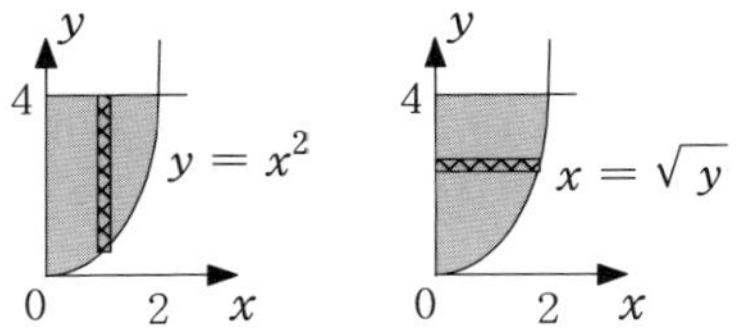

그림 18.4

따라서, 밀도가 균일하므로

$$x_G = \frac{\int\int_R x\,dx\,dy}{\int\int_R dx\,dy}, \quad y_G = \frac{\int\int_R y\,dx\,dy}{\int\int_R dx\,dy}$$

$$I_x = \rho\int\int_R y^2\,dx\,dy, \quad I_y = \rho\int\int_R x^2\,dx\,dy$$

로 무게중심과 관성능률이 결정된다. 이때,

$$\begin{aligned}\int\int_R dx\,dy &= \int_0^2\left[\int_{x^2}^4 dy\right]dx = \int_0^2 [y]_{y=x^2}^{y=4}\,dx \\ &= \int_0^2 (4-x^2)\,dx = \frac{16}{3}\end{aligned}$$

$$\begin{aligned}\int\int_R x\,dx\,dy &= \int_0^2\left[\int_{x^2}^4 x\,dy\right]dx = \int_0^2 [xy]_{y=x^2}^{y=4}\,dx \\ &= \int_0^2 x(4-x^2)\,dx = \left[2x^2 - \frac{1}{4}x^4\right]_0^2 = 4\end{aligned}$$

$$\begin{aligned}\int\int_R y\,dx\,dy &= \int_0^2\left[\int_{x^2}^4 y\,dy\right]dx = \int_0^2 \left[\frac{1}{2}y^2\right]_{y=x^2}^{y=4}\,dx \\ &= \int_0^2 \frac{1}{2}(16-x^4)\,dx = \left[8x - \frac{1}{10}x^5\right]_0^2 = \frac{128}{5}\end{aligned}$$

$$\begin{aligned}\int\int_R x^2\,dx\,dy &= \int_0^2\left[\int_{x^2}^4 x^2\,dy\right]dx = \int_0^2 [x^2 y]_{y=x^2}^{y=4}\,dx \\ &= \int_0^2 x^2(4-x^2)\,dx = \left[\frac{4}{3}x^3 - \frac{1}{5}x^5\right]_0^2 = \frac{64}{15}\end{aligned}$$

$$\begin{aligned}\int\int_R y^2\,dx\,dy &= \int_0^2\left[\int_{x^2}^4 y^2\,dy\right]dx = \int_0^2 \left[\frac{1}{3}y^3\right]_{y=x^2}^{y=4}\,dx \\ &= \int_0^2 \frac{1}{3}(64-x^6)\,dx = \left[\frac{64}{3}x - \frac{1}{21}x^7\right]_0^2 = \frac{256}{7}\end{aligned}$$

로부터

$$x_G = \frac{3}{4}, \quad y_G = \frac{24}{5}, \quad I_x = \frac{256}{7}\rho \quad , \; I_y = \frac{64}{15}\rho$$

【4】 영역 $R: x^2+y^2 \le a^2$ 에 대하여 $\int\int_R (x^2 y - xy^2 + 1)\, dx\, dy$ 를 구하라(참고: 극좌표계를 이용하여 구한다).

☞ $\int\int_R (x^2 y - xy^2 + 1)\, dx\, dy$

$$= \int_0^{2\pi}\int_0^a [(r^2\cos^2\theta)(r\sin\theta) - (r\cos\theta)(r^2\sin^2\theta) + 1]\, r dr d\theta$$

$$= \int_0^{2\pi}\int_0^a [r^4(\cos^2\theta\sin\theta - \cos\theta\sin^2\theta) + r]\, dr d\theta$$

$$= \int_0^{2\pi}\left[\frac{a^5}{5}\sin\theta\cos\theta(\cos\theta - \sin\theta) + \frac{a^2}{2}\right]d\theta$$

가 되고, 여기서

$$\sin\theta\cos\theta(\cos\theta - \sin\theta)$$

$$= \frac{1}{2}\sin 2\theta(\cos\theta - \sin\theta)$$

$$= \frac{1}{2}\frac{1}{2}[\sin(2\theta+\theta) + \sin(2\theta-\theta)] - \frac{1}{2}\frac{1}{2}[\cos(2\theta-\theta) - \cos(2\theta+\theta)]$$

$$= \frac{1}{4}(\sin 3\theta + \sin\theta - \cos\theta - \cos 3\theta)$$

이므로

$$\int_0^{2\pi}\sin\theta\cos\theta(\cos\theta - \sin\theta)\, d\theta = 0$$

이다. 따라서,

$$\int\int_R (x^2 y - xy^2 + 1)\, dx\, dy = \pi a^2$$

18-5 면적분

【1】 원추면 $z = \sqrt{x^2+y^2}$, $0 \le z \le h$ 는 $\boldsymbol{r}(u, v) = \boldsymbol{i}\, u\cos v + \boldsymbol{j}\, u\sin v + \boldsymbol{k}\, u$, $0 \le u \le h$, $0 \le v \le 2\pi$ 인 매개변수로 표현되는 것을 보여라.

☞ 원추면에서 z 가 일정한 경우 $x^2+y^2 = z^2$ 인 원을 나타낸다. 따라서,

$$x = u\cos v,\ y = u\sin v$$

로 쓸 수 있고, 반지름 u 는 $u^2\cos^2 v + u^2\sin^2 v = z^2$ 에서 $z = u$ 로 주어진다. 따라서,

$$x = u\cos v,\ y = u\sin v,\ z = u$$

로 쓸 수 있고, 이것을 벡터 형식으로 쓰면

$$\boldsymbol{r}(u,v) = \boldsymbol{i}x + \boldsymbol{j}y + \boldsymbol{k}z = \boldsymbol{i}u\cos v + \boldsymbol{j}u\sin v + \boldsymbol{k}u, \quad 0 \le u \le h, \quad 0 \le v \le 2\pi$$

【2】 구면 $f(x,y,z) = x^2 + y^2 + z^2 - a^2 = 0$의 단위법선벡터를 구하라.

☞ $\nabla f = \nabla(x^2 + y^2 + z^2 - a^2) = \boldsymbol{i}(2x) + \boldsymbol{j}(2y) + \boldsymbol{k}(2z) = 2\boldsymbol{r}$

이므로 단위법선벡터는

$$\boldsymbol{n} = \frac{\nabla f}{|\nabla f|} = \frac{\boldsymbol{r}}{r} = \boldsymbol{e}_r$$

【3】 원추면 $f(x,y,z) = z - \sqrt{x^2 + y^2} = 0$의 단위법선벡터를 구하라. 또한, 법선을 갖지 못하는 점은 어느 곳인가.

☞ $\nabla f = \nabla(z - \sqrt{x^2 + y^2}) = \boldsymbol{i}\left(-\frac{x}{\sqrt{x^2+y^2}}\right) + \boldsymbol{j}\left(-\frac{y}{\sqrt{x^2+y^2}}\right) + \boldsymbol{k}(1)$

이고,

$$|\nabla f|^2 = \frac{x^2 + y^2 + 1}{x^2 + y^2}$$

이므로 단위법선벡터는

$$\boldsymbol{n} = \boldsymbol{i}\left(-\frac{x}{\sqrt{x^2+y^2+1}}\right) + \boldsymbol{j}\left(-\frac{y}{\sqrt{x^2+y^2+1}}\right) + \boldsymbol{k}\left(\frac{\sqrt{x^2+y^2}}{\sqrt{x^2+y^2+1}}\right)$$

【4】 구면의 매개변수표현을 이용하여 반지름 R인 구의 표면적이 $4\pi R^2$임을 보여라.

☞ 구면좌표계는

$$x = r\sin\theta\cos\varphi, \quad y = r\sin\theta\sin\varphi, \quad z = r\cos\theta \qquad (0 \le \theta \le \pi, \quad 0 \le \varphi < 2\pi)$$

로 정의되므로 반지름 R인 구의 표면은

$$\boldsymbol{r}(\theta, \varphi) = R(\boldsymbol{i}\sin\theta\cos\varphi + \boldsymbol{j}\sin\theta\sin\varphi + \boldsymbol{k}\cos\theta)$$

로 표현된다. 면적분은

$$\int\int_S f(x,y,z)\,dA = \int\int_R f[x(u,v), y(u,v), z(u,v)]\,|\boldsymbol{r}_u \times \boldsymbol{r}_v|\,du\,dv$$

인 공식에서 $f = 1$로 두면 얻어진다. 먼저, 접선벡터를 구하면

$$\boldsymbol{r}_\theta = R(\boldsymbol{i}\cos\theta\cos\varphi + \boldsymbol{j}\cos\theta\sin\varphi - \boldsymbol{k}\sin\theta)$$

$$\boldsymbol{r}_\varphi = R(-\boldsymbol{i}\sin\theta\sin\varphi + \boldsymbol{j}\sin\theta\cos\varphi)$$

이므로

$$\boldsymbol{r}_\theta \times \boldsymbol{r}_\varphi = R^2 \begin{vmatrix} \boldsymbol{i} & \boldsymbol{j} & \boldsymbol{k} \\ \cos\theta\cos\varphi & \cos\theta\sin\varphi & -\sin\theta \\ -\sin\theta\sin\varphi & \sin\theta\cos\varphi & 0 \end{vmatrix}$$

$$= R^2[\,\boldsymbol{i}(\sin^2\theta\cos\varphi) + \boldsymbol{j}(\sin^2\theta\sin\varphi) + \boldsymbol{k}(\cos\theta\sin\theta)]$$

를 얻는다. 따라서,

$$|\boldsymbol{r}_\theta \times \boldsymbol{r}_\varphi|^2 = R^4(\sin^4\theta + \cos^2\theta\sin^2\theta) = R^4\sin^2\theta$$

이므로 표면적은

$$\int\int_S dA = \int\int_R |\boldsymbol{r}_\theta \times \boldsymbol{r}_\varphi|\, d\theta\, d\varphi = R^2\int_0^{2\pi}\int_0^{\pi}\sin\theta\, d\theta\, d\varphi = R^2(2\times 2\pi) = 4\pi R^2$$

【5】 곡면 S를 원점을 중심으로 하고 반지름 1인 구(sphere)에서 $z \geq 0$인 반구면이라고 할 때, 벡터장 $\boldsymbol{F} = \boldsymbol{i}x + \boldsymbol{j}y$에 대한 면적분 $\int\int_S \boldsymbol{F}\cdot d\boldsymbol{A}$를 구하라(단, 법선벡터는 무한점을 향한다고 하자).

☞ 구면 S의 법선벡터는 $S:\ f(x, y, z) = x^2 + y^2 + z^2 - 1 = 0$으로부터

$$\boldsymbol{n} = \frac{\nabla f}{|\nabla f|} = \frac{\boldsymbol{i}2x + \boldsymbol{j}2y + \boldsymbol{k}2z}{|\boldsymbol{i}2x + \boldsymbol{j}2y + \boldsymbol{k}2z|} = \boldsymbol{i}x + \boldsymbol{j}y + \boldsymbol{k}z$$

를 대입하면

$$\int\int_S \boldsymbol{F}\cdot d\boldsymbol{A} = \int\int_S \boldsymbol{F}\cdot\boldsymbol{n}\, dA = \int\int_S (\boldsymbol{i}x + \boldsymbol{j}y)\cdot(\boldsymbol{i}x + \boldsymbol{j}y + \boldsymbol{k}z)\, dA$$

$$= \int\int_S (x^2 + y^2)\, dA$$

여기서, 두 가지 방법을 선택할 수 있다. 첫 번째는 (예제 16)에서와 같이 xy평면으로의 투영

$$dA = \frac{dx\,dy}{\cos\gamma} = \frac{dx\,dy}{\boldsymbol{k}\cdot\boldsymbol{n}} = \frac{dx\,dy}{\boldsymbol{k}\cdot(\boldsymbol{i}x + \boldsymbol{j}y + \boldsymbol{k}z)} = \frac{dx\,dy}{z}$$

를 이용하는 방법이고, 두 번째는 매개변수표현

$$dA = \left|\frac{\partial \boldsymbol{r}}{\partial u}du \times \frac{\partial \boldsymbol{r}}{\partial v}dv\right| = |\boldsymbol{r}_u \times \boldsymbol{r}_v|\, du\, dv$$

를 사용하는 것이다. 첫 번째 방법은 이미 (예제 16)에서 다루어 보았으므로 두 번째 방법을 써보자. 앞의 문제에서 구면좌표계

$$x = r\sin\theta\cos\varphi,\quad y = r\sin\theta\sin\varphi,\quad z = r\cos\theta \qquad (0 \leq \theta \leq \pi,\quad 0 \leq \varphi < 2\pi)$$

에 대해서

$$dA = |\boldsymbol{r}_\theta \times \boldsymbol{r}_\varphi|\, d\theta\, d\varphi = R^2 \sin\theta\, d\theta\, d\varphi$$

이므로

$$\iint_S \boldsymbol{F} \cdot d\boldsymbol{A} = \iint_S (x^2+y^2)\, dA = \int_0^{2\pi}\int_0^{\pi/2} (\sin^2\theta) \sin\theta\, d\theta\, d\varphi$$

로 표현된다. 위에서, 윗쪽 반구면은 $0 \le \theta \le \frac{\pi}{2}$ 로 구간이 주어지고 표면에서 $r=1$을 이용하였다. 적분하면 $\sin 3\theta = 3\sin\theta - 4\sin^3\theta$ 를 이용하여

$$(2\pi)\int_0^{\pi/2} \frac{1}{4}(3\sin\theta - \sin 3\theta)\, d\theta = \frac{4\pi}{3}$$

가 된다.

☑ (예제 16)의 방법으로 풀면

$$\iint_S \boldsymbol{F} \cdot d\boldsymbol{A} = \iint_S (x^2+y^2)\, dA = \iint_A (x^2+y^2)\, \frac{dx\, dy}{z}$$
$$= \iint_A \frac{x^2+y^2}{\sqrt{1-x^2-y^2}}\, dx\, dy$$

로 된다. 위에서, A 는 xy 평면 위에서 반지름 1인 원의 내부를 의미한다. 좌표변환을 하면

$$\iint_A \frac{x^2+y^2}{\sqrt{1-x^2-y^2}}\, dx\, dy = \int_0^1\int_0^{2\pi} \frac{r^2}{\sqrt{1-r^2}}\, r\, dr\, d\theta = 2\pi\int_0^1 \frac{r^3}{\sqrt{1-r^2}}\, dr$$

가 되고, 적분을 위해 $r = \sin\xi$ 로 치환하면

$$2\pi\int_0^1 \frac{r^3}{\sqrt{1-r^2}}\, dr = 2\pi\int_0^{\pi/2} \frac{\sin^3\xi}{\cos\xi}\, \cos\xi\, d\xi = \frac{4\pi}{3}$$

으로 같은 결과를 얻는다.

★ 【6】 얇은 두께로 이루어진 구형판(球形板, spherical shell)위의 점은 $x^2+y^2+z^2 = a^2$ 으로 표현된다. 구형판의 질량이 M일 때, z축에 관한 관성능률 $I_z = \frac{M}{4\pi a^2}\int_S (x^2+y^2)\, dA$ 를 구하면 $I_z = M r_e^2$, $r_e = a\sqrt{\frac{2}{3}}$ 임을 보여라.

☞ 이 문제는 (문제 5)의 결과를 이용한다(반지름이 바뀌는 것만을 고려한다). 즉, 반지름 a 인 반구면 위에서

$$\int_S (x^2+y^2)\, dA = \frac{4\pi}{3} a^4$$

가 되는 것을 이용하면 구면 위에서의 적분은 두 배가 되기 때문에

$$I_z = \frac{M}{4\pi a^2}\int_S (x^2+y^2)\,dA = \frac{M}{4\pi a^2}\frac{4\pi}{3}a^4 \times 2 = M\frac{2a^2}{3}$$

이 된다.

제 19 장 편미분방정식의 해석

19-1 Laplace 변환에 의한 해법

【1】 $\dfrac{\partial u}{\partial x}+2x\dfrac{\partial u}{\partial t}=0$, $u(x,0)=0$, $u(0,t)=t$ (단, $t>0$)를 라플라스변환을 이용하여 풀면 $u(x,t)=(t-x^2)u_s(t-x^2)$이 되는 과정을 보이고 대입하여 확인해보라[단, $u_s(t)$는 단위계단함수를 의미한다].

☞ $\mathcal{L}\left\{\dfrac{\partial u}{\partial x}+2x\dfrac{\partial u}{\partial t}\right\}=0 \Rightarrow \dfrac{\partial U}{\partial x}(x,s)+2x[sU(x,s)-u(x,0)]=0$

$$\mathcal{L}\{u(0,t)\}=t \Rightarrow U(0,s)=\frac{1}{s^2}$$

를 정리하여 미분방정식

$$\frac{\partial U}{\partial x}+2xsU=0$$

을 풀면 $U(x,s)=Ae^{-x^2s}$가 되고 경계조건의 라플라스변환으로부터 계수는 $A=\dfrac{1}{s^2}$이 된다. 따라서, 라플라스 역변환을 하면

$$u(x,t)=\mathcal{L}^{-1}\left\{\frac{1}{s^2}e^{-x^2s}\right\}=(t-x^2)u_s(t-x^2)$$

【2】 $\dfrac{\partial u}{\partial t}=a\dfrac{\partial^2 u}{\partial x^2}$, $u(x,0)=e^{-x}$, $u(0,t)=0$ (단, $t>0$, $x>0$)을 풀어라.

☑ 이 문제는 t에 관하여 1계 미분, x에 관하여 2계 미분을 포함하고 있으므로 t에 관한 조건 1개, x에 대한 조건 2개가 필요하다. 그러나, 문제에서 $x=0$일 때의 조건과 $t=0$일 때의 조건만이 주어져 있다. 이것은 무한영역에 대한 문제이기 때문에 $x\to\infty$에서의 조건이 암시적으로 주어져 있는 것이다. 즉,

$$u(\infty,t)=0$$

이 생략되어 있는 것으로 보아야 한다. 이것은 이미 초기 분포 $u(x,0)=e^{-x}$가 $x=\infty$에서 $u(\infty,0)\to 0$인 사실로부터 추론된 것이다.

☞ $\mathcal{L}\left\{\dfrac{\partial u}{\partial t}\right\}=\mathcal{L}\left\{\alpha\dfrac{\partial^2 u}{\partial x^2}\right\} \Rightarrow sU(x,s)-u(x,0)=\alpha\dfrac{\partial^2 U}{\partial x^2}(x,s)$

에서 초기조건을 대입하고 정리하면

$$\frac{\partial^2 U}{\partial x^2}(x,s)-\frac{s}{\alpha}U(x,s)=-\frac{1}{\alpha}e^{-x}$$

윗식을 풀면

① 제차해는 $U_h=Ae^{x\sqrt{\frac{s}{\alpha}}}+Be^{-x\sqrt{\frac{s}{\alpha}}}$

② 특수해는 $U_p=\dfrac{1}{s-\alpha}e^{-x}$ (미정계수법으로부터 구한다)

를 얻어

$$U(x,s)=Ae^{x\sqrt{\frac{s}{\alpha}}}+Be^{-x\sqrt{\frac{s}{\alpha}}}+\frac{1}{s-\alpha}e^{-x}$$

그런데, 초기조건의 라플라스변환

$$\mathcal{L}\{u(0,t)\}=\mathcal{L}\{0\} \Rightarrow U(0,s)=0$$

과 무한영역이므로 암시적으로 주어진 조건

$$\mathcal{L}\{u(\infty,t)\}=\mathcal{L}\{0\} \Rightarrow U(\infty,s)=0$$

을 이용하면

$$A=0,\ \ B=-\frac{1}{s-\alpha}$$

가 된다. 즉,

$$U(x,s)=\frac{e^{-x}}{s-\alpha}-\frac{1}{s-\alpha}e^{-x\sqrt{\frac{s}{\alpha}}}$$

가 되고, 라플라스 역변환을 하면

$$\begin{aligned}u(x,t)&=e^{\alpha t-x}-\mathcal{L}^{-1}\left\{\frac{1}{s-\alpha}e^{-x\sqrt{\frac{s}{\alpha}}}\right\}\\&=e^{\alpha t-x}-\mathcal{L}^{-1}\left\{\frac{1}{s-\alpha}\right\}*\mathcal{L}^{-1}\left\{e^{-x\sqrt{\frac{s}{\alpha}}}\right\}\\&=e^{\alpha t-x}-\int_0^t e^{\alpha(t-\tau)}\frac{1}{2\sqrt{\pi\alpha\tau}}e^{-\frac{x^2}{4\alpha\tau}}d\tau\end{aligned}$$

이다. 위에서, 라플라스 역변환공식 47번 $\mathcal{L}^{-1}\left\{e^{-x\sqrt{\frac{s}{\alpha}}}\right\}=\dfrac{x}{2\sqrt{\pi\alpha t^3}}e^{-x^2/4\alpha t}$과 합성

곱의 정의를 이용하였다.

★ 【3】 $\dfrac{\partial^2 u}{\partial t^2} = c^2 \dfrac{\partial^2 u}{\partial x^2}$, $u(x,0)=0$, $\dfrac{\partial u}{\partial t}(x,0)=1$, $u(0,t)=t$ (단, $t>0$, $x>0$) 로 주어지는 편미분방정식을 풀어라.

☑ (문제 2)와 마찬가지로 $x \to \infty$에서의 경계조건 $u(\infty,0)=0$이 생략되어 있는 형태이다.

☞ $\mathcal{L}\left\{\dfrac{\partial^2 u}{\partial t^2}\right\} = \mathcal{L}\left\{c^2 \dfrac{\partial^2 u}{\partial x^2}\right\} \Rightarrow s^2 U(x,s) - su(x,0) - \dfrac{\partial u}{\partial t}(x,0) = c^2 \dfrac{\partial^2 U}{\partial x^2}(x,s)$

$$s^2 U - 1 = c^2 \frac{\partial^2 U}{\partial x^2} \quad \rightarrow \quad \frac{\partial^2 U}{\partial x^2} - \frac{s^2}{c^2} U = -\frac{1}{c^2}$$

으로 되고, 이것을 풀면

$$U = Ae^{x\frac{s}{c}} + Be^{-x\frac{s}{c}} + \frac{1}{s^2}$$

으로 된다. 여기서, $x=\infty$에서의 경계조건을 라플라스변환하면 $U(\infty,t)=0$이므로 $A=0$이 된다. 또한, 초기조건 $u(0,t)=t$의 라플라스변환 $U(0,s)=\dfrac{1}{s^2}$ 을 이용하면 $B=\dfrac{1}{s^2}$이다. 따라서,

$$U = \frac{e^{-\frac{xs}{c}}}{s^2} + \frac{1}{s^2}$$

이것을 라플라스 역변환하면

$$u(x,t) = \left(t+\frac{x}{c}\right)u\left(t+\frac{x}{c}\right) + t$$

★ 【4】 $\dfrac{\partial u}{\partial t} = a\dfrac{\partial^2 u}{\partial x^2}$, $u(x,0)=0$, $u(0,t)=f(t)$, $u(\infty,t)=0$의 일반해는 합성곱을 이용하여 $u(x,t) = \displaystyle\int_0^t f(t-\tau)\frac{x}{2\sqrt{\pi a \tau^3}} e^{-x^2/4a\tau} d\tau$가 되는 것을 보여라(참고: 라플라스 역변환공식 47을 이용한다).

☑ 이 결과는 $f(t)=u_0$인 경우를 다룬 (예제 1)의 확장으로 볼 수 있다. 그러나, 실제로는 합성곱을 이용하여 적분하는 것보다 역변환공식을 바로 이용하는 것이 편리한 경우가 많다.

☞ $\mathcal{L}\left\{\dfrac{\partial u}{\partial t}\right\} = \mathcal{L}\left\{a\dfrac{\partial^2 u}{\partial x^2}\right\} \Rightarrow sU(x,s) - u(x,0) = a\dfrac{\partial^2 U}{\partial x^2}(x,s)$

에 초기조건 $u(x,0)=0$을 대입하고 정리하면

$$\frac{\partial^2 U}{\partial x^2}-\frac{s}{\alpha}U=0 \quad \rightarrow \quad U(x,s)=Ae^{x\sqrt{\frac{s}{\alpha}}}+Be^{-x\sqrt{\frac{s}{\alpha}}}$$

으로 풀 수 있다. 여기서,

① $u(\infty,0)=0$인 조건, 즉 $U(\infty,s)=0$으로부터 $A=0$

② $u(0,t)=f(t)$인 조건, 즉 $U(0,s)=F(s)$인 조건으로부터 $B=F(s)$

를 구하면

$$U(x,s)=F(s)e^{-x\sqrt{\frac{s}{\alpha}}}$$

라플라스 역변환공식 47번 , $\mathcal{L}^{-1}\left\{e^{-x\sqrt{\frac{s}{\alpha}}}\right\}=\frac{x}{2\sqrt{\pi\alpha t^3}}e^{-x^2/4\alpha t}$과 합성곱의 정의를 이용하면

$$\begin{aligned} u(x,t) &= \mathcal{L}^{-1}\left\{F(s)e^{-x\sqrt{\frac{s}{\alpha}}}\right\} \\ &= f(t)*\frac{x}{2\sqrt{\pi\alpha t^3}}e^{-x^2/4\alpha t}=\int_0^t f(t-\tau)\frac{x}{2\sqrt{\pi\alpha\tau^3}}e^{-x^2/4\alpha\tau}\,d\tau \end{aligned}$$

19-2 Fourier 변환에 의한 해법

【1】 $K(x,t)=\frac{1}{2\sqrt{\pi\alpha t}}e^{-\frac{x^2}{4\alpha t}}$가 $\frac{\partial u}{\partial t}=\alpha\frac{\partial^2 u}{\partial x^2}$의 해임을 대입하여 확인하라.

☞ 먼저, t에 관한 편미분을 구하면

$$\begin{aligned} \frac{\partial K}{\partial t} &= -\frac{1}{2t}\frac{1}{2\sqrt{\pi\alpha t}}e^{-\frac{x^2}{4\alpha t}}+\frac{1}{2\sqrt{\pi\alpha t}}e^{-\frac{x^2}{4\alpha t}}\frac{x^2}{4\alpha t^2} \\ &= -\frac{1}{2t}K+K\frac{x^2}{4\alpha t^2}=K\left(\frac{x^2}{4\alpha t^2}-\frac{1}{2t}\right) \end{aligned}$$

를 얻는다. x에 관한 편미분

$$\frac{\partial K}{\partial x}=\frac{1}{2\sqrt{\pi\alpha t}}e^{-\frac{x^2}{4\alpha t}}\left(-\frac{x}{2\alpha t}\right)$$

를 한번 더 미분하면

$$\frac{\partial^2 K}{\partial x^2}=\frac{1}{2\sqrt{\pi\alpha t}}e^{-\frac{x^2}{4\alpha t}}\left(-\frac{x}{2\alpha t}\right)^2+\frac{1}{2\sqrt{\pi\alpha t}}e^{-\frac{x^2}{4\alpha t}}\left(-\frac{1}{2\alpha t}\right)$$

$$= K\left(-\frac{x}{2\alpha t}\right)^2 + K\left(-\frac{1}{2\alpha t}\right) = K\left(\frac{x^2}{4\alpha^2 t^2} - \frac{1}{2\alpha t}\right)$$

따라서, $\frac{\partial u}{\partial t} = \alpha \frac{\partial^2 u}{\partial x^2}$가 성립한다.

【2】 (예제 3)의 결과는 $z = \frac{v-x}{2\sqrt{\alpha t}}$로 치환하면

$$u(x, t) = \frac{1}{\sqrt{\pi}} \int_{-\infty}^{\infty} f(x + 2z\sqrt{\alpha t})\, e^{-z^2} dz$$

로 표현되는 것을 보여라.

☞ (예제 3)의 결과를 다시 쓰면

$$u(x, t) = \int_{-\infty}^{\infty} f(v)\, K(x-v, t)\, dv = \int_{-\infty}^{\infty} f(v) \frac{1}{2\sqrt{\pi \alpha t}}\, e^{-\frac{(x-v)^2}{4\alpha t}}\, dv$$

이다. 여기서,

$$z = \frac{v-x}{2\sqrt{\alpha t}}, \quad v = x + 2z\sqrt{\alpha t}, \quad dz = \frac{dv}{2\sqrt{\alpha t}}$$

로 치환하면

$$u(x, t) = \int_{-\infty}^{\infty} f(x + 2z\sqrt{\alpha t}) \frac{1}{2\sqrt{\pi \alpha t}}\, e^{-z^2} (2\sqrt{\alpha t}) dz$$
$$= \frac{1}{\sqrt{\pi}} \int_{-\infty}^{\infty} f(x + 2z\sqrt{\alpha t})\, e^{-z^2} dz$$

【3】 초기 온도분포가 $u(x, 0) = u_0$ $(|x| < 1)$, $u(x, 0) = 0$ $(|x| > 1)$일 때의 열전도방정식의 해를 구하면 $u(x, t) = \frac{u_0}{2}\left[\operatorname{erf}\frac{1-x}{2\sqrt{\alpha t}} + \operatorname{erf}\frac{1+x}{2\sqrt{\alpha t}}\right]$임을 보여라[참고: 기본해 $K(x, t)$를 이용하고 적분변수를 $z = (v-x)/2\sqrt{\alpha t}$로 치환하라].

☞ (예제 3)의 결과와 (문제 2)에서 적분변수를 치환한 결과를 사용한다. 즉, $z = \frac{v-x}{2\sqrt{\alpha t}}$로 치환하면

$$u(x, t) = \int_{-\infty}^{\infty} f(v) \frac{1}{2\sqrt{\pi \alpha t}}\, e^{-\frac{(x-v)^2}{4\alpha t}}\, dv = \frac{1}{\sqrt{\pi}} \int_{-\infty}^{\infty} f(x + 2z\sqrt{\alpha t})\, e^{-z^2} dz$$

가 되고, 초기 온도분포를 대입하면

$$u(x,t)=\frac{1}{\sqrt{\pi}}\int_{-\frac{1+x}{2\sqrt{\alpha t}}}^{\frac{1-x}{2\sqrt{\alpha t}}} u_0 e^{-z^2}\,dz$$

$$=\frac{u_0}{2}\left(\frac{2}{\sqrt{\pi}}\int_{-\frac{1+x}{2\sqrt{\alpha t}}}^{0} e^{-z^2}\,dz+\frac{2}{\sqrt{\pi}}\int_0^{\frac{1-x}{2\sqrt{\alpha t}}} e^{-z^2}\,dz\right)$$

$$=\frac{u_0}{2}\left[\ \mathrm{erf}\frac{1-x}{2\sqrt{\alpha t}}+\mathrm{erf}\frac{1+x}{2\sqrt{\alpha t}}\right]$$

★ **【4】** 반무한영역 $0<x<\infty$에서 한쪽끝 $x=0$은 0℃로 유지되고 초기온도분포가 $f(x)$일 때, 온도분포는

$$u(x,t)=\frac{1}{\sqrt{\pi}}\left[\int_{-x/\tau}^{\infty} f(x+\tau z)\,e^{-z^2}dz-\int_{x/\tau}^{\infty} f(-x+\tau z)\,e^{-z^2}dz\right]$$

임을 보여라. 단, $\tau=2\sqrt{\alpha t}$ 이다(참고: 영역을 $-\infty<x<\infty$로 확장하고 홀함수 $f(-x)=-f(x)$형태의 온도분포를 사용한다).

☞ 영역을 $-\infty<x<\infty$로 확장하고 홀함수 $f(-x)=-f(x)$형태의 온도분포가 주어져 있는 것으로 문제를 바꾸면 $x=0$에서 $f(0)=0$이 만족된다. 따라서, (예제 3)에서 주어진 무한영역에 대한 해

$$u(x,t)=\int_{-\infty}^{\infty} f(v)\,\frac{1}{2\sqrt{\pi\alpha t}}\,e^{-\frac{(x-v)^2}{4\alpha t}}\,dv$$

$$=\int_{-\infty}^{0} f(v)\,\frac{1}{2\sqrt{\pi\alpha t}}\,e^{-\frac{(x-v)^2}{4\alpha t}}\,dv+\int_0^{\infty} f(v)\,\frac{1}{2\sqrt{\pi\alpha t}}\,e^{-\frac{(x-v)^2}{4\alpha t}}\,dv$$

를 이용한다. 여기서,

$$z=\frac{v-x}{\tau},\quad v=x+\tau z,\quad dz=\frac{dv}{\tau},\quad \tau=2\sqrt{\alpha t}$$

로 치환하면 $v=0\rightarrow z=-\frac{x}{\tau}$로 구간이 바뀌므로

$$u(x,t)=\int_{-\infty}^{-x/\tau} f(x+\tau z)\,\frac{1}{\sqrt{\pi}}\,e^{-z^2}\,dz+\int_{-x/\tau}^{\infty} f(x+\tau z)\,\frac{1}{\sqrt{\pi}}\,e^{-z^2}\,dz$$

로 된다. 첫 번째 적분은 $z=-\eta$로 치환하면

$$u(x,t)=\int_{\infty}^{x/\tau} f(x-\tau\eta)\,\frac{1}{\sqrt{\pi}}\,e^{-\eta^2}(-d\eta)+\int_{-x/\tau}^{\infty} f(x+\tau z)\,\frac{1}{\sqrt{\pi}}\,e^{-z^2}\,dz$$

으로 되고, $f(x)$가 홀함수이므로 $f(x-\tau\eta)=-f(-x+\tau\eta)$이므로

$$u(x,t)=\frac{1}{\sqrt{\pi}}\left[-\int_{x/\tau}^{\infty}f(-x+\tau\eta)\,e^{-\eta^2}\,d\eta+\int_{-x/\tau}^{\infty}f(x+\tau z)\,e^{-z^2}\,dz\right]$$
$$=\frac{1}{\sqrt{\pi}}\left[-\int_{x/\tau}^{\infty}f(-x+\tau z)\,e^{-z^2}\,dz+\int_{-x/\tau}^{\infty}f(x+\tau z)\,e^{-z^2}\,dz\right]$$

19-3 Duhamel의 적분공식

Duhamel 적분 $$\phi(\boldsymbol{r},t)=\begin{cases}\dfrac{\partial}{\partial t}\displaystyle\int_0^t f(\tau)\psi(\boldsymbol{r},t-\tau)\,d\tau\\ f(t)\psi(\boldsymbol{r},0)+\displaystyle\int_0^t f(\tau)\frac{\partial\psi}{\partial t}(\boldsymbol{r},t-\tau)\,d\tau\\ f(0)\,\psi(\boldsymbol{r},t)+\displaystyle\int_0^t \psi(\boldsymbol{r},t-\tau)\frac{df(\tau)}{d\tau}\,d\tau\end{cases}$$

【1】 식(39)와 식(40)의 항등관계를 보여라.

☑ 즉, 다음을 보이는 것이다.

$$\phi(\boldsymbol{r},t)=f(t)\psi(\boldsymbol{r},0)+\int_0^t f(\tau)\frac{\partial\psi}{\partial t}(\boldsymbol{r},t-\tau)\,d\tau$$
$$=\frac{\partial}{\partial t}(f*\psi)=\frac{\partial}{\partial t}\int_0^t f(\tau)\psi(\boldsymbol{r},t-\tau)\,d\tau$$

☞ 제0장에서 다룬 라이프니츠의 미분규칙

$$\frac{d}{dx}\int_a^b f(x,v)\,dv=\int_a^b\frac{\partial}{\partial x}f(x,v)\,dv+f(x,b)\frac{\partial b}{\partial x}-f(x,a)\frac{\partial a}{\partial x}$$

를 이용하면

$$\frac{\partial}{\partial t}\int_0^t f(\tau)\psi(\boldsymbol{r},t-\tau)\,d\tau=f(t)\psi(\boldsymbol{r},t-t)-0+\int_0^t\frac{\partial}{\partial t}f(\tau)\psi(\boldsymbol{r},t-\tau)d\tau$$
$$=f(t)\psi(\boldsymbol{r},0)+\int_0^t f(\tau)\frac{\partial\psi}{\partial t}(\boldsymbol{r},t-\tau)\,d\tau$$

【2】 $y'=f(t)$, $y(0)=0$을 풀면 $y=\int_0^t f(\tau)\,d\tau$임은 자명한 사실이다. 이것을 Duhamel 적분의 개념을 이용하여 다시 설명하라. 즉, 단위교란 $f(t)=1$에 대응하는 미분방정식 $y'=1$, $y(0)=0$의 기본해를 구하고 Duhamel 적분을 적용하여 위의 당연한 사실을 확인해보라.

☞ $y' = 1$, $y(0) = 0$의 기본해는 $\phi = t$이다. 따라서, 미분방정식 $y' = f(t)$, $y(0) = 0$의 해는 아래에 다시 정리한 Duhamel 적분을 사용하면(이 경우, 두 번째 식이 편리하다)

$$y(t) = f(t)\cdot 0 + \int_0^t f(\tau)\cdot 1\,d\tau = \int_0^t f(\tau)\,d\tau$$

로 된다.

【3】 (예제 8)을 라플라스변환을 사용하여 풀어 식(46)을 구하라.

☑ 최종적으로는 $Y(s) = \beta\left[(1-e^{-as})\left(\frac{1}{s^2} - \frac{1}{s} + \frac{1}{s+1}\right) - ae^{-as}\left(\frac{1}{s} - \frac{1}{s+1}\right)\right]$의 역변환을 구하게 된다.

☞ 미분방정식 $y' + y = f(t)$, $y(0) = 0$, $f(t) = \begin{cases} \beta t & (t < a) \\ 0 & (t > a) \end{cases}$을 라플라스변환을 이용하여 푼다.

$$sY - y(0) + Y = \int_0^a \beta t e^{-st} dt = \left[(\beta t)\left(-\frac{1}{s}e^{-st}\right) - \beta\left(\frac{1}{s^2}e^{-st}\right)\right]_0^a$$

정리하면

$$(s+1)Y = (\beta a)\left(-\frac{1}{s}e^{-as}\right) - \frac{\beta}{s^2}e^{-as} + \frac{\beta}{s^2}$$

즉,

$$\begin{aligned} Y(s) &= -\frac{\beta a}{s(s+1)}e^{-as} - \frac{\beta}{s^2(s+1)}e^{-as} + \frac{\beta}{s^2(s+1)} \\ &= \beta\left[(1-e^{-as})\left(\frac{1}{s^2} - \frac{1}{s} + \frac{1}{s+1}\right) - ae^{-as}\left(\frac{1}{s} - \frac{1}{s+1}\right)\right] \end{aligned}$$

가 된다. 이것을 역변환하면

$$y(t) = \beta(t-1+e^{-t}) - \beta[(t-a)-1+e^{-t+a}]u(t-a) + \beta a(1-e^{-t+a})u(t-a)$$

가 되고, 구간을 나누어 쓰면 식(46)으로 된다.

【4】 $\eta = \frac{x}{2\sqrt{\alpha(t-\tau)}}$인 치환에 의해 식(44)는

$$u(x,t) = \frac{2}{\sqrt{\pi}}\int_{x/2\sqrt{\alpha t}}^{\infty} f\left(t - \frac{x^2}{4\alpha\eta^2}\right)e^{-\eta^2}d\eta$$

로 변환되는 것을 보여라.

☞ 식(44), 즉 $u(x,t) = \int_0^t f(\tau)\frac{x}{2\sqrt{\pi\alpha(t-\tau)^3}}e^{-\frac{x^2}{4\alpha(t-\tau)}}d\tau$에서 $\eta = \frac{x}{2\sqrt{\alpha(t-\tau)}}$

로 치환하면 $\tau=0$은 $\eta=\dfrac{x}{2\sqrt{\alpha t}}$, $\tau=t$는 $\eta=\infty$으로 치환되고,

$$d\eta=\frac{x}{2\sqrt{\alpha}}\left[-\frac{1}{2}(t-\tau)^{-\frac{3}{2}}(-1)\right]d\tau=\frac{x}{4\sqrt{\alpha(t-\tau)^3}}\,d\tau$$

$$\tau=t-\frac{x^2}{4\alpha\eta^2}$$

이므로

$$u(x,\,t)=\int_{\frac{x}{2\sqrt{\alpha t}}}^{\infty}f\left(t-\frac{x^2}{4\alpha\eta^2}\right)\frac{2}{\sqrt{\pi}}\,e^{-\eta^2}d\eta=\frac{2}{\sqrt{\pi}}\int_{x/2\sqrt{\alpha t}}^{\infty}f\left(t-\frac{x^2}{4\alpha\eta^2}\right)e^{-\eta^2}d\eta$$

(예제 7) $\dfrac{\partial u}{\partial t}=\alpha\dfrac{\partial^2 u}{\partial x^2}$, $u(x,0)=0$, $u(0,t)=f(t)$, $u(\infty,t)=0$인 열전도방정식의 해를 Duhamel 적분을 이용하여 구하라(단, $0\le x<\infty$).

★★ 【5】 위의 결과를 이용하여 (예제 7)에서 $f(t)=u_0\cos(\omega t-\beta)$로 주어질 때의 해는

$$\begin{aligned}\frac{u(x,t)}{u_0}&=\exp\left[-x\left(\frac{\omega}{2\alpha}\right)^{1/2}\right]\cos\left[\omega t-x\left(\frac{\omega}{2\alpha}\right)^{1/2}-\beta\right]\\&\quad-\frac{2}{\sqrt{\pi}}\int_0^{x/2\sqrt{\alpha t}}e^{-\eta^2}\cos\left[\omega\left(t-\frac{x^2}{4\alpha\eta^2}\right)-\beta\right]d\eta\end{aligned}$$

가 되는 것을 보여라.

☞ (대단히 난해한 문제이므로 푸는 과정을 어느 정도 이해하는 것으로 충분하다).

(예제 7)에서 해는

$$u(x,\,t)=\int_0^t f(\tau)\frac{x}{2\sqrt{\pi\alpha(t-\tau)^3}}\,e^{-\frac{x^2}{4\alpha(t-\tau)}}\,d\tau$$

로 주어지고 앞의 문제에서 $\eta=\dfrac{x}{2\sqrt{\alpha(t-\tau)}}$인 치환에 의해

$$u(x,\,t)=\frac{2}{\sqrt{\pi}}\int_{\frac{x}{2\sqrt{\alpha t}}}^{\infty}e^{-\eta^2}f\left(t-\frac{x^2}{4\alpha\eta^2}\right)d\eta$$

로 쓸 수 있다. 따라서, $f(t)=u_0\cos(\omega t-\beta)$를 대입하고 적분구간을 분리하면

$$\begin{aligned}\frac{u(x,\,t)}{u_0}&=\frac{2}{\sqrt{\pi}}\int_0^{\infty}e^{-\eta^2}\cos\left[\omega\left(t-\frac{x^2}{4\alpha\eta^2}\right)-\beta\right]d\eta\\&\quad-\frac{2}{\sqrt{\pi}}\int_0^{\frac{x}{2\sqrt{\alpha t}}}e^{-\eta^2}\cos\left[\omega\left(t-\frac{x^2}{4\alpha\eta^2}\right)-\beta\right]d\eta\end{aligned}$$

이다. 여기서, 앞의 적분

$$\frac{2}{\sqrt{\pi}}\int_0^\infty e^{-\eta^2}\cos\left[\omega\left(t-\frac{x^2}{4\alpha\eta^2}\right)-\beta\right]d\eta$$

는 오일러의 공식을 이용하여

$$\mathrm{Re}\left[\frac{2}{\sqrt{\pi}}\int_0^\infty e^{-\eta^2}e^{i[\omega(t-\frac{x^2}{4\alpha\eta^2})-\beta]}d\eta\right]=\mathrm{Re}\left[\frac{2}{\sqrt{\pi}}\int_0^\infty e^{-\eta^2+i[\omega(t-\frac{x^2}{4\alpha\eta^2})-\beta]}d\eta\right]$$

으로 바꿀 수 있다. 위에서, 지수 부분은 $i=\frac{1}{2}(1+i)^2$을 이용하면

$$\begin{aligned}
&-\eta^2+i\left[\omega\left(t-\frac{x^2}{4\alpha\eta^2}\right)-\beta\right]\\
&=i(\omega t-\beta)-\left(\eta^2+i\frac{\omega x^2}{4\alpha\eta^2}\right)\\
&=i(\omega t-\beta)-\left[\eta^2+(1+i)^2\frac{\omega x^2}{8\alpha\eta^2}\right]\\
&=i(\omega t-\beta)-\left[\eta-\sqrt{\frac{\omega}{8\alpha}}\frac{x}{\eta}(1+i)\right]^2-x\sqrt{\frac{\omega}{2\alpha}}(1+i)\\
&=-x\sqrt{\frac{\omega}{2\alpha}}+i\left(\omega t-x\sqrt{\frac{\omega}{2\alpha}}-\beta\right)-\left[\eta-\sqrt{\frac{\omega}{8\alpha}}\frac{x}{\eta}(1+i)\right]^2
\end{aligned}$$

이므로 적분은

$$\mathrm{Re}\left[e^{-x\sqrt{\frac{\omega}{2\alpha}}+i(\omega t-x\sqrt{\frac{\omega}{2\alpha}}-\beta)}\frac{2}{\sqrt{\pi}}\int_0^\infty e^{-[\eta-\sqrt{\frac{\omega}{8\alpha}}\frac{x}{\eta}(1+i)]^2}d\eta\right]$$

로 되고

$$\frac{2}{\sqrt{\pi}}\int_0^\infty e^{-[\eta-\sqrt{\frac{\omega}{8\alpha}}\frac{x}{\eta}(1+i)]^2}d\eta=1$$

이므로(이것은 난해한 과정이 필요하므로 생략)

$$\mathrm{Re}\left[e^{-x\sqrt{\frac{\omega}{2\alpha}}+i(\omega t-x\sqrt{\frac{\omega}{2\alpha}}-\beta)}\right]=e^{-x\sqrt{\frac{\omega}{2\alpha}}}\cos\left(\omega t-x\sqrt{\frac{\omega}{2\alpha}}-\beta\right)$$

가 된다. 따라서, 주어진 수식이 유도된다.

19-4 Helmholtz의 정리(벡터장의 해법)

【1】 $\int_{-\infty}^{\infty}\delta'(x)f(x)\,dx=-f'(0)$임을 보여라[단, $f'(x)$는 $x=0$에서 연속이다].

부분적분을 하면

☞ $\int_{-\infty}^{\infty} \delta'(x) f(x)\, dx = \delta(x) f(x) \Big|_{-\infty}^{\infty} - \int_{-\infty}^{\infty} \delta(x) f'(x)\, dx = -f'(0)$

【2】 $\delta(kx) = \frac{1}{|k|}\delta(x)$임을 보여라(단, $k \neq 0$).

☞ 임의의 함수 $f(x)$에 대해 $\int_{-\infty}^{\infty} f(x)\,\delta(kx)\, dx$에서 $\xi = kx$로 두면

$$x = \frac{\xi}{k}, \quad dx = \frac{d\xi}{k}$$

로 되고, 적분구간은

① $k > 0$인 경우 $-\infty$에서 ∞까지,

② $k < 0$인 경우 ∞에서 $-\infty$까지

로 되기 때문에 $k < 0$인 경우 구간을 $-\infty$에서 ∞까지로 두면 음의 부호가 붙기 때문에 $dx = -\frac{d\xi}{k} = \frac{d\xi}{|k|}$로 된다. 따라서,

$$\int_{-\infty}^{\infty} f(x)\,\delta(kx)\, dx = \int_{-\infty}^{\infty} f\left(\frac{\xi}{k}\right)\delta(\xi)\,\frac{d\xi}{|k|} = \frac{1}{|k|} f(0)$$

즉,

$$\int_{-\infty}^{\infty} f(x)\,\frac{1}{|k|}\,\delta(kx)\, dx = f(0)$$

이다. 그런데, $\int_{-\infty}^{\infty} f(x)\,\delta(x)\, dx = f(0)$이므로 두 식을 비교하여 $\delta(kx) = \frac{1}{|k|}\delta(x)$

【3】 $x\frac{d}{dx}\delta(x) = -\delta(x)$임을 보여라. ☑ 참고: 부분적분을 수행한다.

☞ $\int_{-\infty}^{\infty} x\frac{d}{dx}\delta(x)\, dx = x\delta(x)\Big|_{-\infty}^{\infty} - \int_{-\infty}^{\infty}\delta(x)\, dx = -1$

이고, 또한

$$\int_{-\infty}^{\infty} -\delta(x)\, dx = -1$$

이므로, 두 식을 비교하면 $x\frac{d}{dx}\delta(x) = -\delta(x)$

【4】 $\int_{\mathbf{R}^3} e^{-r^2}\nabla\cdot\frac{\boldsymbol{e}_r}{r^2}\, dV$를 구하라.

☞ 3차원 디랙델타함수 $\nabla^2\left(-\frac{1}{4\pi r}\right) = \nabla\cdot\frac{\boldsymbol{e}_r}{4\pi r^2} = \delta^3(\boldsymbol{r})$를 이용하면

$$\int_{\mathbb{R}^3} e^{-r^2} 4\pi\delta^3(\boldsymbol{r})\, dV = [4\pi e^{-r^2}]_{r=0} = 4\pi$$

19-5 Green 함수에 의한 해법

【1】 식(90)을 x에 관해 두 번 미분하여 $\frac{d^2}{dx^2} y = h$가 되는 것을 보여라.

☞ 식(90)은 $y(x) = (x-1)\int_0^x \xi h(\xi)\, d\xi + x\int_x^1 (\xi - 1) h(\xi)\, d\xi$로 주어진다. 따라서,

$$\frac{dy}{dx} = \int_0^x \xi h(\xi)\, d\xi + (x-1) x h(x) + \int_x^1 (\xi - 1) h(\xi)\, d\xi - x(x-1) h(x)$$

$$= \int_0^x \xi h(\xi)\, d\xi + \int_x^1 (\xi - 1) h(\xi)\, d\xi$$

$$\frac{d^2 y}{dx^2} = x h(x) - (x-1) h(x) = h(x)$$

【2】 $\mathcal{L} = \frac{d^2}{dx^2}$일 때 미분방정식 $\mathcal{L}y = h$, $y(0) = y'(1) = 0$에 대한 Green 함수는 $G(x|\xi) = \begin{cases} x, & x < \xi \\ \xi, & \xi < x \end{cases}$ 임을 보여라.

☞ 제차방정식 $\mathcal{L}y = 0$, 즉 $y'' = 0$의 해 $y = Ax + B$에서 $u(0) = 0$, $v'(1) = 0$을 만족하는 해는

$u(x) = x$, $v(x) = 1$

이고, 또한

$$c\begin{vmatrix} u & v \\ u' & v' \end{vmatrix} = c\begin{vmatrix} x & 1 \\ 1 & 0 \end{vmatrix} = -c = -\frac{1}{p(x)} = -1$$

로부터 $c = 1$이므로 구하고자 하는 Green 함수는 식(80)을 이용하면

$$G(x|\xi) = \begin{cases} cu(x)v(\xi), & a \le x < \xi \\ cu(\xi)v(x), & \xi < x \le b \end{cases} \quad \rightarrow \quad G(x|\xi) = \begin{cases} x, & x < \xi \\ \xi, & \xi < x \end{cases}$$

19-6 라플라스방정식과 Poisson의 적분공식

【2】 상부반평면(upper half-plane)에서 푸아송적분에 관한 다음의 결과를 보여라.

$$e^{-y}\cos x = \frac{y}{\pi}\int_{-\infty}^{\infty}\frac{\cos t\,dt}{(x-t)^2+y^2},\quad e^{-y}\sin x = \frac{y}{\pi}\int_{-\infty}^{\infty}\frac{\sin t\,dt}{(x-t)^2+y^2}$$

☞ 이러한 실적분을 구할 수 있는 방법은 복소수를 이용하는 것이다. 앞에서 공부한 바와 같이 Jordan의 경로를 따른 다음의 선적분

$$\int_C \frac{y}{\pi}\frac{e^{iz}\,dz}{(z-x)^2+y^2}$$

을 생각하자. Jordan의 보조정리가 만족되는 경우이며, 극점 $z=z_1=x+iy$가 상부반평면, $z=z_1=x-iy$가 하부반평면에 존재한다. 이때, $z=z_1$ 에서의 유수는

$$\frac{y}{\pi}\frac{e^{iz_1}}{z_1-z_2} = \frac{y}{\pi}\frac{e^{i(x+iy)}}{2iy} = \frac{1}{2\pi i}e^{-y}e^{ix}$$

이다. 따라서,

$$\int_C \frac{y}{\pi}\frac{e^{iz}\,dz}{(z-x)^2+y^2} = \int_{-\infty}^{\infty}\frac{y}{\pi}\frac{e^{it}\,dt}{(t-x)^2+y^2}+(\text{Jordan})$$

$$= (2\pi i)\times\frac{1}{2\pi i}e^{-y}e^{ix}$$

로 선적분을 구할 수 있다. 정리하면

$$\int_{-\infty}^{\infty}\frac{y}{\pi}\frac{\cos t+i\sin t\,dt}{(t-x)^2+y^2} = e^{-y}\cos x+ie^{-y}\sin x$$

가 되고, 여기서 양변의 실수부와 허수부를 각각 비교하면 된다.

【3】 상부반평면에서 조화함수이고 $u(x,0)=\begin{cases}1, & x>0\\ 0, & x<0\end{cases}$ 인 경계조건을 만족하는 해를 구하라.

☑ $u(x,y)=\frac{1}{\pi}\int_0^{\infty}\frac{y}{(x-t)^2+y^2}\,dt=\frac{1}{\pi}\left(\frac{\pi}{2}+\tan^{-1}\frac{x}{y}\right)$. 이것을 극좌표계로 표시하면 $u(r,\theta)=1-\frac{\theta}{\pi}$로 된다. 또는 직관적으로 식(102)를 바로 이용하는 방법을 사용한다.

☞ 푸아송의 적분공식을 이용하면

$$
\begin{aligned}
u(x, y) &= \frac{y}{\pi}\int_{-\infty}^{0}\frac{0}{(x-t)^2+y^2}\,dt + \frac{y}{\pi}\int_{0}^{\infty}\frac{1}{(x-t)^2+y^2}\,dt \\
&= \frac{1}{\pi}\int_{0}^{\infty}\frac{\frac{1}{y}}{1+\left(\frac{t-x}{y}\right)^2}\,dt \\
&= \frac{1}{\pi}\left[\tan^{-1}\left(\frac{t-x}{y}\right)\right]_{t=0}^{t=\infty} = \frac{1}{\pi}\left(\frac{\pi}{2}+\tan^{-1}\frac{x}{y}\right) \\
&= \frac{1}{\pi}\left(\frac{\pi}{2}+\frac{\pi}{2}-\tan^{-1}\frac{y}{x}\right) = \frac{1}{\pi}(\pi-\theta) = 1-\frac{\theta}{\pi}
\end{aligned}
$$

로 쓸 수 있다. 위에서, $\frac{\pi}{2}-\tan^{-1}x = \tan^{-1}\frac{1}{x}$ 를 이용하였다.

제 20장 텐서의 기초

20-1 다이아드와 응력텐서

【1】 단위벡터 $\boldsymbol{u}, \boldsymbol{v}$에 대해서 $\mathbf{H}\cdot\boldsymbol{u}=\boldsymbol{v}$, $\mathbf{H}\cdot\boldsymbol{v}=\boldsymbol{u}$가 되는 텐서는

$$\mathbf{H}=\mathbf{I}+\frac{\boldsymbol{uv}+\boldsymbol{vu}-\boldsymbol{uu}-\boldsymbol{vv}}{1-\boldsymbol{u}\cdot\boldsymbol{v}}$$

임을 보여라. 이 텐서는 $\boldsymbol{u}$는 $\boldsymbol{v}$로, $\boldsymbol{v}$는 $\boldsymbol{u}$는 반사하는 텐서(reflector tensor)이다.

☞ 서로 독립인 텐서 $\boldsymbol{uu}$, $\boldsymbol{uv}$, $\boldsymbol{vu}$, $\boldsymbol{vv}$의 선형결합으로 텐서를 표현하면

$$\mathbf{H}=A\boldsymbol{uu}+B\boldsymbol{uv}+C\boldsymbol{vu}+D\boldsymbol{vv}$$

로 두고 계수를 결정한다. 먼저 $\mathbf{H}\cdot\boldsymbol{u}=\boldsymbol{v}$로부터

$$\boldsymbol{v}=A\boldsymbol{u}+B\boldsymbol{u}(\boldsymbol{v}\cdot\boldsymbol{u})+C\boldsymbol{v}+D\boldsymbol{v}(\boldsymbol{v}\cdot\boldsymbol{u})$$

즉

$$0=[A+B(\boldsymbol{v}\cdot\boldsymbol{u})]\boldsymbol{u}+[C+D(\boldsymbol{v}\cdot\boldsymbol{u})-1]\boldsymbol{v}$$

으로 쓸 수 있다(위에서 단위벡터이므로 $\boldsymbol{u}\cdot\boldsymbol{u}=1$을 이용하였다). 이때 두 벡터는 서로 독립이므로 계수는 모두 0이 되어야 하므로

$$A+Bp=0,\ C+Dp=1$$

을 얻는다. 위에서 편의상 $p\equiv\boldsymbol{u}\cdot\boldsymbol{v}$로 두기로 한다. 마찬가지로 $\mathbf{H}\cdot\boldsymbol{v}=\boldsymbol{u}$를 이용하면

$$Ap+B=1,\ Cp+D=0$$

이므로 모두 네 개의 식을 얻는다. 이것을 풀어

$$A=\frac{-p}{1-p^2},\ B=\frac{1}{1-p^2},\ C=\frac{1}{1-p^2},\ D=\frac{-p}{1-p^2}$$

즉

$$\mathbf{H}=\frac{-p(\boldsymbol{uu}+\boldsymbol{vv})+\boldsymbol{uv}+\boldsymbol{vu}}{1-p^2}$$

으로 표현된다. 그런데 마찬가지 방법으로 단위텐서 $\mathbf{I}$에 대해서는

$$\mathbf{I} = \frac{\boldsymbol{uu}+\boldsymbol{vv}-p(\boldsymbol{uv}+\boldsymbol{vu})}{1-p^2}$$

임을 알 수 있으므로 두 식의 차로부터

$$\mathbf{H}-\mathbf{I} = \frac{(\boldsymbol{uu}+\boldsymbol{vv})(-p-1)+(1+p)(\boldsymbol{uv}+\boldsymbol{vu})}{1-p^2}$$

을 얻고 간단히 하면

$$\mathbf{H} = \mathbf{I}+\frac{\boldsymbol{uv}+\boldsymbol{vu}-\boldsymbol{uu}-\boldsymbol{vv}}{1-\boldsymbol{u}\cdot\boldsymbol{v}}$$

【2】 깨끗한 거울의 단위법선벡터를 $\boldsymbol{n}$이라고 할 때, 빛이 들어오는 벡터가 $\boldsymbol{u}$이면 반사되는 벡터는 텐서 $\mathbf{R}$을 이용하여 $\mathbf{R}\cdot\boldsymbol{u}$라고 한다. 이때, 다음을 보여라

(a) $\mathbf{R} = \mathbf{I}-2\boldsymbol{nn}$

(b) $\mathbf{R} = \mathbf{R}^T, \quad \mathbf{R}^2 = \mathbf{I}$

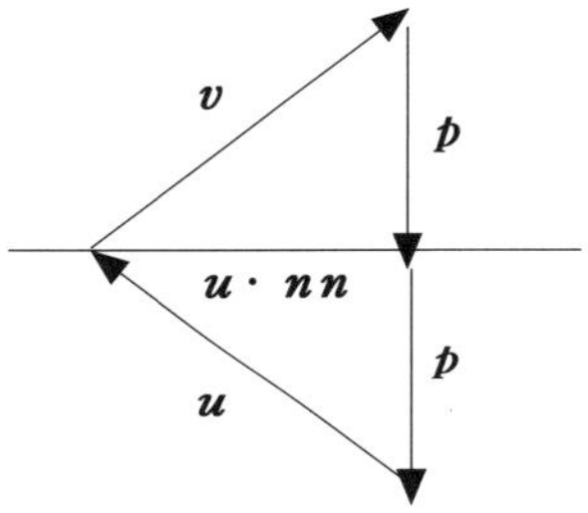

☞ 빛의 방향벡터를 분해하면

$$\boldsymbol{u} = \boldsymbol{u}\cdot\boldsymbol{nn}+\boldsymbol{p}$$

이고 빛이 거울에서 반사된 방향벡터 $\boldsymbol{v}$는

$$\boldsymbol{v} = -\boldsymbol{u}\cdot\boldsymbol{nn}+\boldsymbol{p}$$

와 같이 표현되므로 두 식의 차에서

$$\boldsymbol{u}-\boldsymbol{v} = 2\boldsymbol{u}\cdot\boldsymbol{nn} \quad \Rightarrow \quad \boldsymbol{v} = \mathbf{R}\cdot\boldsymbol{u} = \boldsymbol{u}-2\boldsymbol{u}\cdot\boldsymbol{nn} = (\mathbf{I}-2\boldsymbol{nn})\cdot\boldsymbol{u}$$

이므로

$$\mathbf{R} = \mathbf{I}-2\boldsymbol{nn}$$

으로 된다.

20-3 ∇ 을 포함하는 텐서연산

※임의의 벡터 $\boldsymbol{a}$와 $\boldsymbol{b}$에 대하여 다음을 증명하라.

【1】 $\boldsymbol{a}\cdot(\nabla\boldsymbol{b}) = (\boldsymbol{a}\cdot\nabla)\boldsymbol{b}$가 되는 것을 보여라(즉, $\boldsymbol{a}\cdot\nabla\boldsymbol{b}$처럼 괄호를 생략해도 전혀 문제가 되지 않는다.

☞ 편의상 $\nabla = \boldsymbol{i}\partial_1+\boldsymbol{j}\partial_2+\boldsymbol{k}\partial_3$로 나타내기로 한다. 먼저 $\nabla\boldsymbol{b}$를 구하면

$$\nabla \boldsymbol{b} = (\boldsymbol{i}\partial_1 + \boldsymbol{j}\partial_2 + \boldsymbol{k}\partial_3)(\boldsymbol{i}b_1 + \boldsymbol{j}b_2 + \boldsymbol{k}b_3)$$
$$= \boldsymbol{ii}\partial_1 b_1 + \boldsymbol{ij}\partial_1 b_2 + \boldsymbol{ik}\partial_1 b_3$$
$$+ \boldsymbol{ji}\partial_2 b_1 + \boldsymbol{jj}\partial_2 b_2 + \boldsymbol{jk}\partial_2 b_3$$
$$+ \boldsymbol{ki}\partial_3 b_1 + \boldsymbol{kj}\partial_3 b_2 + \boldsymbol{kk}\partial_3 b_3$$

이므로

$$\boldsymbol{a}\cdot(\nabla \boldsymbol{b}) = a_1(\boldsymbol{i}\partial_1 b_1 + \boldsymbol{j}\partial_1 b_2 + \boldsymbol{k}\partial_1 b_3)$$
$$+ a_2(\boldsymbol{i}\partial_2 b_1 + \boldsymbol{j}\partial_2 b_2 + \boldsymbol{k}\partial_2 b_3)$$
$$+ a_3(\boldsymbol{i}\partial_3 b_1 + \boldsymbol{j}\partial_3 b_2 + \boldsymbol{k}\partial_3 b_3)$$

를 얻는다. 또한,

$$\boldsymbol{a}\cdot\nabla = a_1\partial_1 + a_2\partial_2 + a_3\partial_3$$

이므로 $\boldsymbol{a}\cdot(\nabla \boldsymbol{b})$를 정리하면

$$\boldsymbol{a}\cdot(\nabla \boldsymbol{b}) = (a_1\partial_1 + a_2\partial_2 + a_3\partial_3)(\boldsymbol{i}b_1 + \boldsymbol{j}b_2 + \boldsymbol{k}b_3)$$
$$= (\boldsymbol{a}\cdot\nabla)\boldsymbol{b}$$

가 성립하는 것을 알 수 있다. 또는 텐서를 이용하면

$$\boldsymbol{a}\cdot(\nabla \boldsymbol{b}) = (\boldsymbol{i}_i a_i)\cdot\left[\boldsymbol{i}_j\frac{\partial}{\partial x_j}(\boldsymbol{i}_k b_k)\right]$$
$$= (\boldsymbol{i}_i\cdot\boldsymbol{i}_j)a_i\frac{\partial}{\partial x_j}(\boldsymbol{i}_k b_k)$$
$$= \delta_{ij}a_i\frac{\partial}{\partial x_j}(\boldsymbol{i}_k b_k) = a_j\frac{\partial}{\partial x_j}(\boldsymbol{i}_k b_k) = (\boldsymbol{a}\cdot\nabla)\boldsymbol{b}$$

으로 증명된다.

【2】 $(\nabla \boldsymbol{b})\cdot\boldsymbol{a} = \boldsymbol{a}\cdot(\nabla \boldsymbol{b}) + \boldsymbol{a}\times(\nabla\times\boldsymbol{b})$를 증명하라
[일반적으로 $\boldsymbol{a}\cdot(\nabla \boldsymbol{b}) \neq (\nabla \boldsymbol{b})\cdot\boldsymbol{a}$ 임에 주의한다].

☑ 제7장의 (예제 8)에서 언급한 바와 같이 이 결과는 $\nabla(\boldsymbol{a}\cdot\boldsymbol{b})$를 전개할 때 다음과 같이 사용된다.

$$\nabla(\boldsymbol{a}\cdot\boldsymbol{b}) = (\nabla \boldsymbol{a})\cdot\boldsymbol{b} + (\nabla \boldsymbol{b})\cdot\boldsymbol{a}$$
$$= [\boldsymbol{b}\cdot\nabla\boldsymbol{a} + \boldsymbol{b}\times(\nabla\times\boldsymbol{a})] + [\boldsymbol{a}\cdot\nabla\boldsymbol{b} + \boldsymbol{a}\times(\nabla\times\boldsymbol{b})]$$

☞ 먼저,

$$\boldsymbol{B} = \nabla\times\boldsymbol{b} = \begin{vmatrix} \boldsymbol{i} & \boldsymbol{j} & \boldsymbol{k} \\ \partial_1 & \partial_2 & \partial_3 \\ b_1 & b_2 & b_3 \end{vmatrix}$$

$$= \boldsymbol{i}(\partial_2 b_3 - \partial_3 b_2) + \boldsymbol{j}(\partial_3 b_1 - \partial_1 b_3) + \boldsymbol{k}(\partial_1 b_2 - \partial_2 b_1)$$

이므로

$$\boldsymbol{a}\times(\nabla\times\boldsymbol{b}) = \boldsymbol{a}\times\boldsymbol{B} = \begin{vmatrix} \boldsymbol{i} & \boldsymbol{j} & \boldsymbol{k} \\ a_1 & a_2 & a_3 \\ B_1 & B_2 & B_3 \end{vmatrix}$$

$$= \boldsymbol{i}(a_2B_3 - a_3B_2) + \boldsymbol{j}(a_3B_1 - a_1B_3) + \boldsymbol{k}(a_1B_2 - a_2B_1)$$
$$= \boldsymbol{i}[a_2(\partial_1 b_2 - \partial_2 b_1) - a_3(\partial_3 b_1 - \partial_1 b_3)]$$
$$+ \boldsymbol{j}[a_3(\partial_2 b_3 - \partial_3 b_2) - a_1(\partial_1 b_2 - \partial_2 b_1)]$$
$$+ \boldsymbol{k}[a_1(\partial_3 b_1 - \partial_1 b_3) - a_2(\partial_2 b_3 - \partial_3 b_2)]$$

임을 알 수 있다. 계속해서, 문제 1번에서 구한 $\nabla\boldsymbol{b}$에서 순서를 바꾸어 쓰면

$$\nabla\boldsymbol{b} = \boldsymbol{ii}\partial_1 b_1 + \boldsymbol{ji}\partial_2 b_1 + \boldsymbol{ki}\partial_3 b_1$$
$$+ \boldsymbol{ij}\partial_1 b_2 + \boldsymbol{jj}\partial_2 b_2 + \boldsymbol{kj}\partial_3 b_2$$
$$+ \boldsymbol{ik}\partial_1 b_3 + \boldsymbol{jk}\partial_2 b_3 + \boldsymbol{kk}\partial_3 b_3$$

가 되고 오른쪽에서 내적을 취하면

$$(\nabla\boldsymbol{b})\cdot\boldsymbol{a} = (\boldsymbol{i}\partial_1 b_1 + \boldsymbol{j}\partial_2 b_1 + \boldsymbol{k}\partial_3 b_1)a_1$$
$$+ (\boldsymbol{i}\partial_1 b_2 + \boldsymbol{j}\partial_2 b_2 + \boldsymbol{k}\partial_3 b_2)a_2$$
$$+ (\boldsymbol{i}\partial_1 b_3 + \boldsymbol{j}\partial_2 b_3 + \boldsymbol{k}\partial_3 b_3)a_3$$

를 얻는다. 윗식에서 문제 1번에서 구한 식을

$$\boldsymbol{a}\cdot(\nabla\boldsymbol{b}) = a_1(\boldsymbol{i}\partial_1 b_1 + \boldsymbol{j}\partial_1 b_2 + \boldsymbol{k}\partial_1 b_3)$$
$$+ a_2(\boldsymbol{i}\partial_2 b_1 + \boldsymbol{j}\partial_2 b_2 + \boldsymbol{k}\partial_2 b_3)$$
$$+ a_3(\boldsymbol{i}\partial_3 b_1 + \boldsymbol{j}\partial_3 b_2 + \boldsymbol{k}\partial_3 b_3)$$

서로 빼면

$$(\nabla\boldsymbol{b})\cdot\boldsymbol{a} - \boldsymbol{a}\cdot(\nabla\boldsymbol{b}) = (\boldsymbol{i}\partial_1 b_1 + \boldsymbol{j}\partial_2 b_1 + \boldsymbol{k}\partial_3 b_1)a_1$$
$$+ (\boldsymbol{i}\partial_1 b_2 + \boldsymbol{j}\partial_2 b_2 + \boldsymbol{k}\partial_3 b_2)a_2$$
$$+ (\boldsymbol{i}\partial_1 b_3 + \boldsymbol{j}\partial_2 b_3 + \boldsymbol{k}\partial_3 b_3)a_3$$
$$- a_1(\boldsymbol{i}\partial_1 b_1 + \boldsymbol{j}\partial_1 b_2 + \boldsymbol{k}\partial_1 b_3)$$
$$- a_2(\boldsymbol{i}\partial_2 b_1 + \boldsymbol{j}\partial_2 b_2 + \boldsymbol{k}\partial_2 b_3)$$
$$- a_3(\boldsymbol{i}\partial_3 b_1 + \boldsymbol{j}\partial_3 b_2 + \boldsymbol{k}\partial_3 b_3)$$

$$
\begin{aligned}
&= \boldsymbol{i}(a_2\partial_1 b_2 + a_3\partial_1 b_3 - a_2\partial_2 b_1 - a_3\partial_3 b_1) \\
&\quad + \boldsymbol{j}(a_1\partial_2 b_1 + a_3\partial_2 b_3 - a_1\partial_1 b_2 - a_3\partial_3 b_2) \\
&\quad + \boldsymbol{k}(a_1\partial_3 b_1 + a_2\partial_3 b_2 - a_1\partial_1 b_3 - a_2\partial_2 b_3) \\
&= \boldsymbol{a}\times(\nabla\times\boldsymbol{b})
\end{aligned}
$$

으로 되어 일반적으로 두 식은 서로 같지 않다. 만일 $\boldsymbol{a}\times(\nabla\times\boldsymbol{b})=0$이라면 두 식은 서로 같게 된다.

텐서를 이용하면

$$
\begin{aligned}
(\nabla\,\boldsymbol{b})\cdot\boldsymbol{a} - \boldsymbol{a}\cdot(\nabla\,\boldsymbol{b}) &= \left[\boldsymbol{i}_i\frac{\partial}{\partial x_i}(\boldsymbol{i}_j b_j)\right]\cdot(\boldsymbol{i}_k a_k) - (\boldsymbol{i}_k a_k)\cdot\left(\boldsymbol{i}_j\frac{\partial}{\partial x_j}\right)(\boldsymbol{i}_i b_i) \\
&= \boldsymbol{i}_i\frac{\partial b_j}{\partial x_i}a_j - a_j\frac{\partial}{\partial x_j}(\boldsymbol{i}_i b_i)
\end{aligned}
$$

이고

$$
\begin{aligned}
\boldsymbol{a}\times(\nabla\times\boldsymbol{b}) = \varepsilon_{ijk}\boldsymbol{i}_i a_j\left(\varepsilon_{kpq}\frac{\partial b_q}{\partial x_p}\right) &= \varepsilon_{ijk}\varepsilon_{kpq}\boldsymbol{i}_i a_j\frac{\partial b_q}{\partial x_p} \\
&= (\delta_{ip}\delta_{jq} - \delta_{iq}\delta_{jp})\,\boldsymbol{i}_i a_j\frac{\partial b_q}{\partial x_p} \\
&= \delta_{ip}\delta_{jq}\boldsymbol{i}_i a_j\frac{\partial b_q}{\partial x_p} - \delta_{iq}\delta_{jp}\boldsymbol{i}_i a_j\frac{\partial b_q}{\partial x_p} \\
&= \boldsymbol{i}_i a_j\frac{\partial b_j}{\partial x_i} - \boldsymbol{i}_i a_j\frac{\partial b_i}{\partial x_j}
\end{aligned}
$$

이므로 두 식은 서로 같게 된다.

길잡이 공업수학, 개정4판
문 제 풀 이 집

4판1쇄인쇄 | 2020년 2월 10일
4판1쇄발행 | 2020년 2월 20일

저 자 | 김찬중
발 행 인 | 이성범
발 행 처 | 문운당
주 소 | 서울시 종로구 혜화로5길 16 (명륜1가 45-3)
전 화 | (02)762-6010
팩 스 | 영업 (02)745-0265 / 편집 (02)762-8758
이 메 일 | 영업 munun2@chol.com
편집 mundundang@naver.com
홈페이지 | http://munundang.co.kr

ISBN 979-11-5692-467-8 93500

정가 18,000원